大型渠道城市穿越施工技术手册

牛永杰 马耀辉 纪明辉 沈 雷 等著

黄河水利出版社
·郑 州·

内容提要

南水北调中线河南省焦作城区段(焦作1段2标)工程东西横贯,是中线工程中唯一穿越城市主城区的明渠段工程,涉及渠道工程、桥梁工程、倒虹吸工程、管理用房工程等。本书结合工程实践介绍了渠道明渠半挖半填防渗处理、跨渠桥梁交叉施工、配套建筑物施工技术应用,主要包括渠道与建筑物衔接部位防渗处理、桥柱与渠道边坡防渗衔接、半挖半填渠坡防渗处理、主引桥搭板泡沫混凝土有效解决桥头跳车、建筑物高地下水位降水支护和基础处理工程实践成果。

本书可供从事水利水电工程施工、水环境及水系治理工程、道路与桥梁工程、市政基础设施相关专业的工程施工、管理人员及大专院校师生参考使用。

图书在版编目(CIP)数据

大型渠道城市穿越施工技术手册/牛永杰等著. —郑州:
黄河水利出版社,2020.9
ISBN 978-7-5509-2824-4

Ⅰ.①大… Ⅱ.①牛… Ⅲ.①管道穿越-水利工程-水下施工-技术手册 Ⅳ.①TV552-62

中国版本图书馆 CIP 数据核字(2020)第 183051 号

组稿编辑:王路平 电话:0371-66022212 E-mail:hhslwlp@163.com

出 版 社:黄河水利出版社 网址:www.yrcp.com
地址:河南省郑州市顺河路黄委会综合楼 14 层 邮政编码:450003
发行单位:黄河水利出版社
发行部电话:0371-66026940、66020550、66028024、66022620(传真)
E-mail:hhslcbs@126.com
承印单位:河南新华印刷集团有限公司
开本:787 mm×1 092 mm 1/16
印张:20.5
字数:470 千字
版次:2020 年 9 月第 1 版 印次:2020 年 9 月第 1 次印刷

定价:98.00 元

前　言

南水北调中线工程实现了中国两条最大河流长江和黄河的联系,是国家"四横三纵"水资源南北调配、东西互济合理配置的重要一环。该工程较好地缓解了中国中北方地区的水资源短缺现状,为河南、河北、北京、天津4个省(市)的生活、工农业增加供水,工程极大地改善了沿线受水区域的生态环境和投资环境,推动中国中部、北部地区的经济社会发展。

随着国家生态绿化建设进程和河湖地区水系治理的兴起,为了交流南水北调建设过程中的宝贵经验,推广应用新工艺、新方法、新技术、新材料,提高水系治理建设的整体技术水平,特编著《大型渠道城市穿越施工技术手册》一书。

天地皆得一,澹然四海清,南水北调龙行中原,自南方蜿蜒而至怀川大地,河南省焦作城区段(焦作1段2标)工程东西横贯,地处黄河以北、太行南麓,是中线工程中唯一穿越城市主城区的明渠段工程。焦作1段全长13.513 km,其中明渠段长11.598 km,渠底纵坡为1/29 000,设计总水头差1.23 m,设计水深7 m,加大水深7.64~7.66 m,渠底设计宽度17~21 m,渠坡设计坡比1∶2~1∶2.75,设计流量265 m³/s,加大流量320 m³/s。涉及的工程建设内容有渠道明渠、控制建筑物倒虹吸,河渠交叉建筑物退水闸、跨渠桥梁、排水泵站、高填方渠堤、渠堤防渗墙和管理用房等。

参与本书编著的人员还有中国水利水电第十一工程局有限公司的张小亮、程学峰、赵建华、韩先伟、阳晓红,南水北调中线干线工程建设管理局河南分局的石文明。

江水穿城多少事,一渠碧水映志城。国家大型渠道穿越城市工程较少,很多科学问题还未认识清楚,需要进一步深入研究,通过工程建设与城市变迁的互动融合,为社会发展和国计民生做出贡献!

对于本书编著过程中出现的错误和不妥之处,敬请读者批评指正。

作　者

2020 年 7 月

目　录

第一章　渠道部分

第一节　渠道衬砌前渠道开挖方案

一、工程概况

(一) 工程概述

河南省焦作 1 段 2 标是南水北调中线一期工程总干渠Ⅳ渠段(黄河北~荥河北)的组成部分,该段地河域属于河南省焦作市区。本标段为焦作 1 段 2 标,设计桩号为Ⅳ33+700~Ⅳ38+800,标段总长度 4 300 m,其中明渠长 3 526 m,还有普济河渠倒虹吸、闫河渠倒虹吸、1 座退水闸、1 座节制闸、4 座公路桥及焦作管理处土建。

明渠渠道桩号为Ⅳ33+700~Ⅳ33+798、Ⅳ34+131.7~Ⅳ36+556、Ⅳ36+997~Ⅳ38+000;渠底高程98.574~98.113 m,渠道内一级边坡坡比为1:2,一级马道(堤顶)宽度 5 m,外坡坡比为 1:2~1:2.5,渠道纵比降为 1/29 000,全渠采用 C20 纤维混凝土衬砌,渠坡厚度为 12 cm,渠底厚度为 10 cm,全渠道采用复合土工膜防渗,在渠底及渠坡防渗土工膜下均铺设保温板防冻。

(二) 水文、地质条件

1. 水文气象

根据焦作地面气象观测站,段内最早地面稳定冻结初日在 12 月 9 日,终日在 2 月 19 日,历年最大冻土深度 19 cm;霜冻初日最早为 10 月 17 日,终日最晚为 4 月 3 日,并观测有多年各月平均降雨量和降雨天数、平均气温、平均最高气温和最低气温、极端最高气温和最低气温、多年各月平均风速和最大风速等资料,见表 1-1。

2. 工程地质

该标段长 4.3 km,在新庄—恩村工程地质段内,黏性土均一结构,地层岩性主要为重粉质壤土和粉质黏土,地表断续分布有一层人工填土。该段以半挖半填为主,挖方深度一般为 2~7 m,最大挖深为 8 m,渠坡岩性主要由重粉质壤土、粉质黏土组成。

二、施工布置

(一) 施工交通布置

渠道开挖采用分段进行,根据现有缺口布置情况,利用渠堤缺口作为出渣路口,采用倒退式开挖,即在渠道开挖时,在渠道中部修筑一条宽 6~8 m 的临时道路与右岸沿渠道路连接,临时道路根据开挖渠段的长短按超过 100 m 设置一个错车道,确保出渣车辆正常通行。

表 1-1　焦作站水文气象资料统计成果

观测项目	月份												合计	平均	极值
	1	2	3	4	5	6	7	8	9	10	11	12			
多年各月平均降雨量(mm)	6.8	9.4	22.6	27.3	44.4	76.4	148.0	108.3	61.8	37.9	17.9	7.6	568.4		
多年各月平均降水天数(d)	2.7	3.7	5.1	5.7	6.6	7.6	11.5	10.6	8.2	6.3	4.2	2.5	74.7		
多年各月平均气温(℃)	1.0	3.8	9.0	16.4	21.9	26.5	27.5	26.4	22.0	16.2	9.0	3.1		15.2	
多年各月平均最高气温(℃)	5.9	9.0	14.5	22.1	27.6	32.1	31.9	30.8	27.2	21.9	14.4	8.2		20.5	
多年各月平均最低气温(℃)	-3.2	-0.7	4.1	10.9	16.0	20.9	23.4	22.4	17.2	11.1	4.3	-1.2		10.4	
多年各月极端最高气温(℃)	18.8	25.4	29.8	35.0	39.3	43.3	40.4	39.0	37.7	35.9	27.0	24.6			43.3
多年各月极端最低气温(℃)	-13.2	-17.8	-5.8	-1.3	6.6	12.6	15.9	11.8	6.2	-0.8	-7.3	-16.3			-17.8
多年各月平均风速(m/s)	2.2	2.3	2.6	2.7	2.6	2.5	2.3	2.0	1.9	2.0	2.3	2.4		2.3	
多年各月最大风速(m/s)	13.0	15.3	18.0	16.3	18.0	22.0	14.7	15.0	12.0	13.7	12.0	15.0			22.0
最大冻土深度(cm)											19				19

渠道内临时道路在渠堤缺口处与右岸沿渠道路连接,通过沿渠道路可分别至本标段内的 1#、2#、3# 临时堆土场及东于村坟场堆土场。

(二)施工水、电布置

供水:渠道开挖施工用水主要是出渣道路洒水降尘及道路维护,采用在拌和站取水,布置 2 台洒水车交替洒水,防止道路扬尘。

供电:本渠道工程为线性工程,在前期施工组织设计期间,分别在焦东路跨渠桥梁、闫河倒虹吸、民主路公路桥及普济河倒虹吸 4 处分别布置了 1 台变压器,可以满足开挖及降水期间的施工需求。现场施工时,根据各工作面实际情况从附近变压器或者现有施工工点的临时接线点接入。

(三)施工通信设施

施工区位于焦作市区,通信系统已覆盖施工区域,可直接采用移动电话,另外配置 8 副对讲机。为加强施工信息传递及反馈,加强管理部门之间的联系,提高工作效率,在办公区内设计算机局域网络连接各管理部门。

(四)施工弃土场规划

根据渠道开挖进展情况,开挖土选择附近最近的堆土场进行集中堆放。

三、明渠土方开挖施工方案

(一)明渠土方开挖工艺流程

渠道土方开挖工艺流程见图1-1。

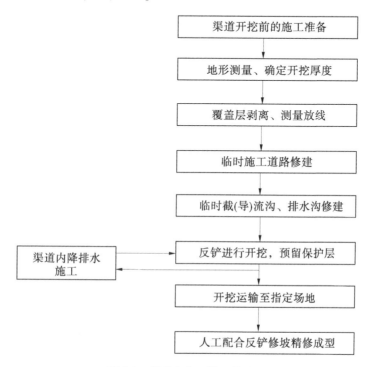

图1-1　渠道土方开挖工艺流程

(二)明渠土方开挖方法

1. 场地清理

根据工程地质及现有施工情况,本标段Ⅳ33+700~Ⅳ35+400段和Ⅳ36+997~Ⅳ38+000段渠道开挖范围主要为杂填土和中、重粉质壤土。虽然开工初期总干渠内进行过两次建筑物基础拆除和清理,但是因为城区段房屋基础深度不一,并且因渠道内长期外露,植被杂草较多,表层部分土料不能用作渠堤填筑,需要分类开挖及堆存,所以开挖时先进行清表施工。

Ⅳ35+400~Ⅳ36+556段为杂填土及粉质黏土,且该段进行了挤密砂石桩施工,土料中夹碎石及杂质,不能用于渠道填筑,开挖后不能用于渠堤填筑。

清表时由测量工放出开挖边线,并预留30~50 cm厚保护层,用白灰线标出,采用推土机及反铲辅以人工将地表植被、树根、杂草等清理、汇集,用自卸汽车运输至堆土场,进行单独堆存。

2. 土方开挖

1) 渠坡开挖

该标段明渠渠道开挖断面较大,开挖工作根据渠道衬砌工作的需要,超前于渠道衬砌机行走方向进行,开挖时严格进行测量放线和高程控制。

渠坡开挖分二期进行:

一期开挖:预留保护层开挖,渠坡粗挖时,用反铲从堤顶沿渠坡每10 m一段自上而下进行放坡开挖,开挖时预留10~20 cm保护层。开挖时现场要设置测量断面,设置控制桩,每开挖一层要对各断面观测一次,每沿坡度挖3~5 m,对开挖面进行一次观测,确保一期开挖后预留保护层在各断面上均匀。自上而下刮土至渠底,装载机或反铲装车运至附近堆土点。

二期开挖:二期开挖在挖掘机预留保护层开挖完成后进行。先在坡脚线和坡肩线上每10 m对应各设一控制标高桩,用细钢丝挂线,先削出一条基准线,并在基准线上的1/4、1/2、3/4处设一个垂直坡面的高程控制桩,安排人工自上而下平行削坡作业,依此基准线人工精细削坡至设计坡面。削坡自上而下进行,将削坡土清理至渠底,外运至指定地点。

二期开挖注意事项:

(1)渠坡开挖时,预留保护层、人工开挖保护层及削坡、衬砌面相距空间不宜过长,根据现场施工强度进行预留。

(2)渠坡开挖时要分断面进行控制,根据施工要求设置断面控制桩,必要的话进行加密控制,确保开挖坡面满足设计要求。

(3)边坡开挖中严格控制,避免超挖,由于施工不慎造成的超挖,采用灰土夯实进行修补。

(4)渠道边坡开挖过程中,及时修筑渠坡开挖线两侧的截(导)流沟,开挖面一级马道部分要设置挡水坎,挡水坎距离渠堤开挖边线不少于50 cm,高度满足挡水要求即可,防止一级马道上的水沿渠坡流入渠道,毁坏渠坡已开挖部分。

2) 渠底开挖

根据《南水北调中线一期工程焦作1段第2标段招标设计阶段工程地质勘察报告》和《南水北调中线一期工程焦作1段第2标段地质总断面图》给定内容,对地下水位较高地段在进行渠道开挖前,采用布设管井措施进行降水处理,将水位降至建基面以下1 m左右。勘察报告中不需要进行降水处理的地段,需要根据渠段开挖后建基面的实际情况,取舍是否进行管井降水处理。

布设管井时,先将渠底开挖至地下水位高程以上1 m左右,沿渠道中心线布设管井,根据该地段降水施工经验值,暂定渠底中心线上每25 m布设一眼降水管井,管井伸入建基面以下30 m,施工期间根据现场实际情况调整。

渠底开挖分二期进行:

一期开挖:预留保护层开挖,对于需要降水处理的渠段,打设完降水管井后,启动降水,根据衬砌机布设方位,沿渠道中心线分半幅进行开挖,预留保护层开挖时先用反铲或装载机粗挖至建基面以上30 cm的层面上,开挖时测量人员要随挖随测,控制超挖,确保开挖工作预留保护层厚度。对于不需要降水的地段可全断面整体开挖,预留 50 cm 的保护层厚度。

二期开挖:二期开挖在挖掘机预留保护层开挖完成后进行。对于需要降水处理的渠段,预留保护层开挖完成后,为防止对渠底开挖面的扰动,反铲沿渠道中心线半幅倒退进行渠底开挖,开挖时预留 10 cm 保护层,人工及时进行基面修整至渠底设计高程,开挖时测量人员要随挖随测,控制超挖,确保开挖工作满足设计要求。对于不需要进行降水的渠段可全断面整体开挖,开挖及人工修整同上。

3) 开挖土的运输及存放

渠道开挖土,要集中进行堆放,渠道开挖土要及时用装载机械或反铲装车,用运输车运至附近的堆土场地,开挖土时要集中堆放,并做好相应记录,以免与不同用途的土料混淆。

四、渠底降水管井施工

(一)降水管井设计主要技术指标

(1)井深:建基面以下 30 m。

(2)井径:管井外径 400 mm,内径 300 mm。

(3)滤水管材管内径及规格:选用多孔无砂混凝土管,管内径 300 mm,外径 400 mm,每节管长 0.90 m。

(4)填砾厚度:100 mm。

(5)滤料规格:1~2 mm,选用均匀度较好的碎石。

(6)井间排距:渠道中心布置 1 排,间距 25 m。

(7)含砂量:降水井抽水期间,水质清澈,不得有泥沙排出现象。

(8)管井内水位深度控制在渠道底板 1 m 以下的位置。

(二)管井施工工艺

采用泥浆循环钻进、机械吊装下管成井施工工艺。管井施工工艺流程如图 1-2 所示。

(三)施工技术要求

1. 测放井位

根据井点平面布置,使用全站仪测放井位,井位测放误差小于 30 cm。当布设的井点受施工条件影响时,现场可作适当调整。

2. 护孔管埋设

护孔管应插入原状土层中,管外应用黏性土封堵,防止管外返浆,造成孔口坍塌,护孔管应高出地面 10~30 cm。

3. 钻机安装

采用回旋钻机-600 型钻机,钻机底座应安装平稳,大钩对准中心,大钩、转盘与孔中心应成三点一线。

4. 钻进成孔

降水管井开孔孔径为 ϕ 600 mm,一径到底。钻孔底部比管井的设计底部标高深 0.5 m 以上。

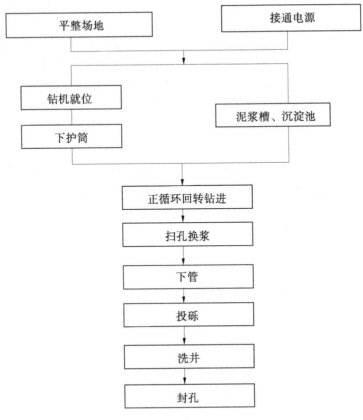

图 1-2　管井施工工艺流程

开孔时应轻压慢转,以保证开孔的垂直度。钻进时一般采用自然造浆钻进,遇砂层较厚时,应人工制备泥浆护壁,泥浆相对密度控制在 1.10~1.15。当提升钻具和临时钻停时,孔内应压满泥浆,防止孔壁坍塌。

钻进时按指定钻孔、指定深度内采取土样,核对含水层深度、范围及颗粒组成。

5. 清孔换浆

钻至设计标高后,将钻具提升至距孔底 20~30 cm 处,开动泥浆泵清孔,以清除孔内沉渣,孔内沉淤应小于 20 cm,同时调整泥浆相对密度至 1.10 左右。

6. 下管

采用无砂混凝土管,井管与孔壁之间用砾石填充作为过滤层,地面以下 0.5 m 内采用黏土填充夯实,井管顶部应比自然地面高 0.5 m。

混凝土透水管外采用一层 80 目尼龙纱网作为过滤器。用 12# 镀锌铁丝箍紧。用硬木托盘和钢丝绳配合钻机揽吊,缓慢下落孔内,直至预定深度,最底部设 2 m 的混凝土盲管上接混凝土透水管,管口要对齐,管中心与成井中心要重合。为了防止井管安装偏移,沿管壁每隔 4 m 设导向木一组。

7. 回填滤料

采用动水投砾。投料前,先将钻杆沿井管下放至滤水管段下端,从钻杆内泵送稀泥浆

(相对密度约为 1.05),使泥浆由井管和孔壁之间上返,并待泥浆稀释到一定程度后逐渐调小泵量,泵量稳定后开始投放滤料。投送滤料的过程中,应边投边测投料高度,直至设计位置为止。

8. 回填

应在投砾工作完成后,在地表以下回填 3.0 m 厚黏性土。

9. 洗井

采用清水高压离心泵和空压机联合洗井法。由于在成孔过程中泥浆形成护壁,减少水的渗透性,所以先采用高压离心泵向井内注入高压清水洗井,通过离心泵向孔内注入高压水,以冲击滤水管段井孔护壁,清除滤料段泥沙,待孔内泥沙基本出净后改用空压机洗井,直至水清沙净为止。

10. 安装抽水设备

成井施工结束后,安装潜水泵,采用细钢丝绳悬吊,距离井深以上 1 m 的位置。

11. 抽水

管井运行前,进行测试抽水,检查出水是否正常,有无淤塞等现象。

12. 标识

为避免抽水设施被碰撞、碾压受损,抽水设备须进行标识、编号。

13. 排水

洗井及降水运行时排出的水,通过排水沟排入附近排水系统中。

14. 封井

降水施工结束后,提出水泵,回填与封井时,井下深部以砂还砂,以土还土,以恢复原地下水系分布和流动状态;回填到离地表 3~5 m 用素混凝土封填。

(四)纵向排水布置

因本标段内有多条排污沟南北贯穿总干渠,且分布较均匀,依据渠道各段降水井抽排强度,降水井采用在总干渠右岸渠堤外侧布置一根东西方向的排水总管,所有降水井水流均排入纵向排水总管内,通过总管将水流导入附近的排污沟内。在穿越总干渠范围的排污沟内,铺设一层防渗复合土工膜或塑料薄膜,以保证不抽循环水。

五、雨季施工措施

根据相关气候资料,每年的 6~8 月是该地区的雨季,在雨季施工时应采取以下处理措施:

(1)本标段截(导)流沟及防护堤在渠道开口线内侧,在开挖过程中已经预留出沿渠道路、截(导)流沟的位置,在雨季进行开挖施工前,提前做好截流沟,导走开挖区外的雨水和地表水,防止流入开挖区内。

(2)控制好各出渣道路升降坡度,必要时出渣自卸车采取防滑措施,道路两边要修排水沟,确保雨季能正常出渣。

(3)施工过程中从高往低开挖,避免形成低洼积水区。

(4)根据现场情况布置和施工临时排水沟、集水坑,采用多台污水泵抽排,最大限度减小雨季对施工的影响。

（5）组织专人负责,加强出渣道路和排水设施的维护。

雨季施工时加强对边坡变形的监测工作和开挖已开挖面的保护工作,对于已开挖未衬砌的工作面要进行覆盖保护。

六、主要施工设备及劳动力配置

(一)主要施工机械设备

根据本工程施工的进度及施工强度要求,主要施工机械设备具体配置见表1-2。

表1-2　主要施工机械设备

序号	设备名称	规格型号	单位	数量	说明
1	装载机	ZLC50C/3.0 m³	台	5	
2	挖掘机	PC360/1.6 m³	台	3	
		PC330/1.4 m³	台	2	
		PC220/1.0 m³	台	4	
3	自卸汽车	15 t	辆	30	
4	潜水泵	QS32-45/3-7.5	台	20	根据衬砌长度确定

(二)劳动力配置计划

根据本工程施工的进度及施工强度要求,施工人员具体配置见表1-3。

表1-3　施工人员配置

工种	高级管理人员	中级管理人员	一般技术人员	技工	普工	合计	说明
人数	3	5	5	18	50	81	

第二节　总干渠渠道衬砌施工方案

一、工程概况

(一)工程概述

渠道衬砌结构自下而上为:软式透水管及逆止式排水器、5 cm 厚粗砂滤层或 10 cm 砂砾料(部分区段存在 15 cm 厚水泥土垫层)、挤塑聚苯乙烯保温板、复合土工膜、混凝土面板。其中,渠坡及渠底集水暗管(软式透水管)采用两种形式,Ⅳ33+700～Ⅳ37+702.3 段集水暗管直径为 250 mm,Ⅳ37+702.3～Ⅳ38+000 段直径为 150 mm,集水暗管每间隔 16 m 设一个逆止式排水器;复合土工膜为长丝两布一膜,土工膜为 800 g/m²,复合土工膜幅宽要求大于 5 m,表面加糙,土工膜搭接采用双面焊接;挤塑聚苯乙烯保温板厚度阳坡(左岸)为 20 mm,阴坡 25 mm,渠底为 20 mm,保温板表面做加糙处理;混凝土板厚为 12 cm,掺加聚丙烯纤维防裂,纵横方向每 4 m 设一道分缝,通缝与缩缝间隔布置。

(二)气象水文

参照第一节水文、地质条件部分。

二、主要工程量

渠道衬砌主要工程量见表1-4。

表1-4　渠道衬砌主要工程量

序号	工程项目	单位	工程量	说明
1	纤维混凝土	万 m³	2.3	
2	粗砂	万 m³	0.25	
3	砂砾料	万 m³	1.55	
4	聚苯乙烯保温板	m³	3 180	厚20 cm
5	聚苯乙烯保温板	m³	2 000	厚25 cm
6	复合土工膜	万 m²	24.73	800 g/m²
7	软式透水管	m	25 600	直径250 mm
8	软式透水管	m	1 517	直径150 mm
9	拍门式逆止阀	个	881	
10	球形逆止阀	个	641	
11	聚硫密封胶	m³	45.7	
12	聚乙烯闭孔泡沫板	m³	127.7	
13	水泥土	m³	1 060	

三、渠道衬砌机

(一)衬砌机工作原理

本次渠道衬砌生产性试验为中国水利水电第十一工程局有限公司制作厂生产的DZ-1型渠道坡面衬砌机,为布料/摊铺/振碾一体机械。

振碾式渠道混凝土衬砌机是以一个大跨度的钢构桁架为主体,桁架本身自带行走装置,通过安装在桁架上的上、下行走小车即布料小车和衬砌小车,分别进行渠道混凝土的布料、摊铺、振捣和整平。小车分别以桁架龙骨作为轨道,并自带行走装置,主梁上部小车即布料小车装有挡料刮板和下料斗,负责从混凝土传送皮带上分取混凝土料进行布料;主梁下部小车即衬砌小车,装有搅笼、振捣箱和压光碾,负责混凝土的摊铺、振捣和碾压整平。上、下小车可同时或单独作业,布料和振捣碾压互不影响。通过上述结构的有机结合,形成一套综合性很强的渠道混凝土衬砌设备,实现利用专用设备进行大规模渠道混凝土机械化施工。

(二)衬砌机安装与调试

机械进场后,首先铺设两条30~40 m长的轨道,调直整平待用,先进行主梁拼装,现场按照加工编号进行组装,主梁拼装完成后,用两台吊车分别在渠底和渠坡同时起吊(25 t 和 16 t 各一台),放置于预先调平的轨道上,按着安装主输送带和布料小车,输送带黏结完成后,开始安装下部螺旋摊铺小车及振捣、碾压系统,最后完成整车的调试系统。并做好各部位的安全防护设施和限位装置;整机拼装完成后开始初步运行调整,调整结束后,进行整机联动试车,经整机联动试车确认无误后,进入施工作业面。

四、衬砌材料

衬砌用主要建筑材料:河南孟电集团水泥有限公司生产的 P·O42.5 水泥,华能泌北电厂粉煤灰,中国水利水电第十一工程局混凝土外加剂厂生产的 SN-2 高效减水剂/SN-9 型引气剂,焦作法瑞石材厂生产的石子、中砂、粗砂,以及直径 150 mm 和 250 mm 的软式透水管、DN160 逆止阀、聚苯乙稀保温板、聚乙烯闭孔泡沫板、800 g/m^2 土工膜、聚硫密封胶等。

(1)水泥:河南孟电集团水泥有限公司生产的 P·O42.5 水泥。

(2)混凝土粗细骨料由焦作法瑞石材厂提供。

(3)其他材料:强渗软式透水管、DN160 逆止阀、聚苯乙稀保温板、聚乙烯闭孔泡沫板、800 g/m^2 复合土工膜、聚硫密封胶等材料在监理部及业主等有关单位认定合格供货商后,确定供货厂家。

五、渠道衬砌施工

(一)施工顺序

施工准备→渠坡第一次削坡(水泥土范围)→水泥土铺筑→碾压→养护→切缝→养护→渠坡二次削坡→集水槽开挖→软式透水管安装→砂砾料垫层铺设→保温板铺设→齿槽开挖→复合土工膜铺设→立模→混凝土浇筑→收面→养护→切缝→养护。

本标段拟定投入 3 台渠坡衬砌机、1 台渠底衬砌机、2 支渠坡人工衬砌队伍、2 支渠底人工衬砌队伍。每台衬砌机工作范围及施工顺序如下:

1#渠坡衬砌机工作范围及施工顺序:

1#机起始布置位置:右侧Ⅳ34+606～Ⅳ35+204 段……→右侧Ⅳ34+400～Ⅳ34+606→首次转场至左侧Ⅳ35+079～Ⅳ35+210→左侧Ⅳ34+907～Ⅳ35+079→左侧Ⅳ34+390～Ⅳ34+623→左侧Ⅳ35+210～Ⅳ35+500→再次转场至右侧Ⅳ35+204～3Ⅳ5+500 段。

1#机共计转场 2 次。完成南通路与民主路区间渠坡衬砌任务。南通路东侧缺口位置根据实际进展采用人工衬砌进行辅助。

2#渠坡衬砌机工作范围及施工顺序:

2#机起始布置位置:左侧Ⅳ34+643～Ⅳ34+907 段……→首次转场至右侧Ⅳ35+916～Ⅳ36+208→右侧Ⅳ36+208～Ⅳ35+600……→再次转场至左侧Ⅳ35+600～36+280。

2#号共计转场 2 次,完成南通路至民主路左侧首段任务后,转场至民主路与政二街区间,完成该区间左右侧所有衬砌任务。政二街西侧右岸缺口人工衬砌进行辅助。

3#渠坡衬砌机工作范围及施工顺序:

3#机起始布置位置:右侧Ⅳ37+751～Ⅳ38+000 段……→首次转场至左侧Ⅳ37+772～

Ⅳ38+000→左侧Ⅳ37+500~Ⅳ37+772……→再次转场至右侧Ⅳ37+500~Ⅳ37+751段……→第三次转场至普济河进口右侧……→第四次转场至普济河进口左侧。

3#机共计转场4次，完成焦东路至Ⅳ38+000段全部任务，完成普济河进口左右侧全部任务。

2支渠坡人工衬砌队伍：计划完成所有桥下衬砌任务及闫河出口至焦东路区段衬砌任务、普济河出口至南通路区间渠道衬砌任务。

渠底衬砌机：计划完成南通路至民主路区间渠底施工任务、民主路至政二街渠底施工任务。据渠底衬砌机施工进展，可同步采用人工衬砌予以辅助。渠底衬砌机需完成1次转场，根据施工进度，需另行增加施工任务时，另行增加转场次数。

2支渠底人工衬砌队伍：完成普济河进口、普济河出口至南通路、政二街至闫河进口、闫河出口至Ⅳ38+000段渠底任务。根据渠底衬砌机施工进展，可同步采用人工衬砌予以辅助。

以上衬砌机布置及衬砌施工安排情况，是在结合现场渠坡填筑成型段落、缺口填筑完成时间、缺口沉降期等因素基础上进行的安排，现场实施过程中，根据每台衬砌机、人工衬砌的具体施工效率，将在本标段内，针对现有资源进行进一步的优化调整。

（二）施工准备

（1）衬砌机进场后，首先测量人员根据图纸放出坡肩和渠底轨道中心线，打桩记录，轨道下部基础采用粗砂找平，用平板振动器夯实，然后铺设衬砌机轨道。

（2）用25 t汽车吊配合人工完成机械主体组装。

（3）主体完成后租用2台50 t汽车吊分别在渠底和渠坡同时作业使衬砌机放置于预先调平的轨道上；接着安装提浆机、铺砂机、抹面机及人工操作架。

（4）整个系统安装完成后开始进行初步运行调整，调整结束后，进行整机联动试车。经整机联动试车确认无误后，进入施工作业面。

（三）渠坡整理

渠床整理分粗修坡、精修坡、排水沟开挖三个工序。

设计有水泥土部位削坡分两次完成：一次进行水泥土范围削坡，同时在水泥土底部位置形成水泥土作业平台，用于水泥土碾压设备的调头和停放，水泥土施工完成后，进行底部原状土范围的二次削坡。

1. 粗修坡

渠堤填筑水平保护层一般在1~1.2 m，人工无法直接削至设计坡面，需要用挖掘机进行粗修坡。为避免挖掘机开挖深度过大造成超挖，粗修坡按预留20 cm水平保护层控制。采用线绳滑行修坡方法，具体为沿渠道方向每隔5 m距离上下挂一道基准线，然后用一条线绳在开挖面相邻的两个线绳之间滑动控制开挖深度。

2. 精修坡

精修坡以人工为主，挖掘机配合为辅。人工削坡时进行精确放样，沿坡面每5 m自上而下挂一条顺坡线（线比设计坡面高出20 cm），每两根顺坡线之间挂一条可以自上而下移动的横线。人工削坡根据测量放线位置从上到下进行，用钢卷尺控制高度，随修随测。当堆土过多时用挖掘机配合清除转运至坡脚部位。人工修坡工具主要是平头铁锹和铁镐,携带和使用都比较方便。修坡过程用 2 m 铝合金靠尺随时检查平整度。

渠床整理所需设备工具材料见表1-5。

表1-5　渠床整理所需设备工具材料

序号	所需设备工具材料	数量	用途
1	PC220挖掘机	6台	削坡
2	CAT320挖掘机	3台	削坡
3	高强尼龙丝线	3 000 m	挂线
4	40 cm短钢筋	600 根	挂线
5	平头铁锹	60 把	精修坡
6	2 m铝合金靠尺	15 根	检测平整度
7	钢卷尺	12 把	控制修坡厚度

(四)水泥土铺筑

根据图纸要求,总干渠渠坡部分段落采用厚15 cm水泥土垫层截渗,铺设范围为挖填分界线(清基后)以下30 cm至堤顶。

在第一次削坡到水泥土设计高程后,在水泥土填筑底部高程处留置一停机碾压作业平台,进行水泥土铺筑。水泥土填筑完成后,对该段渠坡进行开挖区域的二次开挖。

(1)水泥土拌制:拌制前将土料中树木、草皮和杂土清除干净,土中的超大颗粒通过灰土拌和机自身的筛网,将土料内大粒径土料全部剔除,以使粒径含量要满足有关技术要求,满足拌和质量要求。土料集中于移动式灰土拌和机附近采用厂拌法拌和。物料经皮带机进入搅拌斗搅拌,并适当添加水,拌制完成后,经皮带机至混凝土布料机的输送带上进行布料,控制水泥土松铺厚度并取样检测水泥土的最优含水率和水泥剂量,若不符合要求进行调整,每次拌制的水泥土必须在 4 h 内填筑碾压完成。

(2)水泥土拌和之后,用装载机将水泥土运输至工作面。

(3)摊铺:水泥土运输到工作面后人工摊铺18 cm找平。

(4)碾压:采用3 t斜碾碾。堤顶用一个卷扬小车作牵引动力。卷扬小车平行渠堤轴线进退开行,移动卷扬小车,进行条带循环碾压。控制振动碾行车速度为 1.5~2 km/h。在专人指挥下进行碾压,已铺土料表面在压实前被风干时,进行洒水湿润,控制填筑土料的含水率,以利充分压实。

(5)采用洒水、覆盖湿土工布等方法进行养护,养护时间不少于 14 d。

(6)切缝:用小型卷扬机和切缝机配合适时对水泥土切缝。

水泥土铺筑机械设备配置见表1-6。

表 1-6　水泥土铺筑机械设备配置

序号	机械名称	型号	单位	数量	说明
1	反铲	CAT320	台	3	
2	推土机	TY220	台	3	
3	自卸汽车		辆	5	
4	洒水车	5 t	台	2	
5	振动碾	3 t	台	2	
6	装载机	ZL50	台	3	
7	灰土拌和机	HTB-200	台	2	
8	全站仪	TCP802power	台	2	
9	土工试验设备		套	1	
10	自制卷扬小车		套	5	
11	发动机		部	2	

（五）齿槽、排水槽开挖

（1）二次削坡完成后人工进行齿槽和排水槽开挖。

（2）人工挖齿槽时，顺便将靠近齿槽外边缘 80 cm 范围内清理至底板立模高程。

（3）根据设计变更通知单（焦 1SG-2013-01），齿槽结构发生变更，现场要严格按照变更通知单施工，同时为确保工程安全，根据设计通知单（焦 1 设-2012-12）渠道衬砌施工补充技术要求，排水沟槽与齿槽采用 M7.5 砂浆砌砖处理。

（4）沟槽验收合格后，在底部摊铺 5 cm 粗砂垫层，人工手提直径为 20 cm 的圆木夯实，铺设软式透水管并预留出逆止阀安装接头，分层回填粗砂并夯实（回填时透水管两侧同步回填，以避免两侧回填高差过大产生透水管侧移现象）。

（5）管道预留接头部位采用 400 g/m² 土工布包裹保护，以防回填料及其他杂物进入管道中，影响排水效果。雨季施工时，需增加降排水措施，严禁沟槽泡水，避免浮管发生。回填前检查沟槽内有无积水、杂物。透水管铺设完成后不得堆放重物。应及时回填，严禁安装完成的管道长期暴露。

（6）坡脚纵向透水管与渠底横向连接管采用三通连接，穿过齿墙，按照图纸要求从齿墙底部绕过。

（7）逆止阀顶面上口边缘与混凝土面诱导缝之间间距为 6 cm，因此，在预留安装逆止阀接头时要确保其位置精准。

在齿槽的开挖过程中应特别注意：底部和侧边应保持平整，以免复合土工膜铺设后与齿槽之间形成空隙，影响混凝土浇筑质量。

所有修坡、开挖的土方均转运至渠底。因渠道填筑成型已经过两个汛期，坡面上已长满杂草，削坡土料需外运至渠道附近的弃渣场。初步考虑将削坡弃土弃至渠道附近临时堆渣场，运距约 2.5 km。如业主另行指定弃渣场，将按指定的弃渣场进行弃渣，运距由监理工程师进行实际认定。

(六)砂砾料垫层

本标段粗砂原材料由焦作市马村砂场统一供应,经第三方试验室试验测定,检测合格后,投入使用。

1. 砂砾料铺设

(1)为了把砂料的含水率控制在试验拟定的最优含水率范围内,铺砂前先由试验人员对砂料做含水率试验,拌和楼根据试验结果,向砂料中加适当的水。砂料经拌和楼拌和均匀后由拌和车运送至渠顶。

(2)渠坡砂砾料垫层铺设采用反铲和摊铺机全断面铺设,铺设厚度13 cm,首先采用反铲将砂砾料装运至坡面堆放,摊铺机上下往返刮平。

2. 砂砾料压实

(1)铺设好砂砾料垫层之后,采用卷扬机带动平板振动器对砂砾料垫层由下往上进行振动压实,压实遍数为8遍。

(2)由人工采用铝合金靠尺对铺设压实后的砂层表面进行清理,刮去表面松散浮砂,不平整的地方进行找平。

(七)铺设保温板

(1)铺设前准备工作:铺砂完成后,测量人员重新校验控制桩的平面位置和高程,各控制边线和高程桩核实无误后,用水准线标出横断面起止线、坡顶、坡底铺装边线,然后进行保温板的铺装工作。

铺设前对保温板进行检查,挑除缺角、断裂、尺寸不够、局部凹陷的材料,可将缺角、断裂的材料用于顶部变截面的拼接。其他辅助材料如固定用的U形钉、手锤、裁板用的美工刀、定位用的线绳等应及时准备齐全。

(2)保温板采取错缝梅花形铺设方案,为保证保温板加糙的均匀,选用定型产品,产品出厂后已达到图纸设计加糙标准,两面均采用喷砂进行加糙处理。

(3)保温板铺设顺序:从渠底向渠坡铺设,板与板之间要紧密结合。保温板铺设完成后平整且与渠坡紧密接触,铺设要整齐平整、紧贴基面,不得出现局部悬空现象;采用U形钢钉钉牢固定在垫层之上,U形钢钉采用$\phi 4$冷拔钢丝,以保证钢钉刚度,每肢长度不小于150 mm,宽度不小于50 mm;保证每块保温板上不小于3个固定点;保温板铺设后应保持板面平整、洁净,铺好后的板面不得放置重物。在保温板铺装过程中,安装人员需着软底横纹鞋,避免对保温板造成踩踏破坏。

(八)土工膜铺设

用于本工程的土工膜幅宽为6 m,上层、下层土工布接头均采用自动缝合机缝合,折叠方式:下层逆水流,上层顺水流,防止同方向折叠影响混凝土面板厚度。中间的土工膜采用自动焊接机双缝焊接,焊缝密封性的检验采取充气法检测。铺设时按设计要求顺水流铺设,上游幅压下游幅。

在保温板施工完成并检验合格后,进行土工膜的铺设。铺设前须按设计要求及招标技术条款的各项指标进行检验。

1. 土工膜的运输及储存

在运输复合土工膜时,不得采用带钉子的箱子,防止运输途中受损,在装卸过程中要注意防止卷材表层的损害。

在从仓库运到施工现场时,一次到位,将其储存在方便取用和不受损坏的坡顶高处,尽量减少不必要的装卸、移动次数。

在施工中发现复合土工膜有裂口、孔洞等问题时,应及时报告监理并按监理人的指示采取补救措施。

2. 土工膜现场施工

复合土工膜总体施工程序为:基础面清理→复合土工膜铺设→底层土工布缝合→中间塑料膜焊接→检测→上层土工布缝合→验收→下一循环。

1)复合土工膜的铺设

将整卷土工膜运至渠顶,预留足够长度后将土工膜从渠堤顶部缓慢反滚到渠底。铺设时注意张驰适度,要求土工膜与垫层面务必吻合平整,避免土工膜的损伤。铺设后对铺设的质量进行检测,以目测为主,对铺设不平、有褶皱的地方进行调整。

复合土工膜铺设时注意事项:

(1)铺设前要检查外观质量,检查土工膜的外观有无机械损伤和生产创伤、孔眼等缺陷。搬动时应轻搬轻放,严禁放在尖锐东西上面,防止损伤土工膜。

(2)土工膜铺设应在干燥、暖和的天气进行。

(3)铺设土工膜时,应适当放松、避免应力集中,并避免人为硬折和损伤。

(4)保证铺设面平整,不允许出现凸出凹陷的部位,发现膜面有孔眼等缺陷或损伤,应及时退场更换。

(5)铺设过程中,作业人员不得穿硬底皮鞋及带钉的鞋,不准用带尖头的钢筋作撬动工具。

(6)在铺设过程中,为了防止大风吹损,在铺设期间所有的土工膜应用沙袋或轻柔性重物压住,直至混凝土保护层施工完,当天铺设的土工膜应在当天全部拼接完成。

(7)铺设时必须铺好一幅再铺另一幅,并与缝合同步。

(8)土工膜上不允许人员行走,不允许抛掷带利刃的物品,土工膜施工现场禁止吸烟。

2)复合土工膜的拼接

本工程采用两布一膜的复合土工膜,复合土工膜的连接分两个程序进行,即下层、上层土工布的缝接,中层膜的焊接。土工布的缝接用手提缝纫机、尼龙线进行双道缝接,搭接宽度 10 cm,缝宽 1 cm;膜采用焊接工艺连接,拼接包括土工布的缝接、土工膜的焊接,为了施工方便,复合土工膜的焊接均在施工现场进行。

3)复合土工布缝合

(1)复合土工膜缝合程序:对搭→折叠底布→缝合→检查→拉平→折边→验收。

(2)缝合方法:缝合使用手提式工业缝包机,缝线用 3×3(9 股)尼龙线,两人配合,边折叠边缝合,折叠缝合宽度约 5 cm。

(3)缝注意事项:复合土工膜在缝合时不空缝、跳线,如若发生,则应检查修复设备,重新缝合。

(4)缝合检查:复合土工膜缝合结束后应仔细观察所缝土工布,看有无空缝、漏缝、跳线,如若有不合格,应重新缝合。

4)复合土工膜焊接

复合土工膜焊接温度控制在 350~450 ℃,焊机选用 ZPH-210 自动爬行焊接机,行走速度控制在 1~2 m/min、2~3 m/min。

(1)焊接程序。

复合土工膜焊接程序:铺设、剪裁→对正、搭齐→压膜定型→擦拭尘土→焊接试验→焊接→焊接质量检查→对破损部位修复→复检修复部分→验收。

(2)焊接方法和步骤。

①土工膜焊接方法采用双焊缝搭焊;

②主要焊接工具采用自动调温(调速)电热楔式双道塑料热合机、挤压焊接机、用塑料热风焊枪作为局部修补用辅助工具;

③用干净纱布擦拭焊缝搭接处,做到无水、无尘、无垢,土工膜应平行对正、适量搭接;

④根据当地当时气候条件,调节焊接设备至最佳工作状态;

⑤在调节好的工作状态下,做小样焊接试验,试焊接 1 m 长的复合土工膜样品;

⑥采用现场撕拉检验试验,焊接不被撕拉破坏、母材不被撕裂认为合格;

⑦现场撕拉试验合格后,用已调节好工作状态的热合机逐幅进行正式焊接。

(3)焊接注意事项。

①土工膜搭接应平行对正,搭接适量,缝合要求松紧适度、自然平顺,确保膜、布同受力。

②焊机操作人员应严格按照复合土工膜施工工艺试验所确定的施工参数进行焊接,并随时观察焊接质量,根据环境温度的变化调整焊接温度和行走速度,但是,调整后的焊接温度和行走速度要在试验确定的参数变化范围之内,一般温度调到 350~450 ℃,速度 2~3 m/min。

③焊缝处复合土工膜应结为一个整体,不得出现虚焊、漏焊或超量焊。

④覆盖时,不得损坏土工膜,如果万一损坏,应立即报告,并及时修复。

⑤连接的两层复合土工膜必须搭接平展、舒缓。

⑥焊接前用电吹风吹去膜面上的砂子、泥土等脏物,再用干净毛巾擦净,保证膜面干净,保证焊接质量。

5)复合土工膜焊接检测

土工膜焊接完成后,立即对焊接进行检查验收,主要采用目测法进行外观检查,以充气法进行焊接质量检查。

(1)目测法。

土工膜焊接完成后,随即进行外观检查,观察有无漏接,接缝是否无烫伤损、无褶皱,是否拼接均匀,两条焊缝是否清晰、透明、顺直,无加渣、气泡、熔点或焊缝跑边等现象。

(2)充气法。

用自制充气试验装置以 0.18 MPa 压力向双焊缝间充气,38 min 内压力稳定在 0.15

MPa及以上为质量合格。

6）上层土工布缝合

土工膜焊接检测合格后，即可进行上层土工布缝合，上层土工布缝合采用手提封包机，用高强纤维涤纶丝线。缝合时针距控制在6 mm左右，连接面要求松紧适度，自然平顺，确保土工膜与土工布联合受力，上层缝合好后的土工布接头侧倒方向应与下层土工布的相反，减少接头处复合土工膜的叠合厚度。

（九）模板安装

侧模：所有侧模均采用12#槽钢制作，距侧模20 cm焊一支腿（用10#槽钢制作），支腿与槽钢主面垂直，便于在支腿上压砂袋进行固定。压沙袋前，模板外侧覆盖土工布，防止边沿处的混凝土渣落在土工膜上，以保护土工膜表面清洁，防止土工膜损坏。坡面与底面及上面边模交接处的模板需进行认真拼割、焊制，保证与坡面横断面的截面相同。经过混凝土浇筑前后对比，无跑模现象。模板固定方式可靠。

下部齿部位及上部的边模需用钢筋桩及木支撑牢牢加固，并保证与设计边线相吻合。

四周复合土工模及上下游保温板的防护：上部及下部所预留的土工膜同样是为后续施工所设，为保护其不受伤害，在施工过程中均将其卷成筒，并用塑料布包裹后，在上面覆土进行保护，上下游两侧的土工布和保温板均用彩条布进行覆盖防护，并用砂袋压牢。

施工缝处填塞闭孔泡沫板，闭孔泡沫板在出厂时即定制为（10+2）cm（即先割2 cm一条缝，以便日后凿出后打胶）。

（十）混凝土浇筑

1. 混凝土生产

纤维混凝土采用现场布置的两座HZS90型、一座HZS50型拌和站生产的混凝土，纤维混凝土原材料采用河南孟电集团水泥厂生产的水泥，上海罗洋新材料科技有限公司生产的纤维。

试验过程中，砂、石料、水泥、粉煤灰、减水剂、拌和用水全部经过检验，各种材料的计量器具经过计量部门标定，计量精度能满足要求，经过试验段的试生产，拌和站工作正常，能满足渠道混凝土施工的需要。

混凝土拌和物均匀一致，没有离析现象，混凝土拌和物的坍落度实测值比较稳定，拌和过程中严格控制出机口坍落度。

2. 混凝土运输

拌和物从拌和楼出料到入仓的时间一般控制为30~45 min，允许最长时间参照表1-7确定。

表1-7　混凝土运输时间控制表

施工温度（℃）	允许最长运输时间（h）	说明
5~18	1.75	温度为日平均气温，超过该时间，则将混凝土做弃料处理
19~28	1.50	
29~33	1.25	

为防止混凝土拌和物在运输过程中发生离析现象,所有用于衬砌的混凝土拌和物均采用混凝土罐运输。拌和站与现场协调一致,随时听从现场负责人安排实施拌和,保证现场机不等料、料不等机。

每次装运混凝土前,必须将罐车内清洗干净,保持罐内湿润、无存水。

混凝土运输罐车在装、运、卸过程中杜绝加水。每次施工完成后,停车时必须仔细清洗罐内的残留物。

3. 机械调试

施工前,对施工现场准备工作进行如下检查:

(1)首先检查和校对原材料的规格和混凝土配料单是否与设计配合比相符合,各项指标是否合格。

(2)校核轨道板高程和基准线位置。

(3)依照设计边线立模板并加固牢靠、将四周多出的复合土工膜卷好并用彩条布进行覆盖保护、待验。待衬砌段左右铺设防滑梯板,便于施工人员坡面作业。

(4)拌和系统应运转正常,运输车辆准备就绪。

(5)衬砌机在仓面起始位置调整好坡比,并设定衬砌机上下液压升降机构调节衬砌板厚度的设置,空载试运行正常。

(6)桁架抹面机和振捣棒、平板振捣器等其他工器具准备情况及运行状态正常。

上述各项内容准备齐备、具备验收条件后,报送开仓报审表,待监理工程师批复后,开始混凝土浇筑。

4. 混凝土施工

(1)开始浇筑前,首先在现场及时检测罐车出口混凝土的坍落度,保证正常布料,且混凝土能稳定在坡面上,不出现滑涌现象。

施工现场安排专人指挥布料。布料时,先向料斗及皮带上面洒水使其湿润(且无水流)。混凝土罐车将混凝土拌和物卸在料斗内,由皮带机上料机将混凝土输送至皮带机上,由皮带机将物料运送至导料仓,混凝土经导料仓流入临时储料仓,由储料仓将混凝土均匀摊铺于工作面,混凝土经布料系统自带的振捣片振捣密实。衬砌机在料斗布满料后先开动振捣器,后行走,在行至接头位置或者停机待料时先止停行走后停止振动,以保证混凝土料的振捣均匀。

(2)混凝土摊铺压实、振捣提浆。

由于本衬砌机特性,齿槽处和渠肩平台处需人工配合衬砌机施工,故分三部位:齿槽处、坡面、渠肩平台处。

齿槽处:由衬砌机将混凝土分层摊铺于齿槽中,布料时开启50型振捣棒振捣该齿槽部位,至表面泛浆,混凝土拌和物不再明显下降。

坡面:衬砌机小车行走速度要适中,保证摊铺过去没有漏铺。

坡面上若出现露石现象,由人工及时填补原浆。

渠肩平台处:该部位经衬砌机铺料后,由专人将该部位多余混凝土运走,沿基准线整平后用平板振捣器振实。

齿槽处和渠肩平台处安排专人施工,需保证混凝土密实、上下内侧棱线顺直。

（3）混凝土的浇筑方向是沿渠坡全断面进行，所有施工缝均设置在通缝处。当上仓混凝土开始施工时，可先在混凝土侧面上用双面胶将泡沫板粘牢，通缝板高度与混凝土板相同（12 cm），在上部 2 cm 处用美工刀划开，但不切透，等后期进行密封胶填缝施工时再撕开拉出。

（4）两个仓面的接合处，在混凝土摊铺后及时用 2 m 直尺检测，铲除超厚的混凝土，并用振捣棒适当振压提浆，同时人工配合清除边缝处的混凝土石渣等，可避免错台现象的发生。

（5）混凝土抹面施工。

混凝土摊铺机后面的摊铺宽度有 2~3 m 以上时，便可用抹面机进行抹面、收平、进一步提浆，首次抹面时，混凝土表面还比较稀软，从下而上进行，抹面机的适易高度以刚好接触到混凝土表面为好。在向下放抹面盘时，应先转动磨盘、后下降落，不可将磨盘下降到位后再开动转盘，这样电机不易转动，会导致烧毁电机。

抹面机每次移动间距为 2/3 圆盘直径，在连续作业时能保证不发生漏抹、表面均匀一致为宜。

当混凝土开始初凝时，再用圆盘面连续抹面一次，以表面平整、提出的浆面均匀为宜。

边角、坡顶及坡底抹面机不能到的位置全部由人工进行抹面和收光，两侧有边模的位置，采用人工及时进行修理。

（6）人工收光。

用抹面磨盘对混凝土表面进行磨平以后，用手指轻压混凝土表面，当表面发硬、但稍有印痕时，便可及时进行压光处理，消除表面气泡，使混凝土表面平整、光滑无抹痕。

过早不易压光，会有划痕；过迟会因局部的不平，抹不到的位置表面发白、不美观。

收光时间主要集中在混凝土衬砌后的 3~5 h 进行，保证了混凝土的表面平整、光洁。

平整度控制要点就是收面的工人每人以一杆 2 m 靠尺，在收面时要时刻控制混凝土表面的平整度满足 8 mm/2 m 的要求。

5. 坡面混凝土板厚度检测

（1）衬砌机行走时，现场技术人员随时检测衬砌机压光柱下净空厚度和已衬砌面板厚度，发现异常情况及时报告，查找原因及时调整。

（2）衬砌机摊铺时按 1.1 系数虚铺，在该浇筑过程中，总共对 5 个断面分别测其厚度，每个断面测 4 点。板厚均在 12~13 cm，满足施工要求。

6. 混凝土养护

完成抹面及收光后的混凝土应及时进行保湿养护。

（1）保湿养护方式：衬砌混凝土板在切缝前，用土工布覆盖洒水保湿养护。为防止养护膜被风吹起影响养护效果，土工布四周及坡面上均用砂袋压稳。为保证养护效果，每天中午向薄膜下洒水保证混凝土表面湿润。

（2）养护期：衬砌混凝土保证湿润养护，养护期满足设计 28 d 的要求。

7. 切缝

不同温度下切缝时间按表 1-8 进行。

表1-8 不同温度下切缝时间

昼夜平均温度(℃)	5	10	15	20	25	30
切缝时间(h)	45~50	30~45	22~26	18~21	15~18	13~15

进行切缝时,混凝土强度必须满足不飞石、不掉角、不破坏混凝土表面为宜,目前阶段主要在混凝土浇筑30 h后开始进行。切缝完成后面板没有因切缝而遭到破坏。

(1)纵缝切割。

轨道搭设时,应从坡脚最下部开始,方法为:①先放线,定出要切缝的位置;②在最下部打钢筋撅,沿坡面支撑带有丝顶托的架管,沿架管顶部铺设水平方向的方管轨道或角钢轨道,调整丝杠的长度,使其轨道与纵缝平行;③用绳子牵引切缝机沿坡面缓缓放到轨道位置,小心摆正位置,再次调整丝杠的长度使金刚石刀片在与坡面垂直方向刚好与要切的缝相吻合;④在预切缝的正前方固定一台专用的手动慢速减速机,减速机的牵引绳用直径4 mm的镀锌钢丝(6×21或更软的钢丝绳)为宜;⑤因设备自带水箱在坡面上已不能发挥作用,采取在坡面上部的一级马道上放置两个容量约1 m³的塑料水箱(方便移动),用塑料软管向切割机供水;⑥移动配电箱应按国家用电安全标准购置或单独安装,漏电保护系统应经现场检测,必须灵敏有效;⑦各项准备工作做好后,可进行试切。观察行走时,所切的缝是否平顺且行走是否方便省力。若行走困难,缝宽明显不够2 cm,可能是所制作的下边线前后导轮外切线与切割片平面不平行所致,应及时进行校验。另外,在切割时应注意观查水路是否畅通,以免切割片受热变形。

(2)切缝用HLQ-18型混凝土切割机进行。切缝施工在衬砌混凝土抗压强度为1~5 MPa时进行,采用切缝机进行割缝,混凝土终凝后进行试切,以混凝土不掉角为切缝最佳时机。纵缝切割从坡脚开始向上分道切割,切缝时沿缝面安设轨道定位,并做好轨道支撑。横缝切割沿坡面由下而上,坡顶用手动辘轳牵引。切缝时控制深度,在切缝机刀片两侧设置限位板控制切缝深度,不得破坏复合土工膜,通缝控制深度10.8 cm,半缝深度控制8 cm。

切缝时间的控制:切缝过早,混凝土易发生掉角掉块情况;切缝过晚,混凝土易发生裂缝情况。结合其他标段的经验和现场总结,在目前的气候状况下,切缝以收仓后12~24 h开始切缝为宜,为避免裂缝的出现,切缝时间尽可能短为宜,根据浇筑仓段大小,配置2台切缝机。气温发生变化和切缝出现异常时应做两组试块同条件养护,根据试块的抗压强度确定最佳切缝时间。

六、资源配置

(一)劳动力配置

劳动力配置见表1-9。

表 1-9 劳动力配置

序号	名称	单位	数量	说明
1	管理人员	人	6	本标段拟投入 3 支渠坡机械衬砌队伍,1 支渠底机械衬砌队伍,2 支人工渠坡衬砌队伍,2 支人工渠底衬砌队伍
2	混凝土工	人	42	
3	模板工	人	22	
4	机械工	人	24	
5	汽车司机	人	12	
6	电工	人	4	
7	其他技工	人	30	
8	普工	人	40	
合计		人	180	

(二)主要施工机械设备配置

主要施工机械设备配置见表 1-10。

表 1-10 主要施工机械设备配置

序号	名称	规格型号	单位	数量	说明
1	混凝土拌和站	—	座	3	
2	渠道衬砌机	DZ-1	台	4	3 台渠坡衬砌机,1 台渠底衬砌机
3	双盘渠道混凝土抹光机	SQHM120-7.5×2	台	1	
4	混凝土搅拌运输车	8.0 m³	辆	10	
5	装载机	ZL50	辆	4	
6	挖掘机	CAT320/PC220	台	8	
7	移动式插入式振捣棒	50 型	台	24	
8	移动式插入式振捣棒	30 型	台	24	
9	自卸车	20 t	辆	10	
10	手提电锯	ϕ300	台	4	
11	割缝机	—	台	4	
12	平整度检测尺	2 m	把	8	
13	平板振捣器	1.5 kW	台	4	
14	手提式工业缝包机	—	台	4	
15	土工膜焊接质量充气检测器具	—	套	4	自制

续表 1-10

序号	名称	规格型号	单位	数量	说明
16	牵引绳(保险绳)	30 m	根	8	
17	土工膜热熔自动焊接机	—	台	4	
18	塑料热风焊枪	—	台	4	
19	污水泵	2 in(1 in=2.54 cm)	台	8	
20	发电机	—	台	4	

　　受桥梁变更、工期调整、防渗墙、水泥土变更、缺口的形成与填筑、沉降周期影响,本标段衬砌工作不能够按里程连续作业,每台衬砌机均需根据之前施工完成段落情况增加转场次数。每台衬砌机转场时配置 2 台 50 t 汽车吊、一台 50 t 拖车、20 名技术工人配合转场、倒运、重新组装工作。

第三节　总干渠渠道降水施工方案

一、工程概况

(一)工程简介

　　本标段渠道采取半挖半填方式形成,渠底开挖深度 2~7 m,部分渠段开挖需采取降水方式满足渠床开挖及渠道衬砌施工。

(二)工程地质与水文地质

　　参照第一节水文、地质条件部分。

二、施工总体安排

　　本标段渠道填筑及衬砌施工受焦作市城区排污系统影响,渠道填筑采取预留缺口分段填筑方式形成,渠道衬砌施工要求渠堤填筑满足沉降要求后进行,因此渠道衬砌施工需与分期填筑后的沉降期同步考虑,渠道衬砌要求分段进行。考虑到本标段衬砌工作不能连续进行,沿基坑外围降水形成完整降水基坑较困难,衬砌任务繁重,6~9 月为汛期也是衬砌施工高峰期,为满足渠道衬砌施工,初拟降水管井沿渠道中心布置。

三、降水施工方案

(一)降水井布置

　　因本标段全线长 4.3 km,沿线地下水位深度变幅较大,根据地质剖面图,Ⅳ33+700~Ⅳ34+800 段地下水位高于渠底高程 2.5~4 m;Ⅳ34+800~Ⅳ35+900 段地下水位高于渠底高程 0~2.5 m;Ⅳ35+900~Ⅳ36+500 段地下水位于渠道底附近。闫河倒虹吸出口段至Ⅳ38+000 地下水位基本在渠道设计开挖底部以下。为保证渠道衬砌施工顺利、有效、安全进行,渠道降水井的设计布置初步按照以下方案进行:

渠底开挖初期阶段：开挖层基本位于渠道地下水位高程以上，此阶段先暂不进行降水井的布置，只需排除雨水及施工弃水，采用分层开挖，开挖区域在水平面上保持不小于1%的坡度，并开挖临时排水沟槽，然后在最低处挖积水坑采用明排方式可适当降低地下水位。

为满足地下水高程以下渠底开挖及后期衬砌施工要求，分别在Ⅳ34+500、Ⅳ35+010、Ⅳ35+900处渠道中心布置试验井，井深分别为17 m、15 m、13 m，管井采用φ300无砂混凝土管。

在距离降水井10 m和16 m位置分别布设观测井具体详见图1-3和图1-4。

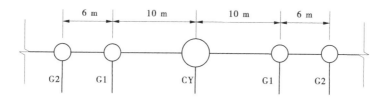

图1-3　典型降水试验井平面布置图

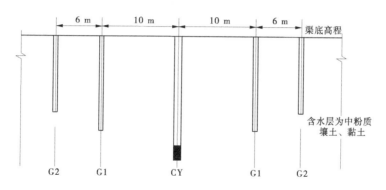

图1-4　典型降水试验井立面布置图

降水试验井井内布置一台潜水泵，水泵型号为QS20-28/2-3，功率3 kW、扬程28 m、每小时抽水量约15 m³，配合2 in塑料排水管抽排至总干渠北岸临时雨污合流沟。项目部结合倒虹吸基坑开挖降排水施工经验，根据地质剖面图及招标文件技术条款提供的地质水文资料，同时结合目前渠道开挖及降水试验资料，以渠道100 m为一个降水单元进行计算，确定渠道衬砌施工所需布井数量及间距。本方案以Ⅳ34+500段降水试验井的数据进行渠道衬砌施工所需降水井参数的确定。

1. 渗透系数

依据《建筑施工计算手册（第二版）》第三章中土的渗透系数计算公式进行计算，渗透系数计算简图见图1-5。

设1个观测孔时：

$$K = 0.73Q_0(\lg r_1 - \lg r)/(h_1^2 - h^2) = 0.73Q_0(\lg r_1 - \lg r)/(2H - S - S_1)(S - S_1)$$

$$(1-1)$$

设2个观测孔时：

$$K = 0.73Q_0(\lg r_2 - \lg r_1)/(h_2^2 - h_1^2) = 0.73Q_0(\lg r_2 - \lg r_1)/(2H - S_1 - S_2)(S_1 - S_2)$$
$$(1-2)$$

式中:K 为渗透系数,m/d;Q_0 为抽水量,m^3/d;r 为抽水井半径,m;r_1、r_2 为观测井 1、观测井 2 至抽水井的距离,m;h 为由抽水井井底标高起算完全井的动水位,m;h_1、h_2 为观测井 1、观测井 2 的水位,m;S 为抽水井的水位降低值,m;S_1、S_2 为观测井 1、观测井 2 的水位降低值,m;H 为含水层厚度,m。

依据观测及计算数据及以上公式可得本工程为:$K = 3.5$ m/d。

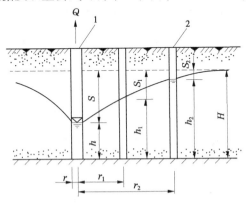

1—抽水井;2—观测井

图 1-5　渗透系数计算简图

2.影响半径计算

$$R = 1.95S\sqrt{HK} = 1.95 \times 12 \times \sqrt{14 \times 3.5} = 164(m) \qquad (1-3)$$

式中:R 为影响半径,m;K 为渗透系数,m/d;H 为潜水含水层厚度,m;S 为水位降低值,m。

依据观测数据及以上公式可得本工程影响半径为:$R = 164$ m。

3.基坑涌水量

$$Q = 1.366KH^2/\{\lg(R + r_0) - \lg r_0\} =$$
$$1.366 \times 3.5 \times 14 \times 14 \div \{\lg(164 + 35) - \lg 35\} = 1\,244(m^3/d) \qquad (1-4)$$

式中:Q 为基坑涌水量,m^3/d;R 为影响半径,m;K 为渗透系数,m/d;H 为潜水含水层厚度,m;r_0 为引用基坑半径,m,对于矩形基坑,$r_0 = u(L+B)/4$,L、B 分别为矩形的长度和宽度,u 可取值为 1.12。

依据试验现场观测数据及以上公式可得本工程基坑涌水量为:$Q = 1\,431$ m^3/d。

4.井点数的确定

$$n = Q/Q_0 = 1\,244/360 = 3.5,取 4 \qquad (1-5)$$

式中:Q 为基坑涌水量,m^3/d;Q_0 为单井抽水量,m^3/d。

5.井间距的确定

$$D = L/n = 100/4 = 25(m) \qquad (1-6)$$

式中:D 为井间距,m;L 为基坑长度,m;n 为井点数。

渠道底部宽度为 21 m,最不利水位为渠道坡脚位置距离井中心 10.5 m≤$D/2 = 12.5$

m,降水井能满足渠底施工降水要求。

6. 降水井深度确定

$$H = H_1 + h + JL + l \tag{1-7}$$

式中:H 为降水井深度,m;H_1 为井口至渠底板距离,m;h 为地下水位与渠底板距离,取 1 m;J 为水力坡度,为 $1/1.4$;L 为降水井距渠中心最不利点的水平距离,12.5 m;l 为水跃值、沉淀管长度,取 2 m。

本工程降水井深度为:$H = 3+1+12.5 \times 1/1.4+2 = 14.93(\mathrm{m})$。

为安全及汛期降水考虑,抽水泵需要安置在沉淀管之上,并保持一定的安全距离;同时井管露出地面高度取 $0.2 \sim 0.3$ m,降水井深度取为 17 m(包含沉淀管)。渠段地下水位较低或较高时,根据实际情况进行调整,以达到经济、实用的目的。

根据以上计算,确定本施工段(Ⅳ33+700~Ⅳ34+800)降水井井深 17 m,井间距 25 m,管径采用无砂混凝土管(管内径 30 cm,外径 40 cm,每节管长 0.90 m),每口井配置 QS20-28/型潜水泵 1 台($Q = 15$ m³/h、扬程 28 m、功率 3 kW、电缆 40 m、2 in 塑料管 60 m)。

在 Ⅳ34+500 处布置了降水试验井,其降水曲线见图 1-6。

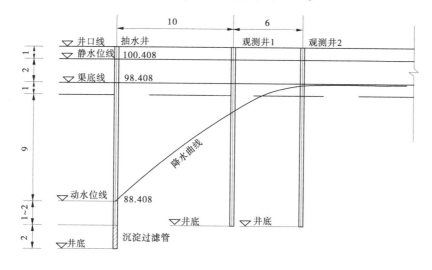

图 1-6　Ⅳ34+500 处降水曲线图 （单位:m）

结合现场实际情况,运用相似的原理和方法,在 Ⅳ35+010、Ⅳ35+900 处布置了降水试验井,其降水曲线分别见图 1-7、图 1-8。

施工段Ⅳ34+800~Ⅳ35+900 地下水位高于渠底高程 $0 \sim 2.5$ m,布置降水井井深 15 m(包含沉淀管),井间距 25 m。Ⅳ35+900~Ⅳ36+500 段地下水位于渠道底附近,布置降水井井深 13 m(包含沉淀管),井间距 25 m。闫河倒虹吸出口(Ⅳ36+997)至 Ⅳ38+000 地下水位基本在渠道设计开挖底部以下,不设置降水井,只需排除雨水及施工弃水,明渠开挖采用分层开挖,开挖区域在水平面上保持不小于 1% 的坡度,并开挖临时排水沟槽,然后在最低处挖积水坑,以保证雨水和施工弃水能够向低处汇集,然后架设潜水泵集中排出施

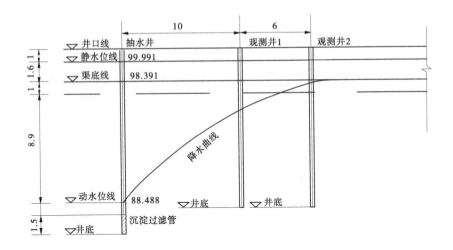

图 1-7 Ⅳ35+010 处降水曲线图 （单位：m）

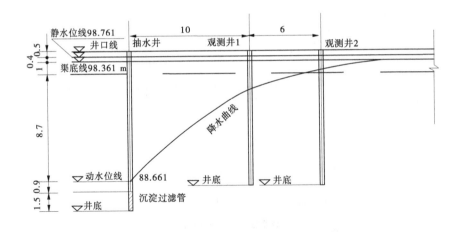

图 1-8 Ⅳ35+900 处降水曲线图 （单位：m）

工作业区范围。

原合同文件中：渠道每 400~500 m 为一段，流水作业施工。根据衬砌施工进度及计划安排，结合现场实际条件，施工期间及施工完成后一段时间 1# 至 8# 抽排泵站尚无法运行，降水工作将连续进行。为了最大程度地减少渠道降水对施工的干扰，在渠底含水层开挖前 30 d 开始降水，待渠底开挖及底板衬砌完成后，衬砌混凝土达到设计强度，同时抽排泵站及渠道自排系统满足运行条件后方可停止降水井运行，减少地下水对渠底的浮托力，降水井具体停止运行时间以实际为准。

管井后期处理：降水管井停用后，采用砂砾石料进行充填处理，砂砾石含泥量不大于10%，其最大粒径不大于 50 mm，砂砾石料分层充填，采用夯机夯实。在井口采用 C10 混凝土进行封堵处理，封堵长度为 2 m。

（二）降水井施工

1. 施工流程

井位测放→钻机就位→钻孔清孔→下井管→填砂砾料→洗井→置泵试抽水→正常抽水记录。

2. 抽水井的钻探

（1）井位测放：抽水井和观测井根据孔位布置图结合现场情况确定，测量人员按照平面图井位控制坐标使用全站仪测放井位，井位测放误差小于 30 cm。布设井点要避开渠底横向排水管及泵站部位导水管位置。

（2）钻机就位：按照选定的抽水井和观测井的孔位，架设钻井机具，平稳牢固，勾头、磨盘、孔位三对中，并做好施钻前的准备工作（如井管、砂砾料的采购等）。

（3）钻进清孔：钻孔采用 SPJ-300 钻机，成孔直径 800 mm，钻进前量好钻具总长度，精确计算出机上余尺，控制钻进深度。钻进中要对地层进行描述，明确含水层的确切层位和岩性。钻孔严格控制井孔垂直度（$\alpha \leqslant 1\%$），保证井孔孔径上下一致，严格控制钻孔的垂直度，以保证混凝土透水管顺利下入井内。钻孔底部比管井的设计底标高深 0.5 m 以上。钻孔完成后将钻具提升至距孔底 20～30 cm 处，开动泥浆泵及时清孔，清除孔内沉渣及余土，孔内沉淤应小于 20 cm，保证孔底高程达到设计标高。

（4）下井管：井管采用多孔无砂混凝土管（管内径 30 cm，外径 40 cm，每节管长 0.90 m），井管应平稳入孔，以免脱落，井管要求下在井孔中央。管顶应外露出地面 30 cm 左右。为了保证井管不贴靠在井壁上，使井管外有一定的填砂砾宽度，在井管上下各加一组扶正器，保证井管外侧的填砂砾间隙。下管要准确到位，自然落下，不可强力压下。下好井管后，校正井管使其居中并临时固定。

（5）填砂砾料：井管固定好后，在井管外侧回填砂砾料；为了防止上部泥浆及降水直接流入砂砾料内影响成井质量，在砂砾料灌填结束后，在井口上部 1.0 m 范围回填黏土进行封口。

（6）洗井：洗井采用空压机洗井，间歇向井内注入压缩空气，以形成风水联合将井壁周围的沉淀携带出井口，洗井要求达到井内出清水、基本不含砂。

（7）排水、供电系统安装。

洗井结束后，待水位恢复再按设计位置下入水泵，下入位置宜在井管下半部沉淀管顶部以上，以保证足够的降深。

①水泵及排水管安装。

水泵安装在距井底 2 m 处，采用钢丝绳悬吊，人工提升，水管采用 2 in 塑料管，每口井直接从井内敷设至集水总管，排入北岸临时雨污沟。

②供电系统安装。

降水供电采用独立的线路，其他施工电源不得接线。主供电线路采用 35 mm² 的电缆沿井敷设，敷设两条线路，此两条线路按井间隔供电，即使一条被意外破坏，还有一半的井可以继续抽水，防止地下水位上升浸泡基坑。每一口井旁边设一电源控制开关独立控制，在水泵出现问题时不至于影响其他井抽水。

考虑到工程降水不能间断，备用发电机、备用电源与系统电源之间设切换控制设备，在系统电源停电后,10 min 内可以启动备用电源并供电,以确保基坑安全。

降水井设 8 人 24 h 进行管理运行,确保降水连续进行。为减少施工干扰,避免抽水设施被碰撞、碾压受损,施工期间使地下水位保持在开挖底板以下 1.5 m 左右。每天至少观测地下水位两次,在雨季或河水位上升时,应当加密观测频率,确保降水安全运行。抽水井须进行标识,抽水井周边要设置警示标志,井顶要覆盖。

降水井施工过程产生的弃渣、弃土临时集中堆放,最后采用反铲配合 10 t 自卸汽车装运至民主路西堆土场,单程运距约 3 km。

四、降水资源配置

(一)人力资源配置

人力资源配置见表 1-11。

表 1-11　人力资源配置

序号	岗位	人数	说明
1	组长	1	
2	副组长	2	
3	班长	2	昼、夜各 1 人
4	专(兼)职安全员	2	
5	技术员	2	昼、夜各 1 人
6	水泵工	5	
7	电工	2	
8	钻孔工	5	
9	普工	6	
	合计	27	

(二)主要设备及材料配置

主要设备及材料配置见表 1-12。

表 1-12　主要设备及材料配置

序号	机械名称	规格型号	数量	说明
1	水井钻机	SPJ-300	3	打井造孔
2	发电机	50 kW	2	备用
3	潜水泵	QS20-28/2-3	50	抽水
4	电测水位计	—	5	
5	2 in 塑料白管	m	3 000	抽水
6	电缆线(35 mm^2)	m	3 000	抽水
7	配电柜	个	30	
8	多孔无砂混凝土管	m	1 538	降水井管安装
9	砂砾料	m^3	500	井四周及后期回填
10	C10 混凝土	m^3	80	井口封堵

注:具体工程量(包含抽水用电)以现场实际的发生量为准。

五、施工注意事项

（1）井管埋设应无严重漏气、淤塞、出水不畅或死井等情况。

（2）冲、钻孔机操作时应安放平稳，防止机具突然倾倒或钻具下落，造成人员伤亡或设备损坏。

（3）已成孔尚未下井管前，井孔应用盖板封严，以免掉土或发生人员安全事故。

（4）各机电设备应由专人看管，电气必须一机一闸，严格接地、接零和安装漏电保护器，水泵和部件检修时必须切断电源，严禁带电作业。

（5）成孔时，如遇地下障碍物，可以适当调整井的位置，钻下一井眼。

（6）井眼使用后，中途不得停泵，防止因停止抽水使地下水位上升，造成淹泡基坑的事故，一般应设双路供电，备用1台发电机。

（7）井眼使用时，正常出水规律是"先大后小，先混后清"，如不上水、水一直较混，或出现清后又混等情况，应立即检查纠正。井管淤塞，可通过听管内水流声，手扶管壁感到振动，夏冬季手摸管子冷热、潮干等简便方法检查。如井管淤塞太多，严重影响降水效果，应逐个用高压水反复冲洗井管或拔出重新埋设。

（8）在土方开挖后，保持降低地下水位在基底1 000 mm以下，以防止地下水扰动地基土体，对施工造成干扰。

（9）排水明沟及抽水井周边要制作安装警示牌防止人员车辆掉入明沟，跨沟设施埋设承压混凝土管。

（10）总干渠基坑降水期间，在有重要建筑物的地段，基坑周围布置变形观测点，进行定期观测，确保附近建筑物的正常、安全使用。必要时，可采取有关措施（如地下水回灌、施工帷幕、支护等），减小地面变形对建筑物的损坏程度。

第四节　渠道衬砌水泥土垫层施工方案

一、工程概述

根据图纸要求，总干渠渠道渠坡部分段落采用0.15 m水泥土垫层截渗，铺设范围为挖填分界线（清基后）以下0.3 m至堤顶。

根据总干渠焦作1段2标（城区段变更方案）渠道衬砌设计蓝图要求，水泥土的水泥掺入量暂定8%，压实度为98%。

二、施工计划安排

水泥土总施工进度计划与渠道衬砌施工同步。

三、材料的选取

（1）水泥：选用孟电P·O 42.5普通硅酸盐水泥。

（2）土料：采用经试验的合格土料。

四、碾压参数

经水泥土垫层工艺性试验比选,选定的水泥土碾压参数为:

(1)机械参数:由于拌和及压实设备型号已选定,故机械参数已经确定,采用 3 t 斜坡碾。堤顶自制卷扬小车牵引。

(2)行车速度:振动碾行车速度 1.5~2 km/h。

(3)铺料方法:利用装载机配合人工进行铺料,用自卸汽车将合格土料及水泥运至现场拌和机附近,经灰土拌和机拌和的水泥土直接卸至装载机上。

(4)铺料厚度:18 cm。

(5)拌和方式:灰土拌和机拌和。

(6)碾压方式:卷扬小车平行渠堤轴线进退开行,当碾压条带合格后,移动卷扬小车,进行下一个条带碾压。

(7)碾压遍数:静压 2 遍,振压 8 遍。

(8)混合料含水率:取最优含水率 16%。

五、水泥土垫层施工方法

(1)水泥土垫层施工基本流程如图 1-9 所示。

(2)边坡修整、测量验收:对边坡进行清坡、测量、取样检测验收。

(3)土料装运:采用挖掘机与自卸汽车进行合格土料装运至灰土拌和机附近。

(4)水泥土拌制:拌制前将土料中树木、草皮和杂土清除干净,土中的超大颗粒通过灰土拌和机自身的筛网,将土料内大粒径土料全部剔除,以使粒径含量要满足有关技术要求,满足拌和质量要求。土料集中于移动式灰土拌和机附近采用厂拌法拌和。灰土拌和机由行走装置、斗架、皮带机、料斗、动力装置、电控箱等六部分组成。土料和水泥由装载机分别装入料斗,靠自重沉积在底部给料皮带机上,将水泥土中成分的质量比换算为体积比,通过电控箱调整皮带机的运转速度来控制物料重量,皮带机运转后,物料经皮带机进入搅拌斗搅拌,并适当添加水,拌制完成后,用装载机配合人工进行布料,控制水泥土松铺厚度并取样检测水泥土的最优含水率和水泥剂量。若不符合要求进行调整,每次拌制的水泥土必须在 4 h 内填筑完成。水泥土生产工艺流程如图 1-10 所示。

(5)水泥土水泥剂量和含水率校核:及时取样检测水泥土含水率,拌和添加的土料、水泥重量比例。

(6)摊铺:按照试验暂定水泥、土料、水按一定比例在灰土拌和机拌制均匀后,用装载机配合人工均匀虚铺在渠坡面。

(7)碾压:采用 3 t 斜坡碾。堤顶用一个卷扬小车作牵引动力。卷扬小车平行渠堤轴线进退开行,当碾压条带合格后,移动卷扬小车,进行下一个条带碾压。控制振动碾行车速度为 1.5~2 km/h。在专人指挥下进行碾压,已铺土料表面在压实前被晒干时,进行洒水湿润,控制填筑土料的含水率,以利充分压实。碾压后测量区段高程。

(8)密度检测:取样时在施工区段内按监理人要求取样。当各施工段静压 2 遍,振碾 8 遍后,试验人员立即用环刀取土样,在样品上分别做好区段、位置标识,将标识好好样本

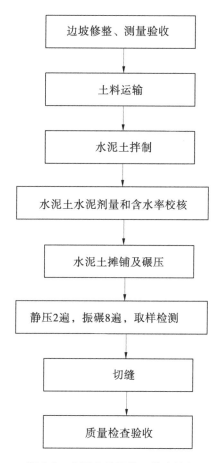

图 1-9 水泥土垫层施工基本流程

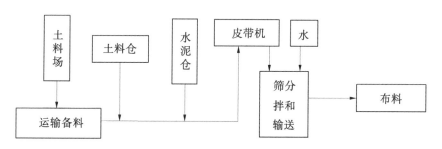

图 1-10 水泥土生产工艺流程

用塑料袋装好,送往试验室进行试验检测。

(9)水泥土垫层切缝。

根据水泥土垫层试验分析成果,在春、秋季节,可在水泥土垫层覆盖洒水养护 5 d 后进行切缝施工。具体切缝施工方法为:

①待水泥土垫层养护达到 5 d 后,先由测量人员根据施工图纸水泥土分缝位置确定切缝横向及纵向位置,并用小铁钉固定作为标志点。

②待测量放置完成控制点后,由现场施工技术人员根据控制点位,使用墨斗弹线,弹

出横向及纵向切缝线。

③待横向及纵向切缝线确定后,按照先切横缝、后切纵缝的原则,将施工所配置的切缝机就位,并按照水泥土切缝宽度(2 cm)及深度为水泥土垫层厚度的一半的原则,沿弹好的灰线进行切缝,水泥土垫层沿纵向暂定为 8 m 一段,与上部土工膜及衬砌缝错开布置。

④待切缝完成后,由施工人员使用小型吹风机将缝面内的土料细末清除,并用扫把将坡面水泥土细末料清扫至渠底部位,集中处理。修补拟定为丙乳砂浆。在上层砂垫层施工前 3 d 进行修补。

施工过程中由现场监理全程旁站监督。

(10)采用洒水、覆盖湿土工布等方法进行养护。

六、资源配置

资源配制(劳动力、机械设备)见表 1-13 和表 1-14。

表 1-13　劳动力配置

序号	工种	人数	说明
1	工班长	2	
2	普工	20	
3	机械操作工	4	
4	电工	2	

表 1-14　机械设备配置

序号	机械名称	型号	单位	数量	说明
1	反铲	CAT320	台	1	
2	推土机	TY220	台	2	
3	自卸汽车		辆	2	
4	洒水车	5 t	台	1	
5	振动碾	3 t	台	1	
6	装载机	ZL50	台	1	
7	灰土拌和机	HTB-200	台	1	
8	切缝机		台	1	
9	小型吹风机		台	1	
10	全站仪	TCP802power	台	1	
11	渠道水泥土削坡机	RWCOY12	套	1	
12	土工试验设备		套	1	
13	自制卷扬小车		套	1	

第五节　左岸渠堤缺口填筑施工方案

一、工程概况

该缺口实际桩号为Ⅳ37+914~Ⅳ38+049,长度为 135 m,该段渠堤设计高程为 106.85 m,缺口填筑高度约为 5.5 m。

二、工程量

根据渠道施工图图纸及现场测量高程计算,缺口回填主要工程量见表 1-15。

表 1-15　Ⅳ37+914~Ⅳ38+049 段缺口回填主要工程量

序号	施工项目	单位	数量	说明
1	Ⅳ37+914~Ⅳ38+049 段缺口削坡开挖	m³	300	
2	Ⅳ37+914~Ⅳ38+049 段缺口土方填筑	m³	6 282	

三、施工方法

(一)施工顺序

渠道缺口回填施工顺序如图 1-11 所示。

(二)施工便道修筑

该处缺口原地面高程与设计渠堤高程之间的高差为 7.5 m,为了不破坏已填筑完毕的渠堤,保证已填筑渠堤质量,应在Ⅳ37+697~Ⅳ37+897 段左岸渠堤内侧修筑一条 7 m 宽的临时施工便道通往回填作业面,该路段根据现场实际情况用 SD220 型推土机推平即可满足施工需要,填筑面垂直道路需用渠堤回填料按不大于 10% 的坡度贴渠堤填筑形成,在渠堤填筑最后 3 层时,用 CAT330 型反铲挖除该道路回填渠堤,该路段需土量约为 2 100 m³,渠道填筑后 3 层需土量约为 1 100 m³,剩余量最后运往其他回填面。

(三)放坡开挖

根据《南水北调中线一期工程总干渠温博段、沁河倒虹吸段及焦作 1 段渠道开挖及填筑施工技术要求》的规定,缺口两侧已填筑完毕的渠堤的接合面按 1:3 预留,现根据《设计通知单焦 1 设-2011-02》的要求,缺口的接合面两侧应以斜面相接,搭接坡度不陡于 1:5,所以需对缺口两侧已填筑完毕的渠堤的接合面按照《设计通知单焦 1 设-2011-02》的要求进行削坡处理。

(四)原填筑面处理

该段渠道回填面经过了一年多的沉降期,表面已经板结,需对原填筑面进行刨毛及洒水增湿等处理,表面固化土清理完成后,再次进行碾压施工,使该段回填面满足设计要求,试验人员对该填筑面进行环刀法取样,在室内检测其压实度,确定该渠堤填筑是否满足设计要求;若不满足,则进行补压,直至土料压实度满足设计要求,若已满足,则进行下一工序。

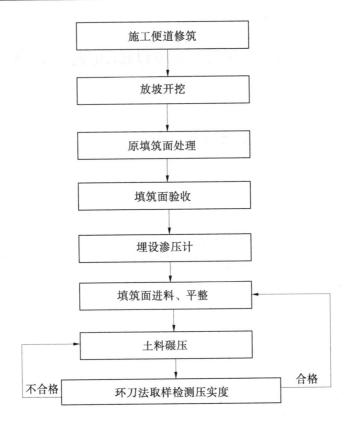

图 1-11　渠道缺口回填施工顺序

（五）填筑面验收

原填筑面处理完毕后,由质检科会同监理、地质、设代、业主等单位联合验收此段回填作业面,然后进行回填作业。

（六）埋设渗压计

在填筑面验收完毕后,通知安全监测施工单位在缺口结合面埋设渗压计,每个结合面埋设 2 个。

（七）填筑面进料、平整

1. 土料选择

选用土料应满足焦 1 设－2011－02 号文件《总干渠渠道缺口处填筑施工技术要求》的规定,缺口部位填筑土料的黏粒含量宜比已填筑土体的黏粒含量高 0~5% 的要求,以及渠道土方回填的要求。

该缺口原填筑土料为圆融寺取土场调入土料,黏粒含量为 15.8%,按照相关文件的要求,选用焦作 2 段Ⅲ标取土场调入土料,通过试验做出该土方回填料的最优含水率为 18.4%,最大干密度为 1.76 g/cm³,黏粒含量为 28.8%,满足文件要求。

2. 填筑面进料、平整

填筑土料采用临时堆土区内的土料利用 20 t 自卸车拉运至施工现场,渠道填筑分层进行,采用自卸车卸料,推土机或平地机平整,人工辅助。

卸料前,使用测量仪器放出本层的填筑控制线和控制高程,控制边线考虑每侧超填50 cm 左右(根据碾压设备和碾压试验确定),铺料厚度根据干渠渠堤土方填筑碾压试验报告确定为 35 cm。

卸料时根据土料含水率采用不同方法,当含水率高于最优含水率时用进占法进行卸料,边卸料边用推土机摊铺,自卸汽车行走平台及卸料平台是该填筑层已经初步推平但尚未碾压的填筑面;自卸汽车不在已碾压完成的层面行走,避免对已碾压层面的扰动。卸料时,自卸汽车退行进入工作面,不在工作面调头;安排 2~3 人专职指挥车辆,使车辆有序进出工作面,并且使车辆的行走路线在作业面较为均匀的分布,以有效地利用自卸汽车的重量。当含水率低于最优含水率或等于最优含水率时,采用后退法进行卸料,自卸汽车行走平台及卸料平台是已经碾压的填筑面;自卸汽车载重时退行,不得转急弯,以免破坏已碾压的成型面。根据铺土厚度及车辆载土方量,卸料点进行梅花形布置,以提高铺料效率。

摊铺平整前,人工摊铺出一块标准面,推土机铲刀贴于标准面上进行摊铺平整,铺土厚度用自制的 40 cm 量尺插入测量,随铺随量,节约时间,整体铺平后,水准仪控制高程,每层摊铺平整后,校准和填筑边线。

(八) 土料碾压

主要采用 20 t 凸块振动碾,20 t 光面振动碾施工,蛙式打夯机辅助作业。对于底部段面较宽的部位,采用进退错距法进行碾压;对于顶部宽度较小的部位,采用搭接法进行碾压,振动碾平行于渠道方向行走。施工时分段、分片碾压,相邻作业面的搭接碾压宽度,平行堤轴线方向不应小于 0.5 m;垂直堤轴线方向不应小于 3 m。碾压时振动碾行车速度不超过 2 km/h,压实遍数根据干渠渠堤土方填筑碾压试验报告确定为静压 2 遍后振压 8 遍。

碾压应在土料平整和含水率调整完成后立即进行;若已铺土料表面在压实前被晒干,应洒水润湿,以利充分碾压。碾压完成后,根据施工规范和设计要求,采用环刀法取样进行压实度检测,填筑土料的压实度按不小于 0.98 控制。如不符合要求,要立即进行补碾,若补碾后仍达不到要求,要查明原因,采取调整含水率等措施后再行碾压,必要时将整层清除,确保填筑质量。

压实土体不应出现漏压虚土层、干松土、弹簧土、剪力破坏等不良现象。若出现上述现象,必须返工处理。

振动碾无法到位的部位,使用电动蛙夯夯实,夯实时应采用连环套打法,夯迹双向套压,夯压夯 1/3,行排行 1/3;分段、分片夯实时,夯迹搭压宽度应不小于 1/3 夯径。

(九) 环刀法取样检测压实度

土料压实完毕后,由现场技术员通知质量检验部,质量检验部组织驻地监理和试验人员对填筑面进行环刀法取样,在室内检测其压实度。若合格,则进行下一层填筑;若不合格,则进行补压,直至土料压实度满足设计要求。

根据南水北调中线干线工程建设管理局《关于进一步加强焦作市区段工程填方渠道施工质量控制的通知》中线局工〔2011〕87 号文,为了确保全面掌握渠道缺口填筑质量,现场填筑时,做到每层必检,并且根据本缺口的实际情况,由现场技术员计算每层填筑工程量,按每 100 m³ 取 6 个点(2 组)的标准,确定每层填筑后压实度检测点的频次。试验室根据现场技术人员要求的检测频次按要求检测,并做好检测记录。

四、施工资源配置

(一)主要施工机械设备配置

主要施工机械设备配置见表 1-16。

表 1-16　主要施工机械设备

序号	设备名称	型号及规格	数量	说明
1	液压反铲	CAT330	1	
2	液压反铲	PC220	2	
3	装载机	ZL50	2	
4	推土机	SD16	1	
5	推土机	TY220	1	
6	平地机	PY160	1	
7	自卸车	20 t	10	
8	振动碾	18 t	1	
9	振动碾	CLG620(20 t)	1	
10	蛙式打夯机	HW70	1	
11	洒水车	5 t	1	
12	油罐车	5 t	1	
13	全站仪	GPT 3002LN	1	
14	水准仪	DS32	1	

(二)施工人员投入情况

施工人员投入情况见表 1-17。

表 1-17　施工人员投入情况

序号	人员名称	数量	说明
1	管理人员	2	
2	技术人员	2	
3	测量人员	4	
4	自卸车司机	12	
5	振动碾司机	2	
6	反铲车司机	3	
7	装载机司机	2	
8	平地机司机	1	
9	洒水车司机	2	
10	油罐车司机	1	
11	作业人员	10	
	合计	41	

第六节　总干渠外坡防护工程施工方案

一、工程概况

南水北调中线一期工程焦作 1 段 2 标位于河南省焦作市,南水北调中线一期工程总干渠设计桩号 Ⅳ33+700~Ⅳ38+000,总长 6.3 km,普济河倒虹吸长度为 333 m,闫河倒虹吸长度为 441 m。

渠外坡防护采用草皮护坡、拱形骨架+草皮护坡、干砌石护坡三种类型。干砌石下部设置 400 g/m^2 土工布,10 cm 厚的砂砾石反滤层(具体见断面细部图 1-12~图 1-14)。沿渠在二级马道内侧设置纵向排水沟,与横向排水沟连接(沿渠道方向每隔 30 m 设计一道)形成有效的外坡排水系统,雨水汇流至总干渠北侧导流沟,导流沟采用浆砌石结构,底宽 2 m,两侧坡度为 1:1.5。外坡防护段落划分见表 1-18。

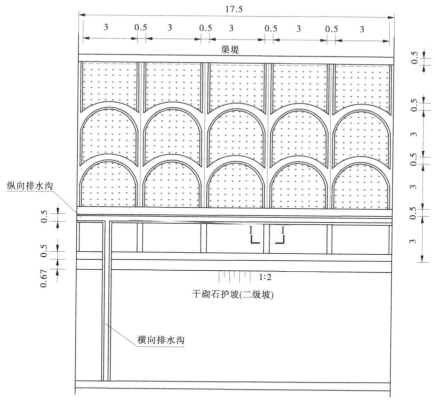

(a)拱形骨架坡面布置图(防护宽度<4 m)　　(单位:m)

图 1-12　断面细部图 1

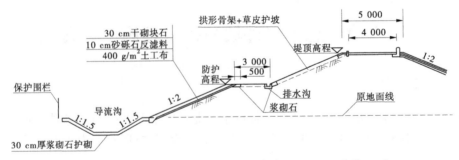

(b)拱形骨架护坡横断面图(防护宽度<4 m)　　（单位:mm）

续图 1-12

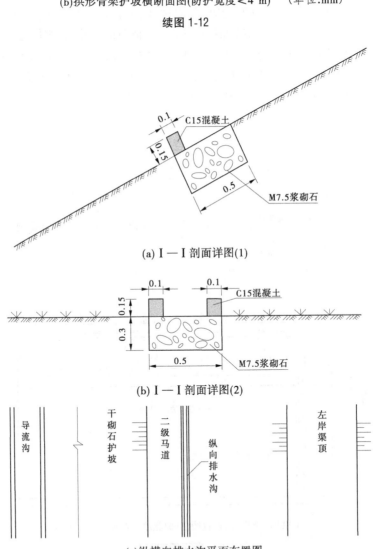

(a) Ⅰ—Ⅰ剖面详图(1)

(b) Ⅰ—Ⅰ剖面详图(2)

(c)纵横向排水沟平面布置图

图 1-13　断面细部图 2　（单位:m）

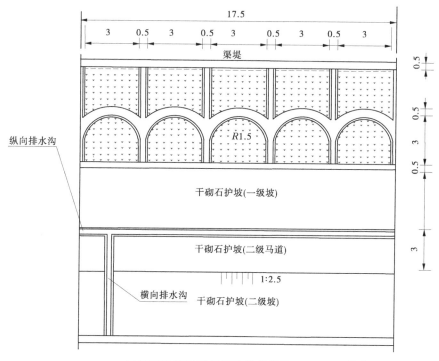

(a)拱形骨架坡面布置图(防护宽度>4 m)　(单位:m)

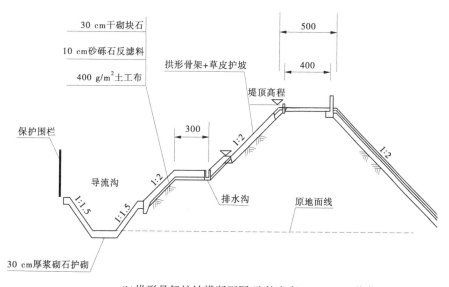

(b)拱形骨架护坡横断面图(防护宽度<4 m)　(单位:cm)

图 1-14　断面细部图 3

表 1-18　外坡防护段落划分

序号	起始桩号	结束桩号	渠道长度(m)	布设说明
1	IV33+700	IV34+500	466.3	左右岸外坡全部采用 30 cm 干砌石+10 cm 砂砾料反滤层+土工布(400 g/m²)防护
2	IV34+500	IV35+500	1 000	左岸外坡全部采用 30 cm 干砌石+10 cm 砂砾料反滤层+土工布(400 g/m²)防护;右岸外坡采用 30 cm 干砌石+10 cm 砂砾料反滤层+土工布(400 g/m²)防护至设计高程,其上采用草皮护坡
3	IV35+500	IV36+556	1 056	左岸外坡全部采用 30 cm 干砌石+10 cm 砂砾料反滤层+土工布(400 g/m²)防护;右岸外坡采用 30 cm 干砌石+10 cm 砂砾料反滤层+土工布(400 g/m²)防护至设计高程,其上采用浆砌石拱形骨架+草皮护坡
4	IV36+997	IV37+300	303	左岸外坡全部采用 30 cm 干砌石+10 cm 砂砾料反滤层+土工布(400 g/m²)防护至设计高程,其上采用草皮护坡;右岸外坡采用 30 cm 干砌石+10 cm 砂砾料反滤层+土工布(400 g/m²)防护至设计高程,其上采用浆砌石拱形骨架+草皮护坡
5	IV37+300	IV38+000	700	左右岸外坡全部采用 30 cm 干砌石+10 cm 砂砾料反滤层+土工布(400 g/m²)防护至设计高程,其上采用浆砌石拱形骨架+草皮护坡

二、渠道外坡防护工程施工

施工顺序:施工准备→渠外坡整理→土工布铺设→砂砾料垫层铺设→30 cm 干砌石护坡砌筑、拱形骨架及矩形框格施工→排水沟及导流沟施工→植草。

(一)施工准备

本工程所用石料按照设计要求由项目部购买,石料从料场用自卸汽车运输至工作面附近,人工配合机械搬运至砌筑作业面。

(1)施工前认真学习技术交底,根据工程特点、工期要求、施工条件、合理做出施工计划安排,砌筑前报项目部技术员,经批准后,方可开始砌筑。

(2)砌筑先按设计要求放出施工轴线、轮廓位置,基础开挖的形状、位置和高程,其精度均需满足设计要求。

(二)渠外坡整理

渠外坡整理分粗修坡、精修坡、排水沟及拱形骨架沟槽开挖3个工序。

1. 粗修坡

渠堤填筑水平保护层一般在0.8~1.0 m,人工无法直接削至设计坡面,需要用挖掘机进行粗修坡。为避免挖掘机开挖深度过大造成超挖,粗修坡按预留20 cm水平保护层控制。采用线绳滑行修坡方法,具体为沿渠道方向每隔5 m距离上下挂一道基准线,然后用一条线绳在开挖面相邻的两个线绳之间滑动控制开挖深度,外坡防护工程剥坡土用于后期桥梁侧引道路基填筑。

2. 精修坡

精修坡以人工为主,挖掘机配合为辅。人工削坡时进行精确放样,沿坡面每5 m自上而下挂一条顺坡线(线比设计坡面高出20 cm),每两根顺坡线之间挂一条可以自上而下移动的横线。人工削坡根据测量放线位置从上到下进行,用钢卷尺控制高度,随修随测。当堆土过多时用挖掘机配合,清除转运至坡脚部位。人工修坡工具主要是平头铁锹和铁镐,携带和使用都比较方便。修坡过程用2 m铝合金靠尺随时检查平整度,外坡防护工程剥坡土用于后期桥梁侧引道路基填筑。

3. 排水沟及拱形骨架沟槽开挖

按照测量放样线开挖基槽,并夯实基底,基底成型后必须对基槽面进行彻底地清理,清除基础面的泥土、松动土块和杂物等,基础和坡面经项目部质检员及监理验收合格后,方可进行下一步施工。

(三)土工布铺设

本工程所用土工布为无纺长丝土工织物。土工布单位面积质量为400 g/m²,土工布抗拉强度不小于22.5 kN/m,幅宽不小于5 m。土工布采用自动缝合机缝合,用手提缝纫机、3×3(9股)尼龙线进行双道缝接,两人配合,边折叠边缝合,折叠缝搭接宽度10 cm,缝宽1 cm。铺设时按设计要求顺水流铺设,上游幅压下游幅。土工布搭接应平行对正,搭接适量,缝合要求松紧适度、自然平顺。

削坡后平整度满足要求时,进行土工布的铺设。将整卷土工布运至渠顶,预留足够长度后将土工布从渠堤顶部缓慢反滚到渠底。铺设时注意张驰适度,要求土工布与基础面务必吻合平整,避免土工布的损伤,铺设后对铺设的质量进行检测,以目测为主,土工布铺设要求表面无破损、空洞、缺陷,松紧适度,无褶皱,对铺设不平、有褶皱的地方进行调整。

土工布施工注意事项:

(1)铺设前要检查外观质量,检查土工布的外观有无机械损伤和生产创伤、孔眼等缺陷。搬动时应轻搬轻放,严禁放在有尖锐的东西上面,防止损伤土工布。

(2)土工布应存放在通风遮光的仓库内,严禁暴露日晒。

(3)铺设土工布时,应适当放松,避免应力集中,并避免人为硬折和损伤。

(4)保证铺设面平整,不允许出现凸出凹陷的部位,发现膜面有孔眼等缺陷或损伤,及时退场更换。

(5)铺设过程中,作业人员不得穿硬底皮鞋及带钉的鞋,不准用带尖头的钢筋作为撬动工具。

（6）在铺设过程中，为了防止斜坡面的土工布滑动，可采用沙袋压牢固定。

（7）铺设时必须铺好一幅再铺另一幅，缝合与铺设同步，当天铺设的土工布应在当天全部拼接完成。

（8）土工布上不允许人员行走，不允许抛掷带利刃的物品，土工布施工现场禁止吸烟。

（四）砂砾石反滤层铺设

（1）设计参数试验段渠外坡砂砾反滤层设计厚度 10 cm，只分一层。砂砾料垫层要求：砂砾料垫层粒径为 0.1～20 mm，采用连续级配，粒径小于 0.075 mm 的颗粒含量不应超过 5%，0.1～5 mm 含量为 50%～70%，不均匀系数 $C_u>5$，曲率系数 $C_c=1～3$。

（2）铺料压实。

合格砂砾料用自卸汽车运至施工现场，反铲将砂砾料摊铺在渠坡上并粗平，人工配合摊铺整平，采用铝合金靠尺对铺设压实后的砂层表面进行清理，刮去表面松散浮砂，测量检查控制铺料厚度和平整度，试验确定松铺系数。为增强压实效果，砂砾料碾压前洒水湿润，洒水量为 0.1～0.2 t/m³。采用 3 t 斜坡碾或在坡肩安设人工辘轳利用钢丝绳牵引振动梁，由坡脚向坡肩振动压实，坡脚处砂砾料垫层采用振动夯板人工连环套打法压实。发现凹坑及时人工补料，发现凸点及时人工清除。砂砾料垫层铺设要求厚度均匀、夯压密实、无漏压欠压，层面平整清洁。

（3）质量检验。

砂砾料垫层应符合设计要求，通过现场试验确定松铺系数，铺设厚度不小于设计厚度，铺设宽度不小于设计宽度。

（五）干砌石扩坡砌筑、拱形骨架及矩形框格施工

1. 干砌石砌筑

（1）砌筑选材。

块石应选用材质坚实新鲜，无风化剥落层或裂纹，石材表面无污垢、水锈等杂质。块石应大致方正，上下面大致平整，无尖角，石料的尖锐边角应凿去。所有垂直于外露面的镶面石的表面凹陷深度不得大于 20 mm。石料最小边尺寸不宜小于 20 cm，一般长条形丁向砌筑，不得顺长使用。质地坚硬，无风化，石料粒径大小合理搭配。

（2）干砌石砌筑应符合下列要求：

①坡面应有均匀的颜色和外观，下游坡面块石护坡应随坝体上升逐层砌筑，要嵌紧、整平，铺砌厚度应达到设计要求；

②坡面上的干砌石砌筑在夯实的砂砾石垫层上，以一层与一层错缝锁结的方式铺砌，垫层与干砌石铺砌层配合砌筑，随铺随砌。护坡表面砌缝的宽度不应大于 3 cm，砌石边缘应顺直、整齐牢固，严禁出现通缝、叠砌和浮塞；

③砌石应垫稳填实，与周边砌石靠紧，严禁架空；

④砌体的外露面应平顺、整齐，要求块石大面朝外，石块的安置必须自身稳定，同一砌层内相邻的及上下相邻的砌石应错缝；

⑤不得在外露面用块石砌筑，而中间以小石填心，不得在砌筑层面以小块石、片石找平，护坡顶应以大石块压顶；

⑥砌石排紧填严,无淤泥杂质,相互卡紧,内外搭砌,上下错缝,安砌稳定,表面平整美观;

⑦按照设计要求每30 m预留设置一道横向排水沟;

⑧干砌石砌筑过程,表面有2 m靠尺随机检测,凸凹不超过5 cm。

2.拱形骨架及矩形框格施工

拱形骨架厚30 cm,采用内嵌式,当防护宽度不足3.5 m时,不再布置拱形骨架,而直接布置成矩形框格。拱形骨架及矩形框格基础为50 cm宽浆砌石,上部采用10 cm宽C15现浇条带。

砌筑砂浆采用M7.5砂浆,砂浆拌和机现场拌制,人工手推车运输,随拌随用。砂浆要求具有良好的和易性和保水性能。砂浆原材料应符合设计要求:均匀、平整、无尖棱硬物。砂浆的配合比须经试验确定,砂浆必须拌和均匀,其拌和时间自投料完起算,不得少于1.5 min,一次拌为应在其凝结之前使用完毕。水泥与塑化剂的配料误差不得大于2%,砂的配料误差不得大于5%,水的配料误差不得大于1%。

浆砌石砌体必须采用铺浆法砌筑,砂浆稠度宜为3~5 cm,当气候变化时应进行适当调整。砌筑时石块应采用分层卧砌,上下错缝中间填心的方法砌筑,不得有空缝。在铺筑砂浆之前,石料洒水湿润,使其表面充分吸收,但不得残留积水。浆砌条石施工浆砌体采用人工铺筑法砌筑,在浆体转角处和交接处应同时砌筑,对不能同时砌筑的面,必须留置临时间断处,并应砌成斜槎。浆砌条石应做到:

①基础砌体的第一层应采用丁砌层坐浆砌筑,铺浆厚宜3~5 cm,随铺浆随砌石,砌缝需用砂浆填充饱满,不得无浆直接贴靠,砌缝内砂浆应采用扁铁插捣密实,严禁先堆砌石块再用砂浆灌缝。

②砌筑砌体时,石头应放置平稳,砂浆铺设厚度应略高于规定的灰缝厚度,保证面石有一定的下沉幅度。

③石头砌体应上下错缝搭砌,砌体厚度等于或大于两块料石宽度时,若同皮内全部采用顺砌,则每砌两皮后,应砌一皮丁砌层;若在同皮内采用丁顺组砌,则丁砌石应交错设置,其中距应不大于2 m。

④石砌体应采用同皮内丁顺相间的砌筑形式,当中间部分用毛石填筑时,丁砌条石伸入毛石部分的长度不应小于20 cm。

⑤石料强度为MU30,水泥砂浆强度为M7.5,外露面应粗打一遍并采用1:2水泥砂浆勾平缝,勾缝须待填土基本稳定后再进行施工。

⑥同层砌体大致砌平,力求缩小相邻石块高差,以利上下层坐浆结合紧密及相互错缝,砌缝要饱满密实、均匀平整。

⑦外坡框格自底部开始,逐渐铺至封顶混凝土,并与护肩混凝土锁紧。

⑧砌体外露面应平整美观,外露面上的砌缝应预留约4 cm深的空隙,以备勾缝处理;水平缝宽应不大于2.5 cm,竖缝宽应不大于4 cm。

⑨砌筑完毕后应保持砌体表面湿润做好养护。

⑩砂浆配合比、工作性能等,按设计标号通过试验确定,施工中应在砌筑现场随机检测。

(六)排水沟及导流沟施工

沿渠设置纵向排水沟,与横向排水沟连接(沿渠道方向每隔 30 m 设计一道)形成有效的外坡排水系统,总干渠北侧设置一道导流沟,导流沟采用浆砌石结构,底宽 2 m,两侧坡度为 1∶1.5(具体见断面细部图图 1-15、图 1-16)。

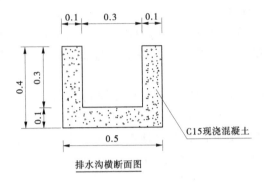

排水沟横断面图

图 1-15　断面细部图 4　(单位:m)

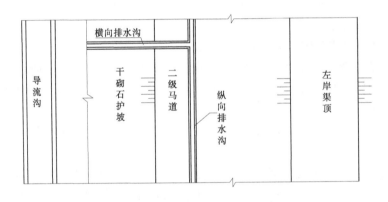

纵横向排水沟平面布置图

图 1-16　断面细部图 5

1.排水沟及拱形骨架上部混凝土浇筑

纵横向排水沟及拱形骨架上部混凝土浇筑采用 C15 混凝土现浇,混凝土由拌和站集中拌制,采用罐车运至施工现场,吊罐入模。浇筑前人工对基面进行清理,包括砌石上的杂物、松动石块,并对砌石表面洒水湿润,混凝土振捣采用插入式振捣器,振捣棒插入避开模板,振捣点间距不超过其作业半径的 1.5 倍,每一处振捣完毕应边振捣边徐徐提出。混凝土浇筑后及时养护,混凝土外露面采用土工布覆盖并定时洒水湿润,夏季按照高温季节混凝土施工相应措施进行调整。

2.导流沟施工

导流沟采用 30 cm 厚的浆砌石,待护坡工程结束后进行,施工中控制好导流沟内断面结构尺寸及沟底标高,保证排水系统有效运行。导流沟断面见图1-17。

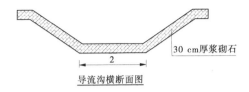

图1-17 断面细部图6 (单位:m)

(七)植草

1. 植草方案

草籽采用高羊茅、紫羊茅和野牛草等混合植草,方案如下:

方案一:高羊茅、紫羊茅和野生草混合草种,每千克掺量为528 g、189 g、283 g,播种量为26.5 g/m²;

方案二:高羊茅、狗牙根、中华结缕草混播,每千克掺量为764 g、55 g、182 g,播种量为27.5 g/m²;

方案三:高羊茅、紫羊茅和假俭草混播,每千克掺量为528 g、189 g、283 g,播种量为26.5 g/m²;

2. 种植施工

播种要求种子纯度在98%以上,发芽率在95%以上,草坪栽种前要精细整地,栽种后保持平整,不渍水。草籽播种前需按备选方案做混播试验,根据生扎效果,确定草种和播种量,混播试验选取3块适当场地,对3种混播方案进行试验,每块地的面积不小于50 m²。

3. 养护管理

成坪前浇水雾化程度要求较高,浇水时不可造成地表径流,根据蒸发量适时浇水,为改善草坪根系通气状况、调节土壤水分含量、提高施肥效果,要在草坪上打穴通气。

三、资源配置

资源(施工人员、主要机械设备)配置见表1-19、表1-20。

表1-19 施工人员配置

序号	名称	单位	数量	说明
1	机械工	人	5	
2	汽车司机	人	12	
3	电工	人	2	
4	其他技工	人	12	
5	普工	人	35	
合计		人	66	

表 1-20　主要机械设备配置

序号	名称	规格型号	单位	数量	说明
1	装载机	ZL50	辆	4	
2	挖掘机	CAT320/PC220	台	3	
3	自卸车	20 t	辆	5	
4	振捣器	1.5 kW	台	15	
5	手提式工业缝合机	—	台	6	
6	发电机	—	台	2	
7	灰浆拌和机	—	台	3	
8	混凝土罐车	8.0 m³	辆	5	

第七节　高压旋喷灌浆施工方案

一、工程概况

(一)工程概述

南水北调中线一期工程焦作 1 段 2 标填方段及缺口回填部位,采取塑性混凝土防渗墙进行渠堤渗控处理,防渗墙与 2# ~ 8# 泵站、闫河倒虹吸出口左右岸、退水闸、排污廊道左右岸结合处采用高喷防渗墙与塑性混凝土防渗墙衔接,高喷防渗墙沿塑性混凝土防渗墙两侧布置,以便高喷防渗墙与塑性混凝土防渗墙衔接可靠。

(二)高压旋喷灌浆施工参数确定

根据《总干渠焦作 1 段(第 2 标段)渠堤填筑缺口处防渗墙布置图》,高喷防渗墙有效墙厚不得小于 30 cm,设计高喷防渗墙钻孔间距为 1.2 m,排距为 2.0 m。因渠堤宽度不能满足三重管喷灌台车施工要求,高压旋喷灌参数确定如下:

高压旋喷浆孔间距调整为 0.33 m;

提升速度:10~15 cm/min;

旋转速度:15~20 r/min;

浆压:33~35 MPa;

进浆密度:≥1.5 g/cm³。

施工中严格按照参数要求执行,以达到高喷防渗墙桩体密实、桩柱咬合衔接牢固、墙体有效厚度不小于 30 cm 设计要求的目的。

(三)高压旋喷灌浆主要参数及工程量

高压旋喷灌浆主要参数及工程量见表 1-21。

表 1-21　高压旋喷灌浆主要参数及工程量

序号	工程部位	泵站桩号	高喷长度（m）	高喷顶部高程（m）	高喷底部高程（m）	深度（m）	估算工程量（延米）	工程量（延米）	说明
1	2#泵站	IV34+600	10	107.6	99.3	8.3	498	552.59	每端与防渗墙搭接3 m
2	3#泵站	IV35+000	10	107.52	99.3	8.22	493.2	548.66	每端与防渗墙搭接3 m
3	4#泵站	IV35+500	10	107.44	96.8	10.64	638.4	690.73	每端与防渗墙搭接3 m
4	5#泵站	IV36+000							补强图纸尚未下发
5	6#泵站	IV36+540	10	106.47	97.5	8.97	538.2	585.98	每端与防渗墙搭接3 m
6	7#泵站	IV37+350	10	106.38	96.27	10.11	606.6	653.87	每端与防渗墙搭接3 m
7	8#泵站	IV37+700	10	106.37	95.05	11.32	679.2	725.11	每端与防渗墙搭接3 m
8	闫河倒虹吸出口左岸	IV36+931	8	106.39	97.50	8.89	426.72	444.69	外端与防渗墙搭接3 m
9	闫河倒虹吸出口右岸	IV36+931	8	106.39	97.50	8.89	426.72	444.69	外端与防渗墙搭接3 m
10	闫河退水闸左岸	IV36+527	5.2	106.47	97.50	8.97	279.864	313.22	外端与防渗墙搭接3 m
11	闫河退水闸右岸	IV36+502	5.2	106.47	97.50	8.97	279.864	306.67	外端与防渗墙搭接3 m
12	排污廊道左岸	IV35+455	28.57	107.45	96.78	10.67	1 829.051	2 169.79	每端与防渗墙搭接3 m
13	排污廊道右岸	IV35+456	28.57	107.45	96.8	10.65	1 825.623	2 169.01	每端与防渗墙搭接3 m
合计								9 605.01	壤土层高压旋喷造孔

注:5#泵站已进行单管法生产性试验,尚未提供补强图纸,工程量以现场实际发生量为准。

二、高压旋喷灌浆施工准备

(一)施工场地布置

施工道路使用现有沿渠路结合上下堤路,施工场地布置根据设备要求及现场道路状况合理布置,泵站位置高喷位于渠顶,宽 5 m,作业平台直接布置在渠顶道路上。钻孔及灌浆施工必须保证场地平整、稳固,防止因地基不稳造成高压旋喷设备倾斜出现质量事故和机械伤害事故。

(二)施工用水、用电设施

(1)施工用水:利用渠道底部布置降水井抽、排水,以满足施工用水需求。

(2)施工用电:就近取电,并备用一台 200 kW 柴油发电机。

(三)设备配置

高喷防渗墙施工设备由造孔、供水、供气、制浆、喷灌及其他设备组成。

造孔设备选用京探-100 型地质钻机;高喷设备采用 XL-50 型高压旋喷钻机、ZJB/BP-90 变频高压注浆泵和 W-3/5 型空气压缩机共同完成;制浆设备选用 JIS-2B 搅拌机;喷灌设备选用双管喷射装置及高压胶管等。

(四)旋喷浆液材料配比

材料采用:水泥标号为 P·O42.5 普通水泥,拌和用水采用渠道降水井抽排水。

初拟浆液配比 1∶1,拌制浆液及时使用,存放时间不得大于 2~3 h,超时存放按照废液处理。

三、高压旋喷灌浆施工工艺

(一)高压旋喷灌浆工艺流程

新两管法高压旋喷灌浆施工工艺流程见图 1-18,新两管法旋喷注浆示意见图 1-19,新两管法施工工艺流程见图 1-20。

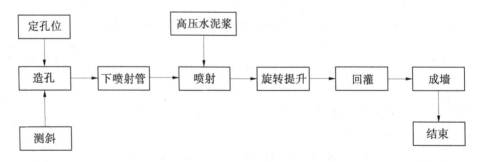

图 1-18 新两管法高压旋喷灌浆施工工艺流程

新两管法施工工艺流程为:(a)定位、放桩靴;(b)套管沉入设计位置;(c)拔套管、卸下上段套管,使下段露出地面(使 h>要求的旋喷长度);(d)套管中插入二重管;开始边旋边喷、边提升;(e)不断旋喷和提升,直至预定要求的旋喷长度;(f)拔出二重管和套管,移至下一桩位。

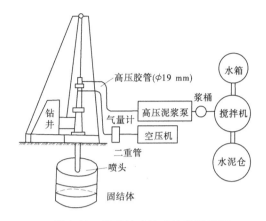

图 1-19 新两管法旋喷注浆示意图

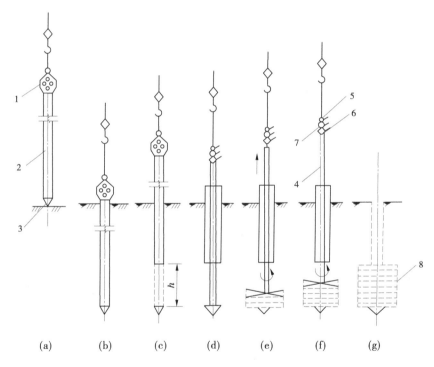

1—振动锤;2—钢套管;3—桩靴;4—二重管;5—压缩空气胶管;
6—高压水胶管;7—压缩空气胶管;8—旋喷桩

图 1-20 新两管法施工工艺流程

(二)钻孔

新两管法高压旋喷灌浆钻孔深度严格按照图纸提供标高控制。钻孔采用京探-100 型地质钻,钻孔孔径为 ϕ91 mm,钻孔采用单排跳孔布置,分两序施工,见图 1-21。按照蓝图测量放样定位,其中心容许误差不大于 5 cm。钻机对准孔位后,用水平尺检查调整机身水平后,垫稳、垫牢、垫平机架后对钻机固定。钻进过程及时记录钻孔情况,成孔后需值班质检员及旁站监理检查,检查合格后方可进行下一道工序施工,成孔偏斜率控制在 1% 以内。

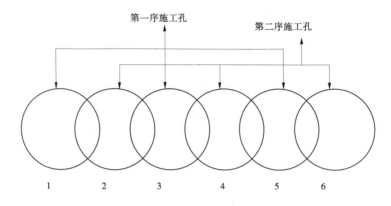

图 1-21　新两管法高压旋喷灌浆钻孔示意图

(三) 喷射灌浆

成孔经现场监理检查合格后,进行喷射灌浆。喷射管下到设计深度后,送入拌制合格的浆液,进浆密度要求≥1.5 g/cm^3,按照参数要求控制灌浆速率及灌浆压力,浆压控制在 33~35 MPa,待注入的浆液冒出后,再按要求进行提升、旋转。喷射采用同轴喷射,边提升边注浆,提升速度控制在 10~15 cm/min,旋转速度控制在 15~20 r/min,直到灌注至设计顶部高度,停送浆液,提出喷射管。

喷射灌浆开始后,值班技术人员时刻注意检查注浆的流量压力及旋、提升速度等参数,并且随时做好现场记录。定期检测浆液密度,按 1.58 g/cm^3 进行控制,如发现施工中的浆液密度超出该指标时,则立即停止喷注,并对浆液密度进行调整,到达正常范围后再进行喷射注浆。

(四) 充填

为解决凝结体顶部因浆液析水而出现的凹陷现象,每当喷射结束后,随即在喷射孔内进行静压充填灌浆,直至孔口液面不再下沉为止,充填浆液密度按 1.73 g/cm^3 进行控制。

(五) 冲洗

当喷射完毕时,及时将各管路冲洗干净,不留残渣,以防堵塞,冲洗采用清水连续冲洗,直到管路中出现清水为止。

高压旋喷施工中产生的弃渣、弃浆,使用挖掘机配合15 t自卸汽车运至民主路西临时堆土场,单程运距约2.5 km。

四、质量要求

(一) 成墙的质量要求

采用新两管法高压旋喷工艺施工,且满足高喷灌浆有效墙厚不小于 30 cm,防渗墙体渗透系数不大于 1×10^{-6} cm/s。

(二) 施工过程质量要求

(1) 钻孔偏差不大于 3 cm。

(2) 钻孔倾斜偏斜率小于 1%。

（3）水泥标号为 P·O42.5 普通水泥。

（4）新两管法高压旋喷施工参数见表 1-22。

表 1-22　新两管法高压旋喷施工参数

项目	孔间距（m）	提升速度（cm/min）	旋转速度（r/min）	浆压（MPa）	进浆密度（g/cm³）
参数	0.33	10~15	15~20	33~35	≥1.5

五、资源配置

2#~8#泵站、闫河倒虹吸出口左右岸、退水闸、排污廊道左右岸本标段共计 13 处高压旋喷灌浆施工点,结合完成衬砌主体完工目标工期,本标段现采用两套高压旋喷设备,每个工作面需机械、人员配置如表 1-23、表 1-24 所示。

表 1-23　主要施工机械、设备和仪器配置

序号	设备名称	型号及规格	单位	数量	说明
1	变频高压注浆泵	ZJB/BP-90	台	1	
2	地质钻机	京探-100	台	1	
3	泥浆泵	100	台	1	
4	搅浆机	—	台	1	
5	水泵	W09.22.2.2	台	2	
6	电焊机	BX6-200	台	1	
7	铝芯线	150 mm²	m	150	
8	电缆线	10 mm²	m	300	
9	电缆线	4 mm²	m	100	
10	水管	50 mm	m	300	
11	高压水管	15 mm	m	200	
12	浆管	20 mm	m	60	
13	钻杆	75 mm	m	35	
14	钢管	40 mm	m	20	
15	柴油发电机	200 kW	台	1	
16	泥浆比重计	1002	个	1	
17	坍落度筒	—	个	1	
18	漏斗黏度计	马氏	个	1	
19	水罐车	4 m³	辆	1	
20	全站仪	TCR802power	套	1	
21	水准仪	DSC332	套	1	
22	高压旋喷钻机	XL-50	套	1	

表 1-24 人力资源配置

序号	工种	人数
1	泥浆制浆工	3
2	排送泥浆工	3
3	钻探工	3
4	其他工种	6
5	技术人员	2
6	管理人员	1
合计		18

第八节 渠堤防渗墙施工方案

一、工程概况

(一) 工程概述

本标段设计桩号为Ⅳ38+000~Ⅳ41+400,渠段长度 3.4 km,标段内共有各种建筑物 4 座(其中:公路桥 1 座、倒虹吸 2 座、生产桥 1 座)。

依据《总干渠焦作 1 段 3 标渠堤防渗墙施工图纸(NZSⅣ(JZy3)X001-3-01/09FSQ)》,本标段防渗加固工程一般采用塑性混凝土防渗墙,局部与建筑物衔接处采用高压旋喷灌浆。墙顶高程=设计堤顶高程−0.5 m,左右岸防渗墙均布置在渠堤堤顶中心,设计墙厚 0.4 m,塑性混凝土配合比根据试验确定。高喷最小有效厚度不小于 0.3 m,孔距 1.2 m,墙体材料采用普通硅酸盐水泥,水灰比、灌浆压力根据现场试验确定。

(二) 水文气象和工程地质

参照第一节水文、地质条件部分。

(三) 主要施工条件

1. 主要工程量

本标段设计防渗墙总长 5 574.4 m,设计墙深 12.35~14.93 m,总截渗面积 7.61 万 m^2,高压旋喷面积(建筑物处)1 194.4 m^2。其他工程包括导墙、泥浆池等造槽临时设施、水电临时设施、生产生活临时设施、渣料转运外弃、配合比设计、试验槽段等措施项目,主要工程量详见表 1-25。

2. 现场施工条件

(1)该段已于汛前完成高填方施工,渠堤填筑质量好,土体碾压密实度高,成槽效率低,且堤顶宽度较窄(5 m),不满足液压薄壁抓斗等设备施工安全作业条件(6~8 m)要求,设计建议对现有堤顶进行削顶 0.5 m 拓宽处理。

表 1-25　焦作 1 段 3 标渠堤防渗墙施工主要工程量

序号	工程项目	单位	工程量	说明
1	塑性混凝土	m³	31 614.5	防渗墙
2	液压抓斗成槽 0.6 m 宽	m³	17 883.65	导墙
3	C20 混凝土	m³	12 000	
4	钢筋制安	t	660	
5	土方回填	m³	11 539.1	
6	钢筋混凝土拆除	m³	12 000	
7	高压灌注	m²	1 594.4	与建筑物衔接处
8	土方回填	m³	18 883.65	二次回填渠道

注:本表工程量仅是初步估计量,最终工程量以实际发生工程量为准。

（2）由于堤顶较窄,且高于施工地面,混凝土浇筑配送运输至现场较难。无法采用罐车直接灌注混凝土,必须使用混凝土输送泵配合。

（3）现场施工水电条件不满足大功率、多台施工设备的要求,需要增设临时用电设施;施工线路长,泥浆池布置较为困难,渠道两侧临时施工场地狭窄,无法满足泥浆池集中布置的要求,泥浆池建设成本高、使用效率低,影响施工进度。

（4）液压薄壁抓斗挖出的渣料由于场地限制,不能直接进行装车外弃,需要临时存放,然后转运至弃渣场处理。

3. 施工进度要求

此次新增加固工程变更方案技术阶段历时较长,目前已经导致高填方区段的施工进度计划严重滞后。截渗墙施工必须先于渠坡衬砌开工之前完成,如果渠堤截渗墙施工不能尽快完成,直接影响到关键线路上的渠坡衬砌施工,导致后期施工进度压力极大。所以新增截渗项目工期较紧,必须度汛施工,以满足高填方段汛后衬砌施工场面的要求。

（四）机械设备选型

1. 图纸推荐设备

为避免开槽施工对现有渠堤的不利影响,图纸推荐开槽设备采用液压开槽机,据有关资料该设备在 2000 年以前的大堤加固中运用较多,近年来大堤防渗墙形式多为搅拌桩,加之先进造墙设备的出现,开槽设备逐渐被其他设备所代替。

2. 设备比选

1）设备性能及经济实用性比选

液压薄壁抓斗与液压开槽机同为开槽设备,其主要性能及经济实用性指标对比如表 1-26 所示。

表 1-26　液压薄壁抓斗与液压开槽机主要指标对比

设备名称	液压薄壁抓斗	液压开槽机	说明
工作面宽度	6 m	8 m	
成槽形式	抓挖	泥浆置换	
工作效率	60～200 m²/台班	100～150 m²/台班	
动力	柴油动力	电力驱动	
行走方式	自行	轨道	
适应地层	除大块卵石、基岩外，一般的覆盖层均可	土类、砂土、砾石含量不多（$d \leqslant 8$ cm）的各类土	
弯道适应性	不受影响	适应性差	
接头处理	冲击或拔管	土工袋	
适应槽段	可分段施工	只能连续成槽	
导槽要求	需要建造钢筋混凝土导墙	需要设置钢木导向槽，硬化局部工作面	

2）设备适应性及满足施工条件比选

从单纯技术角度就表 1-26 的初步比较结果可以看出，两种设备并无明显的优劣差异，还需要从设备能否满足施工技术要求等 5 个重要方面的约束条件进行比选，具体如下：

（1）设备对施工技术的要求：就设计墙体厚度、深度、地层条件而言，两种设备均能满足施工技术需要。

（2）设备对渠堤质量的影响：液压开槽设备施工虽然在轨道上运行，对现有渠堤质量影响较液压薄壁抓斗为小；但液压薄壁抓斗在施工中斗齿仅纵向开合、挤压，不会横向挤压渠堤土体，而且通过钢筋混凝土导墙的限制和斗体本身厚度的限制，基本可以避免对渠堤的侧向破坏；且二者均采用充填泥浆平压固壁，都可以充分保证渠堤土体稳定，在已经采用液压薄壁抓斗施工完成水库除险加固坝体上并未见不良后果。故采用液压薄壁抓斗施工在对渠堤质量影响方面并无明显的劣势。

（3）设备对设计轴线的适应性：液压薄壁抓斗分段长度为 6～8 m，液压开槽机为 20 m，液压薄壁抓斗为机械行驶，分段灵活，可以通过分段导墙准确固定墙体位置，以满足设计要求。液压开槽机在轨道上行驶，轨道适应弯道的性能较差。且液压开槽机施工需要调整截渗墙设计中心线位置向上游平移 0.5 m 以满足施工设备需要，改变了原设计位置，而改变建筑物设计轴线位置为重大设计变更，实施难度较大，周期较长。可见，液压薄壁抓斗在适应设计轴线方面具有明显优势。

（4）设备资源能否满足施工进度要求：液压薄壁抓斗为目前国内通用专业开槽设备，知名品牌包括德国宝峨、上海金泰、抚挖等，机械性能好，通用性强；液压开槽机为淘汰设备，现存设备数量少，大部分已老化，可用设备资源极为有限，无法满足大面积施工进度的需要。从施工资源取得和满足进度要求而言,液压薄壁抓斗具有明显优势。

(5)设备满足工程重要性的要求:采用液压开槽机施工 40 cm 厚度的槽体开挖,国内目前没有施工先例,设备虽然可以通过加工刀排进行改装,但实施技术风险较大,不适用于南水北调工程重要性的要求;液压薄壁抓斗开槽施工技术成熟,没有实施的技术风险,在满足工程重要性方面具有明显优势。

就满足上述 5 个方面的两种设备功能性比较,采用价值工程 0~4 评分法进行综合评分,见表 1-27。

表 1-27 液压薄壁抓斗与液压开槽机功能 0~4 评分表

项目名称	权重	液压薄壁抓斗	液压开槽机
设备对施工技术的要求	0.2	2	2
设备对渠堤质量的影响	0.2	1	3
设备对设计轴线的适应性	0.2	3	1
设备资源能否满足施工进度要求	0.2	4	0
设备满足工程重要性的要求	0.2	3	1
计算得分	1	2.6	1.4

结果为液压薄壁抓斗具备明显优势,可行。根据工程进度需要、机械性能和机械资源现状,通过上述详细比选,将液压薄壁抓斗作为防渗墙成槽设备。

3.设备选型

液压薄壁抓斗防渗墙施工主要施工机具为:

(1)GB30/GB34 型液压薄壁抓斗。

基本性能参数:斗体厚度 400 mm,开斗宽度 2 800 mm,开斗高度 7 000 mm,斗容 1.0 m³,斗重 10.2 t。

(2)CZ-22 冲击钻机。

基本性能参数:钻孔直径 600 mm,提吊力 20 kN,冲击次数 40~50 次/min,主机重 1.3 t,外形尺寸 8.6 m×2.3 m×2.3 m,钻孔深度 300 m。

(3)塑性混凝土拌和运输设备(用 75 站)。

采用泰邦混凝土商品混凝土,水平运输采用 10 m³ 混凝土搅拌运输车,垂直运输采用徐工 HB41 日野混凝土泵车。

(4)辅助设备。

25 t 汽车起重机 1 辆、ZL50 装载机 1 辆,以及电子配料机、混凝土浇筑平台、检测试验设备等。

二、截渗墙施工方案

结合工程实际情况,塑性混凝土防渗墙采用液压薄壁抓斗成槽方案,分Ⅰ、Ⅱ序槽段进行施工,混凝土防渗墙接头采用"抓斗法"。

（一）工艺流程

防渗墙施工程序见图 1-22。

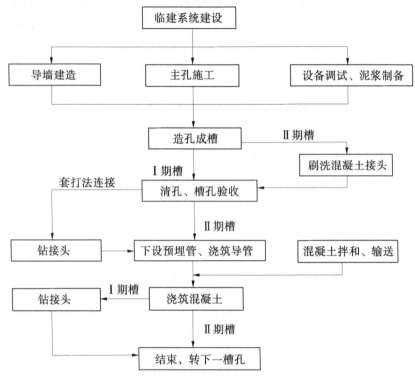

图 1-22　防渗墙施工程序

（二）防渗墙施工平台及混凝土导墙施工

1. 防渗墙施工平台

左右岸防渗墙均布置在渠堤顶中心，由于渠堤顶宽仅 5 m，为满足施工平台要求，图纸推荐方案为：可根据需要先对渠堤进行消顶，防渗墙施工完成后再按堤顶填筑要求回填至设计堤顶高程。

堤顶路面总厚 0.41 m，设计防渗墙顶高程＝设计堤顶高程－0.5 m，则路基层底面至设计墙顶之间填土厚度只有 0.09 m，按照《水电水利工程混凝土防渗墙施工规范》（DL/T 5199—2004）中规定，防渗墙混凝土灌注高程应高于设计规定的墙顶高程 0.5 m。

目前渠堤已填筑到路基下面高程，堤顶宽度约 5.6 m，采用液压薄壁抓斗成槽，对抓斗进行改进，使抓斗与履带平行，抓斗主机两履带骑导墙行进，现有堤顶宽度可以满足施工作业宽度。

综上所述，由于导墙位于渠顶，截渗墙顶也没有相关上部结构，导墙边缘距离渠顶边线仅 1.0 m 左右，为减少拆除导墙对渠堤上部填筑土质量的影响，减少建筑垃圾废弃工程量，在截渗施工完毕后，拟对导墙予以保留，不做拆除处理。为保证路面结构层的设计厚度，将导墙顶部高程控制在设计堤顶高程－0.41 m，超灌 0.09 m。虽然超灌高度不能完全满足规范要求，但减少了开挖、回填和拆除工程量，减少了投资，保证了施工进度。

液压抓斗设备开行及施工平台布置如图1-23所示。

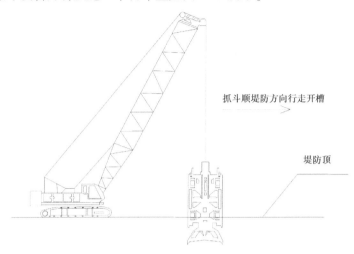

抓斗顺堤防方向行走开槽

堤防顶

图1-23　液压抓斗设备开行及施工平台布置示意图

2. 混凝土导墙施工

　　为了给开挖机具提供导向、保护槽口、承重等,开槽施工需要先行施工钢筋混凝土导墙。导墙沿渠堤防渗墙轴线布置,槽口宽0.50 m,导墙深1.5 m,导墙做成"┓┏"形现浇钢筋混凝土结构,内侧净宽度60 cm,导墙总长为5 574.4 m(左右侧),单侧导墙设计宽度为1.5 m,厚为45 cm,深度为1.5 m,采用C20混凝土,墙内设置φ14@20 cm×20 cm钢筋网。导墙断面如图1-24所示,抓斗-导墙布置位置如图1-25所示。施工过程中根据弯道特性、地质情况进行适当调整。

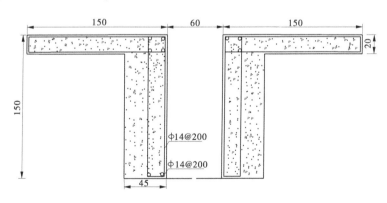

φ14@200

φ14@200

图1-24　导墙断面图　(单位:cm)

　　导墙槽由于宽度较小,采用人工开挖,但必须小心开挖,以避免超挖而超填混凝土。对不能达到要求的地方进行修整,同时对混凝土浇筑作业面用2 kW蛙夯进行夯实处理。余土采用人工装1 t翻斗车转运,然后采用1 m³挖掘机挖装10 t自卸汽车外弃,运距约6 km。

　　为防止降雨对开挖断面的破坏,每次的开挖长度不宜超过50~80 m,人工修整后的开挖断面要及时进行钢筋绑扎、导墙立模和混凝土浇筑施工。

导墙钢筋在加工厂内进行加工,拉到现场安装,然后立模板,浇筑导墙混凝土。模板采用定型组合钢模板,内支撑采用钢管组件。导墙混凝土采用C20商品混凝土,10 m³ 搅拌运输车运至现场,25 t汽车起重机吊1 m³ 吊罐入仓,2.2 kW插入式振捣器振实,人工收面、洒水养护。

为使导向槽能及早投入使用,给防渗墙造孔作业创造施工条件,应在浇筑导墙混凝土时添加早强剂或增加水泥用量。

(三)测量放线

场地平整后,用全站仪放出防渗墙的轴线和导墙的开挖边线,开挖边线上每隔25 m打一根木桩,桩顶高出地面3~5 cm,并用钢钉标示出中心位置,导墙的开挖边线用白灰撒出,灰线宜细不宜粗。导墙施工完毕后,再进行槽段的精确划分,并做标记。

(四)造孔与成槽

1.试验槽段

根据《水电水利工程混凝土防渗墙施工技术规范》(DL/T 5199—2004)4.0.3条的规定,为取得造孔、固壁泥浆、墙体浇筑等施工工艺和参数,计划在设计中心线上布置试验槽段,并将试验成果报送监理部审批。

2.其他槽段的施工

1)挖槽准备

(1)槽段划分。

选择槽孔长度时应当遵循以下原则:根据一个工地的各项具体条件,在保证造孔安全、成墙质量的前提下,应尽量选择较长的槽孔长度。应当考虑的三个主要因素是:①工程地质与水文地质条件;②单个槽孔的造孔延续时间;③混凝土浇筑能力,即混凝土的拌和与运输能力等。一般情况下槽段长度的划分为6~8 m。

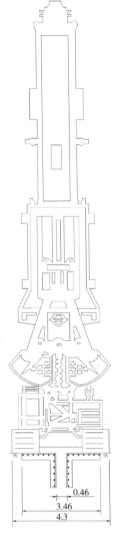

图1-25　抓斗–导墙布置位置示意图 (单位:cm)

本工程塑性混凝土防渗墙设计单面长度为2 787.2 m,本着尽量减少接头及为了保证泥浆下浇筑混凝土的浇筑质量,初拟槽段长度定为8 m,三抓成槽,施工过程中根据地质情况进行调整。槽段划分见图1-26。

图1-26　槽段划分

（2）泥浆制备。

施工中所用的泥浆用于固壁,泥浆池考虑能够满足 2~3 个槽孔的施工,设计容量 100 m³/座,设置在渠道内,采用自制移动式制浆系统。

固壁泥浆用于支承孔壁、稳定地层、悬浮沉渣,同时向槽两侧地层渗透的泥浆及槽两侧边壁形成的泥皮还起到辅助截渗的作用。泥浆拌制采用 1.0 m³ 的高速泥浆搅拌机,拌制时间大于 10 min,先送入泥浆沉淀池,沉淀 24 h 后,再用泥浆泵把泥浆输送到各槽口用浆点。

成槽过程中,对槽段采取必要的防护,防止废浆、废渣、杂物进入槽内,引起泥浆性能的改变。为防止离析、沉淀、保持性能指标均一,槽段内泥浆液面保持在槽口顶面以下 30~50 cm。

2）成槽

抓斗成槽:采用宝峨 GB30/GB34 型挖土机配 40 mm 薄壁抓斗进行防渗墙成槽施工。抓槽前先认真校对孔位,抓斗纵面轴线与防渗墙设计轴线重合,抓斗升降过程中保持平稳,避免左右摆动。主机倒退行驶,不允许在已成槽部位上行驶,以免孔壁坍塌。

抓槽顺序:单号槽段先抓两边后抓中间,双号槽段先抓中间后抓两边。

槽体开挖:液压薄壁抓斗就位于待开挖槽段靠近第一抓位置,将抓斗斗体悬在导墙上面,中心线对准导墙中心线,抓斗的一边紧贴槽段分界线。往导墙内注入新制好的泥浆,待泥浆面至导墙顶以下 0.3~0.5 m 时,斗体下入导墙内开始抓槽,抓出的土体直接堆放在渠堤迎水坡面上。待渣料基本疏干后用 1 m³ 挖掘机挖装,20 t 自卸汽车外弃。

当挖槽深度到达设计深度时,对孔位、孔深、槽孔长度、槽孔宽度及孔斜等施工质量进行自检。

结束第一抓成槽,移机到该槽段的第二抓位置。第二抓开挖过程与第一抓相同。当第二抓结束后,移机到该槽段中间,抓斗斗体对准土体,开挖第三抓。第三抓的施工过程亦重复第一抓的过程。待第三抓全部完成后,清孔,填报施工记录和质检资料,提交监理工程师验收。

Ⅱ序槽段成槽时为保持抓斗两边受力均衡,采用先抓两边然后抓中间,即先抓两边的 2.8 m 土体,再抓中间 0.9 m 土体。其成槽过程均重复Ⅰ序槽段施工方法。

（五）清孔

（1）当抓槽结束后,质量检查人员首先进行自检,槽壁应平整垂直,不应有梅花孔等。自检合格后报监理工程师进行终孔验收,要求孔位中心允许侧向偏差不大于 3 cm。孔斜率不大于 0.6%,对于Ⅰ、Ⅱ序槽孔接头两次孔位中心任一深度的偏差值不大于施工图纸规定墙厚的 1/3,即 13.33 cm,并采取措施保证设计厚度,槽孔深度不小于设计孔深。

（2）终孔验收合格后,监理工程师签发合格证书,然后进行清孔。清孔采用抓斗进行清理,先用抓斗自槽底部采用定位法抓取槽底淤积物及沉淀物。清孔换浆结束后 1 h 进行检查,结束标准为:泥浆密度 < 1.15 g/cm³,黏度 32~50 Pa·s,泥浆含砂量 ≤6%,孔底淤积厚度小于 10 cm。

（六）槽段接头

防渗墙接头要求保持一定的整体性、抗渗性。由于本工程防渗墙墙体深度较深,主要采用接头管法施工。

接头管法是目前防渗墙施工接头处理的先进工艺,采用接头管法施工的接头孔孔形质量较好、圆弧规范、孔壁光滑、易于刷洗,可以确保接缝施工质量。接头部位经监理工程师验收合格后才允许进行Ⅱ序槽孔的清孔及灌注施工。

1. 接头管工艺

接头管安装采用拔管机和 16 t 汽车吊配合进行,工艺流程如图 1-27 所示。

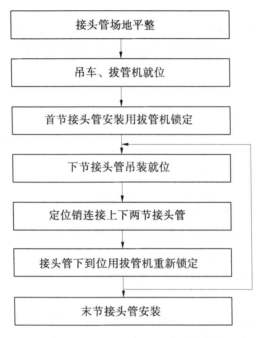

图 1-27　接头管安装工艺流程

2. 接头管起拔工艺要点

(1)准确掌握混凝土上升速度、接头管的埋深情况及混凝土的初终凝时间,及时起拔接头管,根据生产性试验一般在浇筑完成后 5 h 左右起拔接头管。

(2)接头管发生偏斜,立即采取纠偏措施,即在混凝土尚未全凝结之前通过垂向的起拔力重塑孔型,使接头管尽可能的垂直或顺直。

(3)安排专职人员负责接头管起拔,随时观察接头管的起拔力,避免人为因素发生铸管事故。接头管全部拔出后,对接头孔及时进行检测、处理和保护。

3. 接头清理

为保证槽段之间连接质量,采用街头刷清除已浇墙段混凝土接头处的凝胶物,确保洗刷后均无泥皮。采用 16 t 汽车吊车吊住刷壁器对槽段接头进行上下刷动,以清除接头杂物,若是少量较硬的附着物,则由自制的专用铲刀清除。

(七)墙体灌注

墙体混凝土浇筑采用直升导管法灌注。

(1)混凝土采用焦作固邦砼业有限公司生产的商品混凝土,用 10 m³ 搅拌运输车运至现场后(平均运距约 12 km),入混凝土输送泵车,通过导管进行灌注。

(2)灌注导管沿槽孔轴线布置,槽孔两端的导管距孔端控制在 1.0~1.5 m,采用双导管,导管间距控制在 4.0 m 以内。安装导管时,导管底部出口与孔底板距离应控制在 15~25 cm,如实测孔底高差大于 25 cm,则将导管中心放在该导管控制范围内的最低处。

灌注导管内径采用 200 mm,导管开始灌注时,先下入导注塞,将导注塞压到导管底部,将管内泥浆挤出管外。然后将导管稍微上提,使导注塞浮出,导管底端被混凝土埋住,保证后续灌注的混凝土不致与泥浆掺混。槽孔混凝土灌注严格遵循先深后浅的顺序,从最深的导管开始,由深到浅依次开浇,直至全槽混凝土面基本浇平以后再全槽均衡上升。

(3)在灌注过程中,保持导管埋入混凝土的深度在 1~6 m,并轮流从 2 个导管中灌注,维持全槽混凝土面均衡上升,高差控制在 0.5 m 范围内。每 30 min 测量一次槽孔混凝土面,每 2 h 测定一次导管内混凝土面,在开灌和结束时适当增加测量次数。槽孔内混凝土面上升速度大于 2 m/h,并连续上升到设计高程以上 0.5 m。灌注过程中做好混凝土面上升的记录,防止堵塞、埋管、导管漏浆和泥浆掺混等事故的发生。

在混凝土灌注时,按要求在出机口和槽口入口处随机取样,检验混凝土的物理力学性能指标,不合格混凝土严禁入槽。

(4)槽体灌注完成,通过质量检查科自检合格后,报请监理人验收。

(5)槽体施工完毕后,采用薄膜或麻袋覆盖墙顶洒水保湿养护,养护时间不少于 14 d。

(6)截渗墙达到 28 d 设计强度,按照规范和技术标准的要求进行取样或无损检测,即可采用钻孔取芯或注水试验等检测方法,检测数量宜为每 10~20 个槽孔一个,位置应具有代表性。

(八)施工过程中特殊情况处理

1. 失浆处理

抓槽施工时,特别留意槽内泥浆面的变动情况。施工中,根据已抓出土体的体积与注入的泥浆量对固壁泥浆漏失量进行测算,并做好详细记录,以便及时发现问题,做好堵漏和补浆准备,并查明原因,采取措施进行处理。

出现失浆现象时,根据施工实际情况,在固壁泥浆性能指标基本满足要求的前提下,适当调整泥浆配比,或向槽孔内投入膨润土、烧碱、CMC 等材料以增加泥浆的稠度和黏度,并适当放缓挖槽速度,待固壁泥浆漏失量正常后再恢复下沉抓槽。

如果采取以上方法仍然不能有效控制失浆现象,则采用预灌浓浆法,施工方法如下:

用黏土对失浆地层的槽孔进行回填,用工程钻机和跟管钻进技术钻超前灌浆孔。预灌浓浆孔的深度要超过漏失层。钻孔至要求深度后起出钻杆,套管留在孔内。从套管内注入浓浆,在分段起拔时持续灌注水泥膨润土浆液,其配比可采用水泥∶土 = 1∶3,水固比为 1∶1~0.7∶1,如果吸浆量较大,可间歇灌浆、限流和灌注砂浆等措施;每段浓浆从孔口灌注至浆面不再下沉即可起拔下段。

2. 漏浆及塌孔处理

当出现塌孔时,首先尽快补充大密度泥浆,以稳定孔壁,向孔内加入黏土、锯末、水泥等,确保孔壁稳定和槽孔安全;如孔口塌孔,采取布置插筋、拉筋和架设钢木梁等措施,保证槽口的稳定;实在不行时,用黏土回填槽孔,15 d 后重新进行抓槽作业。

3. 槽孔斜处理

成槽机施工中做到勤测、勤量,及时掌握孔形情况,如发现偏斜,可在斗头上加焊一圈钢筋,扩大斗头直径,扩孔改变孔斜,或在孔斜的相反方向加焊耐磨块进行修孔。

4. 混凝土浇筑堵管的处理

一旦发生堵管,可利用吊车上下反复提升导管进行抖动,疏通导管,如果无效,可在导管埋深允许的高度下提升导管,利用混凝土的压力差,降低混凝土的流出阻力,达到疏通导管的目的。

当各种方法无效时,可考虑重新下设另一套导管,新下设的导管要完全插入混凝土面以下,然后用小抽筒将导管内的泥浆抽吸干净,再继续进行混凝土的浇筑。

三、旋喷施工方案

(一)工艺流程

高压喷射注浆施工工艺流程见图1-28。

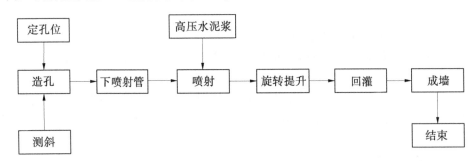

图 1-28　高压喷射注浆施工工艺流程

高压喷射注浆施工工艺流程示意见图1-29。

(二)高压喷射注浆试验

(1)室内浆液配合比试验,配置注浆浆液的原材料拟采用水泥标号为 P·O42.5,水灰比 1∶1,膨润土性能同塑性混凝土。按照设计配合比进行浆液配比试验,并对浆液的拌制时间、浆液密度、浆液流动性、浆液的沉淀速度和沉淀稳定性、浆液的凝结时间(初凝和终凝),以及浆液固结体的密度、强度、弹性模量和透水性测试和记录。认真分析试验成果,配合比的试验资料和成果经监理人批准后,在现场工艺试验中予以应用。

(2)现场高压喷射注浆试验,首先制订现场工艺试验方案,经监理人批准后开始进行;然后选择地质条件具有代表性的区段,并按室内试验选定的浆液配合比及施工图纸确定的孔距、孔深进行工艺试验;最后取得喷射流量、压力、旋速和提升速度等工艺参数,并按施工方案进行重叠搭接喷射试验。

(3)现场工艺试验结束后,根据监理人的指示钻取芯样,进行固结的均匀性、整体性、强度和渗透性试验,并报监理人。

(4)根据室内和现场试验的成果和监理人的指示,确定高压喷射注浆施工的工艺参数和浆液配合比,在正式施工中运用。

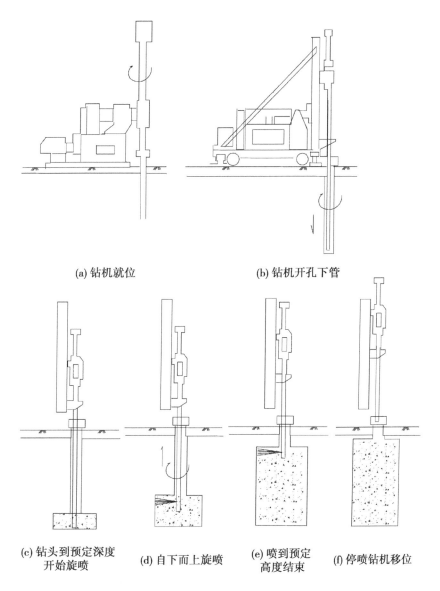

(a) 钻机就位　　　　　　(b) 钻机开孔下管

(c) 钻头到预定深度　(d) 自下而上旋喷　(e) 喷到预定　(f) 停喷钻机移位
　　开始旋喷　　　　　　　　　　　　　高度结束

图 1-29　高压喷射注浆施工工艺流程示意

（三）高压喷射注浆施工

1. 施工准备

施工前的准备工作包括施工队伍、施工场地、临时设施和机械设备的准备工作,并进行机械设备的试运行。

对技术人员进行技术交底,使其能够了解整个施工工艺过程、技术要求、各种机械性能及安全操作规程。

对进场的机械设备要先进行全面的配套状况和运行性能检查和检修,开始施工前,进行先期试车运行,以检验其设备组装和运转情况。

平整场地包括施工场地平整、修筑入仓临时施工道路和施工平台。

场地平整好后,接通电源和水路,进行高压喷射注浆设备组装及现场试车等各项施工准备工作,建设一定数量料物的防风、防雨棚。

2. 设备配置

高喷防渗墙施工设备由造孔、供水、供气、制浆、喷灌及其他设备组成。造孔设备选用 XY150 型地质钻机,供水设备选用 3D2-S 型高压水泵,供气设备选用 V-6/8-1 型空气压缩机,制浆设备选用 JIS-2B 搅拌机,喷灌设备选用 BW-150 型高压泥浆泵、三重管喷射装置及高压胶管等。根据钻孔和注浆施工的效率不同、定额生产率和现场条件,合理确定钻灌设备的配套比例。现场施工设备组装示意见图 1-30、图 1-31。

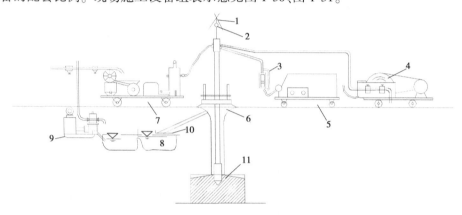

1—三脚架;2—卷扬机;3—转子流量计;4—高压水泵;5—空压机;
6—孔口装置;7—搅拌机;8—贮浆池;9—回浆泵;10—筛;11—喷头

图 1-30 高压喷射注浆设备组装示意图

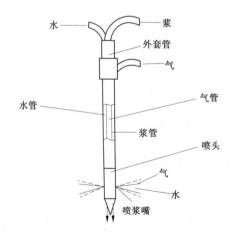

图 1-31 三管喷射装置组装示意图

3. 钻孔

首先根据施工图纸规定的桩位进行放样定位,其中心容许误差为不大于 5 cm。把钻机对准孔位,用水平尺掌握机身水平,垫稳、垫牢、垫平机架。钻进过程要记录完整,终孔要经值班质检员检查,成孔偏斜率控制在 1.5% 以内。

严格控制孔斜,为保证旋喷桩柱相互套接,形成完整防渗墙,不致出现漏灌,每钻进

3～5 m,用测斜仪量测一次,发现孔斜率超过规定时随即进行纠正。孔深、孔位、成孔偏斜率经监理人检验合格后,再下喷射管。

4. 下喷射管

将喷射管下放到设计深度,将喷嘴对准喷射方向,不准偏斜是关键。为防止喷嘴堵塞,可采用边低压送水、气、浆、边下管的方法,或临时加防护措施,如包扎塑料布或胶布等。

5. 喷射灌浆

喷射注浆采用现场工艺试验确定的施工参数,当喷射管下到设计深度后,送入适合要求的水、气、浆,喷射 1～3 min;待注入的浆液冒出后,再按预定提升、旋转。采用同轴喷射,高压水泵泵压保持在(20±2)MPa,空压机风压保持在 0.7 MPa,泥浆泵泵压保持在 2 MPa。提升直到设计高度,停送水、气、浆,提出喷射管。

喷射灌浆开始后,值班技术人员时刻注意检查注浆的流量、气量、压力及旋、摆、提升速度等参数是否符合设计要求,并且随时做好记录。定期检测浆液密度,按 1.58 g/cm³ 进行控制,如发现施工中的浆液密度超出该指标时,则立即停止喷注,并对浆液密度进行调整,到达正常范围后再进行喷射注浆。在施工过程中,根据监理人的指示,采集冒浆试件。

6. 充填

为解决凝结体顶部因浆液析水而出现的凹陷现象,每当喷射结束后,随即在喷射孔内进行静压充填灌浆,直至孔口液面不再下沉。

7. 清洗

当喷射完毕时,及时将各管路冲洗干净,不留残渣,以防堵塞,尤其是灌浆系统更为重要,即将浆液换成水进行连续冲洗,直到管路中出现清水。

(四)高压喷射注浆检查

在高喷防渗墙施工完成后,按照监理人的指示进行质量检验。在防渗墙施工结束时,拟采用压水试验或钻孔取芯的方法对固结体和防渗墙体整体质量进行检查,以检验防渗墙的整体防渗效果。质量检验的内容、数量、方法均按监理人的指示进行。

1. 钻孔取芯

从已旋喷注浆的凝固墙体中,钻孔取出岩芯样品,做成标准试件,进行室内物理力学试验,鉴定是否满足设计要求。

2. 压水试验

采用在已完成的防渗墙边加喷注浆,形成封闭围井,待凝固后,在井内打孔,进行压水试验,还可按照监理人的要求进行开挖检查和摄像。试验结果可以直接地反映施工段的质量。

经过上述质量检验,如发现有局部质量缺陷,包括在施工过程中,根据施工情况或记录资料,监理人认为的存在质量隐患的部位,应将尽快进行复喷处理。

四、施工进度

施工进度安排:前期阶段历时 36 d,主体施工历时 125 d,尾工阶段历时 10 d,总历时

171 d。

　　总体安排为通过增加施工设备,首先完成渠堤防渗墙施工,最后进行建筑物交接部位的高喷施工。

五、资源配置

(一)施工强度计算

　　拟采用成槽设备为液压抓斗,其施工定额指标为 63 m^2/工日,初步计划采用施工强度为 80 m^2/工日,每天单台班计算。

　　根据前述施工进度计划安排,考虑加班和月有效工作天数,综合系数取 1.0,主体工程施工期间需要的平均施工强度为 457.44 m^2/d,则需要液压抓斗设备 6 部。

(二)施工设备配置

　　根据类似截渗墙工程的施工经验,以及目前国内塑性混凝土截渗墙施工设备的使用情况,塑性混凝土截渗墙主要施工机械具体配置与进场时间见表 1-28。

表 1-28　主要施工机械、设备和仪器配置与进场时间

序号	设备名称	型号及规格	数量(台)	进场时间(年-月-日)	说明
1	抓斗机	GB30/GB34	6	2012-05-04	
2	冲击钻机	CZ-22	3	2012-05-04	
3	高速制浆机	LSJ-1500	3	2012-05-01	用于防渗墙施工
4	强制式混凝土拌和站	HZS75	1	2012-05-01	采用泰邦
5	混凝土拌和机	0.5 m^3	2	2012-04-20	
6	混凝土运输车	10.0 m^3	10	2012-04-20	3 台备用
7	汽车起重机	QY25	3	2012-05-01	
8	混凝土输送泵车	徐工 HB41	7	2012-05-01	1 台备用
9	装载机	ZL50	2	2012-05-01	
10	挖掘机	1.0 m^3	2	2012-05-01	
11	泥浆泵	3PN	6	2012-05-01	
12	交流电焊机	28 kVA	4	2012-05-01	
13	潜水泵	7.5 kW	8	2012-05-01	
14	自卸汽车	10 t	8	2012-05-01	
15	发电机组	120 kW	2	2012-05-01	
16	灌浆泵	3SNS	4	2012-05-01	
17	高速制浆机	ZX-400	3	2012-05-01	用于灌浆
18	灌浆自动记录仪	J31	4	2012-05-01	
19	泥浆比重计	1002	4	2012-05-01	

续表 1-28

序号	设备名称	型号及规格	数量	进场时间	说明
20	坍落度筒		6	2012-05-01	
21	漏斗黏度计	马氏	6	2012-05-01	
22	含砂量测定仪	ZNH	6	2012-05-01	
23	地质钻机	XY150	1	—	
24	高压水泵	3D2-S	1	—	
25	空压机	V-6/8-1	1	—	
26	搅拌机	JIS-2B	1	—	
27	高喷泵	BW-150	1	—	
28	高喷台车	GS500-4	1	—	
29	水罐车	10 m³	4	2012-04-20	
合计			110		

(三)施工人员配备

本工程人员配备见表 1-29。

表 1-29　人员配备

序号	工种	人数
1	成槽工、钻机工	40
2	泥浆制浆工	15
3	钢筋工	6
4	泵车司机	6
5	混凝土灌注工	12
6	排送泥浆工	16
7	电工、修理工、司机	12
8	模板工	6
9	其他工种	40
10	技术人员	8
11	管理人员	8
合计		169

(四)施工用电设备

施工用电设备见表 1-30。

表 1-30　施工用电设备(单套组合)

名称	规格型号	单位	数量	功率(kW)
高速搅拌机	LSJ-1500 /ZX-400	台	1	22.5
泥浆泵	3PN 型	台	1	15
灌浆泵	3SNS	台	1	20
潜水泵	7.5 kW	台	2	15
电焊机	交流 28 kVA	台	1	28
照明				6
钻机	CZ-22	台	1	30
合计		—		136.5

现场设备单套总功率为 136.5 kW,考虑制浆、造孔设备套数、电动机功率因数、设备同时率等,高峰期用电总需功率约为 500 kW。

第九节　总干渠渠堤防渗墙施工方案

一、工程概况

(一)工程概述

本标段设计桩号为 IV33+700~IV38+800,渠段长度 4.3 km,标段内共有各种建筑物 8 座,其中:河渠交叉建筑 2 座,节制闸、退水闸各 1 座,公路桥 4 座。

根据设计技术要求,南水北调中线一期工程焦作 1 段高填方段及缺口回填部位,采取塑性混凝土防渗墙进行渠堤渗控处理,其中,南水北调中线一期工程焦作 1 段 2 标段 IV36+931.24~IV38+000 段渠道左右岸渠堤设置防渗墙,防渗墙渠堤段总长度 2.14 km。

该渠段防渗结构采用渠堤垂直防渗体与渠底粉质黏土、重粉质壤土层相结合,形成封闭的防渗结构。渠堤垂直防渗结构采用 40 cm 厚度的塑性混凝土防渗墙,墙顶高程=设计堤顶高程-0.5 m,左右岸防渗墙均布置在渠堤堤顶中心,防渗墙深度 8.89~12.35 m,与渠底粉质黏土、重粉质壤土层相接,并与之形成封闭的防渗结构。局部与建筑物衔接处采用高压旋喷灌浆。墙顶高程=设计堤顶高程-0.5 m,左右岸防渗墙均布置在渠堤堤顶中心,设计墙厚 0.4 m,塑性混凝土配合比根据试验确定。高喷最小有效厚度不小于 0.3 m,孔距 1.2 m,墙体材料采用普通硅酸盐水泥,水灰比、灌浆压力根据现场试验确定。

(二)水文气象和工程地质

参照第一节水文、地质条件部分。

(三)主要工程量

本段设计防渗墙总长 2.14 km,设计墙深 8.89~12.35 m 不等,总截渗面积 22 480 m²,高压旋喷面积(建筑物处)855 m²。其他工程包括导墙、泥浆池等造槽临时设施,水电临时设施,生产生活临时设施,渣料转运外弃,配合比设计,试验槽段等措施项目。主要工程量详见表1-31。

表1-31　焦作1段2标渠堤防渗墙施工主要工程量

序号	工程项目	单位	工程量	说明
1	塑性混凝土	m³	8 992	防渗墙
2	液压抓斗成槽0.45 m宽	m³	10 116	导墙
3	C25混凝土	m³	4 665	
4	钢筋制安	t	53.5	
5	土方回填	m³	5 885	
6	钢筋混凝土拆除	m³	4 665	
7	高压灌注	m²	855	与建筑物衔接处
8	砖墙砌筑	m³	130	泥浆池

注:本表工程量仅是初步估计量,最终工程量以实际发生工程量为准。

(四)机械设备选型

液压薄壁抓斗防渗墙施工主要施工机具为:

(1)金泰SG46型液压薄壁抓斗。

基本性能参数:斗体厚度400 mm,开斗宽度2 800 mm,开斗高度7 000 mm,斗容1.0 m³,斗重10.2 t。

(2)塑性混凝土拌和运输设备(用2#站)。

采用现有的2#站拌和塑性混凝土,水平运输采用10 m³混凝土搅拌运输车,垂直运输采用混凝土汽车泵。

(3)辅助设备。

50 t履带式起重机1台、ZL50装载机1辆,以及电子配料机、混凝土浇筑平台、检测试验设备等。

二、防渗墙施工方案

结合工程实际情况,塑性混凝土防渗墙采用液压薄壁抓斗成槽方案,分Ⅰ、Ⅱ序槽段进行施工,混凝土防渗墙接头采用接头管法。

已成型渠堤防渗墙施工端部离开还未填筑的缺口部位不得小于30 m,防止渠道缺口部位填筑时,振动碾激振力对已施工完毕的塑性混凝土防渗墙产生振动破坏。

(一)工艺流程

防渗墙施工程序见图1-22。

(二)防渗墙施工平台及混凝土导墙施工

1.防渗墙施工平台

左右岸防渗墙均布置在渠堤顶中心,由于渠堤顶宽仅5 m,为满足施工平台要求,图纸推荐方案为:可根据需要先对渠堤进行消顶,防渗墙施工完成后再按堤顶填筑要求回填至设计堤顶高程。

目前渠堤已填筑到渠堤顶设计高程且边坡超填 40 cm 厚,现堤顶宽度 5.4 m 左右,采用液压薄壁抓斗成槽,对抓斗进行改进,使抓斗与履带平行,抓斗主机两履带骑导墙行进,现有堤顶宽度可以满足施工作业宽度。

液压抓斗设备开行及施工平台布置如图 1-23 所示。

2. 混凝土导墙施工

为了给开挖机具提供导向、保护槽口、承重等,开槽施工需要先行施工钢筋混凝土导墙。导墙沿渠堤防渗墙轴线布置,槽口宽 0.45 m,导墙深 1.3 m,导墙做成"┑ ┏"形现浇钢筋混凝土结构,布置 φ10@250 钢筋,横向钢筋间距 25 cm,倒"L"形钢筋 3 根/m。墙内侧净宽度为 45 cm,总长为 2 140 m(左右侧),单侧导墙设计宽度为 2.3 m,厚 30 cm,深度 1.3 m,采用 C25 混凝土。导墙每延米钢筋用量为 0.025 t,渠段内钢筋总量为 0.025×2 140=53.5(t)。导墙断面如图 1-32 所示,抓斗-导墙布置位置如图 1-33 所示。施工过程中根据弯道特性、地质情况进行适当调整。

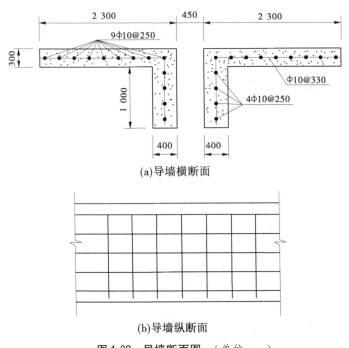

(a)导墙横断面

(b)导墙纵断面

图 1-32 导墙断面图 (单位:mm)

导墙槽由于宽度较小,采用人工开挖,但必须小心开挖,以避免超挖而超填混凝土。对不能达到要求的地方进行修整,同时对混凝土浇筑作业面用 2 kW 蛙夯进行夯实处理。余土临时放置在渠堤迎水坡面上,采用 1 m³ 挖掘机挖装 10 t 自卸汽车外弃,运距约为 3 km。

为防止降雨对开挖断面的破坏,每次的开挖长度不宜超过 60 m,人工修整后的开挖断面要及时进行钢筋绑扎、导墙立模和混凝土浇筑施工。

导墙钢筋在加工厂内进行加工,拉到现场安装,然后立模板,浇筑导墙混凝土。模板采用定型组合钢模板,内支撑采用钢管组件。导墙混凝土采用 C25 混凝土,10 m³ 搅拌运输车运至现场,混凝土汽车泵直接泵送入仓,2.2 kW 插入式振捣器振实、人工收面、洒水、覆盖塑料薄膜养护。

(三)测量放线

场地平整后,用全站仪放出防渗墙的轴线和导墙的开挖边线,开挖边线上每隔 25 m 打一根木桩,桩顶高出地面 3~5 cm,并用钢钉标示出中心位置,导墙的开挖边线用白灰撒出,灰线宜细不宜粗。导墙施工完毕后,进行槽段的精确划分,并做标记。

(四)造孔与成槽

1. 施工工艺流程

液压抓斗成槽开挖工艺流程见图 1-34。

2. 其他槽段的施工

1)挖槽准备

(1)槽段划分。

选择槽孔长度时应当遵循以下原则:根据工地的各项具体条件,在保证造孔安全、成墙质量的前提下,应尽量选择较长的槽孔长度。应当考虑的 3 个主要因素是:①工程地质与水文地质条件;②单个槽孔的造孔延续时间;③混凝土浇筑能力,即混凝土的拌和与运输能力等。一般情况下槽段的长度划分为 6~8 m。

本工程塑性混凝土防渗墙设计单面长度 1 070 m,本着尽量减少接头及为了保证泥浆下浇筑混凝土的浇筑质量,槽段长度定为 6~7.5 m,三抓成槽,施工过程中根据地质情况进行调整。

(2)泥浆制备。

施工中所用的泥浆用于固壁,泥浆池考虑能够满足 2~3 个槽孔的施工,设计容量 100 m³/座,设置在渠道内,采用 ZJ-800 高速制浆机制浆。

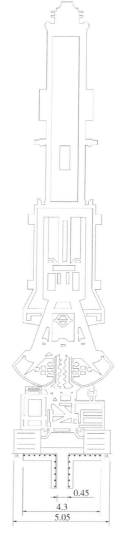

图 1-33　抓斗–导墙布置位置示意图 (单位:cm)

固壁泥浆用于支承孔壁、稳定地层、悬浮沉渣,同时向槽两侧地层渗透的泥浆及槽两侧边壁形成的泥皮起到辅助截渗的作用。泥浆拌制采用高速泥浆搅拌机,拌制时间大于 10 min,先送入泥浆沉淀池,沉淀 24 h 后,再用泥浆泵把泥浆输送到各槽口用浆点。

成槽过程中,对槽段采取必要的防护,防止废浆、废渣、杂物进入槽内,引起泥浆性能的改变。为防止离析、沉淀,保持性能指标均一,槽段内泥浆液面保持在槽口顶面以下 30~50 cm。

2)成槽

抓斗成槽:防渗墙槽段施工采用液压抓斗"纯抓法"施工,采用津江 SG46 型液压抓斗机配 40 mm 薄壁抓斗进行防渗墙成槽施工。抓槽前先认真校对孔位,抓斗纵面轴线与防渗墙设计轴线重合,抓斗升降过程中保持平稳,避免左右摆动。主机倒退行驶,不允许在

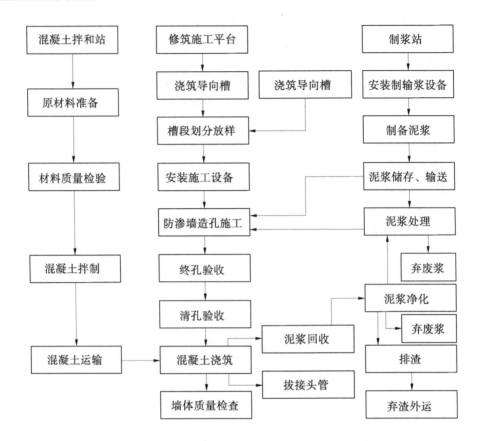

图 1-34　液压抓斗成槽开挖工艺流程

已成槽部位上行驶,以免孔壁坍塌。

抓槽顺序:槽段先抓两边后抓中间。

挖槽采用液压抓斗成槽机械,槽段长度为 7 m,采用"三抓法"施工时,先抓槽段两侧主孔,两侧主孔挖至距设计槽底深度约 50 cm 后,再挖中间副孔,主孔内预留的 50 cm 与副孔一起进行清底开挖。

为保证成槽质量,液压抓斗在开孔入槽前检查仪表是否正常,纠偏推板是否能正常工作,液压系统是否有渗漏等。

成槽初始段 2~7 m 开挖时,挖掘速度不宜过快,应放慢速度,以防止遇到地下障碍物。成槽开挖过程中,保持仪表显示精度在 1/500 左右,整个成槽过程中随时进行纠偏,始终保持显示精度在良好范围内。

整幅槽段挖到底后进行扫孔,挖除铲平抓接部位的壁面及铲除槽底沉渣以消除槽底沉渣对将来墙体的沉降。施工方法是:有次序地一端向另一端铲挖,每移动 50 cm,使抓深控制在同一设计标高。

槽孔开挖过程中,槽孔泥浆面始终保持在导墙面以下 30~50 cm,槽孔孔壁应平整垂直,不应有梅花孔、小墙等,详细记录成孔抓挖工作。

钻孔达到设计深度后,必须核实地质情况。在成槽过程中对照地质勘探图纸对所遇到的各种地层采取土样,并填写地层的分层深度、取样时间等标签,标签填写好后装袋保留。

　　槽体开挖:液压薄壁抓斗就位于待开挖槽段靠近第一抓位置,将抓斗斗体悬在导墙上,中心线对准导墙中心线,抓斗的一边紧贴槽段分界线。往导墙内注入新制好的泥浆,待泥浆面至导墙顶以下30~50 cm时,斗体下入导墙内开始抓槽,抓出的土体直接堆放在渠堤迎水坡面上。待渣料基本疏干后用1 m³挖掘机挖装。20 t自卸汽车外运。

　　当挖槽深度到达设计深度时,对孔位、孔深、槽孔长度、槽孔宽度及孔斜等施工质量进行自检。

　　结束第一抓成槽,然后移机到该槽段的第二抓位置。第二抓开挖过程与第一抓相同。当第二抓结束后,移机到该槽段中间,抓斗斗体对准土体,开挖第三抓。第三抓的施工过程亦重复第一抓的过程。待第三抓全部完成后,清孔,填报施工记录和质检资料,提交监理工程师验收。成槽检查项目及质量标准见表1-32。

表1-32　成槽检查项目及质量标准

序号	检验项目	检验方法	质量标准
1	槽口中心差	现场测量	±3 cm
2	终孔深度	测绳	不小于设计深度,至壤土层内不小于1 m
3	孔斜率	重锤法	不大于0.4%
4	槽口宽度	抓斗斗体宽度	满足设计要求(含接头厚度)
5	套接厚度	—	保证一、二期槽孔接头孔的两个孔位中心在任一深度的偏差值不得大于设计墙厚的1/3

(五) 清孔

　　(1)当抓槽结束后,质量检查人员首先进行自检,槽壁应平整垂直,不应有梅花孔等。自检合格后报监理工程师进行终孔验收,要求孔位中心允许侧向偏差不大于3 cm。孔斜率不大于0.6%,对于Ⅰ、Ⅱ序槽孔接头两次孔位中心任一深度的偏差值不大于施工图纸规定墙厚的1/3,即13.33 cm,并采取措施保证设计厚度,槽孔深度不小于设计孔深。

　　(2)终孔验收合格后,监理工程师签发合格证书,然后进行清孔。清孔采用抓斗清理,先用抓斗自槽底部采用定位法抓取槽底淤积物及沉淀物,然后下入φ100 mm钢管采用泵吸反循环法清孔。

　　清孔换浆结束并自检合格后与监理工程师共同进行槽孔深度测量,作为浇筑前测沉淤的依据。清孔时孔内泥浆面应不低于槽口下1.0 m,且高出地下水位2.0 m以上。

　　清孔检查项目及质量标准见表1-33。

　　二期槽在清孔换浆前或清孔过程中应用钢丝刷子钻头清除槽段两侧接头混凝土壁上的泥皮,直至刷子钻头不带泥屑、孔底淤积不再增加。

表 1-33　清孔检查项目及质量标准

序号	检查项目		质量标准	检查方法
1	沉淀厚度(mm)		100	标准锤量
2	膨润土泥浆清孔后泥浆指标	孔内排除或抽出的泥浆手摸无 2~3 mm 颗粒		手摸观察
		密度(g/cm³)	不大于 1.15	比重称
		黏度(Pa·s)	32~50	马氏漏斗
		含砂率(%)	<10	含砂率计

清孔过程中排出的泥浆经砂石泵抽到泥浆回收池,经过净化处理后,弃渣用自卸车运至监理工程师指定的弃料场,分离出的泥浆进行回收再利用。浇筑混凝土时,槽内泥浆直接用 3PNL 立式泥浆泵回收,通过供浆管直接供应到其他槽段或回送制浆站进行回收,污染严重的泥浆予以废弃。

清孔内 4 h 未能开始浇筑混凝土时,须对孔内淤积情况进行复测,在淤积符合规范及设计要求时可以进行混凝土的浇筑;若孔底淤积超标,必须进行二次清孔,直至孔内淤积符合设计及规范要求。

(六)槽段连接

防渗墙接头要求保持一定的整体性、抗渗性。由于本工程防墙墙体深度较深,主要采用接头管法施工。

接头管法是目前防渗墙施工接头处理的先进工艺,采用接头管法施工的接头孔孔形质量较好、圆弧规范、孔壁光滑、易于刷洗,可以确保接缝施工质量。接头部位经监理工程师验收合格后才允许进行 Ⅱ 序槽孔的清孔及灌注施工。

清孔换浆结束后,在一期槽两端孔位置下设 ϕ 400 mm 钢制接头管,孔口固定,在混凝土浇筑过程中,根据混凝土初凝时间和混凝土面上升速度及上升高度起拔接头管。混凝土浇筑后接头管部位形成二期槽端孔,待二期槽成槽后连接成墙。接头管分节制作,插销连接,采用液压拔管机起拔。

1. 接头管安装工艺

接头管安装采用拔管机和 50 t 履带式起重机配合进行,工艺流程如图 1-27 所示。

2. 接头管下设

接头管下设按槽孔深度配置接头管。下设前检查接头管底阀是否正常,底管淤积泥沙是否清除,接头管接头的卡块、盖板是否齐全,锁块活动是否自如等,并在接头管外表面涂抹润滑油或脱模剂。

采用 50 t 履带式起重机起吊接头管,先起吊底节接头管,对准拔管机孔中心,垂直徐徐下放,一直下到销孔位置,用钢管对孔插入接头管,继续将底管放下,使钢管担在拔管机抱紧圈上,松开保护帽固定螺钉,用清水冲洗接头结合面并涂抹润滑油或脱模剂,然后吊起第二节接头管,卸下接头保护帽,打开卡块盖,用清水将接头内圈结合面冲洗干净,对准接头插入,动作要缓慢,接头之间决不能发生碰撞,否则会造成接头唇部变形,使接头连接困难。用卡块卡接时,将卡块旋入并锁定。

吊起接头管,抽出钢管,下到第二节接头管销孔处,插入钢管,下放使其担在导墙上,再按上述方法进行第三节接头管的安装。重复上述程序直至全部接头管下放完成。

接头管下设前一定要对接头孔进行严格检测,保证接头孔的垂直度,下放过程中不能强拉硬放,防止破坏孔壁。

3.接头管起拔工艺要点

采用液压拔管机拔管,50 t 履带式起重机配合。拔管法施工关键是要准确掌握起拔时间,起拔时间过早,混凝土尚未到达一定强度,出现接头孔缩孔和垮塌现象;起拔时间过晚,接头管表面与混凝土的黏结力使摩擦力增大,增加了起拔难度,甚至接头管被铸死拔不出来,造成孔内事故。受地下水温的影响,塑性混凝土浇筑后,早期强度增长较快,通过对已浇混凝土采取针入试验,拔管压力试验并结合拔管后接头管自然升降观察等,确定拔管时间按以下控制:槽底第一节接头管(8 m)起拔时间宜在浇筑完毕后 2.5~3 h 完成;第二节接头管(6 m)起拔时间宜在浇筑完毕后 6~6.5 h 完成。

4.接头清理

为保证槽段之间连接质量,采用接头刷清除已浇墙段混凝土接头处的凝胶物,确保洗刷后均无泥皮。采用 50 t 履带式起重机吊住刷壁器对槽段接头进行上下刷动,以清除接头杂物,若是少量较硬的附着物,则由自制的专用铲刀清除。

(七)防渗墙墙体灌注

1.拌制前的准备工作

(1)由试验人员根据监理工程师批准的室内混凝土配合比、骨料含水率及搅拌机的容量,计算出搅拌一盘混凝土所需砂、石、黏土、膨润土粉、黏土粉、水、水泥、外加剂等的重量,并填写施工配料单。

(2)检查混凝土搅拌机和上料设备,校准配料计量装置。

(3)准备足够的砂、石、水泥、黏土、膨润土、黏土粉、外加剂等材料和装载、取样、测试工具。

2.混凝土拌制

混凝土采用 2# 站进行混凝土拌和。

(1)投料:投料应按照经监理工程师审批的“混凝土(砂浆)施工配料单”进行。为了减少水泥粉尘飞扬及粘罐现象,拌制混凝土的投料顺序是:石子→水泥→砂、膨润土→黏土粉和外加剂。

(2)搅拌:采用自动化程度高的强制式拌和机搅拌混凝土,搅拌时间为 2 min。

(3)计量:采用电子称自动计量。液体外加剂也可采用流量计计量。

(4)检查和调整:在混凝土拌制过程中,应根据混凝土坍落度、扩散度和砂石骨料含水率的检测结果、环境条件、工作性能要求等及时调整施工配合比。

3.混凝土运输

混凝土运输采用混凝土拌和车运输,混凝土拌和车从拌和站开出后应在较短时间内到达灌注现场,保证单槽在首盘混凝土初凝前灌注完毕。

混凝土在运输过程中不得漏浆和离析。混凝土运至灌注地点时应检查其均匀性和坍落度,如不符合要求应进行第二次拌和,二次拌和后仍不符合要求时不得使用。

　　应尽量减少倒运环节,尽可能采用混凝土搅拌车与导管漏斗对口浇的施工方法。不具备对口浇的条件时,可用吊车、储料斗、卧罐等作为垂直提升转运工具。

　　冬季施工混凝土入导管温度低于 5 ℃时,拌和车应采取保温措施;夏季施工混凝土入导管温度大于 30 ℃时,拌和车应采取降温措施,减少运输过程中混凝土坍落度损失。

　　4. 导管布设

　　(1)灌注导管沿槽孔轴线布置,槽孔两端的导管距孔端控制在 1.0~1.5 m,采用双导管,导管间距控制在 3.0 m 以内。安装导管时,导管底部出口与孔底板距离应控制在 30~40 cm。配置导管时根据各槽孔的孔深、导槽顶至管架的距离来计算单根导管的长度,其计算式如下:

$$L = L_1 + L_2, \quad L_2 = H - L_3 \tag{1-8}$$

式中:L 为导管长度,m;L_1 为孔外管长,m,即导管上端管口至导槽顶的距离;L_2 为孔内管长,m;H 为孔深,m;L_3 为导管下端管口距孔底的距离,m,即导管悬空,一般 30~40 cm。

　　单根导管的实际长度等于各管节的累计长度,短导管放置在单根导管的上部。水下混凝土灌注选用圆形螺旋快速接头的钢导管,钢导管的内径应与防渗墙墙厚及混凝土浇筑速度相适用,不宜小于最大骨料粒径的 6 倍,一般为 250 mm。导管之间为丝扣连接,对导管的垂直度、密封性及可靠性进行试验。导管采用无缝钢管制作。导管管壁厚度一般为 3~5 mm,其内壁应光滑、圆顺,内径一致,接口严密。导管尾管长度宜为 3.0~4.0 m,中间每节长度宜为 1.5 m 或 2.0 m,上部配 1~2 节长 0.5 m、0.7 m、1.0 m 的短管,可根据孔深进行调整。

　　(2)浇筑导管的选择。

　　选用 φ250 无缝钢管作为混凝土浇筑导管,导管采用快速接头形式,便于施工过程中导管的安装和拆卸。

　　5. 开浇阶段

　　1)浇筑前的准备工作

　　(1)完成清孔验收工作。

　　(2)配管。根据孔深编排各根导管的管节组合,并填写"____号槽孔第____号导管下设、开浇情况记录表",记录好导管下设顺序、每根导管根数、各管节的长度、导管实际下设情况、开浇情况等。

　　(3)绘制"第____号槽孔混凝土浇筑指示图"。其主要内容有:槽段纵剖面图、导管布置、每根导管的分节长度及分节位置、理论与实际浇筑混凝土方量、不同时间的混凝土面深度和理论与实浇方量、时间—浇筑方量过程曲线等。在混凝土浇筑指示图中,各节导管的上下位置倒过来画,以便在浇筑过程中直观了解管底已提升到了什么位置。

　　(4)备足各种专用器具、零配件,并留有备用。

　　(5)对混凝土拌和设备、运输车辆及与各种浇筑机具(起重机、隔水球、漏斗等)进行仔细地检查和保养。

　　(6)维修现场道路,清除障碍,保证全天候畅通。

　　(7)组织准备。对混凝土搅拌、运输、槽口灌注等各岗位进行分工,并明确各岗位任务和职责。

2)开始浇筑

槽孔混凝土灌注严格遵循先深后浅的顺序,从最深的导管开始,由深到浅依次开浇,直至全槽混凝土面基本浇平以后再全槽均衡上升。

开浇采用压球法进行混凝土灌注。导管下设后在导管内放置略小于导管内径的隔离胶球作为隔离体,隔离泥浆与混凝土,然后在导管上口设置一个储料斗,在储料斗内出口上放置一个盖板。开浇前,将混凝土储料斗灌满(储料斗容积满足导管内容积及封埋导管不小于1.0 m深的方量),使导管底部一次埋入混凝土面以下1.0 m以上。储料斗的混凝土储存量按下式计算控制(式中参数见图1-35)。

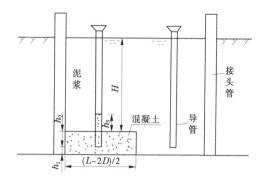

图1-35　接头管安装工艺流程

$$V = \left[\frac{1}{2} H_a (L - 2D) b + \frac{\pi}{4} h_3 d^2 \right] \alpha \qquad (1-9)$$

式中:V 为初浇混凝土体积,m^3;d、D 分别为导管内径和接头管直径,m;α 为扩孔(充盈)系数,取 1.2;L 为槽段长度,m;b 为槽宽,m;H_a 为初浇混凝土高度,m,$H_a = h_1 + h_2$;h_1 为导管底端到孔底的距离,m,一般取 0.4 m;h_2 为导管埋入混凝土内的深度,m,一般取 1.0 m。

图中,h_3 为槽内混凝土高度达到埋管深度时,导管内混凝土柱与导管外液柱的平衡高度,m;$h_3 = (r_1/r_2) \times H$;H 为槽内混凝土面深度,m;r_1、r_2 分别为孔内泥浆和混凝土重度,kN/m^3。

当储料斗内的混凝土量已满足初灌要求时,拔出储料斗内出口上的盖板,同时打开储料斗上的放料闸门,使混凝土连续进入导管,迅速地把隔水栓及管内泥浆压出导管,同时将槽孔旁边的混凝土搅拌车内剩余的混凝土不断灌入储料斗内而使混凝土连续地灌入桩孔内。

6. 灌注阶段

(1)灌注混凝土一旦开浇后,保证连续进行,不得中断,并始终使导管埋入混凝土中足够深度,保证导管拆卸后导管埋入混凝土的深度不小于 1 m,以防止将导管拔出混凝土面;同时导管埋入混凝土中的深度不大于 6 m,以免出现堵管或铸管事故。混凝土灌注期间使用 16 t 或 25 t 汽车起重机吊放、拆卸导管。

(2)灌注过程中,密切注意孔口情况,若发现孔口不返浆,应立即查明原因,采取相应的措施处理。

(3)提升导管时应保持轴线竖直、位置居中。如果导管卡挂槽壁,可转动导管,使其脱开,然后再提升。

(4)每隔 30 min 测量一次槽孔内混凝土面深度(灌注后期缩短间隔时间至 15 min),并及时填写"____号槽孔混凝土浇筑第____号导管拆卸记录"和"____号槽混凝土浇筑孔内混凝土面深度测量记录表",绘制"槽孔水下混凝土灌注指示图",指导导管的拆卸工作。

（5）混凝土连续灌注，混凝土面上升速度控制在 2 m/h 以上，遇特殊情况须间歇时，间歇时间应根据具体情况确定，但不宜大于 30 min。每槽段灌注时间控制在 8 h 内灌注完成。

（6）灌注时，槽口设置盖板，避免混凝土散落到槽内。混凝土置换出的泥浆通过泥浆排污沟排到其他正在施工的槽孔中或沉淀池，以防止泥浆溢出而污染环境。

（7）终浇阶段。

终浇阶段由于导管内外的压力差减少，浇筑速度下降，混凝土坍落度按下限控制，并适当提升导管减少埋入深度、稀释孔内泥浆。混凝土灌注到接近设计槽顶标高时，值班人员对剩余混凝土数量进行测算，并通知搅拌站按需供料。灌注的槽顶标高应比设计槽顶标高高出 0.5~1.0 m，以保证桩头混凝土的强度，多余部分在槽帽混凝土施工前凿除。在拔除最后一段长导管时，拔管速度放慢，以防止槽顶沉淀的泥浆挤入导管下，形成泥心。

（八）施工过程中特殊情况处理

1. 失浆处理

抓槽施工时，应特别留意槽内泥浆面的变动情况。施工中，根据已抓出土体的体积与注入的泥浆量对固壁泥浆漏失量进行测算，并做好详细记录，以便及时发现问题，做好堵漏和补浆准备，并查明原因，采取措施进行处理。

出现失浆现象时，根据施工实际情况，在固壁泥浆性能指标基本满足要求的前提下，适当调整泥浆配比，或向槽孔内投入膨润土、烧碱、CMC 等材料以增加泥浆的稠度和黏度，并适当放缓挖槽速度，待固壁泥浆漏失量正常后再恢复下沉抓槽。

如果采取以上方法仍然不能有效控制失浆现象，则采用预灌浓浆法，施工方法如下：

用黏土对失浆地层的槽孔进行回填，用工程钻机和跟管钻进技术钻超前灌浆孔。预灌浓浆孔的深度要超过漏失层。钻孔至要求深度后起出钻杆、套管留在孔内。从套管内注入浓浆，在分段起拔时持续灌注水泥膨润土浆液，其配比可采用水泥∶土 = 1∶3，水固比为 1∶1~0.7∶1，如果吸浆量较大，可采取间歇灌浆、限流和灌注砂浆等措施；每段浓浆从孔口灌注至浆面不再下沉即可起拔下段。

2. 塌孔处理

当出现塌孔时，首先尽快补充大比重泥浆，以稳定孔壁，向孔内加入黏土、锯末、水泥等，确保孔壁稳定和槽孔安全；如孔口塌孔，采取布置插筋、拉筋和架设钢木梁等措施，保证槽口的稳定；实在不行时，用黏土回填槽孔，15 d 后重新进行抓槽作业。

3. 槽孔斜处理

成槽机施工中做到勤测、勤量，及时掌握孔形情况，如发现偏斜，可在斗头上加焊一圈钢筋，扩大斗头直径，扩孔改变孔斜；或在孔斜的相反方向加焊耐磨块进行修孔。

4. 混凝土浇筑堵管的处理

一旦发生堵管，可利用吊车上下反复提升导管进行抖动，疏通导管，如果无效，可在导管埋深允许的高度下提升导管，利用混凝土的压力差，降低混凝土的流出阻力，达到疏通导管的目的。

当各种方法无效时，可考虑重新下设另一套导管，新下设的导管要完全插入混凝土面以下，然后用小抽筒将导管内的泥浆抽吸干净，再继续进行混凝土的浇筑。

三、旋喷施工方案

（一）工艺流程

高压喷射注浆施工工艺流程见图1-28。

高压喷射注浆施工工艺流程示意见图1-29。

（二）高压喷射注浆试验

（1）室内浆液配合比试验，配置注浆浆液的原材料拟采用水泥标号为 P·O42.5，水灰比1:1，膨润土性能同塑性混凝土。按照设计配合比进行浆液配比试验，并对浆液的拌制时间、浆液密度、浆液流动性、浆液的沉淀速度和沉淀稳定性、浆液的凝结时间(初凝和终凝)，以及浆液固结体的密度、强度、弹性模量和透水性进行测试和记录。认真分析试验成果，配合比的试验资料和成果经监理人批准后，在现场工艺试验中予以应用。

（2）现场高压喷射注浆试验，首先制定现场工艺试验方案，经监理人批准后开始进行。选择地质条件具有代表性的区段，并按室内试验选定的浆液配合比及施工图纸确定的孔距、孔深进行工艺试验。取得喷射流量、压力、旋速和提升速度等工艺参数，并按施工方案进行重叠搭接喷射试验。

（3）现场工艺试验结束后，根据监理人的指示钻取芯样，进行固结的均匀性、整体性、强度和渗透性进行试验，并报监理人。

（4）根据室内和现场试验的成果和监理人的指示，确定高压喷射注浆施工的工艺参数和浆液配合比，在正式施工中运用。

（三）高压喷射注浆施工

1. 施工准备

施工前的准备工作包括施工队伍、施工场地、临时设施和机械设备的准备工作，并进行机械设备的试运行。

对技术人员进行技术交底，使其能够了解整个施工工艺过程、技术要求、各种机械性能及安全操作规程。

对进场的机械设备要先进行全面的配套状况和运行性能检查和检修，开始施工前，进行先期试车运行，以检验其设备组装和运转情况。

平整场地包括施工场地平整、修筑入仓临时施工道路和施工平台。

场地平整好后，接通电源和水路，进行高压喷射注浆设备组装及现场试车等各项施工准备工作。

2. 设备配置

高喷防渗墙施工设备由造孔、供水、供气、制浆、喷灌及其他设备组成。造孔设备选用XY150型地质钻机及泥浆制备设备；供水设备选用3D2-S型高压水泵；供气设备选用V-6/8-1型空气压缩机；制浆设备选用JIS-2B搅拌机；喷灌设备选用BW-150型高压泥浆泵；三重管喷射装置及高压胶管等。根据钻孔和注浆施工的效率不同、定额生产率和现场条件，合理确定钻灌设备的配套比例。现场施工设备组装示意图见图1-30、图1-31。

3. 钻孔

首先根据施工图纸规定的桩位进行放样定位，其中心容许误差为不大于5 cm。把钻机对准孔位,用水平尺掌握机身水平,垫稳、垫牢、垫平机架。钻进过程要记录完整,终孔要经值班质检员检查,成孔偏斜率控制在 1.5% 以内。

严格控制孔斜,为保证旋喷桩柱相互套接,形成完整防渗墙,不致出现漏灌,每钻进 3～5 m,用测斜仪量测一次,发现孔斜率超过规定时随即进行纠正。孔深、孔位、成孔偏斜率经监理人检验合格后,再下喷射管。

4. 下喷射管

将喷射管下放到设计深度,将喷嘴对准喷射方向,不准偏斜是关键。为防止喷嘴堵塞,可采用边低压送水、气、浆,边下管的方法,或临时加防护措施,如包扎塑料布或胶布等。

5. 喷射灌浆

喷射灌浆采用现场工艺试验确定的施工参数,当喷射管下到设计深度后,送入适合要求的水、气、浆,喷射 1～3 min;待注入的浆液冒出后,再按预定提升、旋转。采用同轴喷射,高压水泵泵压保持在 (20±2) MPa,空压机风压保持在 0.7 MPa,泥浆泵泵压保持在 2 MPa。提升直到设计高度,停送水、气、浆,提出喷射管。

喷射灌浆开始后,值班技术人员时刻注意检查注浆的流量、气量、压力,以及旋、摆、提升速度等参数是否符合设计要求,并且随时做好记录。定期检测浆液密度,按 1.58 g/cm³ 进行控制,如发现施工中的浆液密度超出该指标时,则立即停止喷注,并对浆液密度进行调整,到达正常范围后再进行喷射注浆。在施工过程中,根据监理人的指示,采集冒浆试件。

6. 充填

为解决凝结体顶部因浆液析水而出现的凹陷现象,每当喷射结束后,随即在喷射孔内进行静压充填灌浆,直至孔口液面不再下沉为止。

7. 清洗

当喷射完毕时,及时将各管路冲洗干净,不留残渣,以防堵塞,尤其是灌浆系统更为重要,即将浆液换成水进行连续冲洗,直到管路中出现清水为止。

(四) 高压喷射注浆检查

在高喷防渗墙施工完成后,按照监理人的指示进行质量检验。在防渗墙施工结束时,拟采用压水试验或钻孔取芯的方法对固结体和防渗墙体整体质量进行检查,以检验防渗墙的整体防渗效果。质量检验的内容、数量、方法均按监理人的指示进行。

1. 钻孔取芯

从已旋喷注浆的凝固墙体中,钻孔取出岩芯样品,做成标准试件,进行室内物理力学试验,鉴定是否满足设计要求。

2. 压水试验

采用在已完成的防渗墙边加喷注浆,形成封闭围井,待凝固后,在井内打孔,进行压水试验,还可按照监理人的要求进行开挖检查和摄像。试验结果可以直接地反映施工段的质量。

经过上述质量检验,如发现有局部质量缺陷,包括在施工过程中,根据施工情况或记录资料,监理人认为的存在质量隐患的部位,应尽快进行复喷处理。

四、施工进度

渠堤已成型段防渗墙施工:历时 140 d。缺口部位渠堤防渗墙:总历时 307 d。

五、资源配置

(一)施工设备

根据类似截渗墙工程的施工经验,以及目前国内塑性混凝土截渗墙施工设备的使用情况,塑性混凝土截渗墙主要施工机械具体配置和进场时间见表 1-34。

表 1-34　主要施工机械、设备和仪器配置与进场时间

序号	设备名称	型号及规格	数量(台)	进场时间(年-月-日)	说明
1	液压抓斗机	SG46	1	2012-07-10	
2	高速制浆机	ZJ-800	1	2012-07-10	
3	强制式混凝土拌和站	HZS50	1		现有
4	混凝土运输车	10.0 m³	5		现有
5	履带式起重机	宇通重工 YT50	1	2012-07-10	
6	混凝土输送泵车	徐工 HB41	2	2012-07-22	1 台备用
7	装载机	ZL50	1		现有
8	挖掘机	1.0 m³	1	2012-07-25	
9	泥浆泵	3PN	2	2012-07-10	
10	交流电焊机	28 kVA	1	2012-06-10	
11	潜水泵	7.5 kW	2	2012-06-10	
12	自卸汽车	10 t	3	2012-07-25	
13	发电机	200 kW	1		现有
14	高速制浆机	ZX-400	1	—	用于灌浆
15	灌浆自动记录仪	J31	1	—	
16	泥浆比重计	1002	1	2012-07-10	
17	坍落度筒		2		现有
18	漏斗黏度计	马氏	1	2012-07-10	
19	含砂量测定仪	ZNH	1	2012-07-10	
20	地质钻机	XY150	1	—	
21	高压水泵	3D2-S	1		

续表 1-34

序号	设备名称	型号及规格	数量	进场时间	说明
22	空压机	V-6/8-1	1	—	
23	搅拌机	JIS-2B	1	—	
24	高喷泵	BW-150	1	—	
25	高喷台车	GS500-4	1	—	
26	水罐车	4 m³	2	—	
	合计		37		

（二）施工人员配置

本工程人员配置见表 1-35。

表 1-35 人员配置

序号	工种	人数（人）
1	成槽工、钻机工	6
2	泥浆制浆工	3
3	钢筋工	2
4	泵车司机	6
5	混凝土灌注工	8
6	排送泥浆工	2
7	电工、修理工、司机	6
	合计	33

第十节 锯槽机防渗墙施工方案

一、工程概况

本标段设计桩号为Ⅳ33+700~Ⅳ38+000,渠段长度4.3 km,标段内有闫河、普济河两座河渠交叉建筑物,退水闸1座,公路桥4座,分别为焦东路公路桥、政二街公路桥、民主路公路桥、南通路公路桥,受桥下净空高度影响,桥下渠堤填筑及防渗墙变更范围为桥梁宽度+6 m(桥面宽度范围上下游各3 m,斜交以防浪墙距桥面边缘最近距离为准),变更范围防渗墙采用锯槽机施工。

总干渠桩号Ⅳ37+870位置堤顶上方有一处110 kV高压线横跨总干渠,渠堤至高压线下净空不能满足液压抓斗施工要求,高压线下左右岸渠堤各28 m防渗墙使用锯槽机施工。

锯槽机施工具体段落及设计参数见表1-36。

表 1-36　焦作 1-2 锯槽机施工防渗墙段落设计参数

序号	工程部位	里程	长度(m)	墙厚(m)	说明
1	110 kV 高压线左岸	Ⅳ37+856.00～Ⅳ37+884.00	28	0.4	
2	110 kV 高压线右岸	Ⅳ37+853.00～Ⅳ37+881.00	28	0.4	
3	焦东路公路桥左岸	Ⅳ37+431.50～Ⅳ37+475.50	44	0.4	
4	焦东路公路桥右岸	Ⅳ37+434.50～Ⅳ37+478.50	44	0.4	
5	政二街公路桥左岸	Ⅳ36+304.30～Ⅳ36+341.30	37	0.4	
6	政二街公路桥右岸	Ⅳ36+304.30～Ⅳ36+341.30	37	0.4	
7	民主路公路桥左岸	Ⅳ35+490.10～Ⅳ35+551.80	61.7	0.4	
8	民主路公路桥右岸	Ⅳ35+488.81～Ⅳ35+549.81	61	0.4	
9	南通路公路桥左岸	Ⅳ34+292.10～Ⅳ34+333.10	41	0.4	
10	南通路公路桥右岸	Ⅳ34+299.30～Ⅳ34+340.30	41	0.4	
合计			422.7		

注:桥下渠堤填筑及防渗墙范围为桥宽+6 m,桥面宽度范围上下游各 3 m,斜交以防浪墙距桥面边缘线最小距离为准。

二、编制说明

(一)施工工期

全部的锯槽机施工段落计划于 3 个月内完成。

(二)锯槽机优缺点

锯槽机造墙主要适用于粒径不大于 10 mm 的松散地层,如黏土、砂土、砂砾层。成墙厚度 20~40 cm,施工工效 60~150 m²/台班,其优点是形成的墙体连续、厚度均匀、工效高、防渗效果好,其缺点是对隔离体的浇筑要求较高、施工成本较高。

三、机械设备

庆 50 型锯槽机进行施工,施工过程中,项目部派专人进行加强设备管理维修,保证施工期间机械完好率。

庆 50 型锯槽机配套锯片数量及长度参数见表 1-37。

表 1-37　庆 50 型锯槽机配套锯片数量及长度参数

序号	锯片类型	锯片长度(m)	数量(段)	说明
1	基础节段	6.5	1	最小锯槽深度
2	可变节段	3.25	2	可调整组装的锯片节段
3	可变节段	2.0	1	

锯槽机组装后锯片自由行程为 0.25 m。根据现有锯片组合出各种锯槽机成墙深度

如下：

最小墙深：6.5+0.25=6.75(m)。

可组合墙深：6.5+2.0+0.25=8.75(m)；

6.5+3.25+0.25=10(m)；

6.5+3.25+2.0+0.25=12(m)；

6.5+3.25+3.25+0.25=13.25(m)；

6.5+3.25+3.25+2.0+0.25=15.25(m)。

四、施工方案

(一)混凝土导墙施工

为了给开挖机具提供导向、保护槽口、承重等，开槽施工需要先行施工钢筋混凝土导墙。导墙沿渠堤防渗墙轴线布置，槽口宽 0.45 m，导墙深 1.3 m，导墙做成"┐ ┌"形现浇钢筋混凝土结构，内侧净宽度 45 cm，导向墙总长为 422.7 m，单侧导墙设计宽度为 2.3 m，厚为 30 cm，深度为 1.3 m，采用 C25 钢筋混凝土，每延米钢筋 0.024 t，具体配筋详见图 1-32。

导墙槽由于宽度较小，采用人工开挖，但必须小心开挖，以避免超挖而超填混凝土。对不能达到要求的地方进行修整，同时对混凝土浇筑作业面用 2 kW 蛙夯进行夯实处理。余土临时放置渠堤迎水坡面上，人工使用翻斗车运出桥下，采用 1 m³ 挖掘机挖装 10 t 自卸汽车外弃至指定渣场。

为防止降雨对开挖断面的破坏，每次的开挖长度不宜超过 50 m，人工修整后的开挖断面要及时进行钢筋绑扎、导墙立模和混凝土浇筑施工。

导墙钢筋在加工厂内进行加工，平板车运输至现场安装，然后立筑模板，浇筑导墙混凝土。模板采用木模板，外支撑采用钢管及拉筋组件。导墙混凝土采用 C25 混凝土，8 m³ 搅拌运输车运至现场，混凝土泵车直接泵送入仓，2.2 kW 插入式振捣器振实，人工收面、洒水、覆盖塑料薄膜养护。待浇筑塑性防渗墙强度满足设计强度后，导向墙予以拆除，由于施工区位于桥下及 10 kV 高压线下，不能满足大型机械施工条件，人工采用风镐进行破除，同时做好成型防渗墙的保护。施工弃渣弃土临时集中存放，人工使用翻斗车装运出桥下，10 t 自卸汽车外运至渠道两侧弃渣场。

(二)锯槽机成墙工艺

使用庆 50 型锯槽机，该机由电动机驱动，机械传动，靠液压油缸牵引锯进。成槽深度可在 40 m 以内调节，槽宽可用更换刀排的方法在 0.22～0.4 m 内调节，该机具有施工效率高、成槽质量可靠、墙体连续性好等特点。

该设备高度约为 3.55 m，设备于桥下作业时，考虑运行静空高度、人员维修空间等因素，设备作业平台距梁底最小静空高度为 4 m，同时锯槽机位于距梁底 4 m 平台作业时，有效成墙顶部距平台约 0.5 m，所以锯槽机施工桥下防渗墙设计顶部高程距梁底 4.5 m，桥下小型设备填土高度为 2.0 m，人工回填至渠顶高度为 0.5 m，人工开挖槽成墙防渗墙高度为 2.5 m，槽宽 0.6 m。

因锯槽机施工深度由锯片深度、数量、组合模数决定，最小成墙深度 6.75 m，可组合墙深8.75 m、10 m、12 m、13.25 m、15.25 m。综合考虑设备现场作业静空需要、锯槽机模数组合成墙唯一性,为满足施工条件对防渗墙顶高程、底部高程进行适当调整。

1. 清孔混凝土浇料机

采用混凝土浇料机上安装4BS砂石泵用于清槽。该机采用电动机驱动行走、移动灵活,能满足防渗墙清孔、安放多套导管、配合混凝土浇筑等作业。

2. 其他机械

导孔及先导孔采用液压抓斗、混凝土拌和站、混凝土运输车、汽车吊、发电机组、混凝土汽车泵等作为锯槽机成墙的配套设备,详见表1-38。

具体成墙施工流程如下:

平整施工平台→测量放线→导向墙施工→导槽开挖及支护→铺设轨道→液压抓斗先导孔施工→泥浆制备→机械就位→刀杆安放并固定锯槽→清槽→下导管→槽段内浇筑混凝土→墙顶凿平处理。

各主要工序施工,需在自检合格的基础上报监理工程师检验合格后方可进行下道工序施工。

表1-38 主要施工机械、设备和仪器配置与进场时间

序号	设备名称	型号及规格	数量(台)	进场时间(年-月-日)	说明
1	锯槽机	庆50型	1	2012-12-16	
2	液压抓斗机	SG46	1	2012-12-16	现有
3	高速制浆机	ZJ-800	1	2012-12-16	用于防渗墙施工
4	强制式混凝土拌和站	HZS50	1		现有
5	混凝土运输车	10.0 m³	10		现有
6	轮胎式汽车吊	50 t、16 t	2		现有
7	混凝土输送泵车	徐工HB41	2	2012-12-16	1台备用
8	装载机	ZL50	1		现有
9	挖掘机	1.0 m³	1		
10	泥浆泵	3 in	2	2012-12-16	
11	交流电焊机	28 kVA	1		
12	潜水泵	7.5 kW	2	2012-12-16	
13	自卸汽车	10 t	3		现有
14	发电机	200 kW	2		现有
15	泥浆比重计	1002	1		现有

续表 1-38

序号	设备名称	型号及规格	数量（台）	进场时间（年-月-日）	说明
16	坍落度筒		2		现有
17	漏斗黏度计	马氏	1		现有
18	含砂量测定仪	ZNH	1		现有
19	高压水泵	3D2-S	1		现有
20	空压机	V-6/8-1	1		现有
21	洒水车	10 m³	2		现有
22	4BS 砂石泵	4BS	2		现有
	合计		41		

3. 平整场地

采用推土机配合人工进行场地平整,清除杂物,以便导槽开挖和道轨铺设。

4. 测量放线

根据图纸设计要求,采用全站仪对防渗墙轴线坐标进行放线并加以保护。

5. 槽开挖及支护

沿防渗墙轴线两侧对称开挖导槽,宽度约 2.3 m,深度 1.2~1.3 m,两侧用模板进行支护,内侧打上钢筋支撑固定。

6. 轨道铺设

锯槽机行走轨道对称于防渗墙轴线平行铺设。两轨道顶高差小于 5 mm,轨距误差小于 10 mm,轨距以锯槽机轨距而定。枕木放置应整齐、稳固,地基不得产生过大或不均匀的沉陷。每段轨道铺设长度两端各超出截渗墙 5 m。

7. 泥浆配置

在导孔及锯槽机施工开始前应制备相当于先导孔体积的膨润土浆,在锯槽过程中一般采用自造浆,如果土层自身造浆达不到要求,须用膨润土,用拌浆机配制出高质量的泥浆。泥浆性能指标一般按下列数值控制:泥浆密度不大于 1.15 g/cm³,开槽及清槽时排出的含渣泥浆需先进入沉淀池沉渣后,少量回收重复使用,其他泥浆使用 8 m³ 混凝土罐车运至临近弃渣场。

8. 导孔施工

打导孔采用液压抓斗,即可下放刀排,导孔施工要严格控制其垂直度,斜率应小于 4‰,深度要满足设计墙深要求。导孔完成后,即可组装安放刀排。

9. 开槽

(1)在开槽施工期间,应按锯槽机操作规程相关要求操作使用机械。

(2)根据地层情况及设备排渣能力确定合理的开槽速度,以减少沉淀及清槽工作量。

(3)出现漏浆情况时,应立即提高拌制泥浆的密度,改善泥浆性能,同时采取有效措施堵漏。要储备一定量的膨润土、黏土和堵漏材料备用。

（4）槽孔的垂直度是靠机身水平控制，因刀排同机身垂直连接，槽斜主要是通过调整轨道的水平度进行控制。

（5）锯槽机在停止锯进时，应每隔1 h左右用砂石泵进行一次泥浆循环，以防进浆口淤堵；混凝土架清孔停机时，应将排渣管拔离槽底2 m以上，用管卡固定，以防淤堵。

10. 清槽

本工程防渗墙施工，根据现场具体情况每12 m或剩余小于12 m槽段划分为一个单元槽段，当开槽达到一定长度（14 m或11 m）即可在成槽区用清槽机清槽，即用4BS砂石泵反循环换浆，直至达到以下标准：保证槽底沉淀厚度小于10 cm，泥浆密度不大于1.15 g/cm³，同时将上段墙体接头部分的泥土等附着物清除。

11. 安放下导管

（1）槽孔清槽验收合格，隔离体安放稳定后，即可按要求安放混凝土导管，进行混凝土浇筑。根据槽段长度布置导管安放位置及套数，两套导管间距小于3.5 m，导管距槽端小于1.0 m，导管底口距槽底15~25 m。

（2）井口板位置要正确，放置应稳固，且要有较大自重，防止上下提动导管时带动井口板发生位移。

（3）用浇料架吊取导管时，吊点对准井口板中心，防止导管挂壁挂破及偏斜。

（4）安装导管时每节导管丝头都要用黄油涂抹，以利导管密封及拆卸，在土工布袋内下导管困难时，应一边往导管内冲浆，一边下落，使土工布袋张开，以防导管顶破。

12. 水下混凝土浇筑

导管下放稳定后，即可进行混凝土浇筑。

槽段内浇筑方法与水下灌注法相同，导管埋深大于2 m，小于4 m，每隔15 min测一次混凝土面深度，计算的数值与理论上升高度做比较，如发现漏浆应立即采取补救措施。槽段内混凝土面上升速度应均匀，各点高差应不大于50 cm。

塑性混凝土原材料及拌制，运输质量检验等均应按有关技术条款检验、试验，报监理工程师认可后方能施工，混凝土拌和站拌和后，用8 m³混凝土罐车运至槽孔处，不合格混凝土严禁入槽。

（三）质量检验

在防渗墙施工过程中及成墙后，按照设计单位相关成墙检测要求进行过程中及成墙质量检测。

五、资源配置

（一）机械设备配置

根据类似截渗墙工程的施工经验，以及目前国内塑性混凝土截渗墙锯槽机施工及配套设备的使用情况，塑性混凝土截渗墙主要施工机械具体配置与进场时间见表1-38。

（二）施工人员配置

本工程人员配置见表1-39。

表 1-39　人员配置

序号	工种	人数(人)
1	成槽工、设备运转工	6
2	泥浆制浆工	3
3	钢筋工	2
4	泵车司机	6
5	混凝土灌注工	8
6	排送泥浆工	2
7	电工、修理工、司机	6
8	模板工	2
合计		35

六、塑性混凝土防渗墙质量保证措施

(1)防渗施工轴线的控制:根据监理单位提供的三角网点和水准点,首先进行复核、验算,吻合后加密的控制点,并经监理单位检查无误后再进行使用。

(2)轨道铺设控制:按施工放线定的槽轴线进行铺设,枕木下基础夯实整平。

(3)墙体厚度控制:根据设计墙厚和扩孔率确定刀排宽度,从而保证墙体厚度。

(4)墙体深度控制:安放刀排长度满足槽深设计要求,清槽后浇筑前槽深检测合格后方能进行水下塑性混凝土浇筑。

(5)槽斜控制:首先是两轨道顶面要水平,以保证刀杆垂直,一旦发现刀排倾斜,立即进行纠偏,纠偏采用调整轨道水平度和少进尺,多往复切削,使锯槽逐渐垂直复位,同时进尺时牵引装置一定要对中牵引,尤其在弯道时应及时调整牵引点来防止发生槽斜。

(6)墙体连续性控制:因为锯槽法施工为锯条沿槽中轴线向前连续施工,用隔离体分割成单元槽浇筑,在浇筑前对已成墙隔离体侧面 6 m 以上用钢刷进行刷洗,6 m 以下靠水下混凝土上翻时自然挤掉,以保证隔离体与混凝土结合和墙体的绝对连续性。

(7)泥浆指标控制:在锯槽施工中,控制泥浆密度在 $1.1 \sim 1.25$ g/cm^3,黏度在 $18 \sim 30$ Pa·s,保证清孔后沉淀土厚度小于 10 cm、含砂率小于 4%。

(8)塑性混凝土浇筑质量控制:

泌水率不超过 3%。

入槽坍落度:$20 \sim 24$ cm,保持在 15 cm 以上的时间不小于 1.5 h;

扩散度:$34 \sim 40$ cm;

初凝时间:不小于 6 h;

终凝时间:不大于 24 h。

第二章　桥梁工程部分

第一节　引桥钻孔灌注桩施工方案

一、工程概况

(一)概述

焦作1段2标跨渠构筑物由南通路、民主路、沁阳路、焦东路4座公路桥组成,主桥与城区道路采用引桥相接。4座公路桥除南通路外,其余3座引桥基础均采用钢筋混凝土灌注桩,并且采用水下C30混凝土进行灌注。

(二)地质概况

1. 焦东路引桥

焦东路城市-A级公路桥位于焦作市山阳区定和村东焦东路上,其引桥地面高程为100.76~102.51 m。

建筑物场区共划分为10个工程地质单元。分别为:人工填土(QS),层厚2.6~3.2 m,含钙质结核、蜗牛壳碎片、炭屑和砖瓦碎片;①重粉质壤土($Q_1^{al+pl,4}$),层厚6.6~10.28 m,含铁锰质结核及钙质结核;②中粉质壤土($Q_1^{al+pl,4}$),层厚0~10.2 m,含铁锰质结核及钙质结核,局部为粉细砂;③重粉质壤土($Q_1^{al+pl,4}$),层厚2.1~5.29 m,含钙质结核,局部富积;④粉细砂($Q_1^{al+pl,4}$),揭露厚度0~16.53 m,含泥质,偶含小砾石;⑤重粉质壤土(Q_2^{dl-pl}),层厚0~15.6 m;⑥卵砾石层厚0.95~12.85 m,主要以泥沙充填;⑦重粉质黏土(Q_2^{dl-pl}),未揭穿,揭露厚度21.47~34.08 m;⑧卵砾石,层厚0~0.52 m,主要以泥沙充填;⑨重粉质壤土($Q_1^{al+pl,4}$),层厚0~2.5 m,含铁锰质结核及钙质结核。

地下水为第四系松散层孔隙潜水和承压水。勘探期间测得潜水埋深为1.1~2.0 m,水位高程97.34~97.50 m。承压水赋存于第⑥层粉细砂中,承压水位略低于潜水位。地下水对混凝土无腐蚀性。

2. 沁阳路引桥

沁阳路城市-B级公路桥位于焦作市解放区,地面高程为101.45~101.98 m。

建筑物场区共划分为9个工程地质单元。分别为:①人工堆积(Q^r),上部1.1~2.05 m为杂填土,下部0.4~1.4 m为素填土;②粉质黏土($Q_1^{al+pl,4}$),层厚7.0~7.9 m,含钙质结核;③中粉质壤土($Q_1^{al+pl,4}$),层厚1.85~2.2 m,含有钙质结核;④重粉质砂壤土($Q_1^{al+pl,4}$),层厚2.8~4.9 m,含有钙质结核;⑤中砂($Q_1^{al+pl,4}$),层厚2.5~4.5m,层底局部为泥卵石透镜体;⑥重粉质壤土(Q_2^{dl-pl}),层厚5.0~7.25 m,含少量钙质结核及铁锰质结核;⑦泥卵石(Q_2^{dl-pl}),层厚0.95~2.4 m,主要以泥沙充填;⑧重粉质壤土(Q_2^{dl-pl}),层厚6.3~8.5 m,含钙质结核;⑨粉质黏土(Q_2^{dl-pl}),未揭穿,揭露最大厚度 10.5 m。

地下水为第四系松散层孔隙潜水和孔隙承压水两种类型,勘探期间地下潜水埋深为 4.2~5.4 m,水位高程 98.27~98.63 m。据附近建筑物资料,潜水对混凝土具结晶类硫酸盐弱腐蚀性。

3. 民主路引桥

民主路城市-B 级公路桥位于焦作市解放区,地面高程为 101.24~101.47 m。

建筑物场区共划分为 9 个工程地质单元。分别为:①人工堆积(Q^r),顶部 0.5 m 左右为杂填土,下部 1.4~1.5 m 为素填土;②粉质黏土($Q_1^{al+pl,4}$),层厚 6.6~7.1 m,含钙质结核;③轻粉质壤土($Q_1^{al+pl,4}$),层厚 5.0~5.5 m,含有钙质结核;④重粉质壤土($Q_1^{al+pl,4}$),层厚 4.7~5.1 m,含有钙质结核;⑤粉质黏土(Q_2^{dl-pl}),层厚 11.0~13.8 m,含少量钙质结核及铁锰质结核;⑥泥卵石(Q_2^{dl-pl}),层厚为 1.0~1.8 m,主要为泥沙质充填;⑦重粉质壤土(Q_2^{dl-pl}),层厚 9.4 m,含钙质结核;⑧泥卵石(Q_2^{dl-pl}),层厚 1.7 m;⑨粉质黏土(Q_2^{dl-pl}),未揭穿,揭露厚度为 1.4 m。

地下水为第四系松散层孔隙水,勘探期间地下水埋深为 2.6~2.9 m,水位高程 98.50~98.64 m。地下水对混凝土无腐蚀性。

(三)施工规划

引桥桩基在征地拆迁及城市专项设施改移完成后进行。在钻孔灌注桩开工前,随着征地拆迁工作的逐步推进,需先进行表层建筑垃圾清理及换填土工作,从而形成钻孔作业平台。泥浆系统随着引桥基础灌注桩施工的展开布置,原则上南北引桥各设一座泥浆制备能力为 200 m³ 的泥浆池。同时每座泥浆池系统配备一台振动筛和一台除砂器,主要用于泥浆的回收利用。施工中弃浆采用废浆回收池集中处理,并且经沉淀固化后统一运到弃渣场。

根据前期地质条件勘探和主桥灌注桩工程施工情况,拟定引桥桩基主要施工方法如下。

(1)引桥钻孔灌注桩采用旋挖钻机进行钻孔。

①旋挖钻孔灌注桩施工特点:

可在水位较高、卵石较大等用正、反循环及长螺旋钻无法施工的地层中施工。

自动化程度高、成孔速度快、质量高。该钻机为全液压驱动,电脑控制,能精确定位钻孔、自动校正钻孔垂直度和自动量测钻孔深度,最大限度地保证钻孔质量。而且工效是循环钻机的 20 倍,所以工程的质量和进度得到了充分的保证。

伸缩钻杆不仅向钻头传递回转力矩和轴向压力,而且利用本身的伸缩性实现钻头的快速升降、快速卸土,以缩短钻孔辅助作业的时间,提高钻进效率。

环保特点突出,施工现场干净。这是由于旋挖钻机通过钻头旋挖取土,再通过凯式伸缩钻杆将钻头提出孔内再卸土。旋挖钻机使用泥浆仅仅用来护壁,而不用于排渣,成孔所用泥浆基本上等于孔的体积,且泥浆经过沉淀和除砂还可以多次反复使用。目前很多城市在施工中的排污费用明显提高,所以使用旋挖钻机可以有效降低排污费用,并能提高文明施工的水平。

履带底盘承载,接地压力小,适合于各种工况,在施工场地内行走移位方便,机动灵活,对桩孔的定位非常准确、方便。

旋挖钻机的地层适应能力强。旋挖钻机可以适用于淤泥质土、黏土、砂土、卵石层等地层,在孔壁上形成较明显的螺旋线,有助于提高桩的的摩阻力。

②旋挖钻孔桩施工原理:

旋挖钻机采用静态泥浆护壁钻斗取土工艺(视现场地层条件,也可干土直接取土)是一种无冲洗介质循环的钻进方法。在地下水位较高时,为保护孔壁稳定,孔内要采用优质泥浆(稳定液)护壁。

旋挖钻机工作时能原地整体回转运动。旋挖钻机钻孔取土时,依靠钻杆和钻头自重切入土层,斜向斗齿在钻斗回转时切下土块向斗内推进而完成钻取土;遇硬土时,自重力不足以使斗齿切入地层,此时通过加压油缸对钻杆加压,强行将斗齿切入土中,完成钻孔取土。钻斗内装满土后,由起重机快速提升钻杆及钻斗至地面,拉动钻斗上的开关即打开底门,钻斗内的土依靠自重作用自动排出。钻杆向下放时自动关好斗门,再回转到孔内进行下一斗的挖掘。旋挖钻机行走机动、灵活,终孔后能快速地移位或至下一桩位施工。

旋挖钻机钻孔时采用膨润土泥浆护壁成孔,新制膨润土泥浆相对密度为 1.05~1.10,黏度 18~22 Pa·s,含砂量小于 2%,胶体率大于 98%,pH 大于 8~10;孔内泥浆,一般地层相对密度不大于 1.2,黏度 16~22 Pa·s,松散易塌地层黏度 19~28 Pa·s,相对密度可适当调整,控制在 1.3 以内。

(2)钢筋笼骨架制作由布置在焦东路附近的钢筋加工厂分节制作,经自制拖车运至施工现场,由汽车吊吊装入桩孔内,各节钢筋笼之间采用单面搭接焊连接。

(3)混凝土采用商品或者自有拌和站的混凝土,在水下浇筑时,采用导管法,浇筑导管直径为 250 mm。

二、施工布置

(一)交通

材料、设备进场道路主要利用现有的城市公路和沿渠泥结碎石道路。根据《关于印发〈南水北调中线焦作一段工程建设协调会议纪要〉的通知》(豫调办〔2011〕31 号)要求,沁阳路引桥实行断行封闭施工,民主路、焦作路引桥实行绕行施工。

焦东路和民主路引桥桩基施工区域外的单侧布置双向临时绕行道路,确保行驶畅通。临时绕行道路距离桩基保持 8 m 的最近距离,以确保引桥钻孔灌注桩的正常施工(见焦作 1-2 标两座公路桥桥梁变更后道路设计和施工方案)。

(二)施工供电及照明

施工供电由施工总体布置的配电站引高压线架设至桩基施工现场附近。桩基施工现场布置变压器,变压器低压端设配电柜,机械设备和场内照明用电从配电柜上接取。为保证供电可靠性,施工现场配备柴油发电机(一台 200 kW)。

现场照明采用镝灯。为保证施工现场亮度,每根桩施工现场镝钨灯不少于 4 支,布置在四角。

根据每座桥的桩基工程量和施工场地情况,每座桥布置两套钻孔设备,单套设备功率大致在 80 kW 以上。考虑照明及其他用电,每座桥的桩基施工用电负荷按 200 kW 设计。

(三)施工供水

当地下潜水埋深较浅,地下水取用方便,施工用水拟采用在施工现场打临时供水井提供。

(四)钢筋加工厂

民主路、沁阳路、焦东路 3 座引桥钻孔灌注桩钢筋笼制作,计划在不影响施工前提下,就近选择钢筋场地集中制作,为防止钢筋和加工好的钢筋笼锈蚀,钢筋场地搭设防雨棚,场地内铺设 20 cm 厚的 C25 混凝土,外侧做散水和排水沟,表面铺筑 3.0 cm 厚砂浆护面,钢筋笼加工厂占地面积大约需要 1 225 m²(厂内建 13 m×35 m 的加工厂,10 m×10 m 的螺纹钢材和圆盘堆存区,22 m×10 m 的下料区 ,35 m×12 m 的成品钢筋堆放区、卷扬机钢筋冷拉区和值班房)。

(五)混凝土供应

拌和站生产能力 75~85 m³/h,难以保证工程变更后混凝土施工高峰需求。为保证钻孔灌注桩在浇筑过程中的连续性,混凝土供应以商品混凝土为主,辅以自有拌和站错峰提供。

(六)现场布置

1. 桩基施工平台

桩基施工原则上先清理平整施工场地,在场地原建筑垃圾(包括原建筑物基础)清理完成后,用换填土的方式构筑施工平台。

2. 泥浆池系统

泥浆系统由新浆池、膨化池、沉淀池及排浆槽组成。泥浆池按照标准设置,方正有形,四周采用绿色密幕防护网统一防护,防护网立柱采用 ϕ 50 mm 钢管,埋深 0.5 m,外露 1 m,间隔 4~6 m 设置,并设置明显的警示标志。

三、施工方法及措施

(一)施工工艺流程

钻孔灌注桩施工工艺流程见图 2-1。

(二)钻孔施工

1. 场地平整

施工场地清理、平整采用 T140 推土机或 ZL-50 装载机推平,清除场地内拆除房屋的建筑垃圾,并将场地碾压密实,构成钻机平台。

2. 定位放样

根据设计所提供的测量控制点,采用全站仪现场布置控制网并复核。测量方法、要求和标准按照有关的测量规范、规程执行。依据钻孔桩中心坐标值,用坐标法放样钻孔桩中心点,并打入标桩,桩位中心点的放样误差应控制在 5 mm 范围内。在距桩中心点约 2.0 m 的安全地带设置"十"字形控制桩,便于校核,桩上标明桩号,经监理工程师定位确认无误后可进行施工,护筒埋设好后,对桩位进行复测。测量控制桩点及水准点必须特殊加以防护,一旦桩点被破坏根据护桩及时进行恢复。

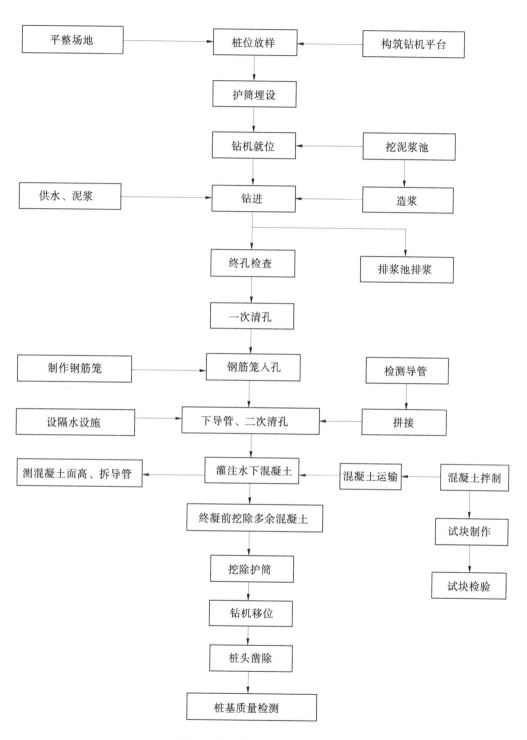

图 2-1　钻孔灌注桩施工工艺流程

3. 护筒埋设

护筒采用壁厚 4~5 mm 钢筒,内径大于钻头直径 200~400 mm,在护筒上端开设 1 个出浆口,规格为 40 cm×40 cm。为增加刚度防止变形,在护筒端口和中部外侧各焊一道加劲肋。护筒埋置深度应根据图纸要求或桩位的水文地质情况确定,一般情况埋置深度宜为 2~4 m,特殊情况应加深以保证钻孔和灌注混凝土的顺利进行,护筒底部及周围用黏土回填,分层夯实;护筒高出施工平台 30 cm 或地下水面 1~2 m。护筒顶部用细线拉出桩中心十字线,并用红漆在护筒上标记拉线位置,施工时据此控制基桩孔位,十字线经常测量复核其准确性,在护筒外侧埋设控制桩以便控制和复核桩位,所埋设的控制桩妥善保护。护筒顶面中心与设计桩位偏差不大于 5 cm,倾斜度不大于 1%。

4. 钻机就位

钻孔的作业平台应基本水平,使主机左右履带板处于同一水平面上。钻机钻孔时的站位一般应对准孔桩位置,动力头施工方向应和履带板方向平行,钻机侧向应留有排渣场地。钻机就位后,应将钻机调平、钻杆垂直,并将钻头中心对准十字线中心点。对位后,启动钻机,将钻头上下活动,检查钻机是否平稳。钻头中心与设计桩位偏差不得大于 5 cm。钻机就位后测量护筒顶、平台标高,用于钻孔过程中进行孔深测量参考。

钻进过程中每班对钻机检查(测)3 次,发现不符合要求的立即纠正。

5. 泥浆制作

钻孔护壁泥浆采用膨润土或优质黏性土造浆。钻进过程中严格控制泥浆参数(见表 2-1),保护孔壁不坍塌、缩径及保证桩基灌注质量。泥浆系统由新浆池、膨化池、沉淀池及排水槽组成,满足钻进过程中沉渣、清渣、排浆的要求,并经常进行清理,保持泥浆性能,每班检测 3 次。沉淀池中的沉渣应及时运到业主指定地点处理,要及时抽浆外排过多废浆,来不及外排的泥浆暂存废浆池。

表 2-1　泥浆性能指标要求

地层情况	泥浆性能指标							
	相对密度	黏度(Pa·s)	含砂率(%)	胶体率(%)	失水率(mL/30 min)	泥皮厚(mm/30 min)	静切力(Pa)	pH
一般地层	1.05~1.20	16~22	8~4	≥96	≤25	≤2	1~2.5	8~10
易坍地层	1.20~1.45	19~28	8~4	≥96	≤15	≤2	3~5	8~10

注:地下水位高或地下水流速大时,指标取高限,反之取低限;地质状态较好、孔径或孔深较小的取低限,反之取高限;制备泥浆时掺用添加剂可改善泥浆性能,各种添加剂掺量见《公路桥涵施工技术规范》(JTG/T F50—2011)附录 C.1;泥浆的各种性能指标测定方法见《公路桥涵施工技术规范》(JTG/T F50—2011)附录 C.2。

6. 钻进成孔

开孔前检查钻头直径是否能达到设计桩径要求,校核桩位、孔口标高及桩孔编号,经检验准确无误后方可开工。

旋挖钻机钻孔取土时,依靠钻杆和钻头自重切入土层,斜向斗齿在钻斗回转时切下土块是通过底部带有活门的桶式钻头利用动力头驱动钻杆、钻头回转破碎岩土，并直接将其装入钻斗内，然后再由钻机提升装置和伸缩钻杆将钻斗提出孔外卸土，这样循环往复不断地取土、卸土，直至钻至设计深度。钻进过程中，操作人员随时观察钻杆是否垂直，并通过深度计数器控制钻孔深度。当钻头下降到预定深度后，旋转钻头并施加压力，将土挤入钻斗内，仪表自动显示筒充满时，钻头底部关闭，提升钻头到地面卸土。开始钻进时采用低速钻进，钻进护筒以下 3 m 可以采用高速钻进，钻进速度与压力有关，采用钻头与钻杆自重摩擦加压，150 MPa 压力下，进尺速度为 20 cm/min；200 MPa 压力下，进尺速度为 30 cm/min；260 MPa 压力下，进尺速度为 50 cm/min。钻进过程中严格控制钻进速度，避免进尺过大，造成埋钻事故。

钻进过程中注意以下问题：

（1）钻进过程中采用静态泥浆护壁取土工艺，在出渣同时向孔内注浆，确保孔内浆面始终高于护筒底脚 0.5 m 以上。

（2）钻进过程中经常检查孔内泥浆相对密度、黏度和砂量，防止塌孔。钻孔中如泥浆有损耗、漏失，及时补充。遇土层变化增加检查次数，并适当调整泥浆指标。

（3）在钻进过程中利用旋挖钻机自有的斜度控制仪进行经常性的校核调整，保证孔斜率小于 1%。

（4）终孔过程中采取计算钻具长度、机高、机上余尺的方法计算孔深，钻孔完毕后用测锤再次测定实际桩孔深度，确认后方可进入下一步施工。所有钻孔不得以超深弥补桩孔深。

（5）钻孔结束后，进行成孔检测，主要检查孔位、孔径、孔形、孔深及垂直度（倾斜率）。

（6）孔深检测采用测锤测量，孔径检测采用直径为灌注桩钢筋笼外径 100 mm、长 5 m 左右的短节钢筋笼测量。

（7）在钻孔过程中，遇到地层与设计图纸标示的地层不相符时（特别是卵石层），应通知现场监理工程师和设计地质人员到场，进行地质核对。

7. 清孔

（1）钻孔达到设计深度后，孔深、孔径等检查合格后将清底钻头放入孔底，捞去孔底浮土，然后下入直径为 250 mm 导管采用泵吸反循环法清孔。

（2）为保证桩的质量，在下入导管后，进行二次清孔，保持孔内泥浆相对密度 1.03~1.10，含砂率<2%，黏度 17~20 Pa·s，并确保灌注前的孔底沉渣厚度不大于 0.2 m。

（3）清孔时，孔内泥浆应保持高出地下水位以上 1.5~2.0 m，以防止钻孔的塌陷。

（三）钢筋笼制作及安装

1. 钢筋笼施工程序

原材料报验→施工准备→加工设备安装→可焊性试验→下料→钢筋笼分节加工→声测管置安→钢筋笼底节吊放→校正、焊接→循环施工→最后节定位。

2. 钢筋笼骨架制作及检查验收流程

钢筋笼加工、安装施工工艺及检查验收流程见图 2-2。

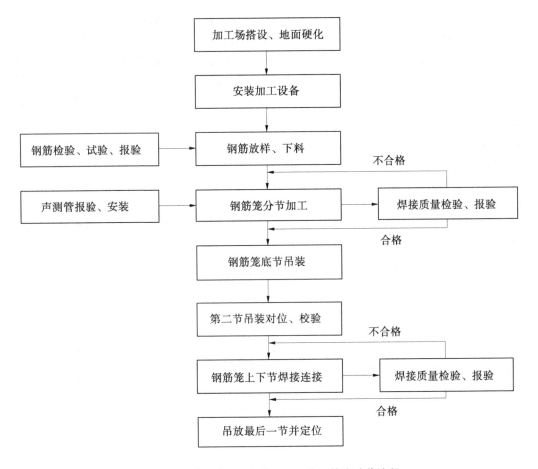

图 2-2　钢筋笼加工、安装施工工艺及检查验收流程

钢筋笼由主筋、加强筋、定位钢筋和螺旋筋组成。主筋采用规格为 φ25 钢筋;加强筋采用规格为 φ25 钢筋;定位钢筋采用钢筋规格为 φ16 钢筋;螺旋筋采用规格为 φ10 钢筋。

钢筋笼制作采用箍筋成型法制作钢筋骨笼架,钢筋的搭焊接符合钢筋制作规范,所用材料附有出厂合格证、材料复检报告,并报请有关部门验收。为保证钢筋笼骨架的成型质量,加劲箍弯圆,钢筋笼骨架制作采用特制模具。

(1)主筋加工:根据施工图纸钢筋笼长为 40~60 m,分三段制作,主筋钢筋连接采用对焊或单面搭接焊,搭接焊缝长度应不小于 10 倍的钢筋直径。焊缝高度为钢筋直径的 0.3 倍,且不小于 4 mm;焊缝宽度为钢筋直径的 0.7 倍且不小于 10 mm(焊接要求见表 2-2)。

主筋接头应相互错开,错开长度应大于 50 cm,同一截面内的钢筋接头数目不得大于主筋总数的 50%。接头间距不小于 $35d$。螺旋箍筋搭接长度不小于 300 mm。每节钢筋笼长度根据具体桩长和起重设备起重高度确定。(例如:孔深 40 m 分三段制作,下部钢筋笼长 14 m,中部钢筋笼长 13 m,上部钢筋笼长 13 m。)

表 2-2　电弧焊的焊缝规格

序号	项目		R235 钢筋	HRB335 钢筋
1	帮条焊或搭接焊,每条焊缝长度(L)	搭接焊接,2 缝(双面焊)	≥4d	≥5d
		搭接焊接,1 缝(单面焊)	≥8d	≥10d
2	帮条钢筋总面积		>A	>A
3	焊缝总长度	搭接焊接	≥8d	≥10d
4	焊缝宽度		0.7d 但不小于 10 mm	
5	焊缝深度		0.3d 但不小于 4 mm	

注:A 为被焊接钢筋的面积;d 为被焊接钢筋的直径。

(2)加强钢筋及钢筋笼骨架的加工:制作特定的模具,使模具的外径为加强筋的内径,具体制作符合施工图纸要求。加强钢筋的间距为 2 m,并制作骨架定位筋,具体制作符合施工图纸要求。同一截面焊接根数不大于 1/2,接头间距不小于 35d。螺旋箍筋搭接长度不小于 300 mm。加强筋每 2 m 设置一道,并与主筋电焊连接。

(3)钢筋笼保护层的设置:为了保证钢筋笼中心与钻孔中心重合。使钢筋笼四周保护层均匀一致。否则将会影响钢筋笼在桩身中的作用,受横向荷载的桩的桩身混凝土有可能在保护层太厚的一侧开裂;保护层太薄一侧的钢筋则可能锈蚀。采用焊接钢筋"耳朵"方法设置钢筋笼保护层。钢筋"耳朵"用断头钢筋(直径不小于 10 mm)弯制成,长度不小于 15 cm,高度不小于 5 cm,焊接在钢筋笼主筋外侧,或转动预制混凝土垫块,混凝土垫块强度不小于桩身混凝土强度,每 4 m 设置一组,每组 4 个,沿周长等分布置,相邻两组按 45°错位,与主筋电焊固定,骨架顶端设置吊环。

(4)为检测成孔混凝土的灌注质量,在制作钢筋笼时,根据对每根桩制作 3 根声波检测管,管长为设计桩长,点焊于钢筋笼的四周同钢筋笼一起放入桩孔,3 根声波管成 120°均匀布置,与加强筋连接。检测管型为 ϕ57 mm×3.5 mm,钢管接头采用 ϕ70 mm 钢管焊接,声测管下端用钢板封底焊接严密,下端加盖,管内无异物;管口要高出桩顶 1 000 mm,且各声测管管口要一致,成型后的声测管要垂直,相互平等,防止堵塞现象。

(5)制作好的钢筋笼骨架必须经过验收,验收完毕的要标明堆放,并做好防护,以防止受潮生锈及变形。

3. 钢筋笼骨架的运输

钢筋笼骨架由于在现场制作,用自制拖车联合三轮车运输至施工现场桩位,其中自制拖车长 6 m,拖较长钢筋笼时用 2 根 ϕ100 mm 杉木杆与主筋绑扎,将杉木杆绑于三轮车尾联合运输,将钢筋笼与自制拖车用麻绳或铅丝绑扎,确保在运输过程中钢筋笼不发生塑性变形。

4. 钢筋笼骨架吊装

在清孔结束后,要尽快进行钢筋笼骨架的吊装安设工作。钢筋笼骨架安放前再次对钢筋笼骨架进行检查核对,必要时进行补焊。

(1)采用 16 t 汽车吊吊装钢筋笼骨架,采用两点吊。第一吊点设在骨架的下部,第二吊点设在骨架长度的中点到上三分点之间。对于较长骨架,起吊前在骨架内部临时绑扎两根杉木杆以加强其刚度。起吊时,先提第一吊点,使骨架稍提起,再与第二吊点同时起吊。待骨架离开地面后,第一吊点停止起吊,继续提升第二吊点。随着第二吊点不断上升,慢慢放松第一吊点,直到骨架与地面垂直,停止起吊,解除第一吊点。

(2)下放钢筋笼骨架前,根据护筒标高,再次测量孔深,计算压杆长度并配备相应的枕木。

(3)钢筋笼骨架安放垂直对中,不碰孔壁,吊筋或压杆的横担不得压在护筒上及可能引起孔壁坍塌的范围内,应将压杆、横担支撑在枕木上。当钢筋笼笼顶的设计高度低于孔口高程时,在孔口看不到钢筋笼就位情况,为便于起吊安装,可在钢筋笼顶部加焊4个吊装导向筋。

(4)当钢筋笼分节制作时,需在孔口将钢筋笼分节对正焊牢。对接时将已进入孔内的钢筋笼用木棍或钢管由加强箍筋下穿过,临时支承在孔口的护筒顶上,用吊车或钻架吊直上一节钢筋笼,使上下两节钢筋笼主筋轴心必须对齐,确认轴心一致后进行焊接。因钢筋笼入孔连接时间过长或其他原因未能及时灌注混凝土,致使孔底淤积超过规范要求时,应在浇筑混凝土之前重新清孔。

(5)钢筋笼定位采用压杆与钢筋笼相连接,根据护筒标高计算出地面标高后,把钢筋笼下放到位,将压杆固定在孔口横担上,以防止灌注混凝土时钢筋笼上浮或下移。

(6)钢筋笼骨架吊装完毕后,必须经过验收后浇筑水下混凝土。

在清孔结束后,要尽快进行钢筋笼骨架的吊装安设工作。钢筋笼骨架安放前再次对钢筋笼骨架进行检查核对,必要时进行补焊。

(7)质量要求。

钢筋笼骨架制作及吊装质量要求见表2-3。

表2-3　钢筋笼骨架制作及吊放允许偏差

序号	项目	允许偏差(mm)
1	主筋间距	±10
2	箍筋间距或螺旋筋螺距	±20
3	钢筋笼骨架外径	±10
4	钢筋笼骨架长度	±50
5	骨架倾斜度	±0.5%
6	骨架保护层厚度	±20
7	骨架中心平面位置	±20
8	骨架顶端高程	±20
9	骨架底面高程	±50

(四)水下混凝土灌注

1. 下放灌注混凝土导管

导管采用φ250 mm钢管,通过能力18 m³/h,各节导管间采用丝扣或法兰连接。导管每节长度根据桩长大小配置,最下端一节长度不小于 4 m,并配置 1 m、0.5 m 短管调节导管长度。

导管下放前在地面检查导管连接处的密封性(水密试验方法:拼装好的导管先灌入 70%的水,两端封闭,一端焊输风管接头,输入计算的风压力。导管须滚动数次,经过 15 min 不漏水即为合格),采取可靠措施确保接头处不进泥浆。

导管要居中下入孔内,导管下端距离孔底 0.3~0.5 m。

接导管前先洗净连接头,连接紧密,严禁渗漏。

2. 漏斗

导管上部接漏斗,采用 5 mm 钢板制成,做成圆锥形,上口四周均匀焊 2~4 个吊环,用吊车固定。

3. 水下灌注混凝土要求

水下灌注混凝土(导管灌注混凝土)应符合下列要求:

(1)水泥标号应不低于 42.5 级,其初凝时间不早于 2.5 h。

(2)粗骨料宜优先选用卵石,或采用级配良好的碎石。

(3)粗骨料粒径不得大于导管内径的 1/6~1/8 和钢筋最小净距的 1/4,同时亦不得大于 40 mm。

(4)细骨料宜采用级配良好的中砂。

(5)混凝土的含砂率宜为 40%~50%。

(6)只有得到监理人员的批准,才能使用缓凝外加剂。

(7)抗硫酸盐水泥应按图纸说明,或按监理人员的要求采用。

(8)坍落度宜为 180~220 mm。

(9)除非监理人员另有许可,水泥用量不宜小于 350 kg/m³。

(10)水灰比宜为 0.5~0.6。

4. 混凝土灌注

在混凝土灌注前,进行二次清孔,测量孔底沉渣及泥浆相对密度,达到设计要求方可进行混凝土灌注。

按照监理工程师已批准的施工配合比拌制混凝土,确保供应,在最先浇筑的混凝土初凝前浇筑完毕。

灌注混凝土前加隔水拴,首批灌注混凝土的数量应满足导管首次埋置深度≥1.0 m 和填充导管底部的需要,所需混凝土的数量计算示意见图 2-3。

首批灌注混凝土量的计算公式为

$$V \geq \frac{\pi D^2}{4}(H_1 + H_2) + \frac{\pi d^2}{4}h_1 \qquad (2-1)$$

式中:V 为灌注首批混凝土所需数量,m³;D 为桩孔直径,m;H_1 为桩孔底至导管底端间距,m,一般为 0.4 m;H_2 为导管初次埋置深度,m;d 为导管内径,m;h_1 为桩孔

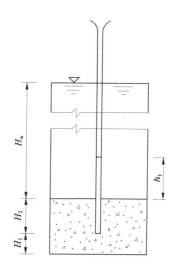

图 2-3 所需混凝土的数量计算示意图

内混凝土达到埋置深度 H_2 时,导管内混凝土柱平衡导管外(或泥浆)压力所需的高度,m。

经计算各桩首批混凝土灌注量不小于表2-4内容。

表2-4　焦作1段2标焦东路引桥桩基首批混凝土最低灌注量

桩号	桩径(cm)	孔深(m)	初灌量(m³)
JA1	120	40	1.26
JP2	120	50	1.47
JP3	120	55	1.57
JP11	120	60	1.68

注:民主路、沁阳路引桥桩基首批混凝土最低灌注量按照式(2-1)计算。

为了防止初始水下混凝土浇筑时,导管内混凝土内混进泥浆,可事先制作直径小于导管内径的混凝土隔浆球(预设吊环),浇筑混凝土前用塑料膜衬在导管上口,将混凝土隔浆球放在上面,用铅丝绑在吊环上,并在铅丝上做孔深标记,在浇筑混凝土时,待漏斗内充满混凝土时,缓慢放松铅丝,让混凝土与隔浆球同时下沉,当混凝土下沉至导管下口时,剪断铅丝,混凝土注入孔内,开始混凝土的正常浇筑。

采用混凝土运输罐车直接倒入漏斗的方法进行水下混凝土浇筑,开浇前准备混凝土的量要大于导管首次埋置深度≥1.0 m 和填充导管底部的计算需要量。

混凝土灌注连续进行。在灌注过程中,导管埋置深度控制在2.0~6.0 m,防止拔管过多造成断桩或夹层。灌注时专人负责检查记录,随时观察管内混凝土下降及孔口返水情况。及时测量孔内混凝土的上升高度,提升和分段拆除上部导管,拆除导管需经技术员或施工队长检查无误后方可进行。提升导管时,导管应位于钢筋笼骨架中心,慢速均匀提升,若发现压杆随导管上升,立即停止提升,并顺时针转动导管,使导管与钢筋笼骨架脱离,严禁挂起钢筋笼骨架。

当混凝土拌和物上升到骨架底口4 m 以上时,提升导管,使导管底口高于骨架底部2 m 以上,即可恢复正常灌注速度。

灌注接近桩顶时,及时用测锤或测杆检查桩顶标高,使灌注桩的桩顶标高比设计标高高出0.5~1 m。混凝土面到超灌长度的标高后,不应快速拔管而应将导管上下缓慢活动,使混凝土面口慢慢弥合,防止拔管过快造成泥浆混入,形成泥芯,出现桩头质量缺陷。

灌注时如遇堵管蠕动无效时,处理方法如下:如堵管位置在下部或上部处理无效时,及时提升导管,找出堵塞原因,在混凝土流动较好的情况下,重新下入导管,导管下端进入混凝土面1.5 m 以上,用吸泥机或潜水泵吸出导管内的泥浆,重新灌注混凝土即可,并对浇筑过程中的一切故障记录备案。

在灌注将近结束时,核对混凝土的灌入数量,核对混凝土充盈系数,确定所测混凝土的灌注高度是否正确。灌注结束后,各岗位人员必须按职责要求整理、清洗导管及工器具,护筒在灌注完毕后提起。

(五)质量检测

1.成孔检测

(1)孔径和孔形检测。

采用自制专用检孔器检验。检孔器采用直径为基桩钢筋笼骨架直径+100 mm(但不大于钻头直径),长度为5倍外径的自制钢筋笼骨架。检验时先用卷扬机吊绳将检孔器吊入孔口,利用孔口护筒侧壁或顶面桩位十字线标记拉两根线绳,观察起吊绳中心距十字线交叉中心距离并做好记录。检孔器每下落一定深度(3~5 m)后停止,再次观察数据并记录,依次做全深度检查。上下通畅无阻表明孔径大于设计桩孔的钢筋笼直径;若中途遇阻则有可能在遇阻部位有缩径或孔斜现象,切记杜绝冲击造成塌孔,应采取措施予以消除。

(2)孔深和孔底沉渣检测。

孔深和孔底沉渣采用标准测锤检测。测锤采用锥形锤,锥底直径13~15 cm,高20~22 cm,质量4~6 kg。

(3)桩位检测。

采用全站仪检测。复测桩位时,桩位测点选在新鲜头桩面的中心点,然后测量该点偏移设计桩位的距离,并按坐标位置,分别标明在桩位复测平面图上。

(4)桩孔取芯。

若监理人对桩的质量有疑问时,或在施工中遇到的任何异常情况,说明桩的质量可能低于要求的标准时,采用钻取芯样法对3%~5%的桩(同时不小于2根)进行检测,以检验桩的混凝土灌注质量。钻芯检验应在监理人指导下进行,检验结果若不合格,则应视为废桩处理。

灌注桩的检查项目及允许偏差见表2-5。

表2-5 灌注桩的检查项目及允许偏差

项次	检查项目		规定值或允许偏差	检查方法
1	混凝土强度 (MPa)		在合格标准内	按《公路工程质量检验评定标准 第一册 土建工程》(JTG F80/1—2004)附录D检查
2	孔的中心位置 (mm)	群桩	100	用经纬仪检查纵、横方向
		排架桩	50	
3	孔径		不小于设计桩径	查灌注前记录
4	倾斜度		1%	查灌注前记录
5	孔深	摩擦桩	符合图纸要求	查灌注前记录
		支承桩	比设计深度超深不小于50 mm	

续表 2-5

项次	检查项目		规定值或允许偏差	检查方法
6	沉淀厚度 （mm）	摩擦桩	符合图纸要求。如图纸无规定时， 对于直径≤1.5 m 的桩，≤300 mm； 当桩径>1.5 m 或桩长>40 m 或 地质较差的桩，≤500 mm	查灌注前记录
		支承桩	不大于图纸规定	
7	清孔后 泥浆指标	相对密度	1.03~1.10	查清孔记录
		黏度	17~20 Pa·s	
		含砂率	<2%	
		胶体率	>98%	

2. 桩头清理及桩基检测

为确保桩顶质量，桩顶混凝土面标高要高于设计标高 50~100 cm。待混凝土强度达到设计强度的 70% 以上后进行凿除，检测部门采用声测对桩身质量进行检测，合格后再进行下道工序的施工。

四、施工组织及进度

（一）施工组织

每座引桥桩基施工各配置 1 个桩基施工队。桩基人员劳动配置如表 2-6 所示。

表 2-6　桩基人员劳动配置

项目	岗位	人数	职类
管理	工区主任	1	项目总负责
	技术负责	1	工程技术、质量负责
	技术员	2	生产技术、测量放线、资料管理
	质检员	2	质量检查验收，生产质量安全管理
	安全员	2	安全检查、监督
施工	施工员	2	生产、质量、安全管理
	生产人员	40	钻孔、钢筋笼加工、混凝土灌注
后勤	材料员	1	材料联系、采购进场、分配管理
	电工	1	电路安装、电器检查
合计		52	

（二）施工进度

施工进度按总体进度计划进行。在施工场地满足施工条件时立即开始施工，每座引桥钻孔灌注桩基的施工工期为 60 d。

五、资源配置

(一)主要钻孔及成桩机具选型

1. 钻孔设备

(1)钻机:拟选择旋挖钻机 BAUERBG1V(钻孔最大直径为 1.5 m,最大钻深 60 m)、NR2206DR 旋挖钻机(钻孔最大直径为 2.0 m,最大钻深为 80 m)。根据施工经验,在确保偏斜符合要求的前提下,足以满足施工进度要求。

(2)泥浆泵:型号为 NL1110,理论排量为 57 m³/h,扬程为 16 m。

2. 混凝土灌注设备机具

根据桩基工程施工经验焦东路引桥桩基深度 60 m(D=1.2 m),适当灌注时间 2 h 左右,单桩最大混凝土灌注量 67.83 m³,则最大浇筑强度在 33.91 m³ 左右,混凝土灌注设备配置以此为根据。

(1)导管:直径 250 mm,混凝土理论通过能力为 18 m³/h。

(2)拌和系统:采用商品混凝土和自有拌和站的混凝土,可满足浇筑强度要求。

(3)混凝土搅拌车:选用容量 15 m³ 车型。按商混拌和站至浇筑现场最大运距 8 km、时速 30 km 计,单程用时 16 min;混凝土生产用时按 10 min 计,现场卸料时间按 5 min 计,则每车混凝土用时 47 min,每台混凝土搅拌车运输能力 19 m³/h。为保证混凝土灌注连续性及可靠度,配置 3 辆混凝土搅拌车。

(4)钢筋笼:每天加工 4 套钢筋笼,能满足施工的要求。

3. 垂直运输设备

汽车吊:配置 2 台 QY16 型汽车吊,最大起吊能力 16 t,最大起吊高度为 20 m,主要吊装钢筋笼。

(二)桩基施工主要设备器具配置

桩基施工主要设备器具配置见表 2-7。

表 2-7 桩基施工主要设备器具配置

设备器具名称	型号	单位	数量
旋挖钻机	BAUERBG1V	台	1
旋挖钻机	NR2206DR	台	1
钢筋切断机	GQ50-1	台	1
钢筋调直机	GF6-12	台	1
钢筋切割机	J3GC-400	台	1
工具车	红塔金卡	台	1
电焊机	BX1-500	台	5
电焊机	BX1-2-400	台	5
电焊机	BX1-315-2	辆	2
电焊机	BBX6-250	辆	1
钢筋弯曲机	GW-40	台	1

续表2-7

设备器具名称	型号	单位	数量
对焊机	UN-150型	辆	1
农用三轮车		辆	1
混凝土罐车	15 m³	辆	3
挖掘机	PC-220	台	1
装载机	ZL50-Ⅱ	台	1
发电机	150 kW	台	1
全站仪		台	1
潜水泵	15 m³/h-65 m	台	2
泥浆泵	NL1110-16-57	台	2
污水泵	10 m³/h	台	2
载重汽车	10 t	辆	2
汽车吊	16 t	辆	1

注:按1个桩基施工队和1个钢筋加工厂配置。随着桩基施工的逐步展开,施工配置根据现场施工需要做相应调整。

第二节　民主路跨渠桥梁引桥工程施工方案

一、工程概况

民主路引桥共分为南北两部分,南引桥工程范围为桩号MK0+339.5~ MK0+480,全长140.5 m,分为三幅,中幅为机动车道,边幅为人非桥梁,中幅标准宽度为23.5 m,边幅桥梁宽度为12 m,跨径组合为28.7 m+28.7 m+27.7 m+27.7 m+27.7 m,分别为两跨一联和三跨一联。北引桥共有四条匝道,中间2条匝道为机动车道,边幅为人非桥梁,机动车道桥梁宽度为13.6 m,人非桥梁宽度为12 m。L线机动车道工程范围为LK0+042.56~LK0+137.56,全长95 m,L线人非桥梁范围为LK0+044.242~LK0+150.461,全长95 m,跨径组合为19 m+19 m+19 m+19 m+19 m,分别为两跨一联和三跨一联。N线机动车道工程范围为NK0+033.184~ NK0+150.184,全长117 m, 跨径组合为19 m+19 m+19 m+20 m+20 m+20 m,分为两联,每联三跨。N线人非桥梁范围为NK0+035.095~ NK0+161.853,全长114 m;跨径组合为19 m+19 m+19 m+19 m+19 m+19 m,分为两联,每联三跨。

民主路引桥充分考虑景观需要,边腹板均采用斜腹板,并配以圆弧倒角与悬臂相连接,简洁美观,具有现代感。

南引桥中幅和边幅桥梁均采用单箱多室断面形式,梁高1.6 m,顶板厚220 mm,底板厚220 mm,腹板厚450 mm,支点附近加宽至750 mm,采用预应力混凝土连续箱梁结构。

北引桥机动车道和人非桥梁均采用单箱两室断面形式,梁高1.4 m,顶板厚200 mm,底板厚200 mm,腹板厚400 mm,支点附近加宽至750 mm,采用钢筋混凝土连续箱梁结构。

桥型布置详见图2-4、图2-5。

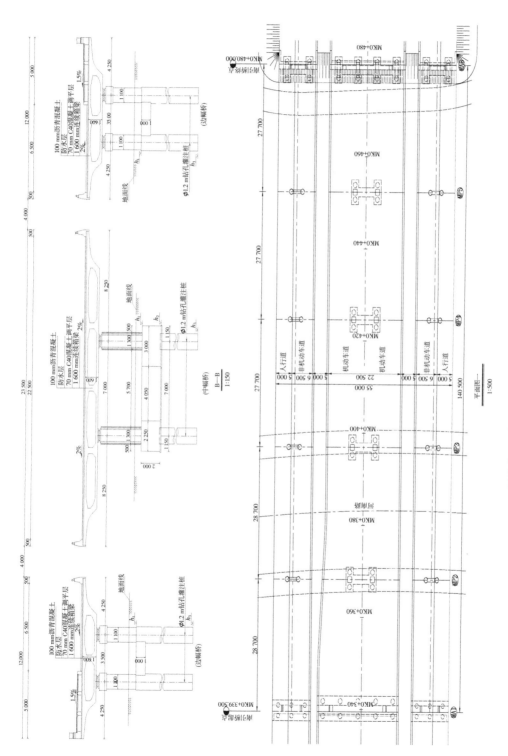

图 2-4　民主路公路桥引桥桥型布置图 1

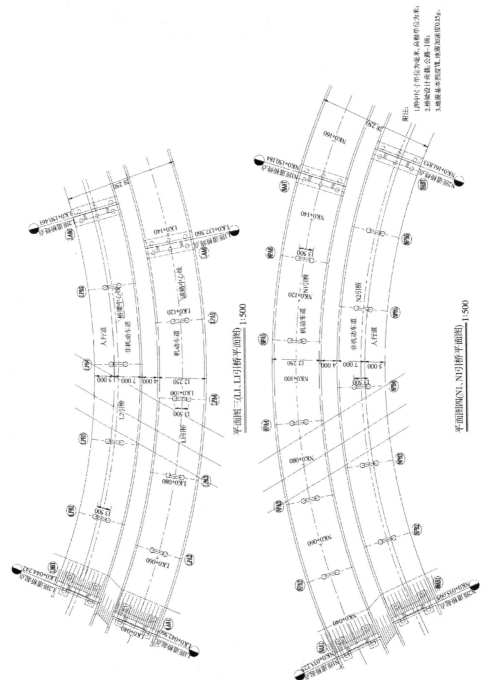

平面图三(L1、L1引桥平面图) 1:500

平面图四(N1、N1引桥平面图) 1:500

图 2-5　民主路公路桥引桥桥型布置图 2

二、总体施工方案

民主路公路桥引桥工程均为连续梁,连续箱梁拟分为南北两个区、每区连续梁随钻孔灌注桩和地基处理工作地推进及时并同时展开。下部结构施工根据各区段工作面移交情况,采取多作业面同时开工,桩基、承台、墩身等施工在单元内流水作业,多单元平行作业。

引桥混凝土均按高性能混凝土设计,混凝土由拌和站集中拌和高性能混凝土,罐车运输,泵送浇筑;为提高桥梁结构的整体性,墩台一次浇筑成型,除设计结构界面外,墩台不留施工缝;钻孔灌注桩施工中,选择合适的钻机、优化钻孔工艺、控制泥浆指标及孔底沉渣厚度,减少桥梁工程墩台工后沉降;引桥及匝道桥采用碗扣式脚手架满堂支架施工,碗扣式脚手架为直径 48 mm、壁厚 3.5 mm 的钢管。碗扣式支架立杆在横桥向梁腹板和底板下间排距为 0.60 m×0.60 m,步距为 1.2 m,翼板下间排距为 0.9 m×0.9 m,步距为 1.2 m;为保证支撑体系的整体稳定性,顺桥向设置纵向间距 3 m 的剪刀撑,横向设置间距不大于3 m 的剪刀撑;在预应力混凝土箱梁施工的原材料选择、配合比设计、预应力张拉等各个环节采取措施,控制箱梁徐变上拱值;根据工期要求及工序作业循环时间,配齐配足现浇梁施工支架及模板。

三、基础灌注桩施工

(一)地质情况

场区属于山前冲洪积平原,地势西北高、东南低,引桥场区主要为城市道路、居民区等。

工程场区勘探深度范围内主要为第四系全新统冲洪积物及中更新统坡洪积物,由中粉质壤土、重粉质壤土、中细砂和卵砾石组成。

工程区位于华北准地台(Ⅰ)黄淮海拗陷(Ⅰ₂)与山西台背斜(Ⅰ₃)的交接部位,新构造分区属华北断陷~隆起区(Ⅱ)的太行山隆起分区(Ⅱ₃),地震动峰值加速度为 0.15g,相当于地震基本烈度Ⅶ度。

(二)主要施工方案

钻孔机械:根据桥位处地质情况特点,本标段钻孔桩基础采用旋挖钻机施工为主,冲击钻机辅助完成泥卵石、砂砾石等Ⅲ类土以上地层的钻孔,钻孔采用泥浆护壁法成孔。

钻孔施工平台:桩基钻孔施工采用就地平整场地,以现有路面高程作为钻孔施工平台。

群(排)桩钻孔时采用跳桩法施工,在已灌注成桩邻近桩位钻孔时,按照已灌注钻孔桩混凝土强度达到 2.5 MPa 以上后施工相邻桩基,避免扰动相邻已施工的钻孔桩。

泥浆处理:每 2~3 个桥墩设一个泥浆拌和池和泥浆存放池,将泥浆池布置在施工范围内,沿线均匀设置泥浆池,循环使用,废弃的泥浆存于场内的泥浆池内,并用泥浆罐车倒运到指定的弃渣场。

吊放钢筋笼、灌注桩体水下混凝土:钢筋笼在现场钢筋加工厂内集中分段制作,汽车吊安装,钢筋笼尽量减少分节,长钢筋笼的接头采用搭接焊连接方式。水下混凝土采用导管法连续灌注,混凝土输送车运输混凝土、搭设孔口作业平台或溜槽输送、灌注混凝土。

桩基检测:桩基混凝土灌注完毕后,对各墩台钻孔桩采用无破损法逐根进行完整性检测。

(三)钻孔灌注桩施工方法

1.施工工艺

钻孔桩施工工艺流程详见图2-6。

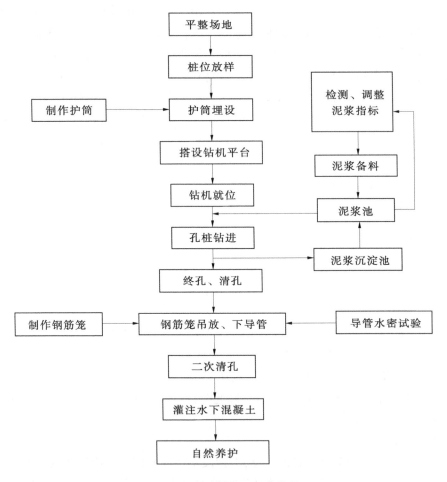

图2-6　钻孔桩施工工艺流程

2.施工方法

钻机选型:引桥工程桩基以旋挖钻机为主,部分辅以冲击钻机进行钻孔施工,并选用优质泥浆护壁。

施工准备:在三通一平的基础上,钻孔前做好桩位测量及放样、制作和埋设护筒;泥浆备料调制、泥浆循环系统设置及准备钻孔机具等。

1)场地平整

钻孔场地的平面尺寸应按桩基设计的平面尺寸、钻机数量和钻机底座平面尺寸、钻机移位要求、施工方法及其他配合施工机具设施布置等情况决定。

桩基钻孔前将场地整平,清除杂物,在夯填密实的土层上铺设枕木或型钢,即构成钻机平台。场地的大小以满足钻机的放置、泥浆循环系统及混凝土运输车等协调工作的要求。

2）桩位放样

使用施工现场平面和高程控制网点,按照设计图纸放出所有桩位,并打上定位木桩,并在定位四周一定距离埋设 4 个护桩,以便在钻孔过程上校对孔位。

桩位在开钻造孔前应对桩位进行复检,并经监理工程师校核认可后方可开钻施工。

3）埋设护筒

护筒采用 4~8 mm 的钢板制作,其内径大于钻头直径 200~400 mm。为增加刚度防止变形,在护筒上、下端口和中部外侧各焊一道加劲肋。

护筒的底部埋置在地表以下 1~1.5 m 的稳定土层中,护筒顶高出地下水位 1.5~2.0 m（同时高出地面 0.5 m）,其高度满足孔内泥浆面的要求,设计图纸有明确要求的则按设计图纸要求进行埋设。

桩基护筒埋设采用挖埋法。埋设应准确、稳定,护筒中心与桩位中心的偏差不得大于 50 mm,垂直度偏差不允许大于 1%,保证钻机沿着桩位垂直方向顺利工作。

护筒内存储泥浆使其高出地面或施工水位至少 0.5 m,保护桩孔顶部土层不致因钻头（钻杆）反复上下升降、机身振动而导致坍孔。

4）泥浆的制备及循环净化

根据桩基的分布位置设置多个制浆池、贮浆池及沉淀池,并用循环槽连接。出浆循环槽槽底纵坡不大于 1.0%,使沉淀池流速不大于 10 cm/s,便于石渣沉淀。

采用泥浆搅拌机制浆。泥浆制浆材料选用优质黏土,必要时采用膨润土并再掺入适量 CMC 羧基纤维素或纯碱（Na_2CO_3）等外加剂,保证泥浆自始至终达到性能稳定、沉淀极少、护壁效果好和成孔质量高的要求。制备及循环分离系统由泥浆搅拌机、泥浆池、泥浆分离器和泥浆沉淀处理器等组成。泥浆循环系统平面布置详见图 2-7。

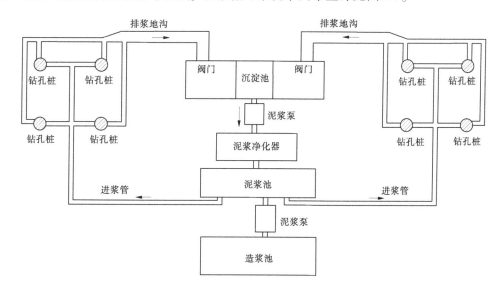

图 2-7　泥浆循环系统平面布置

在钻孔桩施工过程中,对沉淀池中沉渣及浇筑混凝土时溢出的废弃泥浆随时清理,严防泥浆溢流,并用汽车弃运至指定地点倾泄,禁止就地弃渣,污染周围环境。

5)泥浆护壁制浆配合比

(1)膨润土制浆配合比。

膨润土制浆配合比见表2-8。

表2-8　膨润土造浆配合比　　　　　　　　　　　　(单位:kg)

原料名称	淡水	膨润土	CMC	纯碱	FCI	PHP	加重剂
配合比	100	8~15	0.004~0.008	0.1~0.4	0.1~0.3	0.003	试验确定

(2)不同地层下泥浆的性能指标要求见表2-9。

表2-9　不同地层下泥浆的性能指标要求

地质情况	泥浆指标							
	密度 (g/cm³)	黏度 (Pa·s)	胶体率 (%)	失水率 (mL/30 min)	含砂率 (%)	泥皮厚 (mm/30 min)	静切力 (Pa)	pH
亚砂土	1.20~1.45	19~28	≥96	≤15	≤4	≤2	3~5	9~11
淤泥质亚黏土	1.20~1.35	19~28	≥96	≤15	≤4	≤2	3~5	9~11
黏土	1.06~1.10	18~28	≥95	≤20	≤4	≤3	1~2.5	9~11
亚黏土	1.06~1.10	18~28	≥95	≤20	≤4	≤3	1~2.5	9~11
细砂	1.20~1.45	18~28	≥95	≤20	≤4	≤3	1~2.5	9~11
黏土、亚黏土	1.06~1.10	18~28	≥95	≤20	≤4	≤3	1~2.5	9~11

为满足环保要求,采用泥浆分离器分离从桩内循环出来的泥浆,并通过调整膨润土、分散剂的掺量,使循环泥浆能再次利用。

6)成孔方式与成孔方法

(1)冲击钻钻孔。

冲击钻开孔阶段主要采取原土造浆方式固壁,通过孔内添加黏土,采用低冲程开孔。钻孔深度到达护筒刃脚以下3 m后,根据地质情况加大冲程进行正常冲砸造孔,进入基岩后适当减小冲程。

(2)旋挖钻钻孔。

对于土质地层,采用旋挖钻机一次性成孔,钻杆为伸缩式钻杆,钻头为筒式活门掏渣筒。根据地质和地下水条件,可分别采用静态泥浆护壁钻斗工艺和干土直接取土工艺。

旋挖钻机钻孔取土时,依靠钻杆和钻头自重切入土层,斜向斗齿在钻斗回转时切下土块向斗内推进完成钻取土,遇到硬土时,自重力不足以使斗齿切入土层,此时通过液压油缸对钻杆加压,强行将斗齿切入土中完成取土。根据屏显深度,待钻筒内钻渣填满,反转后即可关闭进渣口,由起重机提升钻杆钻斗至地面,拉动钻斗上的开关及打开底门,钻斗内的土自动排出。卸土完毕关好斗门,再进行下一斗的挖掘。利用自卸汽车将钻渣运至弃渣场。如果采用静态泥浆护壁取土工艺,在出渣同时继续向孔内注水,确保孔内水头高度。

7) 清孔

清孔处理的目的是使孔底沉渣(虚土)厚度、泥浆液中含砂量和孔壁垢厚度符合质量要求和设计要求,为水下混凝土灌注创造良好的条件。当钻孔达到设计高程后,经对孔径、孔深、孔位、竖直度进行检查确认钻孔合格后,即清孔。

(1)抽浆法清孔:采用反循环钻机钻孔时,可在终孔后停止进尺,一边利用钻机的反循环系统的泥石泵持续抽浆,把孔底泥浆、钻渣混合物排出孔外,一边向孔内补充经泥浆池净化后的泥浆,使孔底钻渣清除干净。

抽浆清孔比较彻底,但孔壁易坍塌的钻孔使用抽浆法清孔时,操作要注意,防止塌孔。

(2)清孔达到以下标准:孔内排出的泥浆手摸无 2~3 mm 颗粒,泥浆相对密度不大于1.1,含砂率小于2%,黏度 17~20 Pa·s。浇筑水下混凝土前应再次清底,以确保孔底沉淀清除干净,满足相关设计规范及设计文件提出的沉降要求。严禁采用加深钻孔深度的方法代替清孔。

8) 成孔检查

钻孔灌注桩在成孔过程中及终孔后和灌注混凝土前,对钻孔进行阶段性的成孔质量检查。

(1)孔径和孔形检测。

孔径检测在桩孔成孔后,下入钢筋笼前进行。根据桩径制作笼式井径器入孔检测,笼式井径器用 $\phi 8$ 和 $\phi 12$ 的钢筋制作,其外径等于钢筋笼直径加上 100 mm,但不得大于钻孔的设计孔径,长度等于孔径的 3~4 倍(旋转钻成孔)或 4~6 倍(冲击钻成孔)。其长度与孔径的比值选择,可根据钻机的性能及土层的具体情况而定。检测时,将井径器吊起,孔的中心与起吊钢绳保持一致,慢慢放入孔内,上下通畅无阻表明孔径大于给定的笼径。

(2)孔深和孔底沉渣检测。

孔深和孔底沉渣采用标准锤检测。测锤采用锥形锤,锤底直径 13~15 cm,高 20~22 cm,质量 4~6 kg。采用校过的测绳进行校核。

(3)成孔竖直度检测。

旋转钻采用钻杆测斜法,冲击钻采用井径检测仪。

(4)质量标准。

钻孔灌注桩成孔后,在灌注水下混凝土前,其质量检验的标准见表 2-10。

表 2-10　钻孔桩钻孔允许偏差

序号	项目		允许偏差（mm）
1	孔径		不小于设计孔径
2	孔深	摩擦桩	不小于设计孔深
		柱桩	不小于设计孔深,并进入设计土层
3	孔位中心偏心	群桩	≤100
4	倾斜度		≤1%孔深
5	浇筑混凝土前桩底沉渣厚度	摩擦桩	≤200
		柱桩	≤50

3.钢筋笼加工及吊放施工方法

1)钢筋笼骨架制作

钢筋笼骨架在制作场内采用胎具成型法分节制作,用槽钢和钢板焊成组合胎具。将加劲箍筋就位于每道胎具的同侧,按胎模的凹槽摆焊主筋和箍筋,全部焊完后,拆下上横梁、立梁,滚出钢筋笼骨架,然后吊起骨架搁于支架上,套入盘筋,按设计位置布置好螺旋筋并绑扎于主筋上,点焊牢固,最后安装和固定声测管。并按照设计图纸布设接地钢筋。

2)钢筋笼骨架保护层的设置

绑扎混凝土预制块:混凝土预制块为 15 cm×20 cm×8 cm,靠孔壁的一面制成弧面,靠骨架的一面制成平面,并有十字槽。纵向为直槽,横向为曲槽,其曲率与箍筋的曲率相同,槽的宽度和深度以能容纳主筋和箍筋为度。在纵槽两旁对称地埋设两根备绑扎用的U形 12 号铁丝。垫块在钢筋笼骨架上的布置以钻孔土层变化而定,在松软土层内垫块应布置较密。一般沿钻孔竖向每隔 2 m 设置一道,每道沿圆周对称设置 4 块。

3)钢筋笼骨架的存放、运输与现场吊装

(1)钢筋笼骨架临时存放的场地必须保证平整、干燥。存放时,每个加劲筋与地面接触处都垫上等高的木方,以免受潮或沾上泥土。每组骨架的各节段要排好次序,挂上标志牌,便于使用时按顺序装车运出。

钢筋笼骨架在转运至墩位的过程中必须保证骨架不变形。采用汽车运输时要保证在每个加劲筋处设支承点,各支承点高度相等。

(2)钢筋笼入孔时,由吊车吊装。

在安装钢筋笼时,采用两点起吊。第一吊点设在骨架的下部,第二吊点设在骨架长度的中点到上三分之一点之间。应采取措施对起吊点予以加强,以保证钢筋笼在起吊时不致变形。吊放钢筋笼入孔时应对准孔径,保持垂直,轻放、慢放入孔,入孔后应徐徐下放,不宜左右旋转,严禁摆动碰撞孔壁。若遇阻碍应停止下放,查明原因进行处理。严禁高提猛落和强制下放。

第一节骨架放到最后一节加劲筋位置时,穿进工字钢,将钢筋笼骨架临时支撑在孔口工字钢上,再起吊第二节骨架与第一节骨架连接,连接采用挤压套筒连接。连接时上、下主筋位置对正,保持钢筋笼上下轴线一致;先连接一个方向的两根接头,然后稍提起,以使上下节钢筋笼在自重作用下垂直,再连接其他所有的接头,接头位置必须按50%接头数量错开至少20d连接。接头焊好后,骨架吊高,抽出支撑工字钢后,下放骨架。如此循环,使骨架下至设计标高。

骨架最上端的定位,必须由测定的孔口标高来计算定位筋的长度,为防止钢筋笼掉笼或在灌注过程中浮笼,钢筋笼的定位采用螺纹钢筋悬挂在钢护筒上。钢筋笼中心与桩的设计中心位置对正,反复核对无误后再焊接定位于钢护筒上,完成钢筋笼的安装。钢筋笼定位后,在6 h内浇筑混凝土,防止坍孔。

(3)声测管的布置及数量必须满足设计要求,与钢筋笼一起吊放。声测管要求全封闭(下口封闭、上端加盖),管内无异物,水下混凝土施工时严禁漏浆进管内。声测管与钢筋笼一起分段连接(采用套管丝扣连接),连接处应光滑过渡,管口高出设计桩顶20 cm,每个声测管高度保持一致。

钻孔桩钢筋笼骨架的允许偏差和检验方法见表2-11。

表2-11 钻孔桩钢筋笼骨架的允许偏差和检验方法

序号	项目	允许偏差	检验方法
1	钢筋笼骨架在承台底下的长度	±100 mm	尺量检查
2	钢筋笼骨架直径	±20 mm	
3	主钢筋间距	±0.5d	
4	加强钢筋间距	±20 mm	尺量检查不少于5次
5	箍筋间距或螺旋筋间距	±20 mm	
6	钢筋笼骨架垂直度	1%	吊线尺量检查

注:d为钢筋直径,mm。

4)清孔

为防止安放钢筋笼及导管阶段孔内沉淀超标,钢筋笼及导管安装就序后,采用换浆法清孔,以达到置换孔底沉淀的目的。施工中通过移动导管,改变导管在孔底的位置,保证沉淀置换彻底。待孔底泥浆各项技术指标均达到设计要求,且复测孔底沉淀厚度在设计范围以内后,即可完成清孔,立即进行水下混凝土灌注。

4.灌注混凝土

灌注水下混凝土施工方法如下所述。

(1)采用直升导管法进行水下混凝土的灌注。导管采用直径250 mm的钢管,壁厚3 mm,每节长2.0~2.5 m,配1~2节长1~1.5 m短管。导管使用前,先进行接头密闭试验。下导管时应防止碰撞钢筋笼,导管支撑架用型钢制作,支撑架支垫在钻孔平台上,用于支撑悬吊导管。混凝土灌注期间用钻架吊放拆卸导管。

(2)水下混凝土施工采用混凝土搅拌运输车运输混凝土、布置孔口浇筑平台和溜槽。混凝土进入溜槽时坍落度控制在18~22 cm,并有很好的和易性。混凝土初凝时间控制不小于浇筑灌注桩浇筑时间,一般不少于6~8 h。

(3)水下灌注时先灌入的首批混凝土,其数量必须经过计算,使其有一定的冲击能量,能把泥浆从导管中排出,并保证把导管下口埋入混凝土的深度不少于1 m。

（4）使用拔球法灌注第一批混凝土。灌注开始后，应紧凑、连续地进行，严禁中途停工。在整个灌注过程中，导管埋入混凝土的深度不得少于 1 m，一般控制在 4 m 以内。

（5）灌注水下混凝土时，随时探测钢护筒顶面以下的孔深和所灌注的混凝土面高度，以控制导管埋入深度和桩顶标高。

测锤法：用绳系重锤吊入孔中，使之通过泥浆沉淀层而停留在混凝土表面，根据测绳所示锤的沉入深度换算出混凝土的灌注深度。测砣一般制成圆锥形，锤重不宜小于 4 kg，测绳采用质轻、拉力强，遇水不伸缩、标有尺度的测绳。

钢管取样盒法：用多节长 1~2 m 的钢管相互拧紧接长，钢管最下端设一铁盒，上有活盖用细绳系着随钢管向上引出。当灌注的混凝土面接近桩顶时，将钢管取样盒插入混合物内，牵引细绳将活盖打开，混合物进入盒内，然后提出钢管，鉴别盒内之物是混凝土还是泥渣，由此确定混凝土表面的准确位置。当混凝土灌注接近设计桩顶以上 1 m 时，必须采用钢管取样盒法探测。

（6）在混凝土灌注过程中，要防止混凝土拌和物从漏斗溢出或从漏斗处掉入孔底，使泥浆内含有水泥而变稠凝固，致使测深不准。同时应设专人注意观察导管内混凝土下降和井孔水位上升，及时测量复核孔内混凝土面高度及导管埋入混凝土的深度，做好详细的混凝土施工灌注记录，正确指挥导管的提升和拆除。探测时必须仔细，同时对灌入的混凝土数量校对，防止错误。

（7）施工中导管提升时应保持轴线竖直和位置居中，逐步提升。如导管法兰盘卡住钢筋管架，可转动导管，使其脱开钢筋笼骨架后，移到钻孔中心。

当导管提升到法兰接头露出孔口以上一定高度，可拆除 1 节或 2 节导管（视每节导管长度和工作平台距孔口高度而定）。拆除导管动作要快，拆装一次时间一般不宜超过 15 min。要防止螺栓、橡胶垫和工具掉入孔中，要注意安全。已拆下的导管要立即清洗干净，堆放整齐。

（四）质量保证措施

对钻孔桩桩身全部进行无损检测。

1. 钻孔中防止塌孔措施

（1）护筒的埋设深度要确保穿透淤泥质软土层，做好护筒底部密封。

（2）现场钻孔操作人员，要仔细检测泥浆相对密度及黏度，尤其是含砂率的检测，不同地层必须按要求进行相应调整。

（3）控制钢筋笼安装垂直度，安放钢筋笼时，需对准钻孔中心竖直插入，严禁触及孔壁。

（4）紧密衔接各道工序，尽量缩短工序间隔。

（5）当出现灾害性天气无法施工时，需提起钻头，调整泥浆相对密度，孔内灌满泥浆。

2. 清孔措施

当地层富含粉砂类土，终孔后粉砂、粉细砂沉淀给清孔带来困难时，为减少孔底沉淀淤积，应采取以下措施：

（1）采用双泥浆泵并联供应泥浆，增大泵量，提高泥浆循环速度，增强泥浆携带钻渣的能力。

（2）用优质膨润土和化学外加剂提高泥浆黏度，减缓砂粒沉淀速度。

（3）严格控制钻杆接头的密封性，确保泥浆能全部从孔底返回。

（4）及时排除废弃泥浆，勤捞沉淀池中的沉渣，不断补充优质泥浆。

（5）当钻进砂层时及时开启泥浆分离器，降低含砂率。

（6）加快成孔与成桩速度，缩短从成孔到成桩的作业时间。

（7）二次清孔完成后，立即浇筑水下混凝土，避免泥渣再次沉淀。

3. 钻孔灌注桩施工质量保证措施

（1）钻进中严格控制泥浆相对密度，成孔后采用换浆法清孔。

（2）严格控制孔内沉渣厚度。

（3）采用回旋钻孔工艺，基岩中采用冲击成孔工艺。钻进过程中要防止出现塌孔、卡钻、掉钻等现象。

（4）钻孔桩清孔完成后，立即用汽车吊吊放钢筋笼。为减少钢筋接头连接和导管接头时间，现场钢筋采用直螺纹套筒连接，导管采用丝扣式连接，确保桩身混凝土能在 6 h 内浇筑完成。

（5）水下混凝土灌注速度和灌注连续性，确保成桩质量。

（6）混凝土灌注时，应超高设计桩顶 0.3~0.5 m，确保凿桩头时能凿除浮浆层或不密实层，露出密实混凝土面。

（五）桩身质量检测

钻孔桩正式开工前先进行试桩，验证钻孔桩设计承载力，优化钻孔桩设计长度，选择合适的成孔工艺和压浆工艺，指导施工，确保桥梁钻孔桩的施工质量。

钻孔桩除进行静载试桩外，还要按下述要求进行桩身质量检测：

（1）所有钻孔桩身混凝土质量均做无损低应变动测检测。

（2）桩基完成后，按设计要求对桩基进行逐桩检测。

（3）每根钻孔桩混凝土强度试件不少于一组。

（4）对质量有问题的桩，钻取桩身混凝土鉴定检验。

（5）柱桩底沉渣厚度，按柱桩总数的 3%~5%钻孔取芯检验。

（6）钻孔到达设计高程后，复核地质情况和桩孔位置，用检孔器检查桩孔孔深、施工偏差符合要求。

四、承台施工

（一）施工方法

承台基坑开挖采用人工配合挖掘机放坡开挖，人工清底、凿除桩头。

承台采用大块钢木组合模板，钢管、方木支撑加固体系，混凝土泵送入模。为减小混凝土内外温差，控制混凝土表面裂纹，承台表面用土工布包裹、人工洒水养护。

钢筋在加工车间加工，平板车运到现场，基底检查合格后，精确放样定位，现场绑扎。承台模板支撑方式为外加固，支撑点放置在基坑和支护模板内侧。

（二）施工工艺流程

承台施工工艺流程见图 2-8。

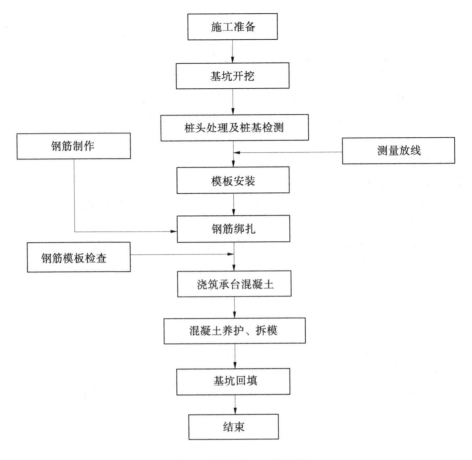

图 2-8　承台施工工艺流程

1. 测量放线

根据导线控制点测量桩孔中心后,放出承台四周边桩用红油漆做出标记,同时测出承台底至该桩顶的高差。

2. 基坑开挖

基坑采用挖掘机开挖、人工配合施工,当开挖至离基底 200 mm 时,停止机械开挖,改为人工开挖,以减小对基底扰动。

(1)在基坑顶缘四周适当距离设截水沟,防止地表水流入坑内,冲刷坑壁,造成塌方破坏基坑。坑缘边留有护道,静载距坑缘不少于 0.5 m,动载距坑缘不少于 1.0 m。

(2)基坑开挖自上而下水平分层进行,每层 0.3 m 左右,边挖边检查坑底宽度,不够时及时修整,每 3 m 左右修一次坡,至设计标高后,再统一进行一次修坡清底,检查坑底宽和标高。施工时注意观察基坑边缘顶面上有无裂缝,坑壁有无松散坍落现象发生并采取必要的措施,确保安全施工。

3. 破除桩头

桩头混凝土采用风动工具与手工相结合的施工方法凿除。先采用风动工具将桩头清除至距设计桩顶 10~20 cm 的位置,然后改为手工凿除直至设计桩顶标高,最后将桩身变形的钢筋整修复原。

4. 浇筑素混凝土垫层

基坑开挖至承台底部设计标底以下 10 cm,并清除基础面松动的土块和垃圾、杂物等,再浇筑一层 10 cm 厚的 C10 素混凝土,作为承台钢筋及混凝土施工的底模,并对素混凝土进行找平处理。

5. 绑扎承台钢筋

钢筋制作在钢筋加工场内进行,然后将制作成型的钢筋运至现场进行绑扎。钢筋绑扎采用人工和电焊两种方法。特别注意桩身钢筋和承台钢筋的焊接。因承台为一次性浇筑,故必须按照设计图绑扎好墩身钢筋或墩身接茬筋。

6. 浇筑混凝土

承台混凝土按大体积混凝土施工工艺进行,其混凝土供应由混凝土拌和楼提供,混凝土搅拌运输车运抵至浇筑现场,混凝土输送泵泵送入仓,其具体浇筑施工工艺参见墩身施工。

7. 基坑回填

承台混凝土浇筑完毕并达到拆模条件时,应及时拆模并进行基坑回填,基坑回填必须对称进行,填料符合设计和规范要求,采用振动夯和小型压路机压实,回填高度以低于承台顶面 10 cm 为宜,待墩身混凝土施工完成后再将整个基坑回填。

五、墩身施工

(一)施工方案

引桥墩身高度均小于 10 m,墩身采取一次成型方案。为保证浇筑后混凝土外观质量,桥墩(台)采用整体式钢模板一次浇筑,分层浇筑的方案施工。

模板:采用整体钢模,托盘顶帽采用整体定型钢模。

钢筋、混凝土施工:墩台身采用定型钢模板和钢支架一次支模到顶,整体浇筑。墩身钢筋,一次绑扎成型。混凝土由现场拌和站集中生产,混凝土输送车运输,混凝土泵车输送,连续灌注。

支承垫石施工前实测墩顶标高,并根据实测标高,调整垫石高度,支承垫石在支座安装前再安排浇筑完成。

混凝土养护:根据季节不同分别选用混凝土的养护施工方法,夏季主要采用降温法施工,冬季主要采用保温法施工。

(二)施工工艺流程

墩身施工工艺流程见图 2-9。

(三)模板工程

墩身模板采用定型无拉杆整体钢模。桥墩模板脚手架示意见图 2-10、图 2-11。

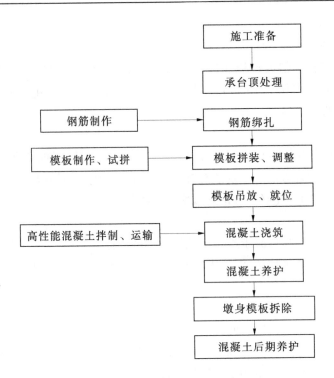

图 2-9　墩身施工工艺流程

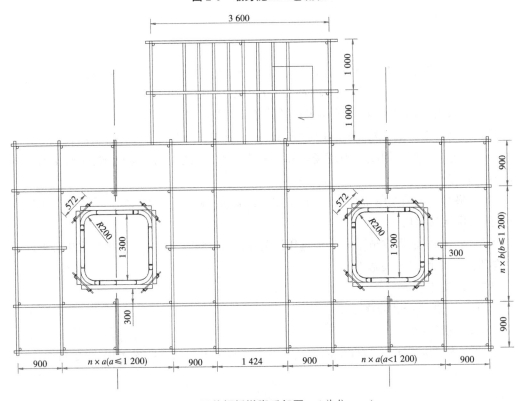

图 2-10　无盖帽桥墩脚手架图　（单位:mm）

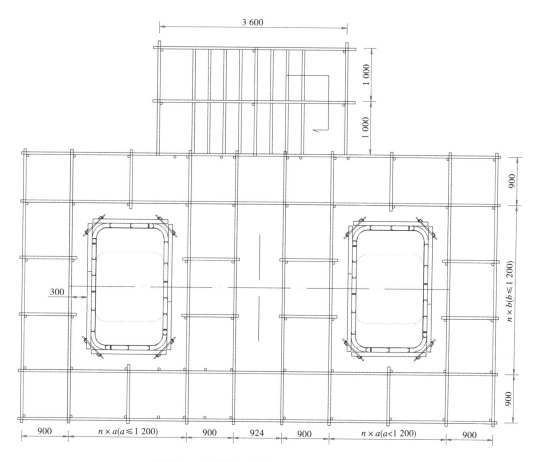

图 2-11 有盖帽桥墩脚手架图 （单位:mm)

墩模板采用汽车运输至墩位附近,现场拼装成整体,安装桁架支撑,用汽车吊整体吊装就位,与承台预埋型钢连接固定。模板整体拼装时要求错台小于 1 mm,拼缝小于 1 mm。安装时,利用全站仪校正钢模板两垂直方向倾斜度。

墩身模板安装允许偏差见表 2-12。

表 2-12 墩身模板允许偏差

序号	检查项目	允许偏差(mm)	检验方法
1	前、后、左、右距中心线尺寸	±10	测量检查每边不少于 2 处
2	表面平整度	3	1 m 靠尺检查不少于 5 处
3	相邻模板错台	1	尺量检查不少于 5 处
4	同一梁端两垫石高差	2	测量检查
5	墩台支承垫石顶面高程	0,−5	水准仪测量
6	预埋件和预留孔位置	5	纵横两向尺量检查

（四）钢筋制作安装

钢筋在加工车间按设计图纸集中下料,分型号和规格存放、编号,平板车运到现场,在桥墩钢筋笼骨架定位模具上绑扎,其质量应符合表 2-13 的规定。

表 2-13　墩身钢筋允许偏差

序号	检查项目	允许偏差（mm）	检查方法
1	受力钢筋全长	±10	
2	弯起钢筋的弯折位置	20	尺量
3	箍筋内净尺寸	±3	

结构主筋接头采用搭接焊或冷挤压套筒连接方式,主筋与箍筋之间采用扎丝进行绑扎;绑扎或焊接的钢筋网和钢筋笼骨架不得有变形、松脱现象;垫块采用混凝土垫块。

（五）混凝土浇筑

混凝土采用 8 m³ 混凝土搅拌车运输,汽车泵泵送入模,分层浇筑,连续进行,插入式振捣器振捣。施工时尽量减少暴露的工作面,防风、防晒、防冻、防雨,浇筑完成后立即抹平进入养护程序。

（六）混凝土养护

根据施工对象、环境、水泥品种、外加剂及混凝土性能的不同提出具体的养护方案。

当新浇结构物与流动水接触时,采取防水措施,保证混凝土在规定的养护期之内不受水的冲刷。

拆模后的混凝土立即使用保温保湿的无纺土工布覆盖,外贴隔水塑料薄膜,使用自动喷水系统和喷雾器,不间断养护,避免形成干湿循环,养护时间不少于规范要求。

养护期间混凝土强度未达到规定强度之前,不得承受外荷载。当混凝土强度满足拆模要求,且芯部混凝土与表层混凝土之间的温差、表层混凝土与环境之间的温差均小于等于 15 ℃时,方可拆模。

（七）混凝土温度测量和控制

引桥工程混凝土测温工作分为混凝土拌和物的测温、混凝土施工测温、养护期测温。根据构造物尺寸、环境温度及浇筑工艺的不同,选取有代表性的结构使用测温仪,及时掌握混凝土内部温度、表层温度。并绘制温度曲线图,当发现混凝土浇筑温度、内外温差或降温速率出现异常时,应及时处理。

（八）施工缝处理

为提高混凝土的耐久性,混凝土构件应尽量一次浇筑完成,施工前必须做好停水、停电的应急措施,尽量避免由施工原因造成在混凝土浇筑过程中出现施工缝,当不可避免出现施工缝时,按规范要求进入混凝土施工缝处理程序。

当由于结构物尺寸变化,设计要求必须设置施工缝时需将施工缝的位置设置在结构受力较小的部位,当结构物位于水中时,施工缝应避开常年处于干湿交替变化的部位。

施工缝处理按《公路桥涵施工技术规范》(JTG/T F50—2011)等相关规定进行,当施工缝处于水平状时,浇筑上层混凝土前应首先浇筑50~100 mm厚的水泥沙浆,以提高接缝处混凝土的密实性。

(九)顶帽及托盘

1.施工方法

顶帽及托盘采用在墩四周搭设碗扣式支架,模型采用大块定型钢模,用泵车灌注混凝土。

(1)搭设支架:搭设支架前,对地基进行平整夯实,铺垫20 cm厚碎石垫层。有条件的,可直接搭设在承台顶面上。支架立柱间距90 cm,用ϕ48 mm钢管斜向加固支撑。

(2)模板及钢筋安装:模板安装采用汽车吊辅助作业,并与墩顶模板连接牢固。钢筋在加工现场统一下料,汽车运到施工现场绑扎成型,钢筋焊接、绑扎牢固。埋设好预埋件并固定。

(3)混凝土浇筑:混凝土采用厂制混凝土,混凝土运输车运至墩位,泵车连续灌注混凝土,采用插入式捣固器捣固密实。混凝土浇筑完毕后洒水养护。

2.施工流程

顶帽施工工艺流程:测量放线→墩柱混凝土顶面凿毛清洗→绑扎托盘(顶帽)钢筋→模板安装就位→报监理工程师验收→灌注托盘混凝土→养护墩台。

3.墩台帽施工质量保证措施

(1)将基础顶面冲洗干净,凿除混凝土基础表面浮浆,整修连接钢筋。检查模板、钢筋及预埋件的位置和保护尺寸,确保位置正确不发生变形。

(2)钢筋笼骨架绑扎、焊接牢固,在灌注混凝土过程中不发生任何松动。

(3)墩台模板采用大块定型钢模,模板由专业生产厂家制作,模板表面光洁度,接口缝隙严密,不漏浆,满足设计及有关规范要求。

(4)墩台混凝土配合比、坍落度、和易性符合规范要求。成型混凝土表面达到清水混凝土要求。

(5)墩台身混凝土一律采用抗侵蚀混凝土。

(十)墩台身施工质量保证措施

(1)施工前必须做好停水、停电的应急措施,尽量避免施工缝的出现。施工时尽量减少暴露的工作面,防风、防晒、防雨,浇筑完成后立即抹平进入养护程序。

(2)夏季混凝土拌和时,通过降低材料温度、改进搅拌机投料顺序等措施来降低混凝土出机温度。浇筑阶段通过降低运输容器温度,适当选择浇筑时间,分层浇筑等技术措施来降低混凝土温度。

养护阶段通过内部降温或外部升温、保温、提高养护水温等措施,使混凝土核心温度、表面温度、外界温度差值控制在规定的范围内。

(3)采用大块钢模,保证混凝土外观质量。

六、预应力箱梁施工

(一)总体施工方案

根据设计图纸及现场实际情况,南北引桥和匝道桥均为连续梁方式成桥,其中南北引桥共布置为 14 联连续梁,每联 2 跨和 3 跨两种。要求连续梁成桥方式采用满堂支架现浇施工。按照设计满堂支架现浇方案要求,初拟引桥及匝道桥采用碗扣式脚手架满堂支架施工,碗扣式脚手架用直径为 48 mm、壁厚为 3.5 mm 的钢管。碗扣式支架立杆在横桥向梁腹板和底板下间排距为 0.60 m×0.60 m,步距为 1.2 m,翼板下间排距为 0.9 m×0.9 m,步距为 1.2 m;为保证支撑体系的整体稳定性,顺桥向设置纵向间距 3 m 的剪刀撑,横向设置间距不大于 3 m 的剪刀撑。梁端 3 m 范围内立杆纵向间距加密为 0.60 m。立杆下方安装可调底托,立杆顶端放置可调顶托,顶托直径为 38 mm,长 600 mm,可调长度为 350 mm。为了保持顶托横向稳定性,一般控制在 200 mm 左右,顶托插入钢管内长度不得小于 300 mm。立杆顶部可调托座上铺设两根纵向 ϕ48 钢管作为分配梁体,并用铁丝与支架顶部可调顶托连接,分配梁上铺设 10 cm×10 cm 横向方木,间距 30 cm,用 12# 铅丝与纵向分配梁连接,作为底模托架。

内模采用钢管搭设承重排架后安装木模板,木模板采用胶合板现场制作拼装,纵向布置 10 cm×10 cm 檩条加固,檩条间距为 30 cm;横向围檩间距控制在 1.0 m 左右,采用错接方式,搭接长度不少于 50 cm。混凝土由混凝土拌和站提供,8 m³ 混凝土罐车运输,泵车泵送入模,插入式振捣棒振捣密实。每一联连续梁混凝土一次浇筑成型,桥梁纵向不分段或设后浇带,混凝土浇筑完成后,覆盖塑料膜进行保湿保温养护。

(二)主要施工工艺及方法

1. 施工准备

1)技术准备

施工前根据施工方案有针对性地制定详细的施工技术交底,并交底到测量队、试验室、现场技术人员、质检员和施工作业人员,使不同工种作业人员掌握施工方法、流程、顺序、技术要求和作业任务,确保施工符合各项技术要求和有序进行。

2)现场准备

根据技术交底要求,确定施工场地范围并进行场地平整、各种原材料准备和验收、机械设备准备和检查、临时施工用电线路和配电盘假设安装到位情况等。

2. 施工顺序

引桥箱梁预应力施工顺序流程见图 2-12。

3. 主要施工工艺

1)地基处理

对桥梁投影下的场地(每侧加宽 1.0 m)开挖 50 cm,并对基坑底部进行夯实。三七灰土基础分层回填时,分层厚度为 15 cm,采用 12 t 振动碾压实。基础回填完成后,采用轻型动力触探进行地基承载力试验,满足要求后,灰土基础表面铺垫 30 cm 厚 C20 混凝土硬化层与路面找平。场地处理后,在场地周围设置 30 cm×30 cm 排水沟,用 M7.5 砂浆抹面,防止地表水浸入。

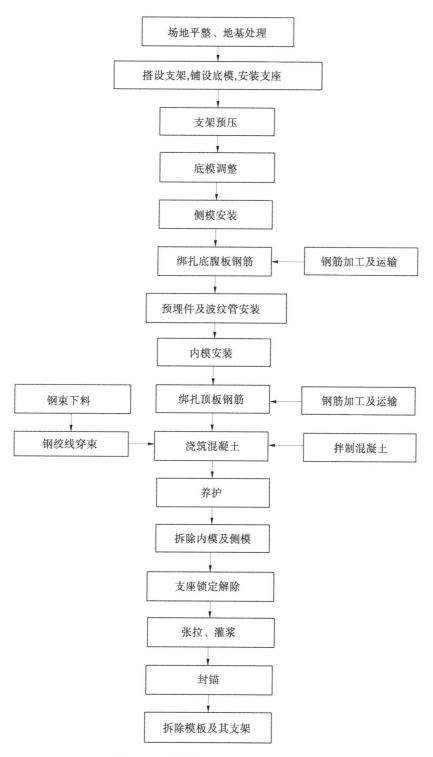

图 2-12　引桥箱梁预应力施工顺序流程

2) 支架施工

（1）支架设计。

根据各部位受力不同，支架布置时，碗扣式支架立杆在横桥向梁腹板和底板下间排距为 0.60 m×0.60 m，步距为 1.2 m，翼板下间排距为 0.9 m×0.9 m，步距为 1.2 m；碗扣式支架采用直径为 48 mm、壁厚为 3.5 mm 的钢管。

支架搭设时，先用墨线在硬化后的地面上弹出支架的设计位置，然后按要求放置底座，搭设立杆、横杆。立杆下方安装可调底座，立杆顶部设可调托座，以便对支架高程进行微调。支架搭设见图 2-13~图 2-15。

（2）支架搭设。

根据支架设计进行放样，按放样位置布置立杆和水平杆，靠近墩身处，水平杆紧贴墩身。每根立杆下设可调底座，立杆垂直，以保证支架自身稳定且尽量承受垂直荷载。

为方便固定腹板外模，在腹板外模的底部、中部、顶部的立杆处，增加横撑及斜撑；为防止翼板下顶部支撑产生变形，采用增加斜杆支撑。在钢管支架顶面翼板外缘部分搭设施工、防护平台。

支架接近标高时，由测量人员在底板、翼板边缘处纵向每隔 5 m 提供一个基准点挂线找平。支架验收合格后，于立杆顶部可调支座上铺设两根 ϕ48 纵向钢管，间距同立杆间距，用铁丝与支架顶部可调支座连接，纵向钢管上铺设 10 cm×10 cm 横向方木，间距 30 cm，用铁丝与纵向方木连接。铺设后，对横向方木标高进行复核，个别低洼处用抄手木楔找齐，高处用手电刨刨平，横向方木标高达到要求后即可进行预压作业。

（3）支架预压。

①支架预压采用预制混凝土块（沙袋），预制混凝土块（沙袋）堆码根据箱梁恒载形式分布，为消除其非弹性变形，并对支架的安全性进行检查，预压荷载考虑梁重的 1.1 倍。

②支架加载前应进行测量，测量断面按每孔 0、1/4、1/2、3/4、4/4 五个断面进行，每个断面上梁底及地面布设 5 个测点。

③加载 24 h 后进行标高测量，然后通过预压前后同一点标高差值及支架的弹性变形量、梁的挠度等得出底模的预拱度之和。每天对观测点进行观测 1 次，观测的方法采用水准仪测量，测加载前标高为 Δ_1，加载后标高为 Δ_2，卸载后标高为 Δ_3，加载后观测 24 h，沉降量小于 2 mm 后，不再观测开始卸载，根据观测结果绘制出沉降曲线。在预压前、后和预压过程中，用仪器随时观测跨中、1/4 梁跨、3/4 梁跨位置的变形，并检查支架各扣件的受力情况，验证、校核施工预拱度设置值的可靠性和确定支架预拱度设置的合理值。

④卸载：当观测到 24 h 沉降量小于 2 mm 后，不再观测，开始卸载。卸载也采用吊车将混凝土预制块（沙袋）卸下。卸载完成后，观测支架的弹性变形。并绘出荷载—变形曲线，根据此曲线确定最后的预拱度。（确定预拱度的依据资料后附）

⑤支架调整。在支架预压完成后，重新标定桥梁中心轴线，对箱梁的底模板平面位置进行放样。预压后通过调节顶托精确调整底模板标高，其标高设定时考虑设置预拱度。预拱度设置要考虑梁自重所产生的底拱度，下沉曲线与预留拱叠加，为成型后梁体底模标高。

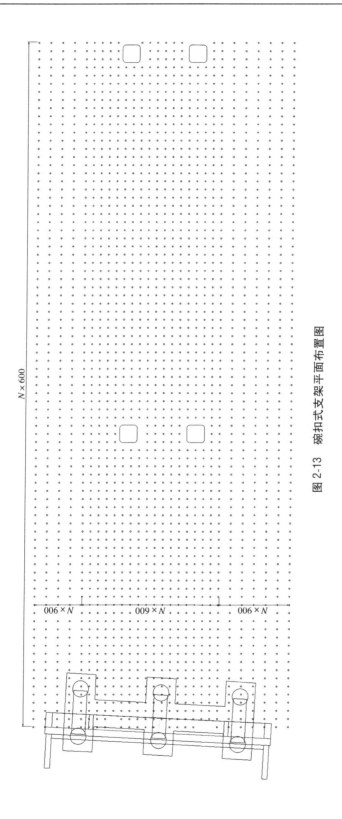

图 2-13　碗扣式支架平面布置图

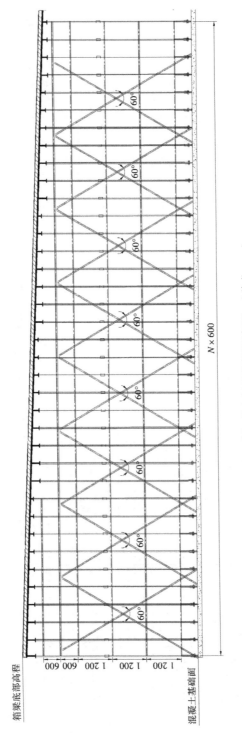

图 2-14 碗扣式支架纵断面示意图 （单位：mm）

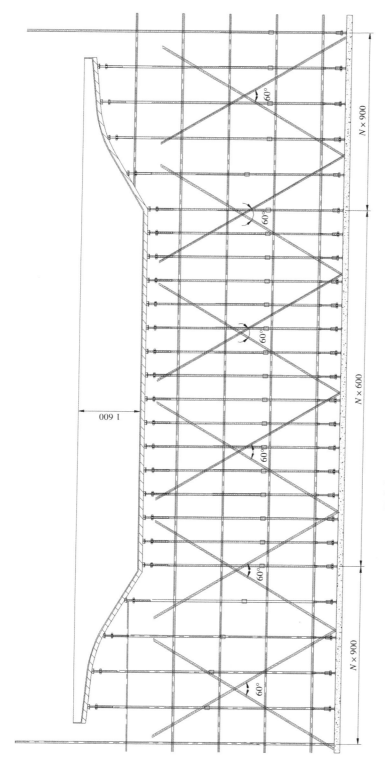

图 2-15　碗扣式支架横断面示意图 （单位：mm）

⑥沉降观测。

仪器配备和人员安排:莱卡 TC1201 全站仪,标称精度 1 mm+2 ppm,DSZ2 水准仪+测微器+铟钢尺一套,DS2 水准仪一台,线锤 1.5 kg 以上 45 只。

观测点布置:每个断面设 10 个测点,即基础 5 个点,支架 5 个点(与基础点位置相对应底板位置),基础点位用红色油漆标识(最好埋钢筋头,支架上的点位采用挂钢丝垂球地面作检测点的办法。观测点布置如图 2-16 所示。

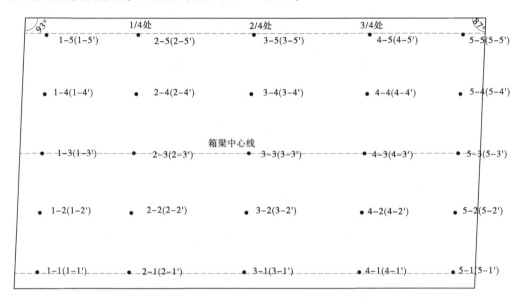

图 2-16 观测点平面示意图

观测阶段:观测分成 5 个阶段:预压加载前、30%荷载、70%荷载、100%荷载、110%荷载、卸载后。每个观测阶段要观测 2 次。堆载结束后,测量观测 6 h 安排一次,若沉降不明显趋于稳定可卸载(沉降两次差值小于 1 mm),卸载后继续观测 1 d。注意观察过程中如发现基础沉降明显、基础开裂、局部位置和支架变形过大的现象,应立即停止加载并卸载,及时查找原因,采取补救措施。

观测成果:沉降观测数据要如实填写在沉降观测记录表上,计算出支架弹性压缩量及基础沉降量,支架的弹性压缩结果用于支架预高设置(底模预高),绘制加载—支架沉降曲线。

4.施工预拱度的确定与设置

在支架上浇筑连续箱梁时,在施工中和卸载后,上部构造要发生一定的下沉和挠度,为保证上部构造在卸载后能达到设计要求的外形,在支架、模板施工时设置合适的预拱度。在确定预拱度时,主要考虑了以下因素:

(1)由结构自重及活载一半所引起的弹性挠度 δ_1;根据设计单位给出的数值考虑。

(2)支架在承荷后由于杆件接头的挤压和卸落设备压缩而产生的非弹性变形 δ_2。

(3)支架承受施工荷载引起的弹性变形 δ_3。

(4)支架基础在受载后的非弹性沉陷 δ_4。

（5）超静定结构由混凝土收缩、徐变及温度变化而引起的挠度δ_5。

（6）预应力张拉产生的上拱度。

纵向预拱度的设置，最大值为梁跨的中间，桥台支座处、桥墩与箱梁固结处为测定的支架弹性形变值，按二次抛物线计算确定。另外，为确保箱梁施工质量，在浇筑前对全桥采用沙袋（混凝土预压块）进行等载预压以消除其不可恢复的变形，并观测其弹性变形值，根据该值对上述预拱度数值进行修正以确定更适当的预拱度。

根据以上资料和设计院提供的梁的张拉起拱度综合计算设置支架的预拱度。

5. 支座安装

凿毛支座部位的支承垫石表面，清除预留锚栓孔中的杂物，测量队在垫石顶面标出支座的高程和中心控制点。

根据设计要求将支座安放在相应的支承垫石上，高度误差不得大于±2 mm。支座中心位置的确定按当地气象资料和施工时的温度计算，并严格按照设计资料进行安装施工。

在支座安装前，检查支座连接状况是否正常，不得任意松动上、下支座连接螺栓。

如图2-17所示，用4台5 t的千斤顶及支座吊架，将支座面调整到设计的中心及标高，测量队要对支座的定位尺寸进行复测，在支座底四周安装灌浆用模板，并用水将支承垫石表面浸湿，用无收缩强度灌注材料灌浆。

图2-17　桥梁支座

灌浆采用重力式灌浆方式，灌注支座下部极锚栓孔处空隙，灌浆过程应从支座中心部位向四周注浆，直至从钢模与支座底板周边间隙观察到灌浆材料全部灌满。

灌注前，应初步计算所需的浆体体积，灌注实用浆体数量不应与计算值产生过大误差，应防止中间缺浆。

灌浆材料终凝后，拆除模板，检查是否有漏浆处，必要时对漏浆处进行补浆，工区测量队复测支座的高程、中心位置，符合验标要求后，拧紧下支座板锚栓。

6. 箱梁模板制作及安装

为了便于模板的加工和安装，加快施工进度，箱梁外模、芯模均采用定型小块钢模板。

1）底模安装操作要点

底模安装及使用时，根据预压实际情况设置反拱及下沉量，并应随时用水准仪测量检测。反拱值由设在立柱顶部沙漏进行调节,局部点位调节主要在上横梁与底模之间用楔形钢垫板进行调节。

底模清理:清除底模面板上杂物,对活动底模的接缝处清除浮渣使之密贴。

检查底模两边的橡胶密封条,对损坏的应更换或修补。

底模安装时根据箱梁图纸预应力张拉后梁体的压缩量,对支座上板位置进行调整、定位。

2)侧模安装操作要点

安装前检查:板面是否平整、光洁、有无凹凸变形,模板接口处应清除干净。

检查所有模板连接端部和底脚有无碰撞而造成影响使用的缺陷和变形,支架及模板焊接处是否有开裂破损,如有均应及时补焊整修。

侧模安装时应先使侧模滑移或吊装到位,与底模板的相对位置对准,用顶压杆调整好侧模垂直度,并与端模连结好。

钢模安装应做到位置准确,连接紧密,侧模与底模接缝密贴且不漏浆。

3)端模安装操作要点

安装前板面应平整光滑、无凹凸变形及残余黏浆,端模管道孔眼应清除干净。

4)内模安装操作要点

内模采用小块定型钢模组拼,用扣件连接。内、外侧模间用条形混凝土预制块固定。内模的背带、支撑体系均利用钢管,应确保牢固可靠。内模及钢管支架根据现场实际条件,采用汽车吊装和人工安装。

5)模板安装质量控制标准

模板安装质量控制标准见表 2-14。

表 2-14　模板安装质量控制标准

序号	质量控制项目	质量标准和要求	施工检验方法
1	侧、底模板全长	允许偏差±10 mm	尺量检查不少于 3 处
2	底模板宽度	0 mm、+5 mm	尺量检查不少于 5 处
3	底模板中心线与设计位置偏差	允许偏差 2 mm	拉线检查
4	桥面板中心线与设计位置偏差	允许偏差 10 mm	
5	腹板中心线与设计位置偏差	允许偏差 10 mm	尺量检查
6	横隔板中心线与设计位置偏差	允许偏差 5 mm	
7	模板垂直度	每米高度 3 mm	吊线尺量检查不少于 5 处
8	侧板、底板平整度	每米长度 2 mm	
9	桥面板跨度	允许偏差±10 mm	
10	腹板厚度	0 mm、+10 mm	
11	底板厚度	0 mm、+10 mm	
12	顶板厚度	0 mm、+10 mm	
13	横隔板厚度	-5 mm、+10 mm	
14	端模板预留预应力孔道偏离设计位置	允许偏差 3 mm	尺量检查

7. 钢筋工程

钢筋在加工之前进行原材料的抽检工作;钢筋的制作在钢筋加工厂完成,同时要保证钢筋的加工质量,必须按照规范要求进行成品的抽检工作,确保后续钢筋绑扎符合要求;钢筋施工过程中注意普通钢筋与预应力钢筋的安装顺序,在预应力钢筋与普通钢筋相互冲突时,可以适当移动普通钢筋的位置,但是要尽量保证在规范的允许范围内。

钢筋在统一地点加工成型,运输到位后,利用吊机提吊至施工作业面,其安装顺序如下:

(1)底模就位后,绑扎腹板箍筋,绑扎底板下层钢筋网。

(2)安装底板过桥管线管道定位网片。

(3)绑扎底板上层钢筋网,上下层钢筋网采用∏型钢筋垫起焊牢,防止人踩变形。

(4)绑扎腹板钢筋,安装竖向预应力管道、预应力钢筋及锚具,用定位钢筋网固定牢固,再绑扎腹板下倒角斜筋。

(5)绑扎顶板和翼缘板下层钢筋。

(6)安装顶板管道定位网片,顶板锚垫板及螺旋筋,穿顶板、腹板波纹管。

(7)绑扎顶板上层钢筋,用∏型立筋焊在上下网片间,使上下网片保持规定的间距。

(8)绑扎顶板桥面系预埋钢筋。

直径大于 16 mm 的钢筋需焊接,单面焊 $10d$,双面焊 $5d$。绑扎铁丝的尾段不应伸入保护层内。垫块采用与梁体同等寿命的材料保证梁体的耐久性。

钢筋弯制成型质量标准见表 2-15。

表 2-15　钢筋弯制成型质量标准

序号	项目	要求
1	钢筋标准弯钩外型与大样偏差	±0.5 mm
2	钢筋标准弯钩端部顺直段长度	≥3d
3	箍筋、马凳筋中心距偏差	±3 mm
4	外形复杂的钢筋与大样偏差	±4 mm
5	成型钢筋不在同一平面偏差	圆钢≤8 mm　螺纹钢≤15 mm
6	成型筋外观	≤d

钢筋安装允许偏差和检验方法见表 2-16。

表 2-16　钢筋安装允许偏差和检验方法

序号	项目	允许偏差(mm)	检验方法
1	桥面主筋间距及位置偏差(拼装后检查)	15	尺量检查不少于 5 处
2	底板钢筋间距及位置偏差	8	
3	箍筋间距及位置偏差	15	
4	腹板箍筋的垂直度(偏离垂直位置)	15	
5	钢筋保护层厚度与设计值偏差	+5,0	
6	其他钢筋偏移量	20	

8. 箱梁混凝土施工

在箱梁钢筋及预埋件全部安装好后,进行全面检查,自检合格后报请监理工程师检查,检查合格开始浇筑混凝土。

1) 混凝土的拌制

混凝土采用混凝土拌和站集中拌制,严格按照施工配合比(以试验室通知单为准)进行配料、称量,配料误差控制在允许范围内。本桥段为冬季施工,原材料投料顺序为:砂、碎石→水→水泥、掺合料及外加剂。

配制混凝土拌和物时,水、水泥、掺合料、外加剂的称量准确到±1%,粗、细骨料的称量精确到±2%(均以质量计)。混凝土拌和物配料采用自动计量装置,粗、细骨料的含水率及时测定,并按实际测定值调整用水量、粗骨料、细骨料用量;禁止拌和物出机后加水。

混凝土拌制速度和灌注速度要密切配合,拌制服从灌注,以免灌注工作因故停顿而使机内储存混凝土。施工中还要考虑到泵送性能、初凝时间、工作度等因素,顶板坍落度控制在 180~200 mm,底板、腹板坍落度控制在 160~180 mm。

2) 混凝土浇筑

浇筑混凝土前,先检查钢筋保护层垫块位置、数量及其紧固程度。梁体侧面和底板垫块数量至少为 4 个/m²,绑扎垫块和钢筋的铁丝头不得伸入保护层内。

混凝土运输采用 4~6 台混凝土罐车进行运输,浇筑采用两台混凝土泵车泵送入模。泵送之前先对泵管进行润滑,润滑物采用 1:2 水泥沙浆。配制 1~2 m³ 砂浆倒入料斗,进行泵送,当砂浆即将压送完毕时,即倒入混凝土直接转入正常泵送。

开始泵送时,速度先慢后快,逐步加速。同时,观察混凝土泵的压力和系统的工作情况,待各系统运转顺利后,再以正常速度泵送。

混凝土的浇筑采用连续整体灌注。灌注时采用水平分层的方法。水平分层厚度不大于 30 cm,先后两层混凝土的间隔时间不超过混凝土初凝时间。灌注的总原则为:先底板底层,后腹板,再底板面层,最后顶板,从两端到中间,分层灌注混凝土。

具体浇筑方法如下:

第一步:从两端向中间通过腹板对称灌注底板底层混凝土,再灌注底板与腹板交接处混凝土,采用插入式振动棒捣固密实。

第二步:灌注腹板混凝土,注意对称灌注,并采取措施控制腹板倒角处混凝土从倒角处流出不超过 30 cm,以保证倒角处不形成脱空和腹板混凝土分层上升和底板混凝土不超厚浇筑。两侧腹板浇筑速度保持同步,以防止两边混凝土面高低悬殊,而造成内模偏移。在腹板混凝土浇筑过程中,派专人值班用小锤敲击内外模板,通过声音判断腹板内混凝土是否密实。

第三步:腹板混凝土浇筑完成后,灌注底板剩余混凝土,此时振捣时注意不能对已浇筑腹板倒角处混凝土扰动,以免造成倒角混凝土掉落,形成倒角不饱满。并及时对底板混凝土进行抹平、压实和收面。

底板剩余混凝土从内模顶部预设浇筑孔补充底板混凝土。浇筑底板混凝土时要让混凝土充分翻浆,从腹板翻出的混凝土基本是密实的混凝土,只有充分翻浆才能保证腹板下梗肋处的混凝土密实。浇筑中不得使用振动棒推移混凝土以免造成混凝土离析。

第四步:腹板及底板浇筑完成后,顶板混凝土浇筑采用分层的方式,每层混凝土厚度不超过 30 cm,采用 2 台泵车分别从两端向中间浇筑,但在跨中部位交叉搭接,以防跨中部位形成水泥浆集中造成截面薄弱,同时每层的接头相互错开。

顶板混凝土采用插入式振动棒振捣,桥面采用收坡机配合人工收浆抹面。

梁体混凝土浇筑完毕后,对底板、顶板混凝土表面进行第二次收浆抹面,以防裂纹和不平整。桥面一经收浆抹面终凝前不得践踏。

混凝土振捣采用插入式振动棒,随着混凝土的灌注逐步振捣,振捣上层混凝土时要伸入下层混凝土 5 cm。振捣以表面开始翻浆,无明显下沉为标准,灌注人员注意观察,合理操作,准确及时地开关振动器,以达到有效的振捣,并避免过振。

9. 脱模及养护

1)脱模顺序

脱模顺序先脱跨中的侧模、底模,然后脱两端的侧模、底模,即先中跨后边跨;先跨中,后支座处;先侧模,后底模。待整跨模板脱模后,观测梁体的挠度变化(脱模前要先观测一次),做好记录。

2)脱模作业

拆除翼缘模及侧模时,先将顶托下拧,将分配梁降下,靠模板自重即可脱落。若无法脱落时,可用撬棍轻撬轻敲,切不可强行撬拉,野蛮拆卸。

脱模时的混凝土强度应达到设计强度的 60% 以上,拆除端模,松开内模;待梁体混凝土强度达到设计值的 90% 后进行张拉,张拉后方可拆除内模和外模。

底模脱模时,必须安排施工人员在上部可调支座处系好安全带操作。将可调上托下调 10 cm 左右,依次由跨中向两边全断面纵桥向下调,底模会自然脱落,然后将底模一块块抽出即可。底模抽完后,抽出方木。操作时须由专人指挥,施工人员统一行动,以免模板、方木落下砸伤人员。这项作业安排在白天施工,禁止夜间操作。

模板和方木拆除后,应将表面灰浆、污垢清除干净,并维修整理,分类妥善存放,防止变形或开裂。方木在下次使用前,必须严格检查,损坏的方木不能直接利用。

3)养护

本桥段在夏季施工,混凝土浇筑完毕后在其箱梁体顶面用土工布加以覆盖,并根据混凝土表面失水情况进行洒水养护,养护时间不低于 14 d。养护用水符合拌和用水要求。在养护期内始终保持混凝土表面湿润;混凝土强度达到 2.5 MPa 前,不得承受行人、模板、支架及脚手架等荷载。

梁体养护工艺要求:

(1)梁体养护用水与拌制梁体混凝土用水相同。

(2)洒水次数应以混凝土表面湿润状态为度,一般情况白天 1~2 h 一次,晚上 4 h 一次。

(3)洒水养护时间:当环境相对湿度小于 60% 时,养护不少于 28 d;当环境相对湿度大于 60% 时,养护不少于 14 d。

10. 预应力施工

张拉工艺流程:制束→穿束→张拉→锚固。

因民主路公路桥引桥工程均为连续梁,预应力钢束较长,宜采用先穿法施工。预应力施工过程中从管道定位、钢绞线下料、穿束、张拉等各项工序严格控制确保预应力达到设计要求。

(1)预应力张拉准备。

钢绞线制作首先领取钢绞线试验报告单,逐盘检查领料。钢绞线下料应在特制的放盘筐中进行,防止钢绞线弹出伤人和扭绞。散盘后的钢绞线应细致检查外观,表面不应有裂纹、重皮、小刺、机械损伤、折弯、油污等。

钢绞线按实际计算的长度加 100 mm 余量作为下料依据。下料应在平整的水泥地面上进行。钢绞线下料长度误差不得超过 10 mm,且束中各根钢绞线长度差不得超 5 mm。钢绞线下料时切割口两侧各 30 mm 处用铁丝绑扎,下料应采用砂轮锯切割。

编束后的钢绞线按编号分类存放,搬运时支点距离不得大于 3 m,端部悬出长度不得大于 1.5 m。

(2)预应力孔道安装及钢绞线穿放。

预应力孔道采用塑料波纹管,孔道定位筋采用φ12 mm 螺纹钢筋,严格按设计及验收标准规定的管道坐标位置,将定位筋与箍筋或顶板底层纵向钢筋点焊连接,定位筋布设间距 50 cm,并在定位筋上焊制φ6 固定钢筋环,以防止混凝土浇筑时波纹管移位。

施工中注意波纹管防护,禁止踩踏或敲击波纹管,以及在未采取防护措施情况下在波纹管旁实施电焊作业等;混凝土浇筑时,混凝土泵出料口不得直接冲击波纹管,振捣手应注意观察各孔道位置及深度,避免振捣棒碰撞波纹管。

孔道安装完成后应采取宽胶带等进行临时封口措施,防止杂物及雨季施工时雨水灌入孔道内。

钢绞线穿放前应采取 3 m³ 空压机吹尽孔道内杂物和积水,并检查孔道的密封性。钢绞线穿入梁体后立即采用宽胶带将出露的钢绞线缠绕保护,封闭孔道,防止钢绞线锈蚀。并且应尽快张拉,停放时间不宜过长。

(3)千斤顶与油表校正。

对张拉机具的选用:锚固体系采用 OVM 系列锚具,油压千斤顶长度不大于 60 cm 的千斤顶。张拉千斤顶采用穿心式双作用千斤顶,额定张拉吨位宜为张拉力的 300 t 级,张拉千斤顶在张拉前必须进行校正,校正系数不得大于 1.05。校正期为 1 个月且不得超过 200 次。

压力表采用防振型,表面最大读数应为张拉力的 1.5~2.0 倍,其精度不应低于 1.0 级。校正有效期为 1 周,当用 0.4 级时,校正期为 1 个月。

油泵油箱容量为张拉千斤顶总输油量的 1.5 倍,额定油压数宜为油压数的 1.4 倍。

千斤顶、压力表、油泵配套校正使用,并按相应的管理制度进行使用、维护与保养,并建立台账。

①传感器校正方法:将千斤顶及传感器安装在固定的框架中,用已校正过的压力表与千斤顶配套校验。油表每 5 MPa 一级,读出相应的传感器读数,每个千斤顶校验两次,根据两次油表读数的平均值及传感器读数进行回归,得出回归方程,校正千斤顶用的传感器必须在有效期内,传感器的校验有效期为一年。

②张拉力千斤顶在下列情况下必须重新进行校验:张拉 200 次以后;张拉千斤顶校正期限已达 1 个月;张拉力千斤顶经过修理后。

③张拉力千斤顶校正前,须将油泵、油压表、千斤顶安装好后,试压 3 次,每次加压至最大使用压力的 10%,每次加压后维持 5 min,压力降低不超过 3%,否则应找出原因并处理,然后才进行校验工作。

④油压表的选用应为:精度为 0.4 级。

最大表盘读数:60 MPa,读数分别应不大于 1 MPa,表盘直径应大于 15 cm。

防振型 0.4 级油压表检定周期为 1 个月,当使用超过允许误差或发生故障时必须重新校正。

(4)预应力张拉。

为防止箱梁早期裂纹应对箱梁进行两次张拉,即初张拉和终张拉。张拉混凝土强度应不小于设计强度的 90%。预应力筋的张拉采取两端同时张拉工艺,专人指挥,为了两端张拉同步进行,用对讲机或哨子等联络工具进行有效联系,确保两端正常操作。梁体张拉前试验室应提供强度试验报告。张拉值班技术人员依据试验报告决定是否张拉,并通知监理工程师旁站。

①预施应力前应做好如下准备工作。

试验室检查梁体混凝土是否达到设计强度和弹性模量要求、混凝土龄期是否达到设计要求,否则不允许预加应力。

技术员监督检查张拉千斤顶和油压表均在校验有效期内。

张拉前应测定下列数据:锚具的锚口摩阻、管道摩阻等预应力瞬时损失测试,以保证预施应力准确。

②张拉操作。

清除锚垫板下水泥浆,穿入钢绞线前,应先检查孔道中是否有积水,如有积水必须用压缩空气吹干净,然后将钢绞线逐根对孔穿入锚环中,并装上工作锚夹片。用钢管将工作锚夹片打紧,安装时务必使工作锚落入锚垫板齿口中,并与孔道轴线同心。工作锚安装后安装张拉限位板及千斤顶对位,千斤顶对位后在千斤顶后端安装工具锚,安装工具锚时应注意不得使钢绞线错孔扭结。工具锚夹片为三瓣式,为安装方便可采用橡皮筋将夹片箍住。并从钢绞线端头沿钢绞线送进到工具锚孔中用钢管将工具锚夹片打紧。以上工作全部完成后对千斤顶供油,使千斤顶受力并与梁端锚面垂直,再次检查锚具、千斤顶、孔道三者轴心是否同心,有偏差时应用手锤轻击锚环调整位置,检查合格后,两端联系同时张拉供油的准备,当张拉到 0.16con 后停止张拉。测量并记录千斤顶油缸外伸量及夹片外露量。测量记录完后,两端同时发出张拉信号,继续张拉至 6con 后静停 5 min,并补充到 6con 测量并记录油缸外伸量及夹片外露量,测量完毕后即可回油锚固。并再次测量记录锚固后的外伸量,作为夹片回缩量的计算依据。钢绞线的实际伸长量 Δ = 控制油压 (6con) 油缸外伸量-初始油压(0.16con) 油缸外伸量-钢绞线在锚外的延伸量-(初始夹片外露量-控制油压夹片外露量)+(0.1~0.2)6con 油缸外伸量。张拉过程中若千斤顶行程不够要倒顶时,在临时锚固前应记下锚固前的油表读数。倒顶后应张拉力至锚固前的油表读数下作为初始测量记录的起始点。

③张拉控制。

预应力张拉应采用双控制,即以张拉控制应力为主,并以钢绞线伸长量校核,实际伸长量应不超过理论伸长量的 6%,当伸长量超过 6%时应查明原因。

张拉 0→0.16con(测初始伸长量及夹片外露量)→6con(持荷 5 min)→补充到 6con(测控制油压伸长量及夹片外露量)→锚固(测锚固回缩量)。

张拉应左右对称同步进行,同时加强箱梁应力、变形观测。初始张拉:梁两端同时对千斤顶主油缸充油,使钢绞线束略拉紧,充油时随时调整锚圈、垫圈及千斤顶位置,使孔道、锚具和千斤顶三者之轴线相吻合,同时应注意使每根钢绞线受力均匀,随后两端同时加荷到 0.16con 打紧工具锚夹片,并在钢绞线束上刻上记号,作为观察滑丝的标记。张拉时应分多级张拉,如从(0.1~0.2)6con、(0.2~0.3)6con 以检查(0.1~0.2)6con 与(0.2~0.3)6con 时钢绞线伸长量是否一致,当不一致或实测伸长量较大时可提高初始压靠值,即将 0.16con 提高到 0.26con。

④钢绞线锚固。

钢绞线束在达到 6con 时,持荷 5 min,并维持油压表读数不变,然后主油缸回油,钢绞线锚固。最后回油卸顶,张拉结束。张拉完成后,在锚圈口处的钢绞线上做记号,以作为张拉后钢绞线锚固情况的观察情况。

(5)张拉千斤顶、油泵、油压表配套标定(采用测力环或传感器),并做好标识配套使用。千斤顶校正系数为 1.0~1.05。0.4 级油压表校正有效期为 1 个月。标定后的千斤顶正常有效期为 1 个月。

(6)拉完 24 h 后经检查人员确认并测量梁体挠度合格后,即可进行锚外钢绞线切割。钢绞线切割处距锚具 30~35 mm,采用砂轮机切割,防止对锚具造成损害。切割完成后用防水涂料对锚具进行防锈处理。

(7)钢绞线切割对锚具防锈处理后,立即进行封锚,用 C50 干硬性混凝土(或环氧树脂砂浆)将锚垫板、锚具及钢绞线进行封闭,以备孔道压浆。

11. 压浆、封锚

1)压浆

孔道压浆在张拉完成后 48 h 内完成,压浆前,用风泵吹去孔道内的水和灰尘。压浆顺序为:先下层孔道后上层孔道。从拌制到开始压浆,间隔时间不超过 40 min。泥浆的压注工作连续进行,待出浆口排出的浆液不含水沫气体且稠度与泥浆相同后(流出浆液的喷射时间不小于 10 s),封闭所有出浆口和孔眼,提高压力至 0.7 MPa 屏蔽 1 min 后停止。

张拉全部完成后,进行孔道压浆,以防止预应力筋锈蚀或松弛。压浆采用真空压浆技术。

在水泥浆出口及入口处接密封阀门。将真空泵连接在非压浆端上,压浆泵连接在压浆端上,以串联的方式将负压容器、三向阀门和锚具盖帽连接起来,其中锚具盖帽和阀门用一段透明的喉管连接。

在压浆前关闭所有排气阀门并启动真空泵 10 min。显示出真空负压力的产生,应能达到负压力 0.1 MPa。

如未能满足此数据则表示波纹管未能完全密封。需在继续压浆前进行检查及更正工作。

在保持真空泵运作的同时,开始往压浆端的水泥浆入口压浆,从透明的喉管中观察水泥浆是否已填满波纹管,继续压浆直至水泥浆到达安装在负压容器上方的三相阀门。

操作阀门以隔离真空泵及水泥浆,将水泥浆导向废浆桶的方向,继续压浆直至所溢出的水泥浆形成流畅及一致性,无不规则的摆动。

将设在压浆盖帽排气孔上的小盖打开。打开压浆泵出浆处和阀门直至所溢出的水泥浆形状均匀。在压浆盖帽的排气管上安装小盖,并保持压力在 0.4 MPa 下继续压浆半分钟。

关闭设在压浆泵出浆处的阀门,关闭压浆泵。

压浆完成后及时进行封锚,采用与梁体同等级别混凝土进行。

2) 封锚

压浆结束后,应及时对锚具进行封闭。先将锚具周围清洗干净,并对锚端混凝土凿毛,然后绑扎钢筋网浇筑封锚混凝土。

锚具和预应力筋封闭前按设计要求对锚具和预应力筋做防锈和防水处理。

封锚混凝土宜采用无收缩混凝土,强度符合设计要求规定,混凝土的水胶比不大于梁体混凝土的设计值,混凝土的强度不低于梁体混凝土的强度,封锚后还应采取可靠的防护措施,以防止环境水和其他有害介质渗入接缝。

封锚是必须控制封锚后的梁体长度。

为方便封锚混凝土灌注,可根据现场实际情况在梁端顶板预留封端混凝土灌注孔,但灌注孔处梁体钢筋不能切断;为保证混凝土灌注质量,应在底层大部分混凝土灌注后,再从顶板灌注孔灌注小部分顶层混凝土,最后封闭顶层灌注孔。浇完封锚混凝土后,要注意养护,并涂刷防水涂料。

七、施工资源配置

(一) 劳动力资源配置

根据现场实际情况,施工配备 14 名管理人员、204 名作业人员,具体见表 2-17。

表 2-17 劳动力配备

序号	工种	人数	工作范围
1	工长	1	工地指挥
2	现场工程师	1	负责技术、质量、安全
3	测量工	6	测量
4	技术员	2	负责现场技术指导
5	试验员	2	材料试验、检验
6	安全员	2	负责施工现场安全
7	架子工	30	支架搭设
8	模板工	32	模板安装、维修与拆除

续表 2-17

序号	工种	人数	工作范围
9	钢筋工	40	钢筋制作、安装
10	预应力工	20	预应力钢筋安装、张拉
11	混凝土工	30	混凝土浇筑、灌浆
12	电工	2	动力、照明线路架设及维修
13	机修工	2	机械设备维修、保养
14	钳工	3	各种构件加工
15	起重工	4	钢筋、模板及支架吊装
16	电焊工	5	梁体铁件焊、割
17	养护人员及杂工	10	场地清理、混凝土养护等
18	司机	12	泵车、混凝土罐车及其他运输车辆
	合计	204	

(二)机械设备配置

机械设备配置见表 2-18。

表 2-18　机械设备配置

序号	设备名称	型号	单位	数量	用途
1	塔吊	5013	台	3	安装拆除模板、支架和钢筋
2	汽车混凝土泵	60 m³/h	台	3	混凝土浇筑
3	混凝土罐车	8 m³	辆	6	混凝土运输
4	混凝土拌和站	HSZ120Q	座	2	混凝土拌制
5	电焊机		台	6	钢筋焊接
6	钢筋切断机		台	1	钢筋配料
7	钢筋弯曲机		台	2	弯曲钢筋
8	钢筋调直机		台	1	调直钢筋
9	钢筋对焊机	U-100	台	1	钢筋连接
10	千斤顶	300 t	台	3	预应力张拉
11	油泵		台	3	预应力张拉
12	插入式振捣棒	ϕ50、ϕ30	个	10	混凝土振捣
13	砂轮切割机		台	2	切断钢绞线

(三)支架材料用量

支架材料用量见表 2-19。

表 2-19　支架材料用量

序号	名称	规格	单位	数量	说明
1	底托	直径 38 mm	套	17 160	丝杆长 60 cm
2	顶托	直径 38 mm	套	17 160	丝杆长 60 cm
3	横杆	直径 48 mm	根	13 200	长 90 cm,壁厚 3.5 mm
4	横杆	直径 48 mm	根	132 000	长 60 cm
5	立杆	直径 48 mm	根	7 260	单根长 3 m,壁厚 3.5 mm
6	立杆	直径 48 mm	根	11 880	单根长 2.4 m,壁厚 3.5 mm
7	立杆	直径 48 mm	根	13 200	单根长 1.8 m,壁厚 3.5 mm
8	方木	10 cm×10 cm	根	5 280	单根长 4 m
9	垫层混凝土	C20	m³	2 640	
10	三七灰土		m³	6 600	

八、附件

民主路跨渠桥梁引桥满堂支架计算书

1. 工程概况

工程概况详见本章第二节。

2. 满堂支架设计

引桥梁高和板厚与主桥设计尺寸接近,其支架承受的荷载与主桥类似,参考已经进行过成功预压的主桥的支架结构,引桥的支架结构设计为:基础为 30 cm 厚三七灰土、面层为 20 cm 厚 C20 混凝土,支架为 D48 mm 架子管,箱梁下部立杆间距为 60 cm×60 cm,翼板下部立杆间距为 60 cm×90 cm,横杆步距为 1.2 m,箱梁底部支撑梁系统为:主梁为双 ϕ48 钢管,间距 60 cm,次梁为 10 cm×10 cm 方木,间距 25 cm,上铺 15 mm 厚木胶板。翼板底部支撑梁系统为:主梁 15 cm×15 cm 方木,间距 60 cm,次梁为 10 cm×10 cm,间距 25 cm,上铺 15 mm 厚木胶板。

3. 满堂支架验算

1) 支架材料

(1) 翼板第一层主梁为方木(横桥向):宽 100 mm,长 100 mm,间距 60 cm,跨度 90 cm。

抗弯强度:13 MPa,抗剪强度:1.3 MPa,弹性模量:$1.0×10^4$ MPa,密度:8 kN/m³。

箱梁底部第一层主梁为双 ϕ48 钢管,间距 60 cm,跨度 60 cm。

(2) 第二层方木(纵桥向):宽 100 mm,长 100 mm。

抗弯强度:13 MPa,抗剪强度:1.3 MPa,弹性模量:10 000 MPa。

(3) 48 mm×3.5 mm 钢管:惯性矩 $I=11.36$ cm⁴,截面模量 $W=4.732$ cm³,截面积 $A=4.504$ cm²,回转半径 $i=1.588$ cm,钢管自重:3.54 kg/m,密度:8 kN/m。

Q235 钢抗拉、抗压和抗弯强度设计值:$f=215$ MPa,弹性模量:$E=2.06\times10^5$ MPa。

(4)竹胶板:纵向弹性模量 6.5×10^3 MPa,横向弹性模量 4.5×10^3 MPa,纵向弯曲强度 80 MPa,横向弯曲强度 55 MPa,密度 9.5 kN/m³。

2)计算荷载

按《建筑施工扣件式钢管脚手架安全技术规范》(JGJ 130—2011),作用于脚手架的荷载可分为永久荷载(恒载)与可变荷载(活载)。本桥支架系统主要有以下 4 种荷载:

(1)箱梁混凝土容重 26 kN/m³。

(2)模板自重。

(3)施工荷载按 2 kN/m² 计算。

(4)混凝土振捣荷载按 2 kN/ m² 计算。

按《建筑施工扣件式钢管脚手架安全技术规范》(JGJ 130—2011)第 5.1.2 条规范:计算构件的强度、稳定性与连接强度时,应采用荷载效应基本组合的设计值。永久荷载分项系数取 1.2,可变荷载分项系数取 1.4。

3)箱梁截面形式

纵向连续箱梁腹板采用等高度截面形式,跨中宽度为 0.45 m,跨端宽度为 0.75 m,梁高 1.6 m,支座处横梁梁高 1.6 m,梁体宽度 2 m。由于支座墩柱无横向盖梁,支座端梁产生的荷载完全由支架承担。浇筑时从腹板倒角下沿分两层浇筑,但在计算荷载时,按照一次浇筑计算荷载,这样偏于保守。支座端梁截面示意见图 2-18。

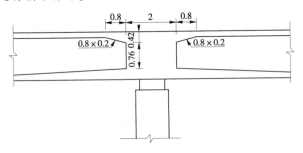

图 2-18　支座端梁截面示意图 (单位:m)

根据现浇支架布置情况,在纵桥向每个截面处纵、横向碗扣支架的布置均相同,因此计算时只取最不利位置进行验算。由于支座以外有 9 m 长的悬挑端梁,支座分担的荷载可以忽略不计,这样计算偏于保守。端梁计算宽度 2 m。

箱梁跨中横向不均匀分布,腹板和底板处厚度有变化,但按照端梁下部一致的支架搭设,端梁支架安全,则跨中支架即为安全,不再单独验算,引桥箱梁支架横断图见图 2-19。

4)荷载分析

(1)自重荷载。

翼板处:　　　　　$q_{1,1}=1.766\times26/1.577=29.12(kN/m^2)$

端梁处:　　　　　$q_{1,2}=(2\times1.6)\times26/2=41.6(kN/m^2)$

(2)模板自重产生的荷载:　　$q_2=0.18$ kN/m²

(3)纵向方木(间距 0.2 m):　$q_3=0.1\times0.1\times1/0.2\times1\times8=0.4(kN/m^2)$

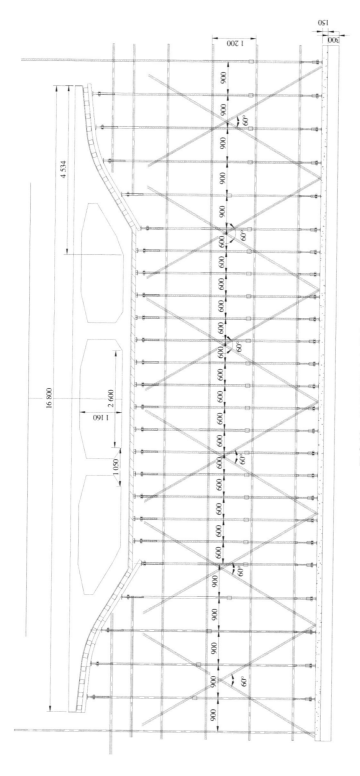

图 2-19　引桥箱梁支架横断面

(4)横向钢管：$\qquad q_4 = 0.6 \times 0.6 \times 2 = 0.72(\text{kN}/\text{m}^2)$

(5)倾倒混凝土时产生的冲击荷载：$q_5 = 2.0 \text{ kN}/\text{m}^2$

(6)振捣混凝土时产生的荷载(对底模板)：$q_6 = 2.0 \text{ kN}/\text{m}^2$

(7)人和机具活荷载：$\qquad q_7 = 4.0 \text{ kN}/\text{m}^2$

(8)振捣混凝土时产生的荷载(对侧模板)：$q_8 = 4.0 \text{ kN}/\text{m}^2$

荷载分项系数混凝土自重取 1.2，可变荷载系数取 1.4。

翼缘板处作用在模板上的荷载为

$$q = 1.2 \times (q_{1.1} + q_2 + q_3 + q_4) + 1.4 \times (q_5 + q_6 + q_7)$$
$$= 1.2 \times (29.12 + 0.18 + 0.4 + 0.72) + 1.4 \times (2.0 + 2.0 + 4.0) = 47.70(\text{kN}/\text{m}^2)$$

端梁处作用在底模板上的荷载为

$$q = 1.2 \times (q_{1.2} + q_2 + q_3 + q_4) + 1.4 \times (q_5 + q_6 + q_7)$$
$$= 1.2 \times (41.6 + 0.18 + 0.4 + 0.72) + 1.4 \times (2.0 + 2.0 + 4.0) = 62.68(\text{kN}/\text{m}^2)$$

5)底模板验算

腹板处作用在底模板上的荷载最大，为 62.68 kN/m^2。

胶合板厚 1.5 cm，下垫 10 cm×10 cm 肋木，肋木间距 20 cm，则胶合板净跨距 10 cm。因此偏于安全地取单位宽度(1.0 m)胶合板，按一跨简支梁进行验算(偏于安全)，如图 2-20 所示：

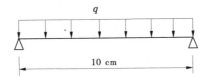

图 2-20　一跨简支梁验算简图

荷载：$\qquad\qquad\qquad q = 62.68 \text{ kN}/\text{m}^2$

截面抵抗矩：$\qquad W = bh^2/6 = 1 \times 0.015^2/6 = 0.000\ 037\ 5(\text{m}^3)$

截面惯性矩：$\qquad I = bh^3/12 = 1 \times 0.015^3/12 = 2.81 \times 10^{-7}(\text{m}^4)$

跨中弯矩：$\qquad M = ql^2/8 = 62.68 \times 0.1^2/8 = 0.08(\text{kN} \cdot \text{m})$

故跨中最大应力：

$$\sigma = M/W = 0.08/0.000\ 037\ 5 = 2\ 133.33(\text{kPa}) = 2.133 \text{ MPa} < [\sigma] = 18 \text{ MPa}$$

强度满足要求。

挠度：

$$f = 5ql^4/384EI = 5 \times 62.68 \times 0.1^4/(384 \times 10 \times 10^6 \times 2.81 \times 10^{-7})$$
$$= 2.90 \times 10^{-5}(\text{m}) = 0.029 \text{ mm} < l/400 = 0.25 \text{ mm}$$

挠度满足要求。

6)侧模板验算

取混凝土浇筑速度为 $v = 1$ m/h，坍落度为 18 cm，新浇混凝土的初凝时间 t_0 取 12 h。外加剂影响系数 $K_1 = 1$，坍落度影响系数 $K_2 = 1.15$，混凝土容重 $\gamma = 26$ kN/m^3。

新浇混凝土对侧模产生的压力：

$$q_{\mathrm{m}} = 0.22\gamma t_0 K_1 K_2 v^{1/2} = 0.22\times26\times12\times1\times1.15\times1^{1/2} = 78.9(\mathrm{kN/m^2})$$

则荷载组合为

$$q = 1.2\times q_{\mathrm{m}} + 1.4\times(q_5+q_6+q_7) = 1.2\times78.9+1.4\times(2.0+2.0+4.0) = 105.88(\mathrm{kN/m^2})$$

侧模加劲肋木布置与底模一样,也为 10 cm×10 cm 方木,肋木间距 25 cm,侧模净跨距为 15 cm。腹板的侧向压力最终由对拉螺杆承受,间距 60 cm×60 cm,螺杆直径 16 mm,已经广泛应用,无须再对侧模进行验算。

7)纵向方木验算

端梁下纵向方木受力最不利,取其进行验算。

胶木板下采用 10 cm×10 cm 方木,横桥向间距 20 cm,其下为双根 48 mm 钢管,纵桥向间距 60 cm,故 10 cm×10 cm 方木跨度为 60 cm,对其按两跨连续梁进行验算,如图 2-21 所示。

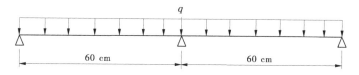

图 2-21　两跨连续梁验算简图

作用在方木上的荷载: $q = 62.68\times0.2 = 12.54(\mathrm{kN\cdot m^2})$

截面抵抗矩:　　　　　　$W = bh^2/6 = 0.1\times0.1^2/6 = 1.7\times10^{-4}(\mathrm{m^3})$

截面惯性矩:　　　　　　$I = bh^3/12 = 0.1\times0.1^3/12 = 8.3\times10^{-6}(\mathrm{m^4})$

最大弯矩:　$M = 0.125ql^2 = 0.125\times12.54\times0.6^2 = 0.564(\mathrm{kN\cdot m^2})$(查表计算)

故最大弯曲应力:

$$\sigma = M/W = 0.564/(1.7\times10^{-4}) = 3\,318(\mathrm{kPa}) = 3.32\ \mathrm{MPa} < [\sigma] = 13\ \mathrm{MPa}$$

抗弯安全系数:　　　　　$k = 12/3.32 = 3.6$

最大剪力:　　　$V = 0.625ql = 0.625\times12.54\times0.6 = 4.7(\mathrm{kN})$

　　　　$\tau = 3V/2A = 3\times4.7/(2\times0.01) = 705(\mathrm{kPa}) = 0.71\ \mathrm{MPa} < [\tau] = 1.3\ \mathrm{MPa}$

强度满足要求。

最大挠度:

$$f = 0.521ql^4/100EI = 0.521\times12.54\times0.6^4/(100\times1\times10^4\times8.3\times10^{-6})$$
$$= 0.102(\mathrm{mm}) < l/400 = 1.5\ \mathrm{mm}$$

挠度满足要求。

8)横向承重钢管验算

双根 $\phi48$ 承重钢管主要承受来自 10 cm×10 cm 方木传来的集中力作用。集中力大小取 10 cm×10 cm 方木验算中的最大支反力,由 7)中计算可知端梁下的纵向方木最大支反力为 7.52 kN,计算时,将横向承重钢管视为支撑在碗扣支架上的连续梁,跨度为 0.6 m。

简化为均布荷载:　　　　$q = 7.52\times5/1 = 37.6(\mathrm{kN/m^2})$

截面抵抗矩:　　　　　　$W = 4.732\times2 = 9.46(\mathrm{cm^3})$

截面惯性矩:　　　　　　$I = 11.36\times2 = 22.72(\mathrm{cm^4})$

最大弯矩产生在边跨的简支梁：
$$M = ql^2/8 = 37.6 \times 0.6^2/8 = 1.692(\mathrm{kN \cdot m^2})$$

故跨中最大应力：
$$\sigma = M/W = 1.692/0.000\,009\,46 = 178\,858(\mathrm{kPa}) = 178.9\ \mathrm{MPa} < [\sigma] = 215\ \mathrm{MPa}$$

抗弯安全系数：
$$k = 215/178.9 = 1.2$$

最大剪力：
$$V = 37.6 \times 0.6/2 = 11.28(\mathrm{kN})$$

$$\tau = 3V/2A = 3 \times 11.28/(2 \times 0.000\,45 \times 2) = 18\,800(\mathrm{kPa}) = 18.8\ \mathrm{MPa} < [\tau] = 215\ \mathrm{MPa}$$

抗剪安全系数：
$$k = 215/18.8 = 11.4$$

强度满足要求。

最大挠度：
$$f = 0.521ql^4/(100EI) = 0.521 \times 37.6 \times 0.6^4/(100 \times 2.06 \times 10^5 \times 22.72 \times 10^{-8})$$
$$= 0.54(\mathrm{mm}) < l/400 = 1.5\ \mathrm{mm}$$

挠度满足要求。

9）碗扣支架立杆受力验算

碗扣支架立杆承受横向承重钢管的支座反力，最大支反力为 $qL = 37.6 \times 0.6 = 22.56$（kN），位于端梁和腹板下方。端梁和腹板下碗扣式支架纵向、横向步跨均为 60 cm，竖向步距 120 cm。

按两端铰接（偏于安全）进行计算。

长度系数：
$$\mu = 1.7$$
$$L = 1.2\ \mathrm{m}$$

计算长度：
$$L_0 = \mu L = 1.7 \times 1.2 = 2.04(\mathrm{m})$$

计算长细比：
$$\lambda = \mu L/i = 1.7 \times 1.2/0.015\,88 = 128.4$$

查《建筑施工计算手册》得稳定系数：$\varphi = 0.406$

立杆承载能力：
$$[P] = A[\sigma] = 4.89 \times 10^2 \times 170 \times 0.406 = 33\,751(\mathrm{N}) = 33.75\ \mathrm{kN}$$

立杆最大承受力：
$$P = 22.56\ \mathrm{kN} < 33.75\ \mathrm{kN}$$

立杆安全系数：
$$k = 33.75/22.56 = 1.5$$

立杆承载能力符合要求。

10）基础承载力验算

根据上述计算立杆承受上部最大荷载为 22.56 kN，底托面积为 0.12 m×0.12 m，混凝土垫层厚度 20 cm，上部荷载沿基础按 45°扩散，则混凝土底面基础受力面积为（0.12+0.2×2）×（0.12+0.2×2）= 0.27（m²）。

地基承载力 $F = P/A = 22.56/0.27 = 83.5$（kPa），考虑 1.4 倍的安全系数，要求现场基础处理地基承载力必须大于 117 kPa。现场做 30 cm 厚三七灰土的基础，承载能力可达到 200 kPa。

11）翼板下横向主梁方木验算

翼板下部竹胶板和纵向次梁方木与箱梁底部布置相同，受力小于箱梁底部，不再重复验算，下面仅验算翼板横向主梁方木的受力和立杆受力。

翼板斜面临近腹板,混凝土厚度最大,需要分两层浇筑,但计算荷载时按整体受力,下部横向主梁方木为 10 cm×10 cm,随梁侧面体现斜向放置在下部立杆顶托上,立杆横向间距 0.9 m,斜向方木长度为 1.057 m,由于混凝土侧向压力相对于混凝土自重要小很多,因此,将斜向方木的受力简化为承受竖向重力的水平横杆,跨度为 0.9 m,纵向间距为 0.6 m,承受纵向次梁方木传递的压力。

翼板荷载:$q=47.69$ kN/m²,折合为横梁上的线形荷载,$q=47.69×0.6=28.614$ kN/m,横向方木为简支梁,跨中最大弯矩:$M=1/8×qL^2=1/8×28.614×0.9^2=2.9$(kN·m)。

截面抵抗矩:　　　　　$W=bh^2/6=0.1×0.1^2/6=1.7×10^{-4}$(m³)

截面惯性矩:　　　　　$I=bh^3/12=0.1×0.1^3/12=8.3×10^{-6}$(m⁴)

弯矩产生的最大应力:

$$\sigma=M/W=2.9/(1.7×10^{-4})=17\,058(\text{kPa})=17.058\ \text{MPa}>12\ \text{MPa}$$

抗弯能力不满足方木承受能力,差距较大,需要加固。

验算抗剪能力:

最大剪力计算:　　$V=0.625qL=0.625×28.61×0.45=8.05$(kN)

最大剪应力:

$$\tau=3V/2A=3×8.05/(2×0.1×0.1)=1\,207(\text{kPa})=1.207\ \text{MPa}<[\tau]=1.3\ \text{MPa}$$

满足抗剪应力要求,但安全系数很小。

处理办法:在横梁方木中间加斜向顶托支撑。横梁跨度变为 0.45 m,跨中弯矩:

$$M=1/8qL^2=1/8×28.61×0.45^2=0.724(\text{kN·m})$$

弯矩产生的最大弯矩应力:

$$\sigma=M/W=0.724/1.7×10^{-4}=4\,260(\text{kPa})=4.26\ \text{MPa}<12\ \text{MPa}$$

抗弯安全系数:　　　　　$k=12/4.26=2.8$

抗弯满足方木受力要求。

验算抗剪能力:

最大剪力计算:　　$V=0.625qL=0.625×28.61×0.45=8.05$(kN)

最大剪应力:

$$\tau=3V/2A=3×8.05/(2×0.1×0.1)=1\,207(\text{kPa})=1.207\ \text{MPa}<[\tau]=1.3\ \text{MPa}$$

满足抗剪应力要求,但安全系数很小。

挠度计算:

$$f=0.521qL^4/(100EI)=0.521×28.61×0.45^4/(100×1×10^5×8.3×10^{-6})$$
$$=0.007\,4(\text{mm})<L/400=1.125\ \text{mm}$$

加固后,挠度满足要求。

12)翼板下碗扣支架立杆受力验算

碗扣支架立杆承受承重方木的支座反力,竖向最大支座反力为 $qL=28.6×0.9=25.74$(kN),加斜撑后,斜撑的竖向分力最终又传递给了竖向立杆,因此竖向立杆的受力不会减少,但斜向方木的受力得到优化。翼板下碗扣式支架纵向间距 0.6 m,横向间距 0.9 m,竖向步距 1.2 cm。

按两端铰接(偏于安全)进行计算。

长度系数：$\qquad\qquad\qquad\mu=1.7$

$\qquad\qquad\qquad\qquad\qquad L=1.2\ \text{m}$

计算长度：$\qquad\qquad L_0=\mu L=1.7\times1.2=2.04\,(\text{m})$

计算长细比：$\qquad\lambda=\mu L/i=1.7\times1.2/0.015\,88=128.4$

查《建筑施工计算手册》349 页表 7-12 得稳定系数：$\varphi=0.406\,74$

立杆承载能力：$\quad[P]=A[\sigma]=\phi4.89\times10^2\times170\times0.406=33\,751\,(\text{N})=33.75\ \text{kN}$

立杆最大承受力：$\qquad P=25.74\ \text{kN}<33.75\ \text{kN}$

立杆安全系数：$\qquad k=33.75/25.74=1.31$

立杆竖向承载能力符合要求。

13）验算翼板水平分力支撑

由于立杆端部为顶托，套在下部钢管内，顶托丝杆与钢管内壁之间有较大的配合间隙，一旦受到翼板下斜向方木传递来的水平分力，必然产生水平变形，由于翼板处无法用内部对拉螺杆承受水平推力，必须靠方木下的斜向支撑，来保证顶托不水平移位。

由 6）侧模验算得出混凝土对侧模的最大荷载为：$q=105.388\ \text{kN/m}^2$，竖向支撑简化为高度为 0.55 m 的板，背后布置一道斜撑，荷载简化为线性分布荷载：

$$q_{\text{线}}=105.388\times0.6=63.23\,(\text{kN/m})$$

原垂直立杆不承受侧向模板的水平推力，则侧模对斜向顶托产生的水平推力：

$$P_{\text{平}}=qL=62.23\times0.55=34.23\,(\text{kN})$$

侧模对斜向顶托的竖向分力：$\quad P_{\text{树}}=q\times0.45=28.6\times0.45=12.87\,(\text{kN})$

对斜向顶托的复合推力为：

$$F=(P_{\text{平}}^2+P_{\text{树}}^2)^{1/2}=(34.23^2+12.87^2)^{1/2}=36.57\,(\text{kN})$$

斜撑靠近方木的一段受力最大，其后面几段随卡扣与立杆和横杆的连接，受力逐渐减小，因此仅验算斜撑靠近方木的第一段受力。

第一段斜撑最长：$\qquad\qquad L=0.888\ \text{m}$

长度系数：$\qquad\qquad\qquad\mu=1.7$

计算长细比：$\qquad\lambda=\mu\times L/i=1.7\times0.888/0.015\,88=95.1$

查《建筑施工计算手册》得压杆稳定系数：$\varphi=0.626$

斜杆承载能力：$\quad[P]=A[\sigma]=4.89\times10^2\times170\times0.626=52\,039\,(\text{N})=52.04\ \text{kN}$

斜杆实际承受最大推力为：$\quad F=36.57<[P]=52.04\,(\text{kN})$

安全系数：$\qquad\qquad K=52.04/36.57=1.4$

新增加的斜杆抗压安全。

4. 结论

底模支撑梁板和碗扣支架的受力满足规范要求。

翼板下主梁方木需要在中间加斜向支撑，最好与斜向剪刀撑连接起来。

北引桥梁高同样为 1.6 m，和南引桥支架搭设方法一致，底模支撑和支架立杆受力类似，此处不再重复计算。

第三节　四座公路桥主桥模板方案

一、工程概况

焦作 1 段 2 标 4 座公路桥,从西向东分别为南通路公路桥、民主路公路桥、沁阳路公路桥和焦东路公路桥,各桥梁主桥上部结构均采用小悬臂直腹板单箱多室断面形式,外侧腹板最低处梁高 1.6 m,顶板厚 220 mm,底板厚 220 mm,腹板厚 450 mm,支点附近加宽至 750 mm;纵向采用预应力结构,按 A 类构件设计;横向中横梁采用预应力结构,按 A 类构件设计;端横梁采用钢筋混凝土结构。

二、模板方案

底模:采用满堂 $\phi 48 \times 3.5$ mm 碗扣支架,支架系统由下而上依次为:支撑架基础(30 cm 厚三七灰土基层,20 cm 厚 C20 混凝土垫层)、底托、$\phi 48$ 碗扣支架、顶托、纵横分配梁、模板。

侧模:主要采用木模板现场拼装,主要结构依次为:外侧支撑桁架、横竖围囹、模板,并采用内拉加强固定。

内模:主要采用 $\phi 48$ 脚手架钢管桁架和加工成型的方木做成支架,将木模板按照设计尺寸加工成固定块,每块长 0.90~1.22 m,光面侧为模板面,外侧为 10 cm×10 cm 的方木做加强肋。模板主要采用顶托顶撑加固,在箱梁腹板处增加对拉拉杆加强固定。具体做法如图 2-22 所示。

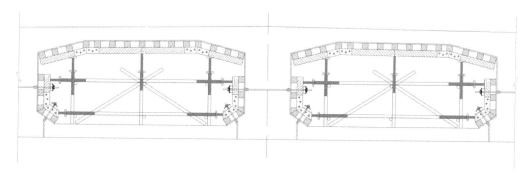

图 2-22　内模支撑

三、模板材料选择

(一)模板

选用桥梁专用竹胶建筑模板,具有幅面大、强度高、耐磨损、不易变形、平整度好、厚度公差小、使用寿命长等优点,不易燃、吸水率低,适用于桥梁工程施工。

板厚选择 1.5 cm,幅面尺寸为 2.44 m×1.22 m,双面均为光面板,见图 2-23。

图 2-23　竹胶板照片

(二)分配梁

分配梁采用 10 cm×10 cm 方木,可现场根据需要的尺寸加工。

(三)钢管支架

底部支撑及外架采用碗扣式钢管支架,根据每座桥梁高度不一样,分别采用配置长度不一的立杆,主要以 3.0 m、2.4 m 和 1.8 m 为主,到标准尺寸不能满足要求时,采用增加调节杆件。横杆采用 0.9 m、0.6 m、0.3 m 三种组成。

内模根据内模配模图加工成需要长度,在现场拼装成型。

(四)调节顶丝(顶托、底托)

顶托、底托主要采用 ϕ 38-500 和 ϕ 38-600 两种,采用 ϕ 38-500 型顶丝时,最大调节长度不得大于 20 cm;采用 ϕ 38-600 型顶丝时,最大调节长度不得大于 35 cm。

四、模板材料加工

(一)竹胶板裁剪

选用硬质合金木工圆锯片,锯片外径 305 mm,锯齿 100 mm,齿厚 2.5~3.2 mm,转速为 3 000~3 600 r/min,轨道要直,锯片工作时要稳定不晃动。如需要不规则几何形状时,可采用高速手提电锯现场锯板。

当模板裁边或钻孔时,采用耐酚醛系列油漆涂封,若发现板面有严重划痕或其他损伤时也采用涂刷酚醛漆,增加模板的耐久性和保证混凝土外观质量。

(二)内模支架加工

内模钢管支架采用现场拼装,方木杆件采用提前在加工场加工现场组装。即先将方木按照需要大样图切割成型,然后采用 5 mm 的钢板做夹板,将杆件固定成型。主要需要加工的杆件如图 2-24 所示。

五、底模支撑系统

(一)支架布置依据的主要原则

(1)所有区域支架步距(即层距)均为 1.2 m。

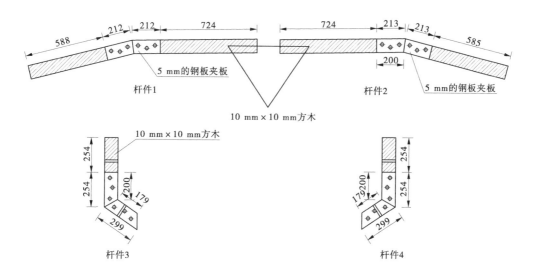

图 2-24　内模杆件加工　（单位：mm）

（2）横桥向间距：翼板底模立杆按 0.9 m 横向间距进行布置；一般结构区底板立杆间距按 0.3 m 布置；边腹板及中腹板处立杆横向间距按 0.6 m 进行布置。

（3）纵桥向间距：底模立杆纵向间距按 0.9 m 进行布置。

（4）支架外围四周设剪刀撑，内部沿桥梁纵向每 4 排立杆搭设一排横向剪刀撑，横向剪刀撑间距不大于 5 m，支架高度通过可调托座和可调底座调节。

（二）支架布设注意事项

（1）当立杆基底间的高差大于 60 cm 时，则可用立杆错节来调整。

（2）立杆的接长缝应错开，即第一层立杆应用长 2.4 m 和 3.0 m 的立杆错开布置，往上则均采用 3.0 m 的立杆，至顶层再用 1.5 m 和 0.9 m 两种长度的顶杆找平。

（3）立杆的垂直度应严格加以控制：全高的垂直偏差应不大于 5 cm。

（4）脚手架拼装到 3~5 层高时，应用经纬仪检查横杆的水平度和立杆的垂直度。并在无荷载情况下逐个检查立杆底座是否有松动或空浮情况，并及时旋紧可调座和用薄钢板调整垫实。

（5）斜撑的网格应与架子的尺寸相适应。斜撑杆为拉压杆，布置方向可任意。一般情况下斜撑应尽量与脚手架的节点相连，但亦可以错节布置。

（6）斜撑杆的布置密度为整架面积的 1/2~1/4，斜撑杆必须对称布置，且应分布均匀。斜撑杆对于加强脚手架的整体刚度和承载能力的关系很大，应按规定要求设置，不应随意拆除。

六、附件

箱梁底模支架断面图（见图 2-25、图 2-26）。

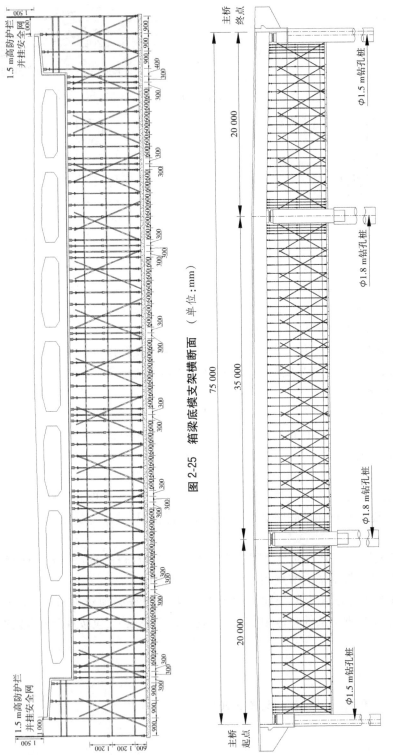

图 2-25　箱梁底模支架横断面　（单位：mm）

图 2-26　箱梁底模支架纵断面　（单位：mm）

第四节　焦东路主桥与引桥搭板下 泡沫混凝土专项施工方案

一、工程概况

焦东路道路平面线形为南北走向,工程全长 892 m,由北向南依次为:北引道 236.567 m,北引桥 135 m,北侧搭板 17 m,主桥:75 m,南侧搭板:12 m,南引桥:124 m,南引道: 293.71 m。

施工范围:焦东路主桥与引桥间泡沫混凝土填充浇筑。

二、设计密度及配比

(一)材料设计湿容重、密度

施工前,对水泥、发泡剂样本进行配比试验,以满足表 2-20 设计要求。

表 2-20　泡沫混凝土设计技术参数

湿容重 (kN/m³)	干密度 (kg/m³)	抗压强度 (MPa)	设计湿密度 (kg/m³)	设计泡沫密度 (kg/m³)	流值 (mm)
6.50	515	≥0.8	663	43	180±10
5.50	420	≥0.6	550	43	180±10

(二)材料配比

施工中严格按照配比试验配比进行操作,材料配比见表 2-21。

表 2-21　材料配比

湿容重 (kN/m³)	P·O42.5 硅酸盐水泥 (kg)	发泡剂 (kg)	水 (kg/m³)	泡沫稀释比
6.50	450	32	200	1:60
5.50	350	35	165	1:50

三、施工部署

(一)施工准备

1.技术准备

(1)施工前,进行施工图纸学习,学习相关规范与技术标准,认真听取业主单位、监理单位的施工要求,特别注意与各专业工种间协同作战。

(2)对技术管理人员、工长进行施工方案、技术交底。交底要有交底记录和签名。向施工班组进行各个分项工程技术交底。内容包括:现浇泡沫混凝土施工方法,工程质量标准,质量保证的技术措施,成品保护措施,设备的使用与维护及安全注意事项等。

2. 工序准备

由于现浇泡沫混凝土浸在水中容重会有所增加,因此在浇筑现浇泡沫混凝土前首先要做好防排水工作,保证基层无积水,且上道工序必须由相关分包单位施工完毕,并经业主单位及监理单位验收合格后方可进行现浇泡沫混凝土浇筑施工。

3. 材料准备

(1)水泥:采用42.5级的硅酸盐水泥。水泥进场必须分厂家,按批、按品种分类堆放,并且必须有出厂合格证明及试验资料。绝对禁止使用超期和受潮结块的水泥。

(2)发泡剂:采用无污染的 HT 复合发泡剂,材料应有出厂合格证、出厂性能报告、产品使用说明等。

(3)外加剂:外加剂应符合《混凝土外加剂》(GB 8076—2008)的规定。

(4)水:井水(淡水)。应符合《混凝土用水标准》(JGJ 63—2006)规定,不含有影响泡沫稳定性、水泥强度及耐久性的有机物,油垢等杂质。

建筑材料进场后,必须分批次经过质量管理人员及监理单位监理工程师验收合格。其中,硅酸盐水泥应符合《通用硅酸盐水泥》(GB 175—2007)的规定;材料必须经配比试验相融,达到设计使用要求后,方可在工程中使用。

4. 测量放线

应根据设计施工图在基层和模板上弹出±50 cm 水平标高线及设计规定的厚度,往下量出各层水平标高,弹在四周模板及基层上,并弹出泡沫混凝土的施工范围。

5. 泡沫混凝土换填断面示意图

泡沫混凝土换填横断面如图 2-27 所示。

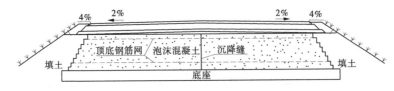

图 2-27　泡沫混凝土换填横断面

容重:路槽下 80 cm 范围内小于等于 6.5 kN/m ,其余区域小于等于 5.5 kN/m ;28 d 无侧限抗压强度:路槽下 80 cm 范围内大于等于 0.8 MPa,其余区域大于等于 0.6 MPa;空气量:路槽下 80 cm 范围为 60%,其余区域为 65%。

泡沫混凝土顶面以下 80 cm 及碎石基础顶面以上 80 cm 处各设置一层 ϕ6@100 钢丝网片,接长时,搭接长度 10 cm。

泡沫混凝土按照水平分层进行浇筑施工,每层厚度 80 cm,浇筑时,需从软管的前端直接浇筑,且出料口要埋入泡沫混凝土中。纵向每 10 m 设置纵向施工缝,在路基中心线和半幅中间位置设置三条纵向施工缝。施工缝设置夹板,此夹板后期不取出;顶层填筑时,横断面方向采用 1 500 mm×500 mm 台阶打造。

(二)施工部署

1. 主要的施工机械设备

施工机械设备为 HT-18 型泡沫混凝土自动化机械(见图 2-28),其技术参数见表 2-22。

图 2-28 HT-18 型泡沫混凝土自动化机械

表 2-22 HT-18 型泡沫混凝土自动化机械技术参数

名称	单位	HT-80 参数
泡沫混凝土输送量	m³/h	80~120
最大垂直高度	m	50
最大水平输送距离	m	800
整机功率	kW	90
重量	kg	整机:6000

根据本工程的特点,经对施工现场进行实地踏勘,并仔细核对施工工程量,根据施工工期总体安排,并结合工程的施工难易程度,预计总投入 2 套设备进场施工,根据工程进度要求陆续增加投入设备,每套设备部署见表 2-23。

表 2-23 主要施工机械设备每套部署表

序号	设备或工具名称	单位	数量	用途	说明
1	HT-18 型自动化机械	台	1	制备泡沫混凝土	
2	泡沫剂料桶	个	2	配制发泡剂	
3	输送管	m	200	输送料浆	
4	二级电盘	套	1	设备用电	
5	电缆	m	100	设备用电	
6	水管	m	100	施工用水	
7	水泵	台	2	施工用水	
8	工具配件	套	1	施工用	
9	电子称、量杯	套	1	施工中测量湿密度	

所有机械设备进场前后必须检查,确保机况正常,设备就位后现场机修人员进行测试、保养,保证随时投入使用。

2. 劳动力安排

2 个施工班组进场施工,根据工程进度要求陆续增加施工班组,用工安排如表 2-24 所示。

表 2-24　单个班组劳动力安排部署

序号	工种	拟投入总人数	到位时间	说明
1	现浇工	5	按工期节点要求进场	
2	刮坡工	5	按工期节点要求进场	
3	加料工	10	按工期节点要求进场	
4	机械操作工	5	按工期节点要求进场	
5	设备维修人员	1	按工期节点要求进场	
6	技术负责人	1	按工期节点要求进场	
7	项目经理	1	按工期节点要求进场	
	合计	28		

劳动力按施工进度要求合理安排,质安部对所有进场人员进行安全、质量教育。

3. 散装水泥罐

为有效提高施工效率,在合理范围内缩短施工工期,降低水泥使用周期和现场储存时间,保证水泥质量,同时缓解水泥运输过程中对城市环境保护带来的压力,本工程现浇泡沫混凝土浇筑拟采用散装水泥。

散装水泥罐(见图 2-29)的安装:

(1)散装水泥罐的安装位置应能够满足施工总平面图的要求。

(2)散装水泥罐安装前应先浇筑罐体基座。基座经罐体生产厂家及业主单位、监理单位验收合格后,方可安装罐体。基座根据罐体型号不同,由厂家另行设计。

(3)在罐体基础上埋入地脚螺栓,并安装地脚螺栓连接板,校正四块脚板水平度,基础混凝土强度达到罐体说明书要求后,锁紧螺母。

(4)检查罐体在运输过程中是否有碰损、连接松动等。如有上述缺陷应及时修复、紧固。

图 2-29　散装水泥罐

（5）罐体吊装就位（注意上料方向及扶梯方位），将罐脚与地脚板焊牢。

4. 外模及支撑体系

根据设计的收坡宽度，使用扣件式脚手架和竹胶模板作为外模支撑体系。支模过程中，外部增加斜撑的方式，计划单层支模高度为 2 m。水泥罐基础按照厂家提供图纸，进行基坑开挖和混凝土浇筑。焦东路桥共布设两个水泥罐，布设在渠道中心位置，已满足两侧泡沫混凝土的浇筑。

（三）施工作业条件

（1）在浇筑泡沫混凝土之前应做好基底防排水工作，坑槽开挖好后应在最低处开挖宽度不超过 1 m 的泄水口，防止槽内积水。

（2）清理施工区域基坑底部积水、杂物，保证在浇筑时基坑底部无杂物、无积水。做好基层清洁，不能有油污、浮浆、残灰及杂物等。

（3）施工前做好施工区域的清理工作，确保浇筑施工无障碍，保证施工期满足环保要求。

（4）作业层的隐蔽验收手续要办好。

（5）施工前应复核±50 cm 水平控制墨线。施工过程中，不允许有其他工种在场穿插进行施工。

四、施工方法及质量控制

（一）工艺流程

现浇泡沫混凝土施工工艺流程应符合图 2-30 要求。

（二）施工工艺

（1）泡沫混凝土的生产工艺流程如图 2-31 所示。

（2）泡沫混凝土的生产过程包括泡沫制备、泡沫混凝土混合料制备、浇筑成型、养护、检验。

（3）泡沫混凝土必须按一定的厚度分层浇筑，当下填筑层终凝后方可进行上填筑层填筑。分层厚度一般控制在 30~80 cm，太薄不利于单层泡沫混凝土的整体性，太厚容易引起下部泡沫混凝土中的气泡压缩影响容重，同时对施工操作带来不便。泡沫混凝土填筑时每工作面间隔 12 h 浇筑 1 层为宜，适当控制竖向填筑速度。泡沫混凝土顶面浇筑时，在人行道下部预留 2 m 高度的台阶，满足过桥管线及电缆后期的敷设。

（4）当填筑面积较大，在泡沫混凝土初凝前不能完成整层填筑时，必须分块。分块面积的大小应首先参考沉降缝位置，根据泡沫混凝土的初凝时间、设备供料能力及分层厚度确定（纵向填筑分块 5~15 m 为易，横向浇筑宽度大于 15 m 也应进行分块）。

（三）金属网施工要求

（1）金属网规格为 ϕ6@10×10 的钢丝网。

（2）铺设前检查钢丝网外观，有明显锈迹的金属网不采用，要求总包单位更换。

（3）相邻幅的金属网，应重叠铺设纵向搭接长度 20 cm，横向搭接长度 30 cm，重叠部位采用铁丝扎或 U 形卡连接固定，相邻绑扎点间距不超过 10 mm。

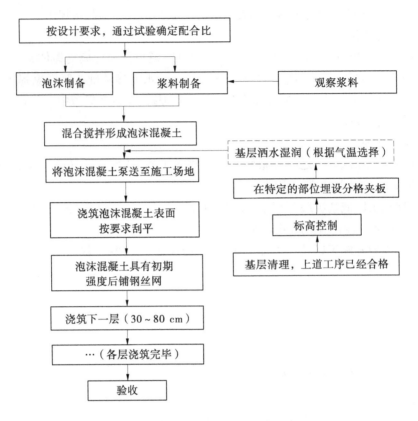

图 2-30　现浇泡沫混凝土施工工艺流程

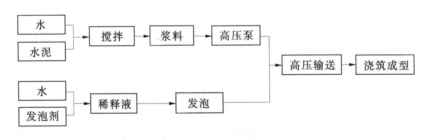

图 2-31　生产工艺流程

（4）在变形位置，钢丝网断开铺设。

（5）底面以上浇筑 1 层（80 cm 位置）泡沫混凝土后铺设一层钢丝网。

（6）顶面以下 80 cm，湿容重 6.5 kN/m³ 泡沫混凝土与 5.5 kN/m³ 泡沫混凝土搭接处，铺设一层钢丝网。

（7）桥头与通道路段，纵向 1∶1.5 斜坡位置的钢丝网应先进行预铺固定。

（四）质量检测

泡沫混凝土在施工过程中，应分别对产品的湿密度、力学性能试验，取样检测，检测结果不合格，不进行下一道工序施工。现浇泡沫混凝土检测项目见表 2-25。

表 2-25 泡沫混凝土施工过程中检测项目

序号	检查项目	合格标准	检验数量	说明
1	湿密度	设计值 ± 10%	一日两次	
2	28 d 抗压强度	6.5 kN/m³≥0.8 MPa 5.5 kN/m³≥0.6 MPa	每 400 m³	施工中取样,龄期满 28 d 抽检;连续分布的成型浇筑体不足 400 m³ 也应检验一次

注:质量检验应以连续分布的成型浇筑体为基本单位。

泡沫混凝土硬化后,应分别对顶面高程、平面位置、平面尺寸进行检测,检测结果不合格,不进行下一道工序施工。泡沫混凝土硬化后检测项目见表 2-26。

表 2-26 泡沫混凝土硬化后检测项目

序号	检查项目	合格标准	检验数量	说明
1	顶面高程	设计高程±5 cm	每层硬化后检测	水准仪测量
2	平面位置	长轴线偏差±5 cm	每层硬化后检测	经纬仪测量
3	平面尺寸	≥设计边界	每层硬化后检测	钢尺测量

注:1. 质量检验应以连续分布的成型浇筑体为基本单位。

2. 施工浇筑每层硬化后进行检测。

(五)质量管理

(1)进场材料应符合上述要求。不合格材料,坚决清除出场。

(2)施工中对现浇泡沫混凝土的气泡容重、湿容重、流值严格控制,确保工程质量。

①泡沫密度。每次正式开工配料前,必须先通过调节发泡液控制阀门和压缩空气阀门调整气泡的容重,施工过程中将通过气泡流量控制阀门来调整泡沫混凝土湿容重至规定值。

②湿容重。泡沫混凝土拌和物湿容重控制值为设计图要求值(K±10%)kg/m³。填筑现场从输送管出料管口取样称量,将称量结果给技术人员,对超出规定值的及时进行调整。现场取样称量频率不高于每 30 min 一次,且不少于每 12 h 1 次。

③流值。控制值 170~190 mm,现场取样用游标卡尺量测,频率与湿容重的检测频率一致。

(3)设备控制。

①材料定量控制。施工前应对泡沫混凝土设备进行定量调试,控制水泥及骨料的上料、供水、搅拌、发泡剂发泡、材料与泡沫的混合、泡沫混凝土浆料输送等。

②设备的维修保养。每次施工完毕后应立即清洗设备,凿除硬化了的水泥块,加润滑油。现场配备足量的易损件,及时更换损毁件,严禁设备带病工作。

五、质量保证措施

(一)泡沫混凝土存在的问题及解决措施

(1)制备泡沫混凝土通常使用特种水泥,造价昂贵。本工程将使用 42.5 级普通硅酸盐水泥,通过加入促凝剂来改善泡沫混凝土浆体的凝结和稠化性能。泡沫混凝土浆体需水量较大,待浆体凝结硬化后产生大量的微裂缝和孔隙,影响泡沫混凝土的性能,可通过加入高效减水剂,在保持泡沫混凝土浆体流动度的同时,减少用水量。

(2)泡沫混凝土浆体成型时容易产生泌水、离析、分层、冒泡甚至塌模。可加入高分子添加剂,通过改变稠度、流动度和保水性来解决上述出现的问题。目前市场上发泡剂制造成本较高,现有发泡技术制成的泡沫稳定性差,泡沫不均匀。我们将第四代复合型发泡剂,改善发泡剂的性能。

(3)强度偏低。泡沫混凝土的强度随着引入泡沫而产生的孔隙率的增加而降低,引入泡沫越多,孔隙率越大,容重越小,其轻质、保温、隔音的性能就越明显,但是强度下降幅度就越大,所以泡沫混凝土的特性是以强度降低为代价的。要使其强度与其特殊性能之间平衡,也就是说要在降低容重的前提下,最小限度地降低泡沫混凝土的强度。提高泡沫混凝土的强度可以考虑以下几个技术途径:选择适宜的配合比;掺合料采用适宜的颗粒级配;采用不同的掺合料复合使用;使用高效减水剂并控制适宜的低水灰比;采用优质高效发泡剂;采用纤维增强和有机类外加剂复合;加强泡沫混凝土的早期养护,优化养护制度、加强早期保水;减小泡沫混凝土的收缩,掺加适量的膨胀水泥、憎水剂,防止开裂和吸水。

(二)原材料对质量的影响

1. 水泥

水泥是构成混凝土材料的主要胶凝材料,普通硅酸盐水泥、硫铝酸盐水泥、铁铝酸盐水泥、氯氧镁水泥、火山灰质复合胶凝材料等均可作为泡沫混凝土的胶凝材料。泡沫混凝土是一种大水灰比的流态混凝土,采用普通硅酸盐水泥时,水泥完成水化的理论水灰比为0.227左右;由于发泡剂所产生的泡沫稳定时间有限,为了保证气泡不破碎就必须缩短胶凝材料的凝结时间,提高发泡混凝土的性能,拟采用 P·O42.5R 普通酸盐水泥为胶凝材料来制备泡沫混凝土,同时采用在普通硅酸盐水泥中掺入促凝剂来调整水泥浆的凝结时间,使水泥浆体硬化时间与泡沫的稳定时间相一致。

2. 外加剂

减水剂:聚羧酸盐为最新一代高性能减水剂,在各种高效减水剂中,它的性能最为优异,高效减水剂的用量一般在水泥量的 1.0%~2.5%。它的化学结构含有羧基负离子斥力,以及多个醚侧链与水分子反应生成的强力氢键所形成的亲水性立体保护膜产生的立体效应,使它具有极强的水泥分散效果和分散稳定性。它的减水率高达 30%~40%,在保持强度不变时节约水泥 25%,在保持水泥用量不减时可提高混凝土强度 30% 以上。

促凝剂:能使混凝土迅速凝结硬化的外加剂。促凝剂的主要种类有无机盐类和有机物类。我国常用的促凝剂是无机盐类。无机盐类促凝剂按其主要成分大致可分为三类:以铝酸钠为主要成分的促凝剂;以铝酸钙、氟铝酸钙等为主要成分的促凝剂;以硅酸盐为主要成分的促凝剂。促凝剂掺入混凝土后,能使混凝土在 5 min 内初凝,10 min 内终凝。1 h 就可产生强度,1 d 强度提高 2~3 倍,但后期强度会下降,28 d 强度约为不掺时的80%~90%。温度越高,提高促凝效果越明显。混凝土水灰比增大则降低促凝效果,掺用促凝剂的混凝土水灰比一般为 0.4 左右。掺加促凝剂后,混凝土的干缩率有增加趋势,弹性模量、抗剪强度、黏结力等有所降低。

发泡剂:试验室制备泡沫混凝土的发泡方式为机械高速搅拌,搅拌时间约为 5 min,泡沫现搅现用。所制得的泡沫大小均匀、泡径较小、稳定性好。泡沫混凝土现浇中发泡方式为压缩气体发泡。传统发泡剂质量的好坏直接影响到泡沫混凝土的质量,能产生泡沫的物质有很多,但并非所有能产生泡沫的物质都能用于泡沫混凝土的生产。只有发泡倍数够大、在泡沫和料浆混合时薄膜不致破坏具有足够的稳定性、对胶凝材料的凝结和硬化不起有害影响的发泡剂,才适合用来生产泡沫混凝土。

(三)测试方法

1. 水泥基本性能测试

按照《水泥标准稠度用水量、凝结时间、安定性检验方法》(GB/T 1346—2011)测定水泥标准稠度用水量和凝结时间;水泥沙浆试样依照《水泥胶砂强度检验方法(ZSO 法)》(GB/T 17671—1999)制备、养护,到相应龄期取出试块测定水泥沙浆的抗折强度和抗压强度。

2. 泡沫混凝土的性能测试

泡沫混凝土的物理力学性能测试,参照标准《泡沫混凝土》(JC/T 266—2011)执行。

六、成品保护措施

气泡混合泡沫混凝土按换填厚度填筑完成后,才在其侧面和顶面进行普通土的回填施工。由于其强度较混凝土低得多,且采用垂直填筑,回填土时应注意以下事项:

(1)在进行泡沫混凝土顶面回填土施工前,侧面回填土顶面不得低于泡沫混凝土顶面。

(2)泡沫混凝土强度<0.6 MPa 时,禁止回填普通土。

(3)泡沫混凝土层浇筑完成后 7 d 内,严禁直接在泡沫混凝土顶面行驶车辆和其他施工机械。路面施工必须在顶层泡沫混凝土养护 7 d 以后进行。

(4)如果在泡沫混凝土内有后埋管线,在开挖沟槽时对钢丝网应进行切割,防止大范围破坏钢丝网。

七、特殊条件下施工

(1)应避免在雨天填筑。在泡沫混凝土尚未凝结硬化时,雨水会导致严重的消泡现象及水泥浆流失,使泡沫混凝土容重和抗压强度难以控制;轻质凝结硬化后,由于泡沫混凝土容重小(约为水的一半),质量轻,很容易被雨水冲走或浮在水面上。

(2)应避免在高温天气施工,在高温天气施工时必须加强养护工作。

(3)应避免在负温下施工,必须在负温下施工时,应首选快硬硫铝酸盐水泥作为固化剂。为防止消泡现象产生,应避免使用早强剂、防冻剂等外加剂,如必须使用此类外加剂时,应事先通过试验确定外加剂品种及配合比,试验结果应包括表观密度、湿密度、流值、28 d 无侧限抗压强度。

(4)泡沫混凝土专用发泡剂应避免在负温下使用,如必须在温度零下的情况下使用时,应使用电加热棒预热,并使用温度计连续测量,液体温度达到 5 ℃以上时,方可投入搅拌。测量温度时,温度计与加热棒应保持一定距离,且同一批次泡沫剂宜使用 3 个以上温度计,取温度平均值。

第三章　倒虹吸部分

第一节　闫河渠道倒虹吸基坑降排水方案

一、工程概述

闫河渠道倒虹吸工程系南水北调中线一期工程总干渠穿越闫河的建筑物。该工程位于焦作市中站区小庄村西,横跨焦作市塔南路。闫河为经人工修整的排水河道,自北向南流经本区。河谷呈宽浅 U 形,宽约 24 m,深约 4 m,河底高程约 101 m,两岸为人工筑堤,高 1.5~2.0 m。由进口渐变段、进口闸室段、倒虹吸管身段、出口节制闸和出口渐变段五部分组成。

闫河倒虹吸工程地面高程 101.41~105.48 m,基坑底板高程上游端为 EL.86.79 m,下游端为 EL.86.69 m,开挖深度约为 17 m(14.71~18.79 m)。承压水头为 6.7~7.9 m;依据现场检测井试验,检测地下水位(3 个点)高程分别为 98.509 m、98.556 m 和 98.782 m,平均值为 98.62 m,水头埋深平均为 4.8 m,因此闫河渠道倒虹吸工程施工时,必须采取降排水措施,将地下水位降至开挖面以下,以满足现场施工条件,避免在承压水头作用下发生管涌或流土破坏地基。

(一)工程地质条件

建筑物场区地层由上到下共划分为 7 个工程地质单元。分别为:①人工填土(Q^r),层厚 1.2~5.0 m,上部为杂填土,下部主要为素填土;②粉质黏土($Q_1^{al+pl,4}$),层厚 6.6~10.75 m;③重粉质砂壤土($Q_1^{al+pl,4}$),层厚 3.75~9.8 m,局部夹轻粉质砂壤土透镜体;④细砂($Q_1^{al+pl,4}$),层厚 1.3~6.0 m,底部零星见卵石透镜体;⑤重粉质壤土(Q_2^{dl-pl}),含钙质结核,层厚一般为 4.0~6.2 m,揭露最大厚度 7.1 m;⑥卵石(Q_2^{dl-pl}),分布不连续,局部揭穿,揭露厚度为 0.3~3.4 m,泥钙质胶结,局部胶结较好,局部夹有中粉质壤土透镜体;⑦重粉质壤土(Q_2^{dl-pl}),揭露最大厚度 8.3 m。

场区地下水为第四系松散层孔隙潜水及承压水。潜水主要赋存于黏性土层中,勘探期间测得潜水埋深 4.30~6.80 m,潜水水位高程为 98.64~99.93 m。承压水有两层,主要赋存于第③、④层重粉质砂壤土、细砂和第⑥层卵石中,勘探期间测得③、④层重粉质砂壤土、细砂承压水水位高程为 97.16~98.32 m,承压水头为 6.7~7.9 m,承压含水层顶板高程为 90.31~93.26 m;第⑥层卵石承压水水位高程 95.25 m,承压含水层顶板高程 78.52 m,承压水头 16.73 m。场区承压水对混凝土不具腐蚀性,潜水对混凝土具结晶类硫酸盐型弱腐蚀性。

建筑物场区存在基坑临时边坡稳定、施工排水、渗流稳定及基坑突涌和地震液化问题。

倒虹吸进、出口段(含渐变段和闸室)建基面均位于第②层粉质黏土上部,基坑开挖边坡高5~8 m。渐变段为填方段,对上部的人工填土进行清除或碾压夯实处理。

倒虹吸管身段(包括进、出口斜管段及水平段):斜管段建基面位于第②、③层上,水平段建基面位于第③层重粉质砂壤土中,施工开挖临时边坡最高约15 m,水下边坡高约9 m。

勘测期间场区地下水位高于倒虹吸建基面,施工时应采取排水措施。第④层细砂层富水性好且赋存承压水,承压水头为6.7~7.9 m,检修闸及管身段存在承压水对基坑顶托破坏问题,施工时应采取有效截渗、降水降压措施,防止基坑涌水、涌砂,并做好排水、导流工作。另外,第③层重粉质砂壤土和第④层细砂,局部存在地震液化问题,具轻微液化等级,建议采用相应抗液化处理措施。

退水闸位于总干渠右侧,与总干交角40°,全长244 m,由引水渠、闸室、陡坡、消力池、海漫及尾水渠组成,地面高程一般为101.4~102.8 m。退水闸闸基及配套工程建基面主要位于第②层粉质黏土中,对基底以下的人工填土进行加固补强处理。施工开挖边坡高4.0~7.0 m,为黏性土均一结构边坡,地下水位高于闸室建基面,存在施工排水问题,砂壤土及细砂层局部存在地震液化问题。

(二)水文气象条件

参照第一章渠道部分第一节水文、地质条件部分。

交叉断面设计洪水成果见表3-1,水位流量关系见表3-2。

表3-1 交叉河流施工期设计洪水成果

序号	河名	交叉断面以上面积(km²)	不同频率下洪峰流量(m³/s)					不同频率24 h洪量(万 m³)				
			20%	5%	2%	1%	0.33%	20%	5%	2%	1%	0.33%
1	普济河	32.7	343	654	871	1 040	1 320	179	418	583	687	855
2	闫河	37.4	248	502	681	823	1 050	204	479	666	786	978

表3-2 交叉河流水位流量关系 (单位:m³/s)

序号	河名	1~5月			6~9月			10~12月			10月至次年5月		
		20%	10%	5%	20%	10%	5%	20%	10%	5%	20%	10%	5%
1	普济河	2.10	3.70	7.00	343	496	654	2.60	4.60	8.50	2.70	4.80	8.60
2	闫河	2.25	3.85	7.30	248	372	502	2.80	4.75	8.95	2.85	5.00	9.00

二、降水施工方案设计

(一)降水目的及要求

1.降水目的

根据本工程的基坑开挖和基础底板结构施工要求,本工程降水的目的为:①疏干开挖范围内各土层中的地下水,防止基坑积水,方便挖掘机和工人在坑内施工作业,保证基坑开挖施工安全、快速进行;②加固基坑内和坑底下的土体,提高土体强度,增加坑内土体抗力,提高地基抗剪强度,防止开挖面的土体隆起和开挖过程中的纵向滑坡,从而减少坑底隆起和围护结构的变形量。

2. 降水要求

降低基坑开挖深度范围内地下水位至地表以下 17.7 m,即基坑开挖面以下 1.0 m。

3. 降水重点和原则

根据基坑周边环境、开挖深度、工程地质与水文地质条件,基坑侧壁安全等级为一级,该工程基坑降水工程的重点为:①预防并控制因承压水层引起管涌或流土破坏地基;②确保基坑水位将地下水位降至开挖面以下,为后续的主体施工创造良好的施工条件。

基坑降水方案选择原则:在保证施工安全的前提下,满足地基开挖和基础施工。本着节省工程造价、提高施工效率、减小降水施工对其他工序的影响为目的,根据对基坑地质情况分析,结合其他降水工程大量实践经验,本工程拟采用承压管井降水施工方案。

在目前深基坑降水施工中,管井井点及轻型井点应用比较广泛,而且有比较成熟的施工经验。由于基坑规模比较大,利用轻型井点至少采用三级轻型井点才能达到降水效果,工程造价要比管井成倍增加;从施工角度分析,轻型井点需逐级安插,导致工期延长,变相增加工程费用,从有利于安全、经济、施工角度综合考虑,采用承压管井降水方案。

(二)降水总体布置

闫河渠道倒虹吸分两期施工,包括一期施工段和二期施工段,降水也分两次降水。由于闫河渠道倒虹吸工程施工长度较大,沿总干渠总长 441 m,施工场地太长,为了利于降水,便于施工,将闫河渠道倒虹吸总干渠段分两期施工:桩号Ⅳ36 + 556 ~ Ⅳ36 + 776.5 段为一期施工段;桩号Ⅳ36 + 776.5 ~ Ⅳ36 + 997 段为二期施工段。一期施工段先进行降水、开挖、混凝土等施工,待一期施工段完成之后,然后再进行二期施工段。

1. 降水组合

降水采用明排和井排两种方案相结合,二者同时施工。前期开挖主要采用明排,开挖和排水同时进行;后期施工主要采用井降。第二种降水方案具备降水条件,及时实施井降。明排施工布置详述如下:

(1)倒虹吸两侧施工。分层开挖,每层开挖之前,先从渠道两侧开挖截流槽,深度根据每层开挖深度再增加 1 m 深,这样利于降水。截流槽中设置潜水泵进行抽排降水。倒虹吸两侧明排截流沟布置如图 3-1 所示。

(2)倒虹吸中间施工。在倒虹吸的中部开挖降水槽,利用台阶法开挖,将降水槽一次开挖至渠道底板附近,利用潜水泵及时进行抽排。随着地下水位的降低,一期施工段即可进行开挖施工。当管井降水将地下水位降低到底板以下时,再进行底板附近的土方开挖。倒虹吸纵向中部明排截流沟布置如图 3-2 所示。

(3)在明排过程中,做好排水和降水记录,并进行综合分析,作为井降施工的观测资料。

2. 基坑涌水量计算

依据承压完整井井点系统的涌水量计算公式进行计算,一期、二期施工段的涌流量均为

$$Q = 2.73KMS/(\lg R - \lg x_0) = 4\ 756(\text{m}^3/\text{d}) \tag{3-1}$$

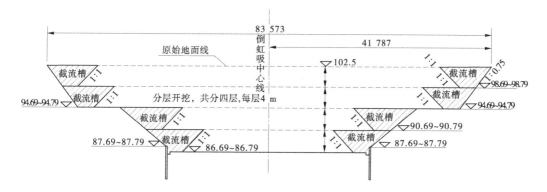

图 3-1　倒虹吸两侧明排截流沟布置 （单位:尺寸,mm;高程,m)

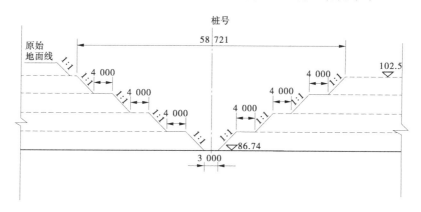

图 3-2　倒虹吸纵向中部明排截流沟布置 （单位:mm)

式中:Q 为基坑开挖后的涌水量;K 为土层综合渗透系数,根据招标文件《闫河渠道倒虹吸土体单元物理力学性指标表 1.1.2 - 5》可知细砂的渗透系数为:$5.8 \times 10^{-3} \sim 1.5 \times 10^{-2}$ cm/s,渗透系数取为 5 m/d;S 为满足基坑开挖的水位降低值,当前实测潜水位高程为 98.509 ~ 98.782 m,建基面高程为 86.69 m,考虑 1 m 的高程降深取 S 为 13.0 m;R 为管井抽水影响半径,取 160 m;x_0 为基坑假想半径,$x_0 = (F/3.14)^{1/2}$,其中 F 为基坑面积,基坑长 220 m,宽 80 m,x_0 取值 84 m;M 为承压含水层厚度 6.7 ~ 7.9 m,取值 7.5 m。

3. 降水井点布置

1）施工要求

(1)根据本区域地层条件,管井施工选用回旋钻机进行成孔施工。

(2)钻探施工达到设计深度,一般到⑤重粉质壤土(Q_2^{dl-pl}),不透水层上表面即可。

(3)由于降水管井分布集中,连续钻进及时进行洗井,不允许搁置时间较长或完成钻探后集中洗井。

(4)完成管井施工洗井后,进行单井试验性抽水。

2）降水井设置

根据降水试验结果及整个基坑开挖的涌水量,沿一级马道和基坑上下游的四周进行布置。一期施工段,井距为 25 m,共需设置降水井 24 眼;二期施工段,井距为 25 m,共需设置降水井 24 眼。

在地下水位下降至开挖高程以下后,根据排水量关闭部分水泵,将停止抽排水的管井其中四眼井作为观测井使用,监测排水期间地下水位情况。

3)管井设计主要技术指标

(1)井深:地面以下 20.41~24.79 m。

(2)井径:管井外径为 500 mm,内径为 400 mm。

(3)滤水管材管内径及规格:选用多孔无砂混凝土管,管内径 400 mm,外径 500 mm,每节管长 0.90 m。

(4)填砾厚度:100 mm。

(5)滤料规格:1~2 mm 选用均匀度较好的碎石。

(6)含沙量:降水井抽水期间,水质清澈,不得有泥沙排出现象。

(7)管井内水位深度控制在高程 85.69 m,即渠道底板以下 1 m 的位置。

(三)管井施工

管井施工是基坑降水的一个重要环节,因此必须严格按照有关技术规范精心施工,确保成井质量与降水成功。

1.施工工艺

采用泥浆循环钻进、机械吊装下管成井施工工艺,详见图 3-3。

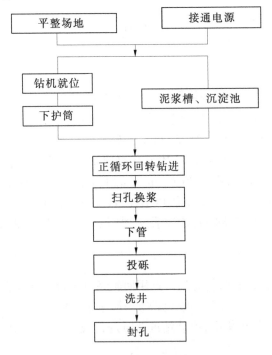

图 3-3 管井施工工艺流程

2.管井施工

1)测放井位

根据井点平面布置,使用全站仪测放井位,井位测放误差小于 30 cm。当布设的井点受地面障碍物影响或施工条件影响时,现场可作适当调整。

2)护孔管埋设

护孔管应插入原状土层中,管外应用黏性土封堵,防止管外返浆,造成孔口坍塌,护孔管应高出地面 10~30 cm。

3)钻机安装

采用回旋钻机 -700 型钻机,钻机底座应安装平稳,大钩对准中心,大钩、转盘与孔中心应成三点一线。

4)钻进成孔

降水管井开终孔孔径为 ϕ 700 mm,一径到底。钻孔底部比管井的设计底标高深 0.5 m 以上。

开孔时应轻压慢转,以保证开孔的垂直度。钻进时一般采用自然造浆钻进,遇砂层较厚时,应人工制备泥浆护壁,泥浆相对密度控制在 1.10~1.15。当提升钻具和临时钻停时,孔内应压满泥浆,防止孔壁坍塌。

钻进时按指定钻孔、指定深度内采取土样,核对含水层深度、范围及颗粒组成。

5)清孔换浆

钻至设计标高后,将钻具提升至距孔底 20~30 cm 处,开动泥浆泵清孔,以清除孔内沉渣,孔内沉淤应小于 20 cm,同时调整泥浆相对密度至 1.10 左右。

6)下管

采用无砂混凝土管,井管与孔壁之间用砾石填充作为过滤层,地面以下 0.5 m 内采用黏土填充夯实,井管顶部应比自然地面高 0.5 m。

直接提吊法下管。下管前应检查井管及滤水管是否符合质量要求,不符合质量要求的管材须及时予以更换。下管时滤水管上下两端应设置扶正器,以保证井管居中,井管应焊接牢固,下到设计深度后井口固定居中。

7)回填滤料

采用动水投料。投料前,先将钻杆沿井管下放至滤水管段下端,从钻杆内泵送稀泥浆(相对密度约为 1.05),使泥浆由井管和孔壁之间上返,并待泥浆稀释到一定程度后逐渐调小泵量,泵量稳定后开始投放滤料。投送滤料的过程中,应边投边测投料高度,直至设计位置。

8)回填

应在投料工作完成后,在地表以下回填 3.00 m 厚黏性土。

9)洗井

采用清水高压离心泵和空压机联合洗井法。由于在成孔过程中泥浆形成护壁,减少水的渗透性,所以先采用高压离心泵向井内注入高压清水洗井,通过离心泵向孔内注入高压水,以冲击滤水管段井孔护壁,清除滤料段泥沙,待孔内泥沙基本出净后改用空压机洗井,直至水清沙净为止。

10)安装抽水设备

成井施工结束后,水泵设置在管井中部,管井运行前,进行测试抽水,检查出水是否正常,有无淤塞等现象。

11）抽水

先采用真空泵与潜水泵交替抽水，真空抽水时管路系统的真空度不小于 −0.06 MPa，以确保真空抽水的效果。

12）标识

为避免抽水设施被碰撞、碾压受损，抽水设备须进行标识。

13）排水

洗井及降水运行时排出的水，通过排水沟排入明渠。

（四）排水沟、截流沟布置

根据闫河渠道倒虹吸降水井抽排强度在倒虹吸左右岸各设置一条排水沟，将降水井排出的水抽至排水沟内，由排水沟将水引至闫河内。为防止抽出水的回渗，在影响范围内的排水沟铺设一层防漏的土工膜，以保证防渗，不抽循环水。

另外，开挖完成之后，在一级马道和渠道底板两侧的外侧均设置排水沟，以利于两侧涌水及时排出。

1. 工期安排

降水试验结束后，根据降水试验的数据结果进行分析，准备进行全面的打井施工，本次降水共计 24 眼井。

2. 管井经常性排水安排

闫河倒虹吸开挖底部高程为 86.69 m，为了保证基坑干地施工，其水位必须降至 85.69 m 以下，经常性排水预计要持续土方回填结束。

闫河倒虹吸工程通过初期降水，地下水位降低到预期高程以后，基坑周边的地下水水位将达到平衡，在日常的施工过程中，根据需要调整排水强度，当排水强度达到平衡后，可根据需求关闭部分水泵，满足排水需要即可。

在日常的排水过程中，备用足够的水泵、发电机组、排水管等设备，抽水人员定期仔细巡查抽水现场，保证抽水工作正常顺利进行，同时经常疏通排水沟，检查排水沟防渗效果是否完好，保证排水畅通。

三、主要施工机械设备和人员配置

（一）主要设备配置

主要机械设备配置见表 3-3。

表 3-3　主要机械设备配置

序号	设备名称	型号/规格	单位	数量	说明
1	钻机	700 型	台	3	
2	潜水泵	QJ32 − 42/7	台	33	5 台备用
3	潜水泵	QJ32 − 42/7	台	15	用于明排
4	排水管	直径 2.5 in	m	4 000	塑料管
5	挖掘机	CAT320	台	1	
6	汽车吊	16 t	辆	1	

(二)主要人员配置

主要施工人员配置见表3-4。

表3-4 主要施工人员配置

序号	工种	人数	说明
1	现场负责	1	
2	技术负责	1	
3	技术员	2	
4	钻机工	6	
5	司机	2	
6	普工	20	
7	安全员	1	
合计		33	

第二节 闫河倒虹吸钢筋混凝土施工方案

一、工程概述

闫河渠道倒虹吸由进口渐变段、进口检修闸、管身段、出口节制闸和出口渐变段组成。退水闸布置在进口连接段右岸,检修闸和节制闸分别布置在倒虹吸进、出口位置,与倒虹吸管身进、出口斜管段相连。

(1)进口渐变段:长45 m,墙高10.843 m。

(2)进口检修闸:为开敞式钢筋混凝土结构,闸室段顺水流方向长13 m。闸室共4孔,分为两联,一联2孔,单孔净宽6.5 m。进口检修闸设事故闸门,采用平板闸门,起吊设备为台车,在右边墩外设一检修门库。闸室左右岸各设一窄深式检修门库。

(3)管身段:管身水平投影长310 m,包括进、出口斜管段和水平段三部分。管身水平段长220.08 m,倒虹吸管身横向共4孔,分为两联,一联由2孔箱形钢筋混凝土结构,左右对称布置,单孔过水断面6.5 m×6.7 m(宽×高)。倒虹吸坐落于重粉质砂壤土层。

(4)出口节制闸:为开敞式钢筋混凝土结构长23 m。闸室共4孔,分为两联,一联2孔,单孔净宽6.5 m,闸室前部设弧形钢闸门,液压启闭机控制;后部设叠梁式检修闸门,电动葫芦控制。闸室左右岸各设一门库,右岸设液压设备控制室。

(5)出口渐变段:长50 m。

闫河退水闸位于倒虹吸进口连接段的右岸,其中心线与总干渠中心线交点相应总干渠桩号为Ⅳ36+477,两线交角40°,交点距倒虹吸进口闸室底板前趾124 m。

渠道倒虹吸混凝土包括进出口的护底、护坡、挡土墙、闸室段等混凝土和管身段的垫层、涵洞混凝土等。钢筋混凝土施工包括钢筋制作、安装,模板制作、安装,混凝土拌和、浇筑、养护等工作内容。

本方案仅适用于闫河渠道倒虹吸,退水闸施工方案另行编制。

二、主要工程量

闫河倒虹吸钢筋混凝土施工主要工程量详见表3-5。

表3-5 主要工程量

序号	项目名称	单位	工程量			
			管身段	进口	出口	合计
1	碎石垫层	m³	1 995.5	310.2	197.4	2 503.1
2	C10 混凝土	m³	1 061	232.0	385.0	1 678.0
3	C20W6F150 混凝土	m³	0	3 434.3	3 808.0	7 242.3
4	C25W6F150 混凝土	m³	0	3 095.0	5 578.0	8 673.0
5	C30F150 混凝土	m³	0	280.0	297.0	577.0
6	C30W6F150 混凝土	m³	42 242	21.0	21.0	42 284.0
7	钢筋制作安装	t	4 224	360.8	529.4	5 113.4
8	聚乙烯泡沫板	m³	108.9	14.9	17.2	141.0
9	密封胶	m³	1.3	0.3	0.3	1.9
10	无纺土工布	m²	1 221.1	488.0	440.0	2 149.1
11	橡胶止水带	m²	2 272	0	0	2 272.0
12	紫铜片止水	m²	2 136	421.3	435.2	2 992.5

三、混凝土施工强度分析

因闫河倒虹吸分两期施工,同时受汛期施工的影响,混凝土施工存在三个高峰期,第一个高峰期为汛前,第二个高峰期为汛后,第三个高峰期为二期施工时段,其中月施工强度最大集中于 2~4 月,最大达 6 849.97 m³/月。

四、施工规划与布置

(一)施工规划

根据现场施工条件、施工进度计划安排和度汛要求,闫河倒虹吸分两期施工:一期施工从 6# 管身开始进行,在 6 月中旬汛期来临之前,先后完成 4#~6# 平管段和 3# 斜管段浇筑和回填施工,恢复闫河主河道,完成度汛任务,并在汛期完成 1#~2# 斜管段和施工 7#~14# 水平管身段;二期施工无度汛压力,依次从 15# 水平管身段向 24# 斜管段施工,并完成进、出口渐变段混凝土,进、出口闸室,排架工作桥、检修桥、门库、挡土墙等结构混凝土施工。

闫河倒虹吸一期、二期混凝土施工步骤为:

(1)一期施工:开工→施工准备→5#~7# 平管段→4# 管身段和 3#~2# 斜管段→1# 斜管

段和 $6^{\#} \sim 10^{\#}$ 水平管身段→ $11^{\#} \sim 14^{\#}$ 管身段。

（2）二期施工：绕行道路修筑→ $15^{\#} \sim 24^{\#}$ 管身段施工→进、出口闸室→进、出口渐变段→排架工作桥、检修桥、门库、挡土墙。

（二）施工布置

1. 施工道路

1）施工沿渠道路

根据总体施工布置，在南水北调总干渠右侧布置有沿渠施工道路，可直接通往项目部现场施工营地及混凝土拌和站、预制场、修配厂。道路路面宽 8 m，泥结石路面，路基稳定，路面较平整，能满足混凝土施工运输的要求。

2）施工场内道路

闫河倒虹吸场内施工道路主要有东西两侧下基坑道路和左右两岸马道组成，其中，左侧马道宽 6 m，与东西下基坑道路形成循环路，作为混凝土浇筑罐车运输路线；右侧马道宽 8 m，与西侧下基坑道路相接，主要用于各种周转材料堆放等。

所以各场内施工道路施工标准根据其功用按以下施工工艺硬化：

（1）左侧马道及与之相连的东西下基坑道路采用碎石灰土路面，铺筑厚度为 25 cm。

（2）右侧马道及与之相连的道路采用铺筑碎石（粒径为 10 ~ 30 mm），铺筑厚度为 5 cm。

2. 施工供水

在 1 号营地已设置了一口深度为 40.0 m、出水量约为 600 m³/d 的水井，为混凝土拌和提供用水；现场施工用水结合用水的不均匀性及施工高峰，采用降水深井，并配置一台移动集水箱，集水箱容积 5 m³，在集水箱中放置 1 台 1.5 kW 的潜水泵，用于现场仓号清洗及混凝土养护等。

3. 施工供电

拌和系统供电：通过 1 号营地生活区布置的 1 台 800 kVA 变压器进行供电，同时备用 200 kW 柴油发电机组各 1 台，作为备用电源。

施工现场供电：根据工程需要在闫河倒虹吸退水闸处设置 1 台 1 000 kVA 变压器，施工区内架设四平线路，供给照明、混凝土浇筑等用电。同时考虑到会因某种客观原因而导致工地的偶然性停电，配备 2 台 100 kW、150 kW 发电机作为施工现场应急备用电源，保证满足现场施工用电。

4. 混凝土拌和系统

混凝土在位于焦东路东侧 1 号生产营地拌和站集中拌制，拌和站配置 1 座郑州三和水工厂生产的 HZS90 型和 1 座山东建友机械股份有限公司生产的 HZS50E 型拌和站。HZS90 型拌和站理论生产率为 90 m³/h，HZS50E 型拌和站理论生产率为 50 m³/h，总生产率为 140 m³/h，能满足闫河倒虹吸混凝土高峰期浇筑强度。混凝土正式拌和前要根据混凝土施工配合比进行试拌，在各项指标均满足设计和规范要求的条件下方可进行正式拌制。

5. 混凝土运输及入仓设备

为满足施工强度及进度要求，混凝土水平运输主要采用 8 m³ 混凝土罐车从拌和站直接运送到施工场地;垂直运输选用 1 台移动式龙门布料机(跨度 36 m,皮带宽幅 650 mm)和 1 台长臂反铲(0.8 m³)入仓浇筑。龙门式布料机上料台位于倒虹吸基坑左侧一级马道上,混凝土罐车沿场内道路行至基坑左侧一级马道上结合布料机上料台进行卸料。详见图 3-4。

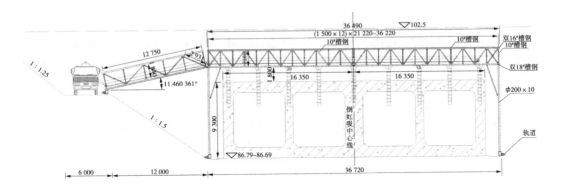

图 3-4　龙门架式布料机入仓示意图

6.起重设备布置

为了确保完成管身混凝土工程的施工,根据类似工程的成功经验,结合本工程施工场地小、结构尺寸大、施工工艺和质量要求高等特点,在闫河倒虹吸基坑右侧布置两台 MCE - QTZ 5008 型塔式起重机,主要配合服务于钢筋、模板等材料运输和吊装,局部塔式起重机顾及不到部位采用 1 台 50 t 汽车吊进行作业。塔式起重机分别布置于 2# 和 7# 管身段右侧开挖边坡坡脚处,需要将坡面修整出一个 5 m×5 m 的平台,浇筑混凝土基础,并用标准砖沿坡面砌筑,做好边坡防护。每台塔式起重机最大覆盖幅度为 50 m,1# 塔式起重机覆盖范围为进口闸室段至 4# 管身段,2# 塔式起重机覆盖范围为 5# 管身段至 10# 管身段,覆盖范围内的混凝土施工结束后需要将塔式起重机随混凝土施工工作面向前改移。MCE - QTZ5008 型塔吊性能参数见表 3-6。

表 3-6　MCE - QTZ5008 型塔吊性能参数

项目名称		单位	参数	说明
额定起重力矩		kN · m	438	
最大起重量		t	4	
最大幅度额定起重量		t	0.8	
最大工作幅度		m	2.5 ~ 50	
最大起升高度		m	30/120	
起升速度	二倍率	m/min	60/30/7	
	四倍率	m/min	30/15/3.5	
变幅速度		m/min	25	
回转速度		r/min	0 ~ 0.6	

续表 3-6

项目名称	单位	参数	说明
顶升速度	m/min	0.6	
最底稳定下降速度	m/min	<7	
塔机自重	t	23.46	
平衡重量	t	8.2	
工作电压	V	380 V±5%　50 Hz	
装机总容量	kW	25.82	

7.降水及经常性排水

水平管身段底部开挖高程为 86.7 m,开挖施工期该处地下水在 98.5~98.8 m,地下水位较高。混凝土施工时,降水井仍然需要正常运行,保证基坑旱地施工。在基坑两侧坡脚设置截水沟,在低洼处设置集水井,截水沟低于建基面 0.3 m,底宽 0.4 m,边坡为 1:1,沟底纵坡为 0.2%,集水井为 60 cm×60 cm,集水井深为低于沟底 0.6 m,放置潜水泵,对基坑水进行抽排。

为了防止截流沟内的水向建基面方向软化,要求将截流沟靠近建基面的一侧用砖进行砌筑,实施防护。

五、混凝土施工方法

(一)管身段施工工艺流程

(1)管身段施工总体工艺流程。

根据度汛和基础处理的施工进度,将管身段钢筋混凝土设为一个施工段,每施工段由一端向另一端推进,各施工段随开挖和基础处理工作的完成和验收,及时展开施工。每个浇筑段分为三层进行施工,先施工底板,再施工边墙,后施工顶板。管身段施工总体工艺流程见图 3-5。

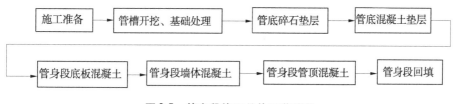

图 3-5　管身段施工总体工艺流程

(2)管身段底板钢筋混凝土施工工艺流程见图 3-6。

(3)墙体钢筋混凝土施工工艺流程见图 3-7。

(4)顶板钢筋混凝土施工工艺流程见图 3-8。

(二)进出口、闸室段施工工艺流程

(1)施工程序。

倒虹吸进出口混凝土施工内容主要为混凝土垫层、护底混凝土、护坡混凝土及齿墙混

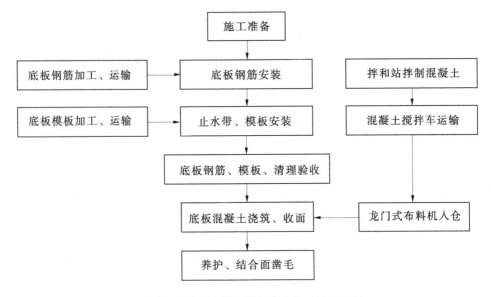

图 3-6　管身段底板钢筋混凝土施工工艺流程

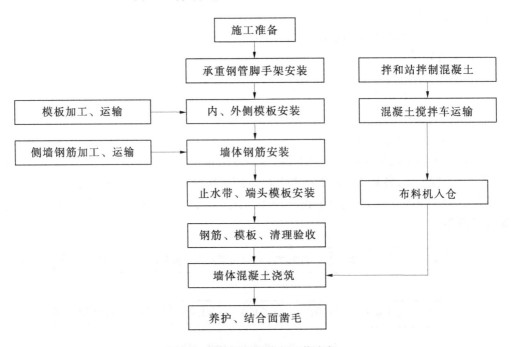

图 3-7　墙体混凝土施工工艺流程

凝土等。

倒虹吸进出口渐变段在下部基础加固桩完成后进行,并根据图纸分段组织施工,施工顺序为先施工护底,再施工护坡(或挡墙)。

倒虹吸管身进出口闸室段混凝土施工内容在倒虹吸进出口段,主要集中在底板、闸墩、齿墙排架柱等部位。

倒虹吸进出口闸室段根据图纸由下而上分层进行施工,施工顺序为先施工底层板,再

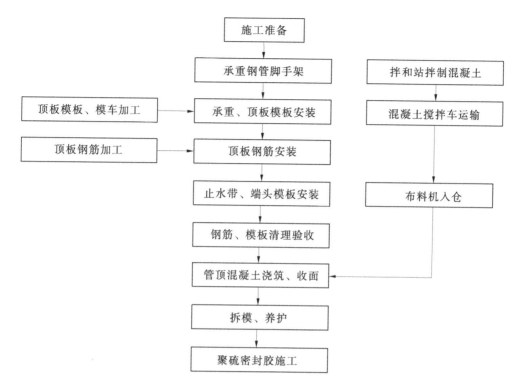

图 3-8　顶板钢筋混凝土施工工艺流程

施工闸墩及挡墙,后施工排架柱。

（2）护底混凝土施工工艺流程见图 3-9。

（3）挡墙混凝土施工工艺流程见图 3-10。

（4）闸室段混凝土施工工艺流程见图 3-11。

（三）施工方法

1. 施工顺序

根据闫河倒虹吸管身段结构特点,闫河倒虹吸管身混凝土施工总体程序如下:

建基面验收→碎石垫层铺筑→垫层混凝土→底板混凝土→侧墙混凝土→顶板混凝土。

管身段钢筋混凝土每段分为三层进行施工,垫层混凝土施工完成后,先施工底板,高度为 2 400 mm;后施工边墙,高度为 4 800 mm;最后施工顶板,高度为 2 100 mm。底板和顶板分层台阶式施工,3 道侧墙必须同时对称浇筑,防止管身模板在浇筑过程中出现滑移现象。分层浇筑详见图 3-12。

第一层混凝土浇筑为底板,与侧墙交接部位浇筑高度为 60 cm;第二层浇筑为侧墙,浇筑高度距顶板腋角处 30 cm;第三层浇筑为顶板。

为了减少混凝土等强时间,充分发挥混凝土浇筑施工功效,拟采用 3 组混凝土施工小队,跳仓法施工,跳仓浇筑示意图如图 3-13 所示。

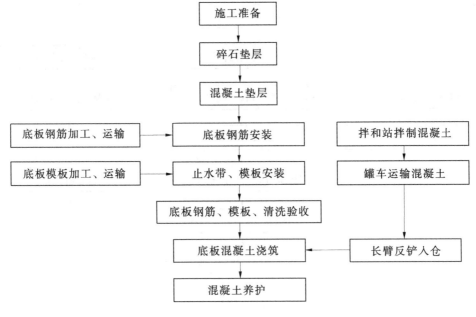

图 3-9　护底混凝土施工工艺流程

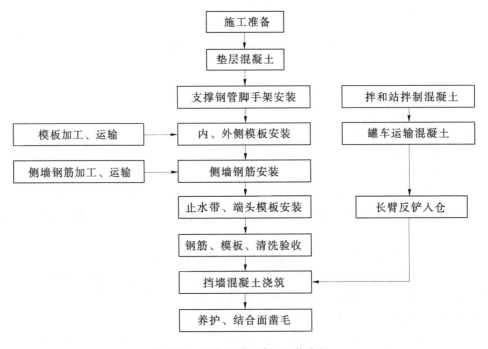

图 3-10　挡墙混凝土施工工艺流程

2. 基础处理

1) 建基面清理和垫层施工

根据闫河倒虹吸进出口基础处理施工蓝图和招标文件技术条款的要求,闫河倒虹吸基坑开挖结束后,进行场地的平整、清理。若局部地方存在欠挖,利用小型机具和人工进

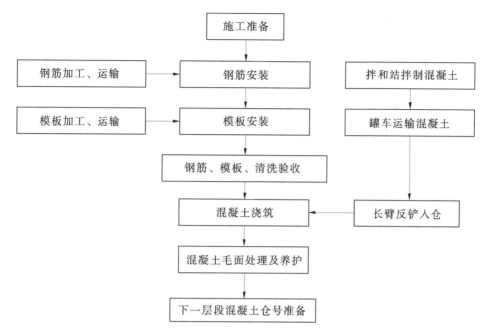

图 3-11　闸室段钢筋混凝土施工工艺流程

图 3-12　管身段混凝土分层浇筑示意图　（单位:mm）

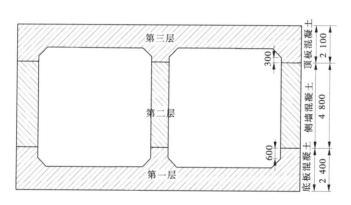

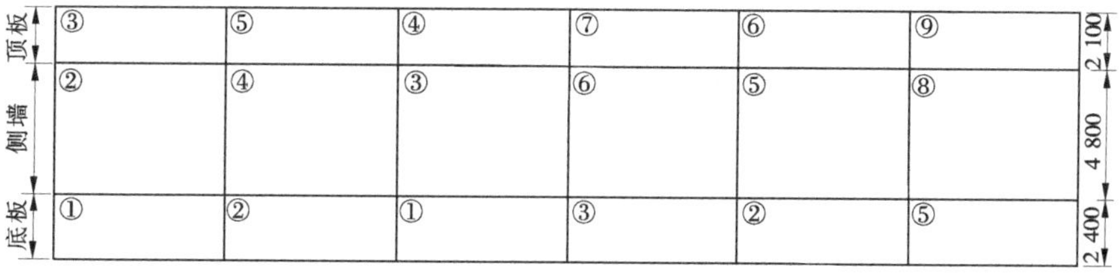

图 3-13　闫河倒虹吸跳仓浇筑示意图　（单位:mm）

行欠挖处理,然后再将基坑面清除干净。基坑降水应继续进行,必须保证干地施工。

基础面清除完后进行联合验收,验收合格后方可进行下一道工序施工。

垫层包括级配碎石垫层和 100 mm 厚的 C10 混凝土垫层。

（1）对设计基础有水泥粉煤灰碎石桩地基处理部位,首先必须按照设计蓝图要求进行地基处理施工。水泥粉煤灰碎石桩地基处理施工另见倒虹吸基础处理施工方案。

（2）对级配碎石垫层的部位,铺设 200 mm 厚的碎石利用振动碾进行碾压,保证夯实度不小于 0.9。

以上工序完成之后,经监理工程师验收合格后方可进行基础垫层浇筑。

2）施工缝处理

所有施工缝面在混凝土浇筑完成后,混凝土强度达到 2.5～5.0 MPa 时采用冲毛机进行冲毛。冲毛机工作压力一般为 10～25 MPa,冲毛时应清除混凝土表面乳皮,使粗砂或石子外露,冲毛时间应视施工气温和混凝土强度确定。上层混凝土浇筑之前施工缝面应用压力水冲洗干净,无松渣污物,然后均匀铺设一层厚 2～3 cm 的水泥沙浆。砂浆标号比同部位混凝土标号高一等级,每一次铺设的面积与浇筑强度相适应,铺设砂浆后 30 min 内须覆盖混凝土。

3）结构缝处理

结构缝不需要凿毛处理,按照设计要求在缝面处设置止水。止水分为止水铜片和橡胶止水带,止水的安装固定和连接严格按照设计要求和规范规定执行。

在浇筑下一仓混凝土时,在已浇筑好的混凝土结构面上贴 2 cm 厚的聚乙烯闭孔塑料泡沫板,并用水泥钉钉于混凝土面上固定牢固。

4）施工排架及工作平台搭设

对于进出口渐变段、闸室段及管身段底板、边墙和顶板的钢筋、模板和混凝土浇筑施工,需搭设排架和工作平台进行。施工排架采用 ϕ48 钢管搭设,满堂脚手架间排距 65 cm×65 cm,步距为 90 cm,临空面连续设置剪刀撑,中间部位每间隔 3 跨设置剪刀撑,与地面呈 45°～60°。搭设的脚手架高度应与模板平齐,每仓混凝土浇筑完毕后先扎钢筋、立模,然后排架随之上升。工作平台部位满铺马道板,马道板应绑扎牢靠,并设置 1.2 m 高防护栏杆,临空面设置绿目安全网。满堂脚手架示意图如图 3-14 所示。

5）架立筋施工

为确保钢筋制安的稳固及精度要求,利用底板插筋和单独设立的水平钢筋作为架立筋,架立筋采用 ϕ22 或 ϕ25 钢筋。在安装钢筋之前,测量队应在架立筋上放出各层钢筋的高程,同时放出立模边线点及各特殊点,在最终验收前进行最后一次检查。

3. 测量放线

控制测量采用拓普康 Hiper Gb 型 GPS 接收机作导线控制网,施工测量放线采用徕卡 TCR802power 全站仪进行。测量由专业人员实施操作,根据设计蓝图和措施方案放出浇筑结构边线和控制高程等数据。

4. 钢筋制安

进出口闸室段钢筋主要型号有 ϕ32、ϕ28、ϕ25、ϕ22,闸墩边墙按照结构设计要求不同部位设置 2 层环形钢筋和纵横钢筋,钢筋保护层厚度 5 cm。凡是埋管和埋件切断主筋的部位周围必须布置"井"字形的加强筋,每侧加强筋面积是被切断主筋的一半。钢筋遇到止水应绕开或弯折,不得扎破止水带。进出口闸室预制的板梁钢筋和出口控制闸牛腿部位钢筋体型复杂,施工前制定钢筋安装指导书,保证钢筋安装符合设计图纸的要求。

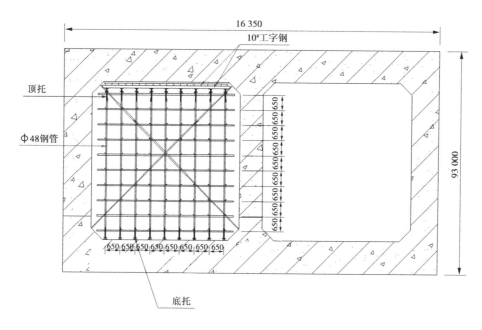

图 3-14　满堂脚手架示意图 （单位:mm）

管身段钢筋主要型号有Φ 32、Φ 28、Φ 25、Φ 22、Φ 18,管身边墙按照不同结构设计要求设置 2 层纵横钢筋,钢筋保护层厚度 5 cm,钢筋绑扎位置按施工图进行施工。凡是埋管和埋件切断主筋的部位周围必须布置"井"字形的加强筋,每侧加强筋面积是被切断主筋的一半。钢筋遇到止水应绕开或弯曲,不得扎破止水带。管身 12# 节处设有集水井,钢筋体型较为复杂,需采取相应措施保证钢筋安装符合设计图纸的要求。

1)钢筋加工及运输

钢筋在钢筋加工厂集中加工,钢筋加工根据技术人员编制的钢筋配料表进行,技术人员需对钢筋进行长短搭配,优化组合下料,尽量减少钢筋损耗量,同时根据实际施工进度及钢筋安装顺序进行下料加工,确保现场施工有序进行。

在钢筋加工前,将需加工的钢筋搬运至加工场地,平铺排齐。根据钢筋下料单的下料长度计算钢筋弯曲延伸长度,得出钢筋的下料长度,并在钢筋上进行长度标记。

为加快钢筋制作及安装进度,大于Φ 25(包括Φ 25)的钢筋接头均采用直螺纹套筒连接。钢筋直螺纹连接施工顺序如下:钢筋切头→套丝→现场连接。钢筋用砂轮或带锯进行切头,以保证切口平直。切断口不能成马蹄形,钢筋端部不能弯曲,钢筋的长度符合工程的要求。小于Φ 22(含Φ 22)的钢筋接头采用闪光对焊,侧墙立筋接头采用电渣压力焊。

钢筋加工完成后,按照下料单编号进行现场挂牌分号归类放置,并做好相应的保护措施。钢筋采用平板车进行运输,16 t 汽车吊配合吊运。施工人员按施工部位到钢筋加工厂领取已加工好的并经过检查合格的钢筋,用运输车运至施工现场,卸下后,人工或用塔吊运至安装位置。运输过程中采取必要的措施,避免钢筋变形,对已变形的钢筋必须进行处理。

2) 钢筋安装

严格按照钢筋图进行钢筋安装,并按有关规范要求进行施工,施工技术员应熟读图纸和相关技术条款、规范。明确各施工工序,尽量减少由施工工序不当造成的窝工,另外,施工时应注意以下环节:

(1) 在施工缝或基础面处理完毕并合格后,进行现场钢筋安装,每仓钢筋安装前,应对预留钢筋进行校正,并保证保护层厚度,钢筋安装时先安装主筋,后安装分布筋,每隔 3 ~ 5 m 设吊线锤和样架,以保证钢筋平、直、齐,并控制好保护层厚度。

(2) 钢筋安装完成后应做到整体不摇荡,不变形。受力筋和架立筋焊接时应使各相同弧点在同一直线上,确保结构筋和受力筋紧密相连,钢筋的接头均采用直螺纹套筒连接或闪光对焊。局部受力钢筋接头采用单面焊接,焊接长度为 $10d$(d 为钢筋直径),焊接必须饱满无砂眼,焊接表面应均匀、平顺、无裂缝、夹渣、明显咬肉、凹陷、焊瘤和气孔等缺陷。焊接尺寸应符合有关规定。

(3) 直螺纹套筒现场连接时除掉丝头保护套,用钢筋插入套筒,用手拧动钢筋 2 ~ 3 圈以上,然后用管钳拧紧,形成钢筋接头。接头拧紧后,要检查接头的外观,套筒两端露出的螺纹长度应大致相同。当由于各种原因造成丝牙不能到位的要及时通知技术员改用其他方式连接。

钢筋与模板之间用混凝土垫块控制保护层,混凝土垫块尺寸为 5 cm × 5 cm,其强度等级应不低于相同部位混凝土的强度等级,同时满足安装时的强度要求,垫块上需预埋 18# 铁丝,以便与钢筋绑扎。钢筋严格按层次安装,由下往上分层安装,上下层钢筋对齐,钢筋层间净距符合设计要求。

5. 预埋件施工

预埋件施工包括预埋插筋、监测仪器、各类管路安装等。

进出口闸室段结构埋件较多,主要位于闸门槽部位。要根据设计要求预埋,精度符合有关规范要求,并与结构钢筋焊接牢固,若埋件为预埋钢板,钢板须紧贴模板,并在钢模上用红油漆标识埋件位置。每次预埋完后,对照埋件图仔细检查,特别注意门楣等细部的埋件,杜绝漏埋现象的发生。进出口闸室段闸门槽浇筑一期混凝土时,应提前埋设插筋,浇筑过程中应采取措施保证插筋位置不发生位移。

各种埋管埋件在钢筋安装过程中穿插进行,利用结构钢筋进行固定,需要穿过模板的部位,提前在现场进行高程桩号的标示,土建施工中对于某些部位预留空间,待管路安装完成后采用 δ(厚度)= 2.5 cm 木板拼装。

各种预埋件安装完成后,质检人员验收合格后通知监理工程师验收,验收合格后方可进行下一道工序施工。

6. 模板安装

为保证闫河倒虹吸混凝土的浇筑质量,根据招标文件技术条款和相关质量控制要求,结合闫河倒虹吸结构的特点和类似工程施工经验,模板安装方案如下文所述。

(1) 端面模板。

端面模板采用定型小钢模,局部采用 16 mm 的竹胶合板或木胶合板进行拼装。立模前,模板表面涂脱模剂,重复使用的模板必须校正,严格按照测量放线架设模板。模板主

要利用 ϕ 16 拉杆内拉固定,采用锥套连接拉杆和预埋插筋或架立筋等固定模板,模板背面设置两道 ϕ 48 钢管围檩。

（2）渐变段模板。

根据结构特点,渐变段采用扭曲面混凝土外面为不可张开面,属三维渐变的扭面。

先进行钢筋安装,待钢筋安装完毕后再进行模板安装,挡土墙后侧、护坡面模板采用 150 cm×30 cm、150 cm×60 cm 钢模板拼装,连接件采用标准扣件 U 形卡。立模前,模板表面涂脱模剂,重复使用的模板必须校正,严格按照测量放线架设模板。模板的加固采用 ϕ 48 钢管作竖向围圈,钢管间距为 40～50 cm,两道 ϕ 48 钢管一组作为横向围圈,间距为 75 cm;模板里侧采用 ϕ 16 拉杆进行内拉,间距为 75 cm,拉筋焊接在预埋的插筋上。钢筋和模板之间设置预制混凝土垫块(5 cm×5 cm),以满足钢筋保护层要求。模板施工需搭设钢管脚手架作为操作平台,钢管间排距为 1.2～1.5 m。

待钢筋和模板安装完毕之后,应进行测量检查,如有偏差,不满足规范要求应及时校正。模板安装要求密实,若模板间隙小于 1 cm 以内可采用原子灰补缝。无问题后通知质量部门进行复检,待质量部门验收合格后,再通知监理工程师进行验收,监理工程师验收后方可进行混凝土的浇筑。

（3）进、出口闸室段模板。

先进行钢筋安装,待钢筋安装完毕后再进行模板安装,闸墩模板采用定型圆弧模板和 150 cm×120 cm、150 cm×150 cm 定型钢模板拼装,连接件采用螺栓连接,端头局部边角部位采用木模板。模板背面采用 ϕ 48 钢管作竖向围檩,钢管间距为 40～50 cm,两道 ϕ 48 钢管作横向围檩,间距为 75 cm;模板里侧采用 ϕ 16 拉杆进行内拉,间距为 75 cm,拉筋焊接在预埋的插筋上。钢筋和模板之间设置预制混凝土垫块(5 cm×5 cm),以满足钢筋保护层要求。模板施工需搭设钢管脚手架作为操作平台,钢管间排距为 1.2～1.5 m。

闸室段闸墩和边墙采取分层施工,大致共分 4 层,从下至上,按 3 m 一层,顶部根据实际剩余情况布置。边墙模板选用普通 150 cm×120 cm、150 cm×150 cm 组合钢模板,闸墩墩头采用定型圆弧模板,局部特殊构件采用小钢模组装。

闸室段通道顶部(交通桥板)和门库盖板采用预制钢筋混凝土梁板和盖板,预制混凝土结构在预制加工厂制作,然后运输到施工部位,进行安装;模板选用 150 cm×30 cm 小钢模和木模拼装,模板支撑架为钢管架。工作桥桥面浇筑采用小钢模立模浇筑,然后进行压纹处理。

牛腿部位模板在浇筑上一仓两侧边墙时,在仓号里预埋 10# 槽钢和侧边模板处预埋钢板,斜面模板内部采用拉杆内拉,外部采用钢管架外撑。

（4）管身段模板。

先进行钢筋安装,待钢筋安装完毕后再进行模板安装。管身段分为水平段和斜管段,共分为 24 段,单段长度为 13～15 m,段与段之间设置沉降缝,用 2 cm 厚的聚乙烯闭孔泡沫塑料板填充。管身段分底板、边墙、顶板三层浇筑,管身段模板均采用 150 cm×30 cm、150 cm×60 cm、150 cm×120 cm、150 cm×150 cm 定型钢模板拼装,连接件采用螺栓连接,端头局部部位采用木模板补缝。下部侧板、端模组装与墙体部位侧模组装如图 3-15、图 3-16。

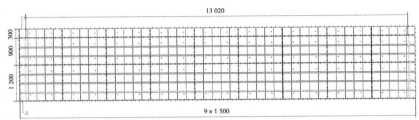

(a)闫河倒虹吸下部侧板组装示意图

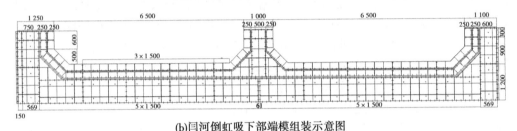

(b)闫河倒虹吸下部端模组装示意图

图 3-15　闫河倒虹吸下部侧板、端模组装示意图　（单位:mm）

斜管段和平管段底板模板采取分块分层方法安装施工,分层高度 2.1~2.4 m,根据不同结构断面尺寸,模板选用 150 cm×150 cm、150 cm×120 cm 钢模、部分定制定型小钢模和八字倒角模组合拼装施工。模板采用内拉加固方法,模板背面采用 φ48 钢管作竖向围图,钢管间距为 40~50 cm,两道 φ48 钢管作横向围檩,间距为 75 cm;模板里侧采用 φ16 拉杆进行内拉,间距为 75 cm,拉筋焊接在预埋的插筋上。钢筋和模板之间设置预制混凝土垫块(5 cm×5 cm),以满足钢筋保护层要求。

斜管段和平管段边墙模板采取分块分层方法安装施工,分层高度 4.8 m,模板采用 150 cm×150 cm 和 150 cm×120 cm 钢模组合拼装成大模板施工。模板采用内拉外撑加固方法,模板背面采用 φ48 钢管作竖向围檩,钢管间距为 40~50 cm,两道 φ48 钢管作横向围檩,间距为 75 cm;模板内侧采用 φ16 拉杆两侧对拉,间距为 75 cm。搭设钢管脚手架作为操作平台和支撑系统,中部预留一施工通道(1.5 m×2.0 m),脚手架采用 φ48 钢管搭设,间排距为 100 cm×120 cm,在脚手架上另加短钢管通过顶丝支撑在模板横向围檩上。每间隔 3 跨设置一道钢管斜撑和 φ5 mm 钢丝绳对拉,剪刀撑和钢丝绳均连接加固在模板横向围檩上。立杆底部铺设 5 cm×8 cm 的槽钢,为了保护底板混凝土面,可在槽钢底部铺设木胶合板。钢筋和模板之间设置预制混凝土垫块(5 cm×5 cm)。

斜管段和平管段顶板分层高度为 2.6~3.0 m,模板选用 150 cm×150 cm 和 150 cm×120 cm、定型小钢模和八字倒角模组合成大模板拼装,模板支撑体系主要为管身内部搭设的满堂脚手架。脚手架采用 φ48 钢管搭设,间排距为 65 cm×65 cm,步距为 90 cm,横杆支撑在两侧边墙上。为保护已浇筑混凝土面,立杆底部设置 10 cm×10 cm 钢垫板,横杆支撑在边墙部位采用柔性材料铺垫。脚手架临空面连续设置剪刀撑,中部每间隔 3 跨设置一道剪刀撑,剪刀撑连接加固在模板横向围檩上,与水平面角度为 45°~60°。立杆上部设置顶托,沿纵向、横向在顶托上放置 10# 工字钢,工字钢横向间距为 90 cm,纵向间距为 30 cm,模板则平放于工字钢上面。模板的高低采用顶丝进行校正。

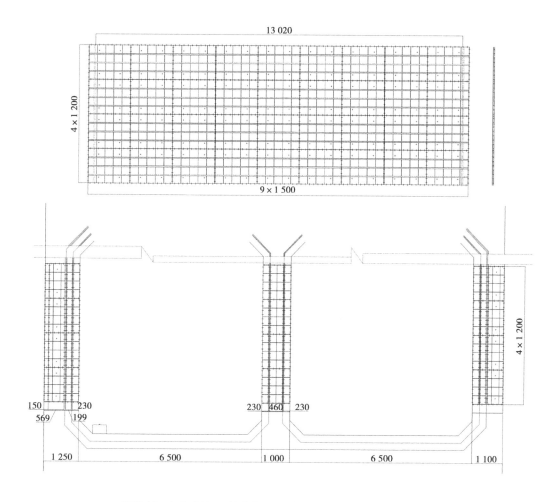

图 3-16　闫河倒虹吸墙体部位侧模组装示意图　（单位：mm）

待钢筋和模板安装完毕之后,应进行测量,如有偏差不满足规范要求应及时校正,模板安装要求密实。如无问题后通知质量部门进行复检,待质量部门验收合格后,再通知监理工程师进行验收,在监理工程师同意之后方可进行混凝土的浇筑。

7.止水施工工艺

1)铜止水施工

(1)止水加工。

止水铜片在车间加工,根据施工分层,确定各类止水下料长度,然后根据图纸要求,对铜片止水采用专用模具冷压成型。止水加工后,挂牌分类堆放。

(2)止水安装。

竖直方向铜止水在模板安装之前安装,安装前测量放出结构分缝线,接头焊接完成并验收后临时支撑固定,然后立模,模板紧靠止水片,止水部位采用定制定型钢模固定,止水通过两侧钢模板挤压加固,钢模板设φ10孔,采用φ8螺栓连接加固,另外,模板里侧采用特制的"⌐⌐"钢筋架焊到附近钢筋并加密固定,确保止水片不移动。

水平止水片待下部模板安装完成后安装,接头在仓内焊好后整体安装,个别接头安装后焊接,安排技术好的焊工进行止水片下面的仰焊。止水片验收合格后再立上部模板,模板紧靠止水片,止水片通过两侧定型钢模挤压加固,钢模设 $\phi 10$ 孔,采用 $\phi 8$ 螺栓连接加固,另外,模板里侧采用特制的"⌐⌐"钢筋架焊到附近钢筋并加密固定,确保止水片不移动。铜止水直线接头采用搭接双面焊接,搭接长度不小于 2 cm。

2)橡胶止水施工

止水带接头应采用热压硫化胶合连接,不得采用其他接头方式,接头外观应平整光洁,连接的方法为:模具预热→预填混炼胶→加压升温硫化,使混炼胶发生硫化作用后与橡胶止水带连为一体。使接头强度达到止水母材强度的50%以上,搭接长度 10 cm。采用专用硫化接头仪设备加热,加热挤压对接成型。

紫铜止水片的"U"部位和橡胶止水的"O"部位安装在结构缝的中间位置,且上下垫支小方木,避免损伤止水。

止水形式与布设位置见表3-7,止水设施安装与止水设施大样图如图3-17、图3-18所示。

表3-7　止水形式与布设位置对照

止水形式	布设位置
A 型	倒虹吸边墙、顶板和底板
B 型	倒虹吸中墙
C 型	闸室与渐变段和管身段连接处、渐变段自身分缝处
D 型	倒虹管与闸墩连接处的中墩

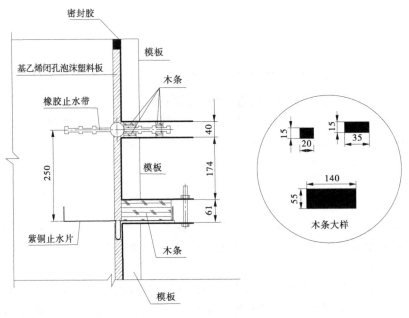

图 3-17　止水设施安装详图　(单位:mm)

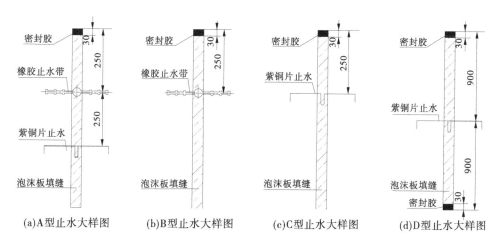

(a)A型止水大样图　(b)B型止水大样图　(c)C型止水大样图　(d)D型止水大样图

图 3-18　止水设施大样图　（单位:mm）

3）止水保护

浇筑混凝土时,安排专人维护止水片,防止人为践踏、下料或振捣等原因导致止水片折扭、偏移,如发现折扭、偏移,即时纠正。

下料时远离止水片,防止下料碰撞。采用振捣器平仓,对竖向止水片两侧同时进行,防止两侧高差过大;对水平止水平仓时先保证止水下面混凝土密实,再浇止水片上面的混凝土,防止止水片下部脱空。

用 $\phi 70$ 振捣器在 50 cm 以外振捣后,再采用 $\phi 50$ 软轴振捣器在止水周围振捣,确保混凝土密实。

止水片安装后采用三角形木楔块固定,防止变形、移位,混凝土浇筑过程中安排专人看护。

8.混凝土施工

1）混凝土级配及入仓方式

根据进出口渐变段、检修闸、管身段、控制闸各部位的体型尺寸特点、采用的施工方法、混凝土强度等级、混凝土级配、混凝土入仓条件等,本着保证质量、节约成本、确保安全的原则,对闫河倒虹吸相关部位混凝土的设计强度等级、使用级配、工程量及入仓方式进行规划统计,统计结果见表3-8。

表 3-8　混凝土标号、级配及入仓方式统计

序号	使用部位	设计标号	级配	入仓方式	说明
1	进出口渐变段	C20 W6F150、C10	二级配	胎带式布料机	
2	检修闸	C25 W6F150、C30 F150	二级配	胎带式布料机	
3	管身段	C30 W6F150、C10	二级配	龙门式布料机	
4	控制闸	C25 W6F150 、C30 F150	二级配	胎带式布料机	

（1）进出口斜管段入仓方式:主要采用胎带式布料机。

（2）管身平管段入仓方式:混凝土采用布置在基坑内大跨度龙门布料机入仓,布料机

入仓平台位于一级马道上,布料机上均匀布设有 9 道下料溜筒,可以覆盖到左右两排管身任何部位浇筑。

2)混凝土水平运输与垂直运输

混凝土垂直运输:闫河倒虹吸管身段以龙门式布料机入仓为主;进出口渐变段和闸室段垫层和底板胎带式布料机入仓为主,扭曲面和边墙以 0.8 m³ 长臂反铲入仓为主。

混凝土水平运输:根据混凝土垂直运输所采用的手段,混凝土水平运输设备主要选择 8 m³ 混凝土罐车。

混凝土的运输应考虑混凝土浇筑能力及仓面具体情况,满足混凝土浇筑间歇时间要求。混凝土应连续、均衡地从拌和站运至浇筑仓面,在运输途中不允许有骨料分离、漏浆、严重泌水、干燥及过多降低坍落度等现象。因故停歇过久,已经初凝的混凝土应作废料处理,在任何情况下,严禁在混凝土运输中加水后运入仓内。混凝土从混凝土搅拌车卸料时,混凝土的自由下落高度应控制在 2 m 以内,否则就加设缓降设施。

3)混凝土铺料、振捣

面积大于 300 m² 的仓号:该类型仓号主要有进出口闸室段底板部位,对该仓号采用台阶法浇筑(见图 3-19),从上游侧向下游侧逐步推进,每次铺料厚度 50 cm,分层振捣密实。混凝土浇筑过程中,必须安排人员专职观察模板、支撑架变形状况,若发现异常情况,必须立即停料处理。

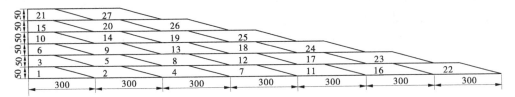

图 3-19　台阶法浇筑示意图　(单位:cm)

面积小于 300 m² 的仓号:该类型仓号主要有管身段、进出口闸室段闸墩及进出口渐变段范围内仓号,对该类型仓号采用平铺法进行浇筑,每次铺料厚度 40 cm 并分层振捣密实。混凝土入仓后采用笩子(自行加工)平仓。

渐变段设有 10 cm 厚 C10 垫层混凝土,浇筑均采用平铺法进行。渐变段扭坡为钢筋混凝土,最大高度(从过流底面至堤顶)10.843 m,按照分层分段方法浇筑施工,每次铺料厚度控制在 35~50 cm。每仓长度为 20 m 或 25 m,高度 2.5~3.0 m,根据现场实际情况可进行跳仓浇筑。

闸室段设有 10 cm 厚 C10 垫层混凝土,所有底板面垫层一次浇筑完成,铺料采用平铺法进行,长 13 m,宽 39.22 m,厚 10 cm。

闸室段底板采取分段一层方法浇筑施工,铺料采取台阶法,每次铺料厚度控制在 35~50 cm,每仓宽 19.6 m,长 13 m,高 2.0 m。闸墩为钢筋混凝土,最大高度 10.94 m,闸墩采取平铺法浇筑。

进出口闸室段二期混凝土浇筑采用长臂反铲入仓,振捣采用 ϕ50 软轴振捣器振捣,保证二期混凝土浇筑质量。

　　斜管段和平管段基础均设有 10 cm 厚 C10 垫层混凝土,浇筑分段一层方法施工,采用平铺法进行浇筑,每仓长 40 ~ 50 m,宽 32.82 m,厚 10 cm。

　　用布料机浇筑时混凝土的坍落度控制在 5 ~ 7 cm,且要求和易性好。振捣采用 ϕ 70 软轴振捣器和 ϕ 50 振捣器结合振捣,振捣标准以不显著下沉、不泛浆、周围无气泡冒出为止。为防止漏振,振捣器在仓面应按一定顺序和间距逐点振捣,间距为振捣作业半径的一半,并应插入下层混凝土约 5 cm 深,其次每点振捣时间为 15 ~ 25 s 为宜。振捣时间过短,达不到振密的要求;振捣时间过长,将引起粗骨料过度下沉分离,故振捣时间长短将会影响质量。针对预埋止水部位的混凝土和腋角部位的混凝土振捣方法如下:

　　(1)采用 ϕ 50 软式插入式振捣器振捣,振捣过程中防止骨料集中和止水原固定位置发生移动。

　　(2)专人负责止水和模板变化情况,若振捣发生位移,及时纠正过来。

　　(3)对止水遮盖的混凝土采用人工辅助水平斜向振捣,骨料集中部位采取人工分散,保证混凝土内实外光的质量要求。

　　基础垫层过流面底板初平采用平板振动器,在无筋或单层钢筋的结构中,每次振实厚度不大于 250 mm。在每一位置上应连续振动一定时间,以混凝土不再明显下沉并开始返浆为准,一般情况下在 25 ~ 40 s。移动时应成排依次振捣前进,前后位置和排与排之间相互搭接 100 mm,避免漏振。最佳进行两遍,第一遍和第二遍的方向要互相垂直,第一遍使混凝土密实,第二遍则使其表面平整。

　　浇筑过程中,应随时检查模板、支架等的稳固情况,如有漏浆、变形或沉陷等,应立即处理;及时清除黏附在模板、钢筋和预埋件表面的灰浆。

　　浇筑混凝土时,严禁在仓号内加水,如发现混凝土和易性较差时,必须采取加强振捣等措施,以保证混凝土的质量。有不合格的混凝土严禁入仓。已入仓的不合格混凝土必须清除。振捣中发生泌水时,应保持仓面平整,使泌水自动流向集水地点,并用人工掏除,泌水未引走或掏除前不得继续铺料振捣;集水点不能固定在一处,应逐层变换推移掏水位置,以防弱点集中在一起,也不得在模板上开洞引水自流或将泌水表层砂浆排出仓外。

　　浇筑中未尽事项按有关规范、施工蓝图和《南水北调中线一期工程总干渠黄河北—羑河北段(中线建管局直管项目)焦作 1 段第二施工标技术条款混凝土施工技术要求》参照执行。

　　4)抹面

　　针对闫河倒虹吸 1# ~ 24# 管身段底板部位:底板面积较大,在混凝土浇筑前应在底板钢筋上设置横向抹面轨道,刮轨用 ϕ 25 圆钢,长 13.0 m,间距 2.0 m,用 ϕ 16 螺帽焊于结构钢筋上,螺帽安装时保持竖直方向,纵横向间排距为 2.0 m,在配套螺杆顶部焊四分之一块 ϕ 48 钢管,用于支撑刮轨,以便于安拆及调整高程。混凝土振捣密实并铲除多余混凝土后,用 2.5 m 长的木条刮平,抹铲抹面,要求整个过程必须在混凝土初凝前完成。

　　抹面前应做充分的防水措施,严禁有滴水破坏混凝土面,并用直尺和弧形靠尺检查表面平整度和曲率;抹面时,如发现混凝土表面已初凝,而缺陷未消除,应停止抹面,并及时通知有关部门,待混凝土终凝后,按缺陷处理规定进行修补。

5）养护

非低温季节底板混凝土养护：在混凝土浇筑完毕后 12～18 h 即进行养护，覆盖麻带等材料进行表面保护，后进行人工洒水或流水养护，流水采用专门制作养护管路设施，将在钢水管上造许多小孔，沿管身一周布置，使其整个养护面保持湿润状态，养护时间不小于 28 d，在干燥、炎热的气候条件下应提前养护。

非低温季节边顶拱混凝土养护：模板拆除后，顶部覆盖麻带等材料进行流水养护，管身内部采用高压水进行冲水养护，使其保持湿润状态，养护时间不小于 28 d。

冬季混凝土养护主要考虑抗冻，其次是抗裂。根据混凝土构件部位确定，若是基础部分，应尽快做好隐蔽验收和回填工作；若是地上部分进入了冬季施工就要考虑掺加混凝土抗冻剂，减少水灰比。掺加负温防冻剂时，应保证不得因此引起钢筋锈蚀及其他影响钢筋质量的问题；对于低于零度时的养护工作，严禁浇水养护，对于管身段结构可采用养护剂或缠塑料薄膜封闭覆盖等保水措施。以上构件还应做好保温措施，如用薄膜、棉被覆盖等；当气温低于 −5 ℃时，由于进度要求必须施工时，须搭设暖棚和蒸汽养护等措施，确保冬季混凝土的施工质量。

9. 模板拆除

模板的拆除日期取决于混凝土的强度、各个模板的用途、结构的性质、混凝土硬化时的气温。

1）侧模板的拆除

对于不承重的侧面模板，在实际施工过程中，应以拆模时混凝土边角不至于损坏为准，才能拆除。除非有特殊要求，拆模时间不宜过长，以免造成拆模困难。有拉筋的部位，拆模时必须割除拉筋头，并用高标号砂浆抹平。

2）底模板的拆除

底模应在混凝土强度达到表 3-9 的规定后，方可拆除。

表 3-9　拆除底模时混凝土需要达到的标准值

结构类型	结构跨度（m）	按设计的混凝土强度标准值的百分率计（%）
板	≤2	50
	>2,≤8	75
	>8	100
梁、拱、壳	≤8	75
	>8	100
悬臂结构	≤2	75
	>2	100

3）拆模顺序

一般是先支后拆，后支先拆，先拆除侧模板部分，后拆除底模板部分。

10. 缺陷处理

由于闫河倒虹吸结构复杂,质量要求高,实际施工过程可能会出现质量缺陷。模板拆除后,检查混凝土浇筑外观质量:有局部小错台、模板缝、挂帘等,及时进行打磨处理;少量蜂窝麻面采用同部位相同标号的混凝土处理或采用高标号的预缩砂浆处理。出现混凝土缺陷,及时向监理工程师报告,并按"混凝土缺陷处理措施"进行处理。经处理符合设计要求,确保整个闫河倒虹吸的实体质量和外观质量。

11. 温控措施

1)夏季温控措施

(1)缩短混凝土的运输时间,加快混凝土的入仓覆盖速度,缩短混凝土的暴晒时间。

(2)混凝土运输工具采取隔热遮阳措施。

(3)根据现场实际需要采用喷水雾等方法,以降低仓面周围的气温。

(4)混凝土浇筑将尽量安排在早晚和夜间进行。

2)冬季温控措施

(1)缩短运输时间,减少转运次数,混凝土运输汽车箱外用 2～3 层草苫包裹保暖,尽可能减少运输过程中混凝土热量损失。

(2)仓号用彩条布搭建保暖棚,提前在棚内采用炉火生热保暖,控制仓号里施工温度不低于 5 ℃。对已浇混凝土外表面采用覆盖塑料薄膜、草苫进行保暖。

(3)延长混凝土拆模时间,要避免在夜间和气温突降时拆模。

(4)必须保证混凝土的入仓温度不低于 5 ℃。

(5)混凝土浇筑前对仓号内的钢筋、模板采用炉火预先加温到 5～10 ℃。

12. 质量要求

(1)工程所用的各种材料必须符合国家有关标准和设计、施工规范的要求,不合格的材料不准使用。

(2)钢筋的规格、型号、尺寸、加工、安装等要符合设计要求。

(3)模板的安装、加固要满足施工要求,模板的位置要准确,其内口尺寸要符合设计要求。

(4)混凝土运输过程中不得骨料分离、漏浆。

(5)混凝土振捣要密实均匀不得漏振和过振。

(6)各种埋件和构件安装位置要准确,固定要牢固。

六、资源配置

主要施工机械设备配置,施工人员配置,测量、试验工具配置分别见表 3-10～表 3-12。

表 3-10　主要机械设备配置

序号	设备名称	规格型号	单位	数量
1	装载机	ZL50	台	2
2	混凝土罐车	8 m³	台	5
3	拌和站	HZS90 型/HZS50E 型	套	2

续表 3-10

序号	设备名称	规格型号	单位	数量
4	龙门式布料机	皮带宽 650 mm	台	1
5	胎带式布料机		台	1
6	塔式起重机	MCE – QTZ5008	台	2
7	长臂反铲	0.8 m³	台	1
8	汽车吊	50 t	台	1
9	混凝土振捣器	70/50	套	20
10	套丝机	HZS – 40	台	2
11	电焊机	BX – 500	台	4
12	闪光对焊机	UN – 150	台	2
13	平板车	5 t	辆	1

表 3-11　施工人员配置

序号	工种	人数	工作内容
1	管理人员	8	负责工程施工、技术和质量管理
2	司机	12	负责工区内机械设备操作
3	修理工	3	负责设备维修与保养
4	测量工	4	负责放样
5	试验工	4	配合比及混凝土试块
6	安全员	2	专职安全员
7	安全文明施工队	5	安全文明及交通车辆指挥
8	钢筋工	50	钢筋制作安装
9	模板工	45	模板安装
10	混凝土工	40	浇筑混凝土等
11	电焊工	6	负责现场钢筋等金属焊接施工
12	水电工	12	现场临时用电及抽排水施工
	合计	191	

表 3-12　测量、试验工具配置

序号	名称	型号	标称精度	数量	说明
1	GPS 接收机	Hiper Gb		1 套	3 组
2	全站仪	TCR802power	2″,2 mm + 2ppm	1 套	用于普通测量
3	水准仪	DS32	0.7(0.3) mm/km	2 台	用于安装测量
4	试验仪器	各种试验		1 套	工地试验室

七、质量控制措施

(一)钢筋操作规程

钢筋号表交底→钢筋加工→钢筋安装作业技术交底→测量放线→加工合格钢筋运至施工现场→钢筋安装→过程控制→钢筋验收。

1. 钢筋号表交底

技术部将已制订的钢筋号表交付钢筋加工厂,并召集钢筋加工厂相关人员进行技术交底。

2. 钢筋加工

1)钢材交接及堆放

运入加工现场的钢筋,必须具有出厂质量证明书或试验报告单,每捆(盘)钢筋均应挂上标牌,钢筋数量由厂家、物资设备部、钢筋加工厂相关人员在钢筋加工厂一次验收,相关材质证书由物资设备部交试验室保管,并通知试验室对钢材进行相关项次抽检。

2)钢材堆放

验收后的钢筋应按不同等级、牌号、规格及生产厂家分批、分类堆放,钢筋堆放应选择地势较高、无积水、无杂草且高于地面 20 cm 地方放置,堆放高度应以最下层钢筋不变形为宜,同时钢筋加工厂应配备足够数量的遮盖材料,以防雨淋。

3)钢筋号表会审

钢筋加工厂对技术部的钢筋号表要进行认真阅读、理解,对于钢筋号表中的疑问及相关建议在交底会上要递交书面材料,交底会结束后,针对提出的问题,技术部给予书面澄清。

4)钢筋下料

钢筋加工厂必须依据钢筋号表下料,加工成型的钢筋应满足钢筋加工相关技术要求。

5)钢筋加工设备布置

钢筋加工设备及钢筋加工平台应根据施工现场合理布置,避免出现相关工序施工互相干扰。钢筋加工设备及平台应确保其水平、稳固。

6)钢筋加工设备保养及维修

钢筋加工设备应定期保养、检修,并做好相关设备的保养、检修记录。

7)成型钢筋堆放

加工成型的钢筋必须堆放整齐,并应根据钢筋号表挂牌标识,钢筋安装应按钢筋加工成型日期的早晚依次进行。

8)成型钢筋现场交接

进行钢筋安装作业的施工处(队)应向钢筋加工厂提交所需钢筋规格、数量等相关书面材料,钢筋加工厂派专人对所需钢筋进行现场交接,对交接中出现的问题双方应做好书面记录,并将交接中出现的问题及时上报技术部及施工管理部,以使问题得到及时解决。

9)成型钢筋运输

预先使用的钢筋应优先运抵仓号合适位置,在运输过程中,应防止因方法不当造成已加工成型的钢筋变形。钢筋运到施工现场后,应分号分类摆放整齐;在场地允许的情况下,应就近摆放,摆放的方向应最利于施工。

3.钢筋安装作业技术交底

技术部将已制定的钢筋安装作业指导书下发各处,并召集各处相关人员进行技术交底。

4.测量放线

测量队必须依据设计图纸进行测量放线,在测量放线时,各处应安排技术人员协助测量人员进行该项工作,并对所放测量点进行必要的复核并加以相关标识,以备使用。

5.钢筋安装

钢筋安装是钢筋施工中的关键工序之一,钢筋安装时应按照作业指导书逐号逐步完成。每种号表钢筋施工前,钢筋队应派专人进行该号表钢筋位置放样,施工员应对放样进行复核,核实无误后,方能进行该号表钢筋安装。

检查:在完成整个钢筋网架的施工后,应予以全面复查(以审核后的图纸为依据),确定没有遗漏或错误后,方可进行加固,以保证成型网架不再变形。

(二)模板操作规程

模板现场施工工艺流程:模板安装技术交底→测量放线→模板安装→测量复核→模板工程验收→浇筑过程中模板看护→拆模→模板检修。

1.模板安装技术交底

模板安装前,技术部应召集相关人员对模板工程进行技术交底,同时对技术交底过程中发现的问题及时下发书面解释意见。

2.测量放线

测量队必须严格按设计图纸及规范要求进行现场测量放样,在现场测量放样过程中施工工区必须安排人员辅助其工作,对测设点位进行必要的复核、标识。

3.模板安装

1)模板清理

模板安装前应将模板面板的附着物清理干净,并均匀涂上脱模剂。

2)模板安装前基础处理

为保证安装的模板平稳,模板安装前必须对模板基础进行找平或加固。在建基面上安装模板前,木工队应对模板基础进行挂线检查,对基础坑凹不平处用水泥沙浆或细石混凝土进行二次找平,悬臂模板安装应对前期混凝土浇筑过程中预埋件用木楔子找平。

3)支撑脚手架搭设

模板安装前应先搭设支撑脚手架,所搭设脚手架稳固度最低应确保人员安装及模板临时加固所需。

4)模板安装

模板安装应严格依据技术部下发的作业指导书进行,大模板安装应做到边安装边临时加固,严禁不进行临时支护安装多块模板现象的发生。

4.测量复核

模板安装结束后,施工员应通知测量人员进行测量复核,模板测量符合设计及规范要求后,方能进行加固,加固结束后施工员应再次通知测量人员进行终测,对模板加固过程中出现的模板局部移位予以校正。

5. 模板工程验收

模板测量终验后,质检员应对模板进行初检,初检过程中应重点检查 5 个问题:①模板的支撑及加固是否牢固;②模板与模板、模板与建基面或上次浇筑混凝土接触面之间、模板与拉杆之间的缝隙是否已堵塞密合;③预埋件位置(如止水带)是否准确及加固是否稳固;④沉降缝(伸缩缝)位置是否准确或上下位置是否一致;⑤模板面板在模板安装及其他工序作业过程中是否受到污染,污染物是否清理干净。质检员检验合格后填写验收申请单上交质量管理部申请验收。

质量管理部接到验收申请报告后即召集质检员联合验收,对验收中发现的问题质量管理部下发整改通知单,质检员依据整改单进行整改。整改完成后将整改结果上报质量管理部并提请二次验收。

质量管理部验收合格后向监理工程师提交验收申请单请求监理工程师终验,监理工程师验收时必须高度重视,在验收时应安排相关人员跟踪全过程,对验收中发现的问题应及时予以改正,对短时间不能完成的问题,质量管理部应明确处理相关问题所需时间,以便监理工程师进行二次验收。

6. 浇筑过程中模板看护

混凝土具备浇筑条件后,工区应安排具有丰富经验的模板工进行浇筑过程中的模板看护任务,模板看护人员在浇筑前应对模板工程进行系统检查,并对检查过程中发现的问题及时进行更正,同时应将模板上的部分消耗材料、小型工器具进行归整。在浇筑过程中,模板看护人员应认真负责,发现问题及时处理,对可能影响混凝土构筑物形状尺寸的重大问题应及时上报现场负责人员以便及时采取应对措施,确保混凝土结构物的外观质量符合设计要求,另外模板看护人员应及时清除散落在模板上的混凝土。

7. 拆模

拆模前应提前通知质量管理部,在得到质量管理部允许的情况下方能拆模。拆模应使用专门工具,以减少混凝土及模板的损坏,同时应根据锚固情况,分批拆除锚固连接件,防止大片模板坠落。拆模作业完成后应对施工现场进行清理及时回收模板配件。

8. 模板检修

对拆下的模板、支架及配件应及时清理,对模板面板局部出现的凹坑予以整修。大模板堆放时,应垫平放稳,并适当加固,以免翘曲变形。

八、混凝土操作规程

产品的质量与该产品形成的每一个环节息息相关,为了获得符合设计要求性能的混凝土,我们必须对混凝土生产的每一道工序做到操作规范化、质量控制制度化。

混凝土生产流程:选择合适原材料→混凝土配合比设计→原材料入场抽检→拌和设备选型及混凝土拌和→混凝土运输→现场混凝土施工。

以上生产流程以混凝土为重点,相关工序如模板工程,本章不再叙述。

选择合适原材料。生产混凝土的原材料主要为水泥、骨料、水、掺合料、外加剂。混凝土工程开工前,技术部应根据设计图纸对混凝土性能的要求,对相关生产厂家进行考察,并对厂家产品进行检验(或厂家提供产品相关资料),选择合适的原材料生产厂家。

(一)配合比设计

根据混凝土设计强度、耐久性、抗渗性等要求并结合施工和易性需要,进行混凝土配合比试验(或委托有相关资质的单位来完成该项工作)。

(二)原材料现场抽检

对送达工地的原材料,试验室应对其相关指标进行抽检,各项质量指标符合设计及相关规范要求的原材料方能使用,反之应责令退回厂家或作为废料处理,对连续两次出现不合格原材料的厂家,技术部应致函厂家责令其对产品进行质量整改,完成整改其产品相关指标符合设计、规范要求后方能恢复对其产品的使用。

(三)拌和设备选型及混凝土拌和

根据混凝土施工方案及企业发展选择合理的混凝土制备系统,充分发挥机械化的综合效率。

混凝土要料程序:施工处填写混凝土要料单→施工管理部签署意见→试验室下发混凝土配合比→施工管理部通知(书面或口头)→拌和站接到上述所有信息后方能拌料。

混凝土拌和站必须严格依据试验室下发的配合比进行混凝土拌和,拌和过程中试验室应安排有丰富经验的试验人员跟踪拌和全过程,根据拌和量(或台班)不定期对混凝土坍落度、水灰比、含气量、温度进行抽检,并根据抽检结果及现场情况对混凝土配合比进行适当调整,未经试验人员确认严禁擅自改变混凝土配合比。

混凝土拌和站应定期对拌和设备(计量装置)进行维修(检验)并填写相关记录以保证设备的完好率,充分发挥设备效率,混凝土各组分称量的允许偏差应控制在表3-13以内。

表3-13　混凝土各组分称量允许误差

材料	允许偏差
水泥、混合料	±1%
砂、石	±2%
水、外加剂溶液	±1%

混凝土出机口温度对混凝土质量非常关键,混凝土出机口温度应满足设计及规范要求,试验室应时常注意外界气温变化,并根据外界气温不定期抽测出机口混凝土温度及仓号混凝土温度,根据仓号混凝土温度、混凝土施工方案督促拌和站采取相应的温控措施以保证混凝土拌和质量。

(四)混凝土运输

根据混凝土施工方案选择合适的混凝土水平、垂直运输设备,本工程采用混凝土搅拌车和布料机完成混凝土运输全过程,用皮带机运输混凝土时,应遵守下列规定:

(1)皮带机第一次投入运行时试验室应排专人监控全过程,对进入仓号的混凝土不定期抽检(重点抽检混凝土坍落度、砂率),并根据抽检情况适当调整混凝土配合比。

(2)负责仓号浇筑的施工处(队)应专人指挥,以确保布料机下料位置准确、均匀。

（3）为保证皮带机、溜筒内壁光滑,开始浇筑前采用砂浆润滑皮带及溜筒内壁。

（4）溜筒(管、槽)宜平顺,每节之间应连接牢固,应有防脱落保护措施。

（5）运输和卸料过程中,严禁向皮带机、溜筒内加水。

（6）当混凝土施工结束或溜筒(管、槽)堵塞经处理后,应及时清洗皮带机、溜筒,且应防止清洗水进入新浇的混凝土仓号内。

（五）现场混凝土施工

仓号验收合格接到施工管理部通知后方能开始混凝土浇筑,浇筑前施工处(队)应召开仓前浇筑会,对仓号浇筑注意事项予以明确并填写浇筑责任表,重点部位专人施工。

1. 施工准备

混凝土浇筑前,应保证浇筑工器具能满足施工所需且准备到位,现场混凝土振捣棒电缆接线应明晰合理,严禁乱拉乱扯,现场照明应采用低压照明,照明线应采用绝缘电缆,严禁使用护套线作照明用线。

2. 混凝土浇筑

基岩面和新老混凝土施工缝面在浇筑第一层混凝土前,应均匀铺设 2～3 cm 水泥沙浆,保证新混凝土与基岩或新老混凝土施工缝面结合良好。浇筑方向及层厚应严格按技术部制订的混凝土浇筑方案进行,且应保证浇筑层面平整。入仓的混凝土应及时平仓振捣,不得堆积。仓内若有粗骨料堆叠时,应均匀地分布至砂浆较多处,但不得用水泥沙浆覆盖,以免造成蜂窝。在倾斜面上浇筑混凝土时,应从低处开始,浇筑面应水平,在倾斜面处仓面应与倾斜面垂直。混凝土浇筑坯层的容许最大厚度 45 cm。

混凝土浇筑振捣应遵守下列规定:

（1）混凝土浇筑应先平仓后振捣,严禁以振捣代替平仓。振捣时间以混凝土粗骨料不再显著下沉,并开始泛浆为准,应避免欠振或过振。

（2）振捣棒应垂直插入混凝土中,如略有倾斜,则倾斜方向应保持一致,以免漏振,振捣完应慢慢拔出。振捣棒插入混凝土的间距,应根据现场试验确定并不超过振捣棒有效半径的 1.5 倍(40～50 cm)。

（3）振捣第一层混凝土时,振捣棒应距硬化混凝土面 5 cm。振捣上层混凝土时,振捣棒头应插入下层混凝土 5 cm 左右。

（4）振捣作业时,振捣棒头离模板的距离应不小于 10 cm 振捣棒的有效作用半径的 1/2。严禁振捣棒直接碰撞模板、钢筋及预埋件。

（5）在预埋件特别是止水带周围,应细心振捣,必要时辅以人工捣固密实。

（6）浇筑块第一层、卸料接触带和台阶边坡处的混凝土应加强振捣。

（7）混凝土浇筑过程中,严禁在仓内加水;混凝土和易性较差时,应加强振捣,仓内如出现泌水必须及时排除;应避免外来水进入仓内,严禁在模板上开孔排水;应随时清除黏附在模板、钢筋和预埋件表面的砂浆。

（8）混凝土浇筑应保持连续性,混凝土浇筑允许间歇时间应通过试验确定,如超过允许间歇时间,混凝土能重塑者,可继续浇筑,如局部初凝,但未超过允许面积,则在初凝部位铺水泥沙浆或小级配混凝土后方可继续浇筑。

3. 混凝土抹面

混凝土抹面应安排具有丰富经验的人员来完成,抹面前采用微振梁(滚杠)、刮尺使混凝土面平整,然后用木磨(或磨光机)抹面3~4遍,光面抹收面2~3遍,混凝土表面初凝前再用光面抹子抹压面1~2遍,确保面层密实。

4. 施工缝处理

毛面处理采用冲毛机冲毛的方法,冲毛开始时间从试验室取得混凝土强度上升资料,以此为依据,初步确定冲毛开始时间(冲毛可参照表3-14)。在处理毛面的同时应及时清除上层钢筋网上沾的混凝土,处理好的混凝土施工缝面应无乳皮,微露粗砂。

在其抗压强度尚未到达2.5 MPa前,不得进行下道工序的仓面准备工作。

表3-14　开始冲毛时间表(收仓后小时数)　　　　　　(单位:h)

混凝土标号	冬季	春秋季	夏季
C20	24	22	20~22
C25	22~24	20~22	18~20
C30	20~22	18~20	终凝后
C40	18~20	终凝后	终凝后

注:具体冲毛开始时间根据实际情况作相应调整,但必须在混凝土强度达到25 kg/cm² 2.5 MPa之后。冲毛压强与混凝土强度之比控制在2.0左右。

九、混凝土浇筑存在的问题及预控措施

(一)混凝土表面麻面、露筋、蜂窝、孔洞

1. 操作工艺

在浇筑工序中,应控制混凝土的均匀性和密实性。混凝土拌和物运至浇筑地点后,应立即浇筑入模。在浇筑过程中,如发现混凝土拌和物的均匀性和稠度发生较大的变化,应及时处理。

浇筑混凝土时,应注意防止混凝土的分层离析。混凝土由料斗、漏斗内卸出进行浇筑时,其自由倾落高度一般不宜超过2 m,在竖向结构中浇筑混凝土的高度不得超过3 m,否则应采用串筒、斜槽、溜管等下料。

浇筑竖向结构混凝土前,底部应先填以50~100 mm厚与混凝土成分相同的水泥沙浆。混凝土的水灰比和坍落度,应随浇筑高度的上升,酌予递减。

浇筑混凝土时,应经常观察模板、支架、钢筋、预埋件和预留孔洞的情况,当发现有变形、移位时,应立即停止浇筑,并应在已浇筑的混凝土凝结前修整完好。

混凝土在浇筑及静置过程中,应采取措施防止产生裂缝。由于混凝土的沉降及干缩产生的非结构性的表面裂缝,应在混凝土终凝前予以修整。在浇筑与柱和墙连成整体的梁和板时,应在柱和墙浇筑完毕后停歇1~1.5 h,使混凝土获得初步沉实后,再继续浇筑,以防止接缝处出现裂缝。

梁和板应同时浇筑混凝土。较大尺寸的梁(梁的高度大于1 m)、拱和类似的结构,可单独浇筑。但施工缝的设置应符合有关规定。

浇筑混凝土时应分层,每层厚度应不大于下列数值(mm):插入式振捣器为作用部分长度的1.25倍,平板振捣器为200,人工振捣时为150~250(基础250,密集配筋为150)。

浇筑混凝土应连续进行。如必须间歇时,时间宜短,并应在前层混凝土凝固之前,将次层混凝土浇筑完毕。

2.预控措施

1)预控麻面

模板面清理干净,无杂物;木模板在浇筑前用清水充分湿润,拼缝严密,防止漏浆;钢模板要刷脱模剂;模板平整,无积水现象;振捣密实,无漏振;每层混凝土应振捣到气泡排除为止,防止分层。

2)预控露筋

浇筑混凝土前应检查钢筋位置和保护层厚度是否正确,发现问题及时纠正;钢筋密集时,应选择合适的石子粒径,石子最大粒径尺寸不超过结构截面尺寸小边的1/4,同时不得大于钢筋净距的3/4;振捣时严禁振捣棒撞击钢筋;混凝土自由倾落高度超过2 m时,要用溜槽或串筒等工具下料;操作时不得踩钢筋,如发现踩弯和脱扣钢筋,应及时修正。

3)预控蜂窝

严格控制混凝土配合比;混凝土拌和要均匀,搅拌时间要控制好;混凝土下料高度一般不超过2 m,浇筑楼板下料高度不超过1 m;开始浇筑前,底部应先填50~100 mm的与要浇筑混凝土相同品种的水泥沙浆;混凝土坍落度应严格控制,底层振捣应认真操作;柱子应分段浇筑,每段高度不超过3.5 m,墙每段高度不大于3 m;柱断面在40 cm×40 cm以内,并有交叉箍筋,应在柱侧模开设不小于30 cm高的浇筑洞;洞间距不超过2 m,分层浇筑混凝土,用平板振捣器每层厚度不超过200 mm,插入式振捣器为振捣器作用部分长度的1.25倍,人工振捣为150~200 mm,严格掌握振捣时间,不宜长也不宜短,按有关资料查用;施工过程中经常观察模板、支架、堵缝等情况。

4)预控孔洞

(1)在钢筋密集处,如柱梁及主次梁交叉处浇筑混凝土时,可采用豆石混凝土浇筑,使混凝土充满模板,并认真振捣密实。机械振捣有困难时,可采用人工捣固配合。

(2)预留孔洞处应在两侧同时下料。下部往往浇筑不满,振捣不实,应采取在侧面开口浇筑的措施,振捣密实后再封好模板,然后往上浇筑,防止出现孔洞。

(3)采用正确的振捣方法,严防漏振:

①插入式振捣器应采用垂直振捣方法,即振捣棒与混凝土表面垂直或斜向振捣,即振捣棒与混凝土表面成一定角度(40°~45°)。

②振捣器插点应均匀排列,可采用行列式或交错式顺序移动,不应混用,以免漏振。每次移动距离不应大于振捣棒作用半径(R)的1.5倍。一般振捣棒的作用半径为30~40 cm。振捣器操作时应快插慢拔。

(4)控制好下料。要保证混凝土浇筑时不产生离析,混凝土自由倾落高度应不超过2 m(浇筑板时为1 m),大于2 m时要用溜槽、串筒等下料。

(5)防止砂、石中混有黏土块或冰块等杂物;基础承台梁等采用土模施工时,要注意防止土块掉入混凝土中;发现混凝土中有杂物,应及时清除干净。

（6）加强施工技术管理和质量检查。

（二）施工缝结合

1. 操作工艺

在浇筑工序中，应控制混凝土的均匀性和密实性。混凝土拌和物运至浇筑地点后，应立即浇筑入模。在浇筑过程中，如发现混凝土拌和物的均匀性和稠度发生较大的变化，应及时处理。

浇筑混凝土时，应注意防止混凝土的分层离析。混凝土由料斗、漏斗内卸出进行浇筑时，其自由倾落高度一般不宜超过 2 m，在竖向结构中浇筑混凝土的高度不得超过 3 m，否则应采用串筒、斜槽、溜管等下料。

浇筑竖向结构混凝土前，底部应先填以 50～100 mm 厚与混凝土成分相同的水泥沙浆。混凝土的水灰比和坍落度，应随浇筑高度的上升，酌予递减。

浇筑混凝土时，应经常观察模板、支架、钢筋、预埋件和预留孔洞的情况，当发现有变形、移位时，应立即停止浇筑，并应在已浇筑的混凝土凝结前修整完好。

混凝土在浇筑及静置过程中，应采取措施防止产生裂缝。由于混凝土的沉降及干缩产生的非结构性的表面裂缝，应在混凝土终凝前予以修整。在浇筑与柱和墙连成整体的梁和板时，应在柱和墙浇筑完毕后停歇 1～1.5 h，使混凝土获得初步沉实后，再继续浇筑，以防止接缝处出现裂缝。

梁和板应同时浇筑混凝土。较大尺寸的梁（梁的高度大于 1 m）、拱和类似的结构，可单独浇筑。但施工缝的设置应符合有关规定。

浇筑混凝土时应分层，每层厚度应不大于下列数值（mm）：插入式振捣器为作用部分长度的 1.25 倍，平板振捣器为 200，人工振捣时为 150～250（基础 250，密集配筋为 150）。

浇筑混凝土应连续进行。如必须间歇时，时间宜短，并应在前层混凝土凝固之前，将次层混凝土浇筑完毕。

在施工缝处继续浇筑混凝土时，已浇筑的混凝土抗压强度不应小于 1.2 N/mm²。混凝土达到 1.2 N/mm² 的时间，可通过试验决定。同时，必须对施工缝进行必要的处理。在已硬化的混凝土表面上继续浇筑混凝土前，应清除垃圾、水泥薄膜、表面上松动砂石和软弱混凝土层，同时还应加以凿毛，用水冲洗干净并充分湿润，一般不宜少于 24 h，残留在混凝土表面的积水应予清除。注意施工缝位置附近回弯钢筋时，要做到钢筋周围的混凝土不受松动和损坏。钢筋上的油污、水泥沙浆及浮锈等杂物也应清除。在浇筑前，水平施工缝宜先铺上 10～15 mm 厚的水泥沙浆一层，其配合比与混凝土内的砂浆成分相同。从施工缝处开始继续浇筑时，要注意避免直接靠近缝边下料。机械振捣前，宜向施工缝处逐渐推进，并距 80～100 cm 处停止振捣，但应加强对施工缝接缝的捣实工作，使其紧密结合。承受动力作用的设备基础的施工缝处理，应遵守下列规定：

（1）标高不同的两个水平施工缝，其高低接合处应留成台阶形，台阶的高度比不得大于 1。

（2）在水平施工缝上继续浇筑混凝土前，应对地脚螺栓进行一次观测校正。

（3）垂直施工缝处应加插钢筋，其直径为 12～16 mm，长度为 50～60 cm，间距为 50 cm。在台阶式施工缝的垂直面上亦应补插钢筋。

2.预控措施

（1）在施工缝处继续浇筑混凝土时,应注意以下几点:

①浇筑柱、梁、楼板、墙、斗仓及类似结构时,如间歇时间超过有关规定,则按施工缝处理,应在混凝土抗压强度不小于 12 MPa 时,才允许继续浇筑。

②对混凝土进行二次振捣,这样可以提高接缝的强度和密实度。在大体积混凝土施工中,接缝时间往往超过规定的时间,也可以采取待先浇筑的混凝土终凝前后(4~6 h)再振捣一次,然后浇筑下一步混凝土的方法。二次振捣处理施工缝的方法,应先进行试验,找出规律后方可实际应用。

③在已硬化的混凝土表面上继续浇筑混凝土前,应除掉表面水泥薄膜和松动石子或软弱混凝土层,并充分湿润和冲洗干净,残留在混凝土表面的水应予清除。

④在浇筑前,施工缝宜先铺抹水泥浆或与混凝土相同的石子砂浆一层。

（2）冬期施工时,如有冰雪等,要用热气喷化后清理干净锯末等杂物,可采用高压空气吹扫。全部清理干净后,再将通条开口封板,并抹水泥砂浆或石子混凝土砂浆,再浇筑混凝土。

（3）承受动力作用的设备基础,施工缝要进行下列处理:

①垂直施工缝处应补插钢筋,钢筋直径为 12~16 mm,长度为 500~600 mm,间距为 50 mm,在台阶或施工缝垂直面上亦应补插钢筋。

②施工缝混凝土表面应凿毛,用水冲洗干净,充分湿润,抹一层 10~15 mm 厚的水泥沙浆,其强度等级及水泥品种与基础混凝土相同,然后再继续浇筑混凝土。

③两个标高不同的水平施工缝,其高低接合处应留成台阶形,台阶的高宽比不得大于 1。

第三节　倒虹吸闸房施工方案

一、工程概况与工程特点

普济河、闫河倒虹吸进出口闸房均为二层框架结构。

闫河倒虹吸进口检修闸建筑面积 424.21 m²,建筑主体高度 17.500 m,相对标高 +0.000 相当于水工结构标高的 106.98 m;出口控制闸建筑面积 984.29 m²,建筑主体高度 11.900 m,相对标高 +0.000,相当于水工结构标高的 110.148 m。

普济河倒虹吸进口检修闸建筑面积 495.3 m²,建筑主体高度 14.769 m,相对标高 +0.000,相当于水工结构标高的 108.34 m;出口控制闸建筑面积 972.40 m²,建筑主体高度 10.700 m,相对标高 +0.000,相当于水工结构标高的 110.421 m。

建筑抗震等级均为一级,耐火等级为二级,主体结构使用年限为 50 年。

（一）建筑概况

本工程楼地面为陶瓷地砖地面,卫生间为陶瓷地砖防水楼地面;内墙为混合砂浆内墙面,白色乳胶漆;有吊顶房间的顶棚为轻钢龙骨石膏板吊顶;外墙为涂料饰面;门窗为热断桥铝合金 90 系列,所有门均采用安全防盗门。

(二)结构概况

基础部分:本工程基础是柱下直接生根在倒虹吸闸墩上,混凝土强度等级:垫层为C10素混凝土;基础为C30混凝土。

主体部分:框架梁、板、柱、楼梯、女儿墙、挑耳、挑檐、雨棚均为C30。

门窗:门采用安全防盗门,窗采用90系列断热型彩色铝合金低辐射中空玻璃窗;玻璃采用蓝色平板玻璃。

具体装修构造做法见表3-15。

表3-15　具体装修构造做法

序号	项目	做法名称	适用范围	说明
1	屋面	倒置非上人屋面	所有不上人屋面	B1 – 50 – F1
2	地面	陶瓷地砖地面	所有地面	地砖选材业主确定
3	楼面	陶瓷地砖楼面	所有楼面	地砖选材业主确定
4	顶棚	混合砂浆乳胶漆顶棚	所有顶棚	涂料业主确定
5	内墙	混合砂浆乳胶漆墙面	内墙	涂料业主确定
6	外墙	涂料外墙	外墙(立面填充部分)	蓝灰色涂料,涂料业主定
		面砖外墙	外墙(立面非填充部分)	白色面砖(300 mm × 300 mm)
7	踢脚	面砖踢脚	所有地、楼面周边	150 高
8	油漆	清漆	室内木构件	木原色
		银粉漆	外漏铁件	白色

(三)安装工程概况

电气设计有供配电系统、电气照明系统、防雷系统、火灾自动报警及消防联运系统;综合布线系统仅预埋钢管。

二、工期目标

四个月。

三、施工方案

(一)施工测量

1.定位测量

采用GPS放线,分别测出闸房的四个角坐标及高程,由现场监理核实并签字认可。

2.楼底面施工测量

垂直控制:楼房垂直度控制采用内控法,在首层±0.000梁板上设置轴线控制点,各楼层轴线放样点控制点均由此向上引测,并用测量仪器进行复核。

标高控制:应用水准测量和钢尺量距相结合的方法进行,其高程从水准点用水准仪引测后,以后各层高程由高程引测点用钢尺向上丈量使用,施工过程中用测量仪器复核绝对高程。

(二)钢筋制作、绑扎、焊接

1. 钢筋制作

1)钢筋除锈

钢筋的表面应洁净。油渍、漆污和用锤敲击时能剥落的浮皮、铁锈等应在使用前清除干净。

2)钢筋调直

(1)钢筋应平直,无局部曲折。

(2)盘圆和盘螺钢筋在调直机上调直后,其表面不得有明显擦伤,抗拉强度不得低于设计要求。

3)钢筋切断

(1)钢筋形状正确,平面上没有翘曲不平现象。

(2)钢筋末端弯钩的净空直径不小于钢筋直径的2.5倍。

(3)钢筋弯曲点处不得有裂缝,为此,下料时要严格控制尺寸,特别是纵向受力钢筋要避免二次回弯成型。

(4)钢筋弯曲成型后的允许偏差为:全长 ± 10 mm,弯起钢筋起弯点位移 ± 20 mm,弯起钢筋的弯起高度 ± 5 mm,箍筋边长 ± 5 mm。

2. 钢筋绑扎

1)准备工作

(1)核对成品钢筋的钢号、直径、形状、尺寸和数量等是否与料单料牌相符。

(2)准备绑扎用的铁丝、绑扎工具(如钢筋钩、带扳口的小撬棍)、绑扎架等。

钢筋绑扎用的铁丝,可采用20 ~ 22 号铁丝,只用于绑扎直径 12 mm 以下的钢筋。

(3)准备控制混凝土保护层用的水泥沙浆垫块。

水泥沙浆垫块的厚度,应等于保护层厚度。垫块的平面尺寸:保护层厚度等于或小于 20 mm 时为 30 mm × 30 mm,大于 20 mm 时 50 mm × 50 mm。在垂直方向使用垫块时,可在垫块中埋入 20 号铁丝。

(4)划出钢筋位置线。平板的钢筋,在模板上划线;柱的箍筋,在两根对角线主筋上划点;梁的箍筋,则在架立筋上划点;钢筋接头位置,应根据来料规格,结合有关接头的位置、数量的规定,使其错开,在模板上划线。

(5)绑扎接头塔接长度 L_d 应符合相关规范要求。

(6)绑扎形式复杂的结构部位时,应先研究逐根钢筋穿插就位的顺序,并与模板工联系讨论支模和绑扎钢筋的先后顺序,以减少绑扎困难。

(7)柱与基础连接用的插筋,其箍筋应比柱的箍筋缩小一个柱筋直径,以便连接。插筋位置一定要固定牢靠,以免造成柱轴线偏移。

2)柱

柱的受力纵筋采用直螺纹连接,其他部位的钢筋采用焊接接头或绑扎接头,采用搭接连接时搭接区段箍筋应按要求加密。

箍筋的接头(弯钩叠合处)应交错布置在四角纵向钢筋上;箍筋转角与纵向钢筋交叉点均应扎(牢箍筋平直部分与纵向钢筋交叉点可间隔扎牢),绑扎箍筋时绑扣相互间应呈八字形。

3)梁与板

纵向受力钢筋采用双层排列时,两排钢筋之间应垫以直径≥25 mm 的短钢筋,以保持其设计距离。

箍筋的接头(弯钩叠合处)应交错布置在两根架立钢筋上,其余同柱。

板的钢筋网绑扎与基础相同,但应注意板上部的负筋要用混凝土或钢筋马蹬支撑,防止被踩下;特别是雨篷、挑檐、阳台等悬臂板,要严格控制负筋位置,以免保护层过大影响结构安全。

板、次梁与主梁交叉处,板的钢筋在上,次梁的钢筋居中,主梁的钢筋在下。

节点处钢筋穿插十分稠密时,应特别注意梁顶面主筋间的净距离要有 30 mm,以利于混凝土浇筑。

梁钢筋的绑扎与模板安装之间的配合关系:在梁钢筋架空的梁模顶上绑扎,然后再落位。

梁板钢筋绑扎时应防止水电管线将钢筋抬起或压下。

3. 钢筋连接

框架梁、框架柱的受力纵筋采用直螺纹连接,其余构件当受力纵筋直径≥20 mm 的钢筋,采用机械连接(直螺纹连接),钢筋采用切断机进行切割,以确保钢筋接头满足直螺纹连接的要求。直径小于 20 mm 的梁钢筋连接采用闪光对焊,试件送相关检测单位进行检测,拉伸、弯曲试验满足工程要求后再进行施工。

(三)模板工程

1. 木模板的配制方法

(1)按设计图纸尺寸直接配制模板。

形体简单的结构构件,可根据结构施工图纸直接按尺寸列出模板规格和数量进行配制。模板厚度、横档及愣木的断面和间距,以及支撑系统的配置,都可按支承要求通过计算选用。

(2)采用放大样方法配制模板。

形体复杂的结构构件,可在平整的地坪上,按结构图的尺寸画出结构构件的实样,量出各部分模板的准确尺寸或套制样板,同时确定模板及其安装的节点构造,进行模板的制作。

2. 现浇混凝土结构木模板

1)柱模板

矩形的模板由四面侧板、柱箍、支撑组成。构造做法有两种:侧板用 20 mm 厚胶合板加 40 mm×80 mm 方木竖向龙骨制作,竖向龙骨间距不大于 200 mm。柱箍采用 ϕ48 钢管配合紧固螺栓加固,上下柱箍与满堂脚手架相连,保证混凝土浇筑时不发生位移。

柱箍间距应根据柱模断面大小经计算确定。

2)梁模板

梁模板主要由梁底模板、梁帮模板、支撑等组成。梁模板用厚度 20 mm 胶合板配合 40 mm×80 mm 方木龙骨制作,方木间距不大于 200 mm。

梁模支撑采用在 φ48 钢管脚手架搭设,施工前应对支撑系统进行验算,符合要求后报监理批准后方可进行施工。当梁的跨度在 4 m 时或 4 m 以上时,在梁模的跨中要起拱,起拱高度为梁跨度的 2‰~3‰。

3)平板模板

平板模板一般用厚 20 mm 的竹胶板拼成,支撑系统采用满堂脚手架,立杆间距一般不大于 1.5 m,水平主龙骨用钢管,次向龙骨用 40 mm×80 mm 方木支撑,间距一般不大于 300 mm。底层满堂脚手架搭设在闸室底板上,立杆底部按要求铺设垫木。为保证脚手架的整体性及稳定性,要按规范间排距搭设剪刀撑。

4)板式楼梯木模板

配制方法:通过计算方法取得模板尺寸,楼梯踏步的高和宽构成的直角三角形与梯段和水平线构成的直角三角形都是相似三角形(对应边平行),因此踏步的坡度和坡度系数即为楼梯的坡度和坡度系数。通过已知踏步的高和宽可以得出楼梯的坡度和坡度系数,所以楼梯模板各倾斜部分都可以利用楼梯的坡度值和坡度系数进行各部分尺寸的计算。

(四)混凝土工程

1.混凝土质量控制

混凝土在位于焦东路东侧 1#生产营地拌和站集中拌制,拌和站配置 1 座郑州三和水工厂生产的 HZS90 型和 1 座山东建友机械股份有限公司生产的 HZS50E 型拌和站。HZS90 型拌和站理论生产率为 90 m³/h,HZS50E 型拌和站理论生产率为 50 m³/h,总生产率为 140 m³/h,能满足混凝土高峰期浇筑强度。混凝土正式拌和前要根据混凝土施工配合比进行试拌,在各项指标均满足设计和规范要求的条件下方可进行正式拌制。

每次混凝土浇筑前,提前向混凝土搅拌站发出混凝土浇筑部位、强度等级、需用量、坍落度、浇筑时间及需用车辆的通知,并由项目部试验员及现场监理现场测定混凝土坍落度,若偏大或偏小应及时通知搅拌站调整配合比,现场能解决的应在监理的监督下进行。

2.混凝土输送及要求

本工程混凝土采用混凝土罐车利用沿渠道路运至施工现场,混凝土汽车泵入仓浇筑。

1)泵送商品混凝土对模板和钢筋的要求

(1)模板。

由于泵送混凝土的流动性大和施工的冲击力大,因此在设计模板时,必须根据泵送混凝土对模板侧压力大的特点,确保模板和支撑有足够的强度、钢度和稳定性。

(2)钢筋。

浇筑混凝土时,应注意保护钢筋,一旦钢筋骨架发生变形或位移,应及时纠正。混凝土板和块体结构的水平钢筋;应设置足够的钢筋撑脚或钢支架。钢筋骨架重要节点应采取加固措施。

2)泵送混凝土的操作

泵车操作人员必须经过专门的培训合格后,方可上岗独立操作。在安置混凝土泵时,应根据要求将其支设牢固,在支腿下垫枕木等,以防汽车泵移动或侧翻。

混凝土输送管连通后,应按所用泵送混凝土使用说明书的规定进行全面检查,符合要求后方能开机进行空运转。混凝土启动后,应先送适量的水,以湿润混凝土的料斗、活塞及输送管,输送管中没有异物后,采用与将要送的混凝土内除粗骨料外的其他成分相同配合比的水泥沙浆。

开始泵送时,泵送混凝土应处于慢速,匀速并随时可能反的状态。泵送的速度应先慢后快、逐步加速。同时,应观察混凝土的压力和各系统的工作情况,待各系统运转顺利后,再按正常速度进行。混凝土应连续进行,如必须中断时,其中断时不得超过混凝土从搅拌至浇筑完所允许的延续时间。

3. 混凝土浇筑

泵送混凝土的浇筑应根据工程结构特点、平面形状和几何尺寸,混凝土供应和泵送设备能力、劳动力和管理能力,以及周围场地大小等条件,预先规划好混凝土浇筑区域。

1)混凝土的浇筑顺序

(1)采用混凝土输送管输送混凝土时,应由远及近浇筑。

(2)当不允许留施工缝时,区域之间、上下层之间的混凝土浇筑间歇时间,不得超过混凝土初凝时间。

2)混凝土的布料方法

振捣泵送混凝土时,振动棒插入间距一般为400 mm左右,振捣时间一般为15～30 s,并且在20～30 min后对其进行二次复振。

对于有预留洞、预埋件和钢筋密集的部位,应预先制订好相应的技术措施,确保顺利布料和振捣密实。在浇筑混凝土时,应经常观察,当发现混凝土有不密实等现象,应立即采取措施。

水平结构的混凝土表面,应适时用木抹子磨平搓毛两遍以上。必要时,还应先用铁滚筒压两遍以上,可防止产生收缩裂缝。

4. 振捣作业

本工程所使用的振动器为振动棒(浇筑混凝土柱及梁)及平板振动器(浇筑混凝土现浇板)。

振动棒操作时要做到"快插慢拔"。快插是为了防止先将表面混凝土振实而与下面混凝土发生分层、离析现象;慢拔是为了使混凝土能填满振动棒抽出时所造成的空洞。

混凝土分层灌注时,在振捣上一层时,应插入下层中5 cm左右,以消除两层之间的接缝,同时在振捣上层混凝土时,要在下层混凝土初凝之前进行。

振动棒每一插点要掌握好振捣时间,过短不易捣实,过长可能引起混凝土产生离析现象,对塑性混凝土尤其要注意。一般每点振捣时间为20～30 s,使用高频振动器时,最短不应少于10 s,但应视混凝土表面呈水平不再显著下沉、不再出现气泡、表面泛出灰浆为准。

(1)振动棒插点要均匀排列,可采用"行列式"或"交错式"的次序移动,不应混用,以免造成混乱而发生漏振。每次移动位置的距离应不大于振动棒作用半径的1.5倍。一般振动棒的作用半径为30～40 cm。

（2）平板振动器在每一位置上应连续振动一定时间,正常情况下为 25～40 s,但以混凝土面均匀出现浆液为准,移动时应依次振捣前进,前后位置和排与排之间相互搭接应有 3～5 cm,防止漏振。

（3）平板振动器的有效作用深度,在无筋及单筋平板中约为 20 cm,在双筋平板中约为 12 cm。

（4）待混凝土入模后方可开动振动器,混凝土浇筑高度要高于振动器安装部位。当钢筋较密和构件断面较窄时,亦可采取边浇筑边振动的方法。

5.混凝土养护

（1）对已浇筑完毕的混凝土,应加以覆盖和浇水,并应符合下列规定：

①应在浇筑完毕后的 12 h 内对混凝土加以覆盖和浇水;

②混凝土的浇水养护的时间,对采用硅酸盐水泥、普通硅酸盐水泥或矿渣硅酸盐水泥拌制的混凝土,不得少于 7 d,对掺用缓凝型外加剂或有抗渗性要求的混凝土,不得少于 14 d;

③浇水次数应能保持混凝土处于润湿状态;

④混凝土的养护用水应与拌制用水相同。

注：当日平均气温低于 5 ℃,不得浇水;应用塑料薄膜或草苫进行覆盖养护。

（2）框架柱采用刷养护剂进行养护。

（3）采用塑料薄膜覆盖养护的混凝土,其敞露的全部表面均应用塑料薄膜覆盖严密,并应保持塑料薄膜内有凝结水。

注：混凝土的表面不便使用塑料薄膜或草苫养护时,宜涂刷保护层（如薄膜养护液等）,防止混凝土内部水分蒸发。

（4）在已浇筑的混凝土强度未达到 1.2 N/mm² 前,不得在其上踩踏或安装模板及支架。

（五）砌体工程

1.填充墙技术要求

1）工艺流程

基层处理→加气混凝土块砌筑→砌块与楼板连接。

主体施工完毕,报监理部进行验收,待监理部同意后方可进行填充墙砌筑。

（1）基层处理。

将砌筑加气混凝土墙根部的砖或混凝土带上表面清扫干净,用水平尺检查其平整度。

（2）加气混凝土块的砌筑。

砌筑时按墙宽尺寸和砌块的规格尺寸,按排块设计,进行排列摆块,不够整块时可以锯割成需要的尺寸,但不得小于砌块长度的 1/3（600 mm×1/3 mm）。竖缝宽 20 mm,水平灰缝 15 mm 为宜。当最下一皮的水平灰缝厚度大于 20 mm 时,应用豆石混凝土找平层铺砌。砌筑时,满铺满挤,上下丁字错缝,搭接长度不宜小于砌块长度的 1/3,转角处相互咬砌搭接。双层隔墙,每隔两皮砌块钉扒钉加强,扒钉位置应梅花形错开。砂浆标号按设计规定。

加气墙与结构墙柱连接处,必须按设计要求设置拉结筋。竖向间距为 500 mm 左右,埋压 2 φ6 钢筋通长设置。砌块端头与墙柱接缝处各涂刮厚度为 5 mm 的黏结砂浆,挤紧塞实,将挤出的砂浆刮平。

砌体砌筑时不能一次砌到顶,最后一层斜砌砖待 7 d 后再进行砌筑,确保砌筑时的沉降量。以此控制砌块墙裂缝的产生。

砌筑时砌筑砂浆饱满度应达到 85%。

砌筑前应对砌块适量浇水,以此保证砂浆水化过程中水的供应,确保砂浆强度。

(3)砌块与楼板(或梁底)的连结。

在楼板底(梁底)斜砌一排砖,以保证加气混凝土墙体顶部稳定、牢固。

2)质量标准

(1)保证项目。

①使用的原材料和加气混凝土块品种,强度必须符合设计要求,质量应符合《蒸压加气混凝土砌块》(GB 11968—2008)标准的各项技术性能指标,并有出厂合格证。

②砂浆的品种标号必须符合设计要求。砌块接缝砂浆必须饱满,按规定制作砂浆试块,试块的平均抗压强度不得低于设计强度,其中任意一组的最小抗压强度不得小于设计强度的 75%。

③转角处必须同时砌筑,严禁留直槎,交接处应留斜槎。

(2)基本项目。

①通缝:每道墙三皮砌块的通缝不得超过 3 处,不得出现四皮砌块及四皮砌块高度以上的通缝。灰缝均匀一致。

②接槎:砂浆要密实,砌块要平顺,不得出现破槎、松动,做到接槎部位严实。

③拉结筋(或钢筋混凝土拉结带):间距、位置、长度及配筋的规格、根数符合设计要求。位置、间距的偏差不得超过一皮砌块,在灰缝中设置,视砌块的厚度而调整。

2. 砌筑砂浆

1)原材料的要求

(1)水泥应按品种、标号、出厂日期分别堆放,并应保持干燥。当遇水泥标号不明或出厂日期超过 3 个月禁止使用。不同品种的水泥,不得混合使用。

(2)砂浆用砂宜采用中砂,并应过筛,且不得含有草根等杂物。砂中含泥量,对于水泥沙浆和强度等级不小于 M5 的水泥混合砂浆,不应超过 2%。

(3)拌制水泥混合砂浆用的砂浆或其他掺合料应有检测报告和使用说明书;应经检验和试配符合要求后,方可使用。

(4)拌制砂浆用水宜采用饮用水。当采用其他来源水时,水质必须符合现行行业标准《混凝土用水标准》(JGJ 63—2006)的规定。

2)砂浆的配合比

砂浆的配合比应采用重量比,配合比应事先通过试配确定。水泥、有机塑化剂等配料准确度应控制在 ±2% 以内;砂、水及石灰膏等组分的配料精确度应控制在 ±5% 范围内。砂应计入其含水率对配料的影响。

为使砂浆具有良好的保水性,应掺入有机塑化剂,不应采取增加水泥用量的方法。

水泥沙浆的最少水泥用量不宜小于 200 kg/m³。

砌筑砂浆的分层度不应大于 30 mm。

水泥沙浆的分层度不应大于 30 mm。

施工时砌筑砂浆配制强度应按现行行业标准《砌筑砂浆配合比设计规程》(JGJ/T 98—2010)的有关规定确定。

当砂浆的组成材料有变更时,其配合比应重新确定。

3. 砂浆的拌制及使用

(1)砌筑砂浆应采用机械搅拌,自投料完算起,搅拌时间应符合下列规定:水泥沙浆和水泥混合砂浆,不得少于 2 min。

(2)砌筑砂浆的稠度,宜按相关规定选用。

(3)掺用有机塑化剂的砂浆,必须采用机械搅拌。搅拌时间,自投料完算起为 3 ~ 5 min。

(4)砂浆拌成后和使用时,均应盛放于储灰器中。如砂浆出现泌水现象,应在砌筑前再次拌和。

(5)有特殊性能要求的砂浆,应符合相应标准并满足施工要求。

(六)屋面防水工程

屋面防水层采用高聚物改性沥青防水卷材两层,共厚 6 mm。

施工工艺流程:基面找平→清理基面→铺贴第一层卷材→铺贴第二层卷材→验收。

(1)基层处理。

基层应清洁、无灰尘、油污等,在干燥基面上施工防水涂料前应先湿润基面至无明水为准,若基面潮湿但无明水可直接施工。基层应平整,平整度 2 m 内误差控制在 5 mm 之内。

(2)粘贴卷材。

①找好基准线:沿铺贴方向,找好平行基准线,以免在铺贴过程中铺贴歪斜。

②刮涂水泥胶黏剂:清理基层后,用滚筒或橡胶刮板均匀涂刮胶黏剂,涂刮时要求均匀一致,不得过厚或过薄,涂刮厚度控制在 0.2 ~ 0.4 mm 为宜。

③铺贴卷材:第一块卷材应铺贴在平面与立面相交接的阴角处,平面与立面各占半幅卷材,避免在阴角根部进行接缝处理。摆放好卷材,在卷材前撒好胶黏剂并开始用刮板刮平,在胶黏剂刮出 3 m 时,可开始滚放卷材,用刮板轻刮卷材表面,排黏结层的空气和多余浆液。

同一层相邻两幅卷材铺贴时,横向搭接边应错开 1 500 mm 以上,且上下两层卷材禁止互相垂直铺贴。滚铺时应注意卷材的铺展方向,卷材的长边始终对准基准线,不得出现褶皱、扭曲、歪斜等现象。

卷材与基面的黏结率应达到 85% 以上,且不能有大面积空鼓。卷材铺贴完毕,应采用大胶号黏结剂用毛刷或刮板在所有接缝处刷、刮一层胶黏剂,将接口处封严。

(3)卷材铺贴完成并自检合格后报质检部复检,复检合格报监理工程师验收。

(七)装饰工程

1. 内外墙抹灰

1)作业条件

(1)抹灰前应进行结构验收,并办理完有关手续。

（2）抹灰前应检查门框安装是否正确,与墙体的连接是否牢固,连接处缝隙用1∶3水泥沙浆分层嵌塞密实,对门框进行保护。

（3）过墙套管用1∶3水泥沙浆或豆石混凝土填塞密实,电线管、消火栓箱、配电箱安装完毕,并将背后露明部分钉好铅丝网,接线盒用纸堵严。

（4）施工前先做样板间,经监理部认定并确定施工方法后,再组织大面积抹灰。

（5）熟悉图纸,确定不同部位的材料和做法。

2）施工工艺

抹灰工艺流程:墙面整修清理→吊垂直、套方、做灰饼→墙面浇水→做水泥护角→抹窗台板→铺钉加强钢丝网→抹底层砂浆→抹面层砂浆→滴水线(槽)。

3）主要工序

（1）墙面整修、清理。将过梁(圈)梁、混凝土柱表面凸出部分混凝土剔平,对凹进部分超过30 mm处用掺水重20%的107胶水泥浆涂刷一道,接着用1∶3水泥沙浆分层抹平,每层厚度控制在7～9 mm。

梁、板等混凝土基体的处理:抹灰时的材料仍为混合砂浆,混凝土基体表面用掺水重20%的107胶水泥浆(粥状),掺加适量机制砂,均匀喷涂毛化,待12 h后养护3 d,然后进行抹灰,以确保抹灰层黏结牢固。部分顶板经检查其平整度较好的房间,考虑派专业施工人员,用磨光机对个别边角不整齐部位打磨,然后清理干净,直接批腻子再做罩面,但标准必须达到板底抹灰的要求。

混凝土加气块与混凝土柱、梁结合处用钢丝网加强,钢丝网用建筑结构胶固定粘钉钉牢,减少收缩裂缝。

（2）吊垂直、套方、抹灰饼。

按基层表面的平整、垂直情况,吊套方,找规矩,经检查后确定抹灰厚度,但最小不少于7 mm,操作时先抹上灰饼,再抹下灰饼。抹灰饼时要根据室内抹灰的要求,以确定灰饼的适当位置,用靠尺板找好垂直与平整,灰饼宜用1∶3水泥沙浆抹成50 mm见方形状,抹灰层厚度按20 mm考虑。

（3）充筋。

根据已抹好的灰饼充筋,其宽度控制在40～50 mm为宜,此筋作为抹踢脚的依据,踢脚用1∶3水泥沙浆抹200 mm高,抹好后用大杠刮平,木抹子搓毛。

（4）墙面浇水。

加气砌块的吸水率较小,为了基体湿润充分,必须提前1 d浇水,使水渗入砌体8～10 mm为宜;抹灰前最后一遍浇水宜在抹灰前1 h进行。

（5）水泥护角。

室内墙面阳角、柱面阳角、门窗洞口阳角均做护角,用1∶3水泥沙浆打底与所抹灰饼找平,待稍干后用107胶素水泥膏抹成小圆角,其高度不应低于2 m,每侧宽度不小于50 mm,门窗护角做完后,及时清理框上的砂浆。

（6）抹窗台板。

先将窗台基层清理干净,松动的砖要重新砌筑好,用水洇透,然后用1∶2∶3豆石混凝土铺实,厚度25 mm,次日刷掺水重10%的107胶水泥浆一道,紧跟着抹1∶2.5的水泥砂浆面层,待面层颜色变白时,洒水养护 2 ~ 3 d。

(7)界面处理。

墙体与框架梁底面、柱之间应进行处理,以防止开裂、空鼓,采用孔径 10 mm 的钢丝网加强,以缝隙为中心,每边 100 ~ 200 mm,水泥钉间距不宜大于 300 mm(接合部位若是阴角处可不设加强层)。

(8)抹灰。

抹底灰:充筋后约 2 h 即可抹底灰,抹灰时二遍成活,第一遍厚 6 mm,第二遍厚 9 mm,用大杠垂直、水平刮找一遍,用木抹子搓毛,然后全面检查底子灰是否平整,阴阳角是否方正,墙与顶交接是否光滑平整,并用检测尺检查。

抹罩面灰:当底灰六七成干时即可抹罩面灰,罩面灰应两遍成活,表面压光、压实,不能有砂眼。

(9)滴水线(槽)。

在檐口、窗台、窗楣、雨蓬、阳台、压顶和突出墙面等部位,应做流水坡度,下面应做滴水线(槽),流水坡度及滴水线(槽)距外表面不应小于 40 mm;滴水线(槽)的厚(深)不小于 10 mm,且坡向正确,排水顺利。

4)质量标准

(1)所用材料的品种、质量必须符合设计要求,进场材料要进行取样、送样,检验合格后方可使用。

(2)各抹灰层之间及抹灰层与基体之间必须黏结牢固,无脱层、无空鼓、无爆灰和裂缝等缺陷,抹灰层不得受冻,冬季时要执行冬季施工措施。

(3)抹灰层表面应光滑、洁净,接缝平整、线角顺直、清晰。

(4)孔洞线盒等管道后面抹灰时,要保证尺寸正确,边缘整齐、光滑,管道后面平整。

(5)立面垂直小于 4 mm,表面平整小于 5 mm,阴阳角垂直和方正均不得大于 4 mm。

5)成品保护

(1)对门窗框等抹灰前钉设铁皮或木板保护。

(2)要及时清理干净残留在门窗框上的砂浆。

(3)推小车或搬运东西时,注意不能碰坏口角和墙面。

(4)抹灰层凝结前,应防止快干、水冲、撞击、振动和挤压。

2. 外墙施工方法和质量保证措施

1)施工工艺

(1)本做法采用由上到下施工。

(2)结构墙体基面必须清理干净,并检验墙面平整度和垂直度。

(3)根据图纸要求,在墙面弹出变形缝线。

(4)粘贴聚苯板。

①施工前对保温基层进行清理、检查验收。不符合要求的相关单位返工整改,必须达到施工规定条件要求。

②根据基层形状和尺寸合理下料,保证错缝拼接。

③配专用黏结砂浆,将洁力达内保温专用粘接干粉与水按 4∶1 比例配制,用电动搅拌

器搅拌均匀,一次配制量以 2 h 内用完为宜,若使用中有过干现象出现,可适当加水再次搅匀使用。

④用专用黏结砂浆在板面四周涂抹一圈搅拌好的专用黏结砂浆,宽度为 50 mm,板面中央均匀涂抹 5~6 个点,保证粘贴面积不小于 30%。

⑤涂抹专用黏结砂浆后,将 XPS 聚苯板直接贴在基面上,左右轻揉压实即可。聚苯板粘贴应平整。板材的排列竖向错缝,交错相接,板与板之间要靠紧靠实,超出 2 mm 的缝隙应用相应宽度的聚苯板薄片填塞。聚苯板接缝不平处应用打磨抹子磨平,打磨动作宜为轻柔的圆周运动。磨平后应用刷子将碎屑清理干净。

聚苯板粘贴 24 h 后,即可进行下一步的操作。

(5)抹罩面砂浆。

在聚苯板表面涂抹一层配制好的罩面砂浆,厚度不宜超过 3 mm。

(6)贴网格布。

①平门窗洞口如不靠膨胀缝,沿 45°角方向各加一层 400 mm × 200 mm 网格布进行加强,加强部位于大面网格布下面。

②将大面网格布沿水平方向绷平,用抹子由中间向左右两边将网格布抹平,将其压入底层抹面砂浆,网格布左右搭接宽度不小于 100 mm,上、下搭接宽度不小于 80 mm,不得使网格布皱褶、翘边。

③膨胀缝处网格布应断开,但装饰缝处网格布不得搭接和断开。

④每层设置防护隔离带,材料为岩棉板,尺寸为 600 mm × 300 mm × 40 mm。

2)质量标准

(1)保证项目。

①聚苯板、网格布等原材料的规格和各项技术指标,粘接干粉、罩面砂浆的配制原料的质量,必须符合有关标准的要求。检验方法:检查出厂合格证及进场后进行原材见证取样复试。

②聚苯板必须与墙面粘接牢固,无松动和虚粘现象。检查数量:按楼每 20 m 长抽查一处(每处 3 延米),但不小于 3 处。检查方法:观察或用手推拉检查。

③黏结砂浆与聚苯板必须粘接牢固,无脱层、空鼓,面层无爆灰和裂缝。检查方法:用小锤轻击和观察检查。

(2)基本项目。

①每块聚苯板与墙面的总粘接面积:首层不得小于 50%,其他层不得小于 40%。检查数量:按每楼层抽查 3 处,每处检查不小于 2 块。检查方法:尺量检查取其平均值。

注:检查应在黏结剂凝结前进行。

②尼龙胀塞尖全部进入结构墙体。

③聚苯板碰头处不抹黏结剂。

严格遵守《建筑工程施工技术规程》《建筑工程质量检验与评定标准》。建立健全质量保证体系,严格把关克服质量通病,质保体系内部执行三检制,即自检、互检、交接检制度。合格后报监理工程师验收。

(3)实现质量目标的措施。

①工程主管、安装队队长对工程质量负责,严格要求施工人员按图纸及施工技术文件进行生产、施工。

②严格执行材料管理制度,不合格材料不准进入施工工地,发挥各级质量员的作用,将质量事故消灭在萌芽状态。

③施工人员保证稳定,专人指挥。

④施工过程中加强对原始资料的收集、整理,做到工程完工后资料完全无误。

⑤严格执行质量事故报告制度,出现质量事故要在 24 h 内逐级上报,在施工过程中必要时执行奖罚制度。

(4)成品保护措施。

施工中各专业工种应紧密配合,安排工序,严禁颠倒工序作业。

对抹完聚合物罩面砂浆的保温墙体,不得随意开凿孔洞,如确实需要,应在聚合物罩面砂浆达到设计强度后方可进行,安装物件后周围恢复原状。应防止重物撞击墙面。

(八)地面与楼面工程

1. 水泥砂浆地面基层处理

应将基层灰尘扫掉,剔除灰浆皮和灰渣层。装饰工程自上而下进行施工。在装修阶段,工种交叉频繁,成品、半成品容易造成二次污染和破坏,因此必须严格工序控制及交叉施工的成品保护制度和工序交接制度。抹灰:抹灰前,用清水润湿并刷素水泥浆一道。抹灰前在四周墙上弹出水平线,以墙上水平线为依据,先抹顶棚四周,圈边找平。然后分层抹灰,待底子灰 6 ~ 7 成干时,进行罩面,罩面分三遍压实赶光。油漆、涂料:施工前检查基层处理质量,抹灰层的含水率不得大于 8% 。刷涂时要严格控制涂料的稠度,选择挥发性适当的稀释剂,施涂均匀一致,避免产生流坠和透底现象。施工时配足操作人员,施工面不宜铺得过大,避免由于涂料干燥而产生明显接茬。涂料在涂刷前搅拌均匀,色泽一致。施工的现场保持良好的通风条件,操作人员要穿戴好防护用品以防苯、铅中毒。在喷涂硝基漆或其他易燃易挥发涂料时不准使用明火。

1)门窗工程施工工艺及方法

(1)工艺流程。

弹线安装 → 门窗洞口处理 → 防腐处理 → 铝合金门窗拆包、检查→铝合金门窗框就位→ 铝合金门窗框固定 → 门窗框与墙体间隙的处理 → 清理 → 门窗扇及门窗玻璃安装 → 五金配件安装。

(2)主要施工工艺。

弹线定位:沿建筑物全高用大线坠(高层建筑宜采用经纬仪找垂直线)引测门窗边线,在每层门窗口处划线标记。并逐层抄测门窗洞口距门窗边线实际距离,需要进行处理的应做记录和标识。

(3)门窗的水平位置应以楼层室内 +500 mm 的水平线为准向上反量出窗下皮标高,弹线找直。每一层必须保持窗下皮标高一致。

(4)墙厚方向的安装位置应按设计要求和窗台板的宽度确定。原则上以同一房间窗台板外露尺寸一致为准,窗台板应伸入铝合金窗下 5 mm。

2)门窗洞口处理

门窗洞口偏位、不垂直、不方正的要进行剔凿或抹灰处理,洞口尺寸偏差应符合相关规定。

2.质量控制

1)空鼓、裂缝

(1)基层清理彻底、认真。

(2)涂刷水泥沙浆结合层符合要求。

2)地面起砂

(1)养护时间必须保证,不得早上人。

(2)不得使用过期、标号不够的水泥,保证水泥沙浆搅拌均匀、操作过程中抹压遍数等。

(3)确保面层光泽、没有抹纹。

(九)安装工程

1.土建工程应提供或具备的安装施工条件

(1)电气工程预埋。

土建工程要适当留有一定的电气预埋工作时间,有双方施工条件时可穿插进行施工,土建施工人员如果不慎损坏已经埋下的管线或接头,应及时告知电气人员,以确保及时修复。

(2)土建预留洞。

土建人员和埋设管线人员要密切配合,做到准确、及时、无遗漏,出现偏差位移时应及时修复。

(3)拆模后,每层应及时弹出 + 500 mm 线,以利于电气箱盒、水、空调等在管线边的安装。

(4)土建的粗装修程序,应优先安排水电工程较集中的房间(如卫生间、水电管道井等);因为抹灰完成后,靠近墙壁的管线、母线才能进行施工。

(5)教育有关人员做好成品和半成品的保护工作。

2.主要安装工程的施工方法

1)室内给排水管道、雨落水管道的安装

给排水安装工程的质量控制措施:

管道焊接是整个分部质量的关键。首先所选焊条的型号、规格必须符合与母材质量一致;其次坡口的形式及焊缝宽度要符合规范要求,焊工必须持证上岗,对每道焊缝进行编号记录并绘出焊接节点图,质检员、施工员根据焊接节点图进行抽检并形成技术资料,对不合格的焊缝坚决返工。

丝扣管道连接在整个管道安装中占有较大的比例,也是整个管道安装的难点,首先要选用经验丰富、责任心强、技术等级高的工人担任管道丝扣连接工作;管材、管件的质量必须符合规范和设计要求;麻丝的缠绕方向必须正确,白油漆要涂抹均匀;丝扣连接时严禁有倒回现象,并做到一次上紧。

2）电气工程

（1）配管。

①暗配管时，保护管宜沿最近的线路敷设，并应减少弯曲，进入建筑物内的保护管距建筑物表面距离不小于 15 mm。

②电线保护管的弯曲，不应有褶皱、凹陷和裂缝，且弯扁程度不应大于外径的 10%。

③电线保护管的弯曲半径应符合下列要求：当管路暗配时，弯曲半径不应小于管外径的 6 倍；当埋设于地下或混凝土内时，其弯曲半径不应小于管外的 10 倍。

④钢管不应有折扁和裂缝，管内无铁屑及毛刺，切断口处应平整，管口光滑。

⑤埋于现浇混凝土里的钢管内壁要进行防腐处理。

（2）配线。

①配线所采用的导线型号、规格应符合设计规定。

②导线在管内不应有接头和扭结，接头应设在接线盒内。

③管内导线包括绝缘层在内总截面不应大于管子内截面的 40%。

3）灯具、开关、照明配电箱的安装

①灯具、配电箱、配电柜、控制柜安装应符合相关电气规范要求。

②并列安装的相同型号开关、插座距地面高度一致，高度差不应大于 1 mm，同一室内安装的开关，高度差不大于 5 mm。

3. 安装工程观感质量的控制

（1）暖通专业的观感质量，主要是对风管、支吊架、风口、风阀、风罩、风机安装进行控制。

风管：风管安装牢固，位置、标高和走向符合设计要求；风管折角直，圆弧均匀，两端平行平面，表面凹凸不大于 10 mm，风管与法兰连接牢固；翻边基本平整，宽度不小于 6 mm，紧贴法兰；输送产生凝结水或含有潮湿空气的风管坡度符合设计要求，底部的缝隙应做密封处理。

支吊架：支、吊架的形式、规格、位置、间距固定，必须符合设计和规范的要求，严禁设在风口、阀门及检查门处；与管道间的衬垫符合施工规范的规定；支、吊架与管道接触紧密，吊杆垂直。

风口：安装位置正确，外露部分平整；风口中的格、孔、叶片、扩散圈间距一致；边框和叶片平直整齐；同一房间内风口标高一致，排列整齐，外露部分光滑、美观。

风阀：位置、方向正确，连接牢固、紧密，操作方便灵活，阀板与手柄方向一致，阀门外壳上有"开"和"关"的标记，启闭方向明确，排列整齐美观；多叶阀叶片贴合、搭接一致，轴距偏差不大于 1 mm。

（2）管道专业的观感质量，主要是对管道位置、坡度、支吊架、阀门、保温和油漆进行控制。

管道位置坡度：管道位置坡度严格按设计、规范要求施工，不得随意更改。

支吊架：管道支吊架的形式、规格、位置、间距固定，必须符合设计要求，严禁设在焊口、阀门及检视门处；管道间的衬垫符合施工规范规定；支吊架与管道接触紧密，吊杆垂直；支吊上孔眼应采用机械开孔。

阀门的设置:位置、方向正确,连接严密、紧固,操作方便灵活;阀板与手柄方向一致,阀的外壳上有"开"和"关"的标记,启闭灵活,排列整齐美观;设备表面要清洗干净,不得有污物、油漆脱落等现象的发生。

保温和油漆:保温层厚度、油漆的漆膜要均匀,油漆的品种、颜色要符合设计要求,对碳钢要先刷防锈漆再刷面漆。

(3)电气专业的观感质量,主要是对灯具安装、支吊架、配电箱、桥架安装及电线、电缆的敷设等方面进行控制。

灯具的安装:安装位置应正确,外露部分平整;灯具中的格、孔间距一致,边框平直整齐,同一房间内的灯具要在一条线上且排列整齐,外露部分要光滑、美观。

支吊架安装:支、托、吊架的形式、规格、位置、间距固定,必须符合设计要求,吊杆要垂直,钻孔要用电钻开孔,不得使用氧、乙炔气进行开孔。

配电箱安装:配电箱表面要打扫干净,不得有污物、油漆脱落等现象;箱内电气元件排列整齐,连接线绑扎整齐、牢固,不得松动。

桥架安装:桥架安装牢固,位置、标高和走向符合设计要求;桥架内电缆、电线排列整齐,跨接线连接牢固不松动;连接螺栓方向一致;桥架的来回弯制作和开孔不得使用氧、乙炔气进行。

四、资源配置

主要机械设备及劳动力配置分别见表3-16、表3-17。

表3-16　机械设备配置

序号	名称	型号规格	数量	说明
1	混凝土汽车泵	HB125 – 37	2台	
2	混凝土罐车	8 m³	8台	
3	汽车吊	50 t/20 t	2台	
4	砂浆搅拌机	UJ325	2台	
5	钢筋切断机	GQ40	4台	
6	钢筋弯曲机	GW50	4台	
7	钢筋对焊机	UN1 – 150	5台	
8	钢筋调直机	GT4/14	2台	
9	电焊机	BX1 – 400	6台	
10	木工圆锯	φ400	2台	
11	平板振动器		4台	
12	插入式振动器	φ50	20台	
13	手电钻	Z1A2 – 20SE	3把	
14	砂轮切割机	φ400	2台	

表 3-17　劳动力配置

序号	工种	人数	说明
1	管理人员	2	
2	技术员	4	
3	测量员	6	
4	机械工	12	
5	钢筋工	15	
6	模板工	20	
7	混凝土工	10	
8	抹灰工	6	
9	水电工	4	
10	普工	25	
	合计	104	

第四节　倒虹吸渐变段翼墙施工方案

一、工程概况

(一)工程概述

倒虹吸渐变段主要设置在普济河、闫河倒虹吸进、出口段，是倒虹吸进、出口闸室与两端明渠连接的建筑物，主要由底板和翼墙组成。底板为 100 cm 厚 C20W6F150 钢筋混凝土，下设 10 cm 厚 C10 素混凝土垫层；翼墙为扶壁式扭曲面钢筋混凝土结构，即由明渠的 1:2 坡面渐变为垂直面，与闸室两侧边墩连接，挡墙基础及墙身均为 C20W6F150 混凝土。渐变段挡墙分缝处，挡墙与闸室、护底之间均设紫铜片止水，挡墙背部回填采用中、重粉质壤土和水泥掺量为 10% 的水泥土回填，压实度不小于 98%。其具体情况如下所述。

1. 普济河倒虹吸

进口渐变段，长 45 m，墙高 9.769~11.920 m，从西向东分成 4#、3#、2#、1# 四段，其中 2# 翼墙始末两端和 3# 翼墙末端各设有一厚 400 mm 的扶壁。桩号Ⅳ33+888~Ⅳ33+88 之间的扭曲面挡墙后 3.0 m 范围内回填水泥土，其他部位回填壤土。

出口渐变段，长 49 m，墙高 9.919 m，从西向东分成 1#、2#、3#、4# 四段，其中 2# 翼墙始末两端和 3# 翼墙始端各设有一厚 400 mm 的扶壁。桩号Ⅳ33+888~Ⅳ33+88 之间的扭曲面挡墙后 3.0 m 范围内回填水泥土，其他部位回填壤土。

2. 闫河倒虹吸

进口渐变段，长 45 m，墙高 8.639～10.843 m，从西向东分成 4#、3#、2#、1# 四段，其中 2# 翼墙始末两端和 3# 翼墙末端各设有一厚 400 mm 的扶壁。2#、3# 两段扭曲面挡墙后 3.0 m 范围内回填水泥土，其他部位回填壤土。

出口渐变段，长 50 m，墙高 9.769～11.920 m，从西向东分成 1#、2#、3#、4# 四段，其中 2# 翼墙始末两端和 3# 翼墙始端各设有一厚 400 mm 的扶壁。2#、3# 两段扭曲面挡墙后 3.0 m 范围内回填水泥土，其他部位回填壤土。

(二)主要工程量

焦作 1-2 标倒虹吸渐变段主要工程量详见表 3-18。

表 3-18　焦作 1-2 标倒虹吸渐变段主要工程量

工程位置		项目名称	单位	数量
闫河渠道倒虹吸	进口渐变段	C20W6F150 混凝土护底	m³	625
		C20W6F150 混凝土扭曲面	m³	2 809.3
		C10 混凝土垫层	m³	171
		钢筋制作安装	t	98.4
		密封胶填缝	m³	0.213
		聚乙烯闭孔泡沫板	m³	9.56
		紫铜片止水(宽 500 mm，厚 1.2 mm)	m	354.9
		φ200 无砂混凝土排水管	m	640
		逆止阀(φ160)	个	38
		无纺土工布	m²	488
		普通钢管栏杆(φ50 mm)	t	3.5
		10% 水泥土填筑墙后	m³	2 400
	出口渐变段	C20W6F150 混凝土护底	m³	685
		C20W6F150 混凝土扭曲面	m³	3 123
		C10 混凝土垫层	m³	284
		钢筋制作安装	t	108.92
		密封胶填缝	m³	0.22
		聚乙烯闭孔泡沫板	m³	9.72
		紫铜片止水(宽 500 mm，厚 1.2 mm)	m	368.8
		φ200 无砂混凝土排水管	m	544
		无纺土工布	m²	440
		普通钢管栏杆(φ50 mm)	t	3.88
		10% 水泥土填筑墙后	m³	2 600

续表 3-18

工程位置		项目名称	单位	数量
普济河倒虹吸	进口渐变段	C20W6F150 混凝土护底	m³	1 093
		C20W6F150 混凝土扭曲面	m³	3 781
		C10 混凝土垫层	m³	282
		钢筋制作安装	t	120
		密封胶填缝	m³	0.23
		聚乙烯闭孔泡沫板	m³	12.3
		紫铜片止水(宽 500 mm,厚 1.2 mm)	m	386
		φ200 无砂混凝土排水管	m	110
		无纺土工布	m²	790
		普通钢管栏杆(φ50 mm)	t	3.5
		10% 水泥土填筑墙后	m³	2 400
	出口渐变段	C20W6F150 混凝土护底	m³	1 252
		C20W6F150 混凝土扭曲面	m³	3 586
		C10 混凝土垫层	m³	304
		钢筋制作安装	t	119
		密封胶填缝	m³	0.29
		聚乙烯闭孔泡沫板	m³	15.7
		紫铜片止水(宽 500 mm,厚 1.2 mm)	m	468
		φ200 无砂混凝土排水管	m	120
		无纺土工布	m²	773
		普通钢管栏杆(φ50 mm)	t	4
		10% 水泥土填筑墙后	m³	2 600

二、施工规划

(1)进口渐变段第一节、出口渐变段的最后一节翼墙采用贴坡开挖浇筑翼墙,紧邻该两节的翼墙根据现场情况,一部分翼墙采用贴坡施工,进行与立模施工间的过渡。

(2)倒虹吸进出口渐变段主要有翼墙和底板混凝土,浇筑时采用先翼墙后底板的方式。翼墙浇筑时,混凝土布料机可布置在底板和基坑坡顶:布置在底板时,底板必须预留足够厚的保护层,防止浇筑过程中混凝土罐车或其他设备破坏底板基础面;布置在基坑坡顶时,需要预留一定的安全宽度,具体施工需结合实际地形进行调整。

(3)底板混凝土模板采用组合钢模板;两侧引渠渐变段混凝土浇筑采用组合钢模板和木模相结合。

（4）渐变段翼墙部分根据浇筑高度共分为五层完成，浇筑分层高度 1.5～3 m。
倒虹吸进口渐变段分层示意见图 3-20～图 3-22。

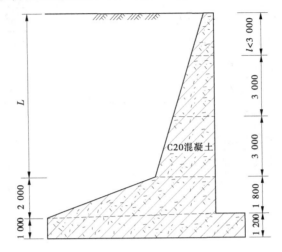

图 3-20　倒虹吸进口渐变段分层示意图（1）　（单位：mm）

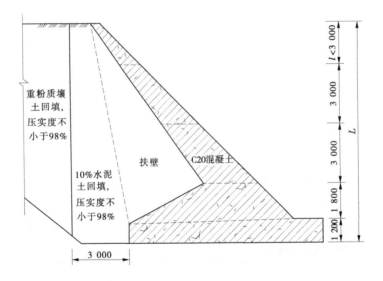

图 3-21　倒虹吸进口渐变段分层示意图（2）　（单位：mm）

三、施工方法

（一）工艺流程
（1）护底混凝土施工工艺流程见图 3-23。
（2）翼墙混凝土施工工艺流程见图 3-24。

（二）建基面清理
渐变段基坑采用挖掘机开挖，建基面标高以上暂留一层不小于 20 cm 保护土层，保护层采用人工清理，不破坏原有基面。

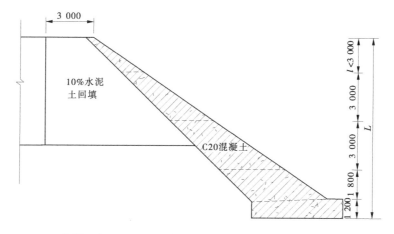

图 3-22　倒虹吸进口渐变段分层示意图(3)　（单位:mm）

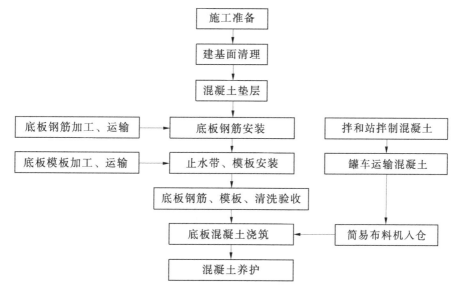

图 3-23　护底混凝土施工工艺流程

（三）混凝土施工

1. 仓面处理和施工缝处理

1）基础仓面处理

渐变段翼墙基坑开挖至设计高程0.5~1.0 m时,进行 CFG 桩基施工,复合地基承载力检测符合设计要求后,采用小型挖掘机配合人工清理保护层,桩头切除。通过联合验收后铺筑20 cm碎石褥垫层,然后浇筑10 cm 厚 C10 素混凝土垫层,当垫层混凝土达到设计强度的75%后进行结构物边线放样及钢筋安装。

在浇筑第一层混凝土前,必须先铺一层2~3 cm 厚的水泥沙浆,砂浆铺设应与混凝土的浇筑强度相适应,铺设施工工艺应保证混凝土与基础垫层结合良好。

2）施工缝面的处理

施工缝面处理包括工作缝和冷缝。针对不同的施工缝,采取的措施亦不相同。

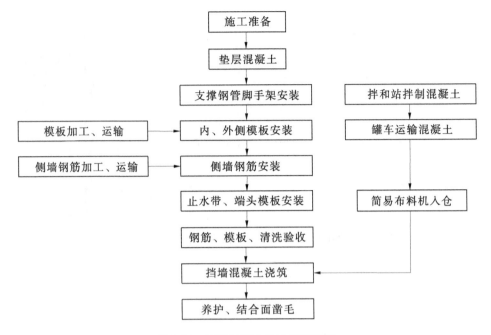

图 3-24 翼墙混凝土施工工艺流程

对施工中根据需要所布设的水平施工缝和特殊原因形成的冷缝,待混凝土初凝后、终凝前,用压力水将结合面乳皮和灰浆冲洗干净,以粗砂或小石外露为准。对冲毛效果不好的地方辅以人工凿毛。在混凝土仓位复杂或较大的仓位,可采用喷洒缓凝剂,在混凝土终凝后再进行冲毛。在浇筑下一层混凝土前,将经过冲毛和凿毛的施工缝面内的松动的石子、泥沙和污物清除掉,再次用压力水冲洗干净,并排除积水。混凝土浇筑时施工缝面必须按《水工混凝土施工规范》(DL/T 5144—2015)的要求,铺设同标号砂浆 2 ~ 3 cm 或加大砂率的同标号富砂混凝土,以确保新老混凝土面的良好结合。

2. 模板工程

普济河、闫河倒虹吸进出口扭坡渐变段为直线扭坡渐变段,其结构特点为:扭坡挡墙纵、横向等分点连线均为直线。结合扭坡渐变段结构尺寸及体型特征,扭坡渐变段翼墙采用立模浇筑混凝土的常规方法进行施工。

1)测量放样

利用直线扭坡渐变段纵、横向等分线均为直线的特点,提前将结构物边线、浇筑分层线、架立筋安装线放出,并做好标记。

2)模板选择

迎水面模板采用 1 500 mm × 1 500 mm 钢模板组装扭面,所有模板拼接缝都要加 5 mm 海绵条或者 5 mm 双面胶带,连接采用高强螺丝,采用内撑内拉法加固;背水面模板采用组合钢模板拼装,外撑内拉法加固。端头模板采用钢模板拼装,边角部位采用木模板内衬三合板,加固支撑方式同迎水面施工要求。因为模板扭曲后局部易产生较大的裂缝,为此浇筑前,采用腻子将模板缝隙封堵抹平,同时为了确保迎水面混凝土外观,在模板上加设一层模板布,模板布的具体施工方法详见附件《模板布施工指导书》。

围檩采用双拼架子管,先设上下围檩,再设水平围檩。

3)安装模板支撑及加固

安装模板支撑是整个立模施工的关键,安装前需根据每段模板的倾角不同,先测出钢筋支撑的位置,支撑安装在模板上端约三分之二处,且靠近拉杆孔的部位。钢筋支撑采用Φ25螺纹钢,平均每块模板布置两道支撑,支撑靠近迎水面一侧的模板,支撑底部与基础插筋焊接,与模板拉杆配合,确保整个仓号模板的稳定,如图3-25~图3-27所示。钢筋支撑安装结束后可依托支撑进行结构混凝土的面层钢筋网绑扎。

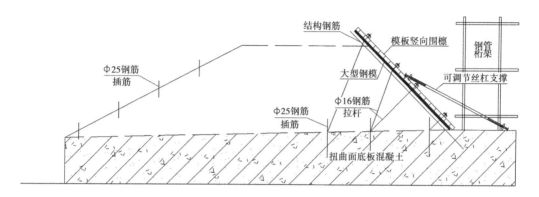

图 3-25　扭曲墙体第一层模板安装图

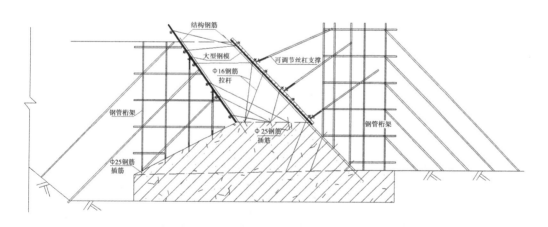

图 3-26　扭曲墙体第一层以上模板安装图(1)

4)模板吊装

模板吊装前先检查模板表面是否清理干净,并涂刷有脱模剂,检查合格后开始吊装。吊装过程中严格按照测量标记进行控制,模板与模板之间采用螺栓连接,连接前须在一侧模板的边框上安装两条双面泡沫胶带,确保模板连接紧密。扭坡面模板两端应伸出沉降缝10 cm以上,便于堵头模板安装。扭坡渐变段模板安装见图3-28。

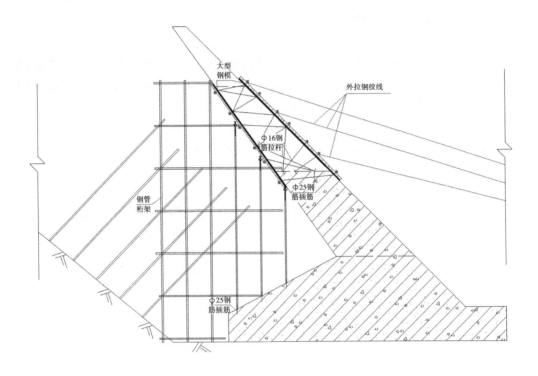

图 3-27　扭曲墙体第一层以上模板安装图(2)

图 3-28　扭坡渐变段模板安装

5)焊接拉杆

焊接拉杆的过程其实就是调整模板的过程。扭坡渐变段采用的拉杆系统由拉杆、定位锥、连接丝杆、垫片、蝶形螺母组成,先确定好拉杆孔的位置及拉杆长度,然后焊接拉杆,顶层拉杆采用对拉的方式连接。通过旋转蝶形螺母来调整、紧固模板。

6)模板联测验收

整个模板安装结束后,在自检合格的前提下,由现场测量协同测量监理工程师对模板进行联测,联测过程主要检查模板开口尺寸及扭坡曲面尺寸是否符合要求。待模板验收合格后方可进行混凝土施工。

3. 钢筋工程

钢筋在钢筋厂加工,平板车运输至现场,由钢筋工在现场绑扎完成。

1)钢筋加工

钢筋在钢筋加工厂内按设计图纸进行加工。钢筋加工应按照设计要求并结合分层高度、接头形式进行考虑,一般中间层的钢筋应高出混凝土面 70 ~ 100 cm。钢筋代换时要按照规范要求并经设计代表和监理工程师同意,并将加工好的钢筋进行分类堆放整齐。

2)钢筋绑扎

钢筋安装,采用现场手工绑扎,绑扎时,按设计施工图纸和测量点线进行搭接、分距、摆放、绑扎、固定和点焊。在钢筋架设安装之后,及时加以固定保护,避免发生错动和变形。

3)钢筋焊接

各种型号钢筋采用闪光对焊、接触电渣焊和搭接手工电弧焊。由具有合格资质的电焊工持证上岗,按有关规范和规定进行施焊,钢筋焊接长度单面焊接不少于 $10d$,双面焊接不少于 $5d$。

4. 止水和预埋件施工

1)止水安装

铜止水片的现场接长采用搭接焊接,搭接长度不小于 2 cm,且采用双面焊接。在工厂加工的接头抽查数量不少于接头总数的 20%,在现场焊接的接头,应逐个进行外观和渗透检查,合格后方能进行下道工序施工。

紫铜片止水安装时,在背水面凸起部位侧刷一道沥青,以防铜片和混凝土的黏结,同时,浇筑混凝土时,防止砂浆流入紫铜片迎水面的空腔内。紫铜片止水安装如图 3-29 所示。

混凝土浇筑时专人值班看护,特别是水平放置的止水,浇筑止水片以下时,必须薄摊铺,确保铜止水上下两侧混凝土浇筑密实,以充分达到止水效果。

2)埋件安置

设计图纸要求要埋设的板、条、管(排水管等)、线等预埋件,均应按其要求的材料和设计位置经测量放样后进行埋设。埋设时间应在仓内模板和钢筋已施工完毕后进行,埋设时不得依靠模板和钢筋固定,而要单独焊架固定牢靠。浇筑时专人值班保护,埋件周围大粒径骨料用人工清除,并用人工或小振捣器振捣密实,防止位置的偏移。

5. 浇筑准备和仓面验收

1)浇筑系统安装

混凝土输料系统采用简易机动组合式混凝土输送系统。3#扭坡采用 23 m 水平布料

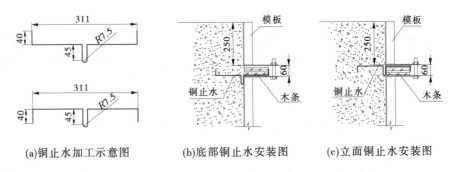

(a)铜止水加工示意图　　(b)底部铜止水安装图　　(c)立面铜止水安装图

图 3-29　紫铜片止水安装示意图 （单位:mm）

系统和 25 m 水平供料系统组合而成,其架立方式采用脚手架,在水平布料系统上各个下料口处用串筒导料入仓。场外混凝土运输采用 6 m³ 混凝土搅拌车。

2）混凝土浇筑

在混凝土浇筑前,首先用水湿透底板混凝土(采取持续淋洒 1～2 h)而且均匀铺设扭坡混凝土同标号砂浆,再进行混凝土浇筑。仓面采用人工平仓,将和易性较好的混凝土投放在迎水面和背水面模板边侧,浇筑层厚控制在 30～40 cm,模板边侧要加强振捣,确保扭面倒角模板处混凝土振捣密实。

振捣采用插入式振捣棒,由于仓面较大,一定要在平仓后再进行有秩序的振捣,振捣一定要到位,并且避免振捣棒和拉筋、支撑筋碰撞。

6. 混凝土运输、入仓、铺料、平仓及振捣

混凝土水平运输采用 6 m³ 混凝土罐车运输。

入仓方式:本施工段大多为小体积混凝土浇筑,且浇筑高度较低,因此主要的入仓手段为简易布料机入仓,局部采用溜槽配合的入仓方式。控制段顶部混凝土浇筑采用 16 t 汽车吊吊 1 m³ 吊罐入仓。

铺料方式:靠近渠道侧,仓面小,采用通仓平铺分层法进行铺料,分层厚度不大于 40 cm,倒角模板处,分层厚度不大于 30 cm;靠近闸墩处,基础混凝土面积较大,采用台阶法分层浇筑,墙身采用通仓分层铺料的方式进行施工。混凝土的铺填厚度应符合表 3-19 规定。

表 3-19　混凝土浇筑层的允许最大厚度

捣实方法	允许最大厚度(mm)	说明
插入式	振捣器头长度的 1.25 倍	软轴振捣器
表面式	250	在无筋或少筋结构中
	150	在钢筋密集或双层钢筋结构中
附着式	300	外挂

混凝土振捣:混凝土根据仓面大小,墙宽及浇筑方法等选用 φ30 或 φ50 软轴插入式

振捣器进行振捣。平仓与振捣时间相比,大致为1:3,但不能代替振捣。在靠近模板和钢筋较密的地方,用人工平仓,使骨料分布均匀;止水部位,应人工送料填满;各种预埋仪器周围用人工平仓,防止位移和破坏。混凝土入仓后按梅花形插入进行振捣。对于模板周围、金结、埋件、止水等附近地方则采用ϕ30 mm电动软轴插入式振捣器振捣。大体积底板和墙身收面混凝土施工时,先采用ϕ50 mm型电动高频插入式振捣器振捣,浇筑时,必须保证仓面收面平整度。混凝土浇筑时应选用有经验的工人按规范操作,防止过振和漏振,严禁在仓内加水,影响混凝土的质量。

所有部位混凝土施工中,应选用具有丰富经验的质检人员旁站盯仓;不合格的混凝土严禁入仓并弃置在指定地点,同时做好浇筑现场的施工记录。

7. 混凝土的模板拆除

(1)在混凝土浇筑超过5~6 h后,拆除观察块模板,根据观察块模板混凝土面层的情况及变化趋向,来确定每层模板的拆除时间。

(2)达到拆模板条件后,由最下层模板开始,整层模板进行拆除。拆模时,用提前做好的ϕ8拉钩,钩住扭面模板四角肋板上的孔,两人用力均匀将模板提离混凝土面,注意用力均匀,严禁拉撬模板,尽量做到不挠动上层模板,保证模板整体稳定性。

(3)在拆除第2层、第3层、第4层模板时,一定要注意不要让模板等碰坏下层已经出面的混凝土。

8. 施工养护

注意面层洒水养护,安排专人进行养护,洒水养护2 d后再刷养护剂,但不要停止洒水,养护时间不得少于28 d,确保混凝土外观质量。

(四)背墙土方回填

1. 回填总体规划

根据施工总体规划,进口渐变段第一节、出口渐变段的最后一节翼墙采用先回填至设计高程,待自然沉降期过后进行削坡开挖,然后贴坡浇筑翼墙,其他段先浇筑墙体混凝土,待混凝土强度达到设计允许值后,再进行土方填筑施工。

2. 回填材料选择

根据倒虹吸结构图,翼墙混凝土背后3.0 m范围回填水泥掺量为10%的水泥土,压实度不小于98%;其他部位回填中、重粉质壤土,压实度不小于98%。

普济河倒虹吸翼墙背墙回填土料及水泥土拌和用土均采用基坑开挖出来的重粉质壤土,各技术参数均满足设计要求。施工前先进行现场生产工艺性试验。

闫河倒虹吸翼墙背墙回填土料及水泥土拌和用土采用磨石坡外调土,技术参数满足设计要求。施工前先进行现场生产工艺性试验,确定回填。

翼墙土方回填分布示意图如图3-30所示。

3. 回填设备选择

翼墙回填主要采用XS202J型(20 t)振动碾碾压,靠近背墙设备压实不到的位置采用HZD200平板振动夯。

1)XS202J型(20 t)振动碾技术参数

XS202J型(20 t)振动碾技术参数见表3-20。

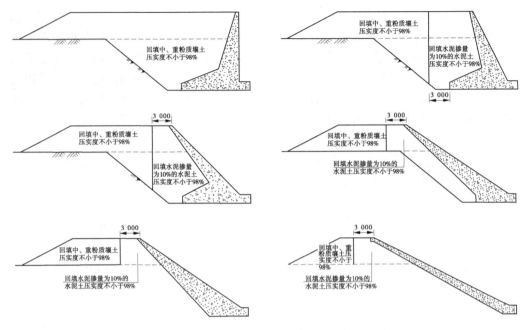

图 3-30　翼墙土方回填分布示意图　（单位：mm）

表 3-20　XS202J 型(20 t)振动碾技术参数

项目	单位	XS202J
工作质量	kg	20 000
前轮分配质量	kg	10 000
静线载荷	N/cm	470
速度范围	km/h	
Ⅰ速		2.63
Ⅱ速		5.3
Ⅲ速		8.6
理论爬坡能力	%	30
最小转弯外半径	mm	6 500
转向角	(°)	±33
摇摆角	(°)	±10
振动频率(高/低)	Hz	33/28
名义振幅(高/低)	mm	1.9/0.95
激振力振幅(高/低)	kN	353/245
振动轮直径	mm	1 600
振动轮宽度	mm	2 130

续表 3-20

项目	单位	XS202J
发动机型号		上柴 D6114ZG2B
额定功率(2 000 r/min)	kW	128
发动机油耗	g/(kW·h)	223
液压油箱容积	L	170
燃油箱容积	L	240

2)HZD200 平板振动夯技术参数

振动频率:48 Hz;振幅≤3 mm;爬坡能力:20%;发动机转速:2 800 r/min;运输质量:200 kg;电机功率:3 kW;行进速度:6~16 m/min;夯板尺寸(mm):700×420;外形尺寸(mm):700×420×300(长×宽×高)。

HZD200 平板振动夯见图 3-31。

图 3-31　HZD200 平板振动夯

4. 现场工艺性碾压试验

为了核查土料压实后是否能达到设计压实干密度值,检查压实机具的性能是否满足施工要求,选择合理的铺土厚度、铺土方式、含水率的适合范围、压实方法和压实遍数,填筑施工前必须进行现场生产工艺性碾压试验。

普济河倒虹吸、闫河倒虹吸翼墙填筑根据使用不同的土料分别做 20 t 振动碾和平板夯施工的碾压试验,碾压试验方案在试验前单独上报。

5. 填筑碾压方案

1)建基面清基

翼墙回填区即为倒虹吸进出口防洪堤范围,填筑技术要求与渠堤相同。填筑前,必须清除翼墙基坑内混凝土碎渣,原地面以上严格按照渠堤清基要求,将表层杂填土、树根、草皮等清除干净,出露新鲜原土层后,报请监理工程师组织有关单位进行联合验收,并进行施工测量,检查开挖后基槽底部高程是否满足设计要求。

2)水泥土拌制

按土重量的 10% 掺入 42.5 级普通硅酸盐水泥(土为中、重粉质壤土,土重按 1.5 t/m³计算,水泥掺用量为 0.15 t/m³,实际施工中可根据试验室检测土重情况进行调整),所掺的中重粉质壤土有机质含量不大于 5%,水溶盐含量不大于 3%,混合料含水率控制在土料最优含水率的 -2% ~ +3%。要求土拌和均匀,拌制机械采用 1 m³挖掘机,在倒虹吸进出口段附近场地现场拌制。拌制前,先通过试验分析土体的含水率,确保拌和用土含水率适中,采用挖掘机挖取土料,利用自由落体原理,下落搅拌高度大于 5 m,反复拌和,直至均匀。大颗粒土人工辅助粉碎,保证土最大粒径小于 5 cm。拌制均匀后,采用挖掘机和装载机配合运输至现场填筑。

3)土料摊铺填筑

根据设计蓝图,同一填筑层内,靠近挡墙 3.0 m 范围为 10% 的水泥土,以外为中重粉质壤土。铺料前,先由技术人员划定水泥土和壤土填筑的分界线,然后根据摊铺厚度,初步估算摊铺层水泥土的用量,先回填摊铺靠近翼墙墙身的水泥土,并碾压密实。然后铺填外侧壤土,确保水泥土和壤土层均匀上升,最大高差不得大于 400 mm(一个摊填层高)。

4)碾压、夯实

采用人工和机械两种方法相互配合夯实,因为背墙后部为反坡,根据不同的坡度,靠近挡墙 1 ~ 3 m 范围内采用平板振动夯回填,以外采用 20 t 振动碾碾压。平板振动夯最大高度为 30 cm,靠近倒坡挡墙边 10 ~ 30 cm 范围内无法夯实,必须采用人工捣实。

翼墙土方碾压如图 3-32 所示。

(1)水泥土夯实。

采用人工捣实及平板夯夯实两种方法相互配合进行施工。初步拟定虚铺土层厚度为 20 cm,夯实遍数根据现场试验确定,一般不少于 6 ~ 8 遍,同时严格控制夯填遍数,避免过夯使已压实的土体破坏。夯实完压实度检验合格后,及时洒水覆盖养护,确保水泥土压实后的正常养护。

(2)壤土夯实。

主要采用 20 t 振动碾碾压,局部采用平板振动夯配合进行。为了与水泥土回填均匀上升,初步拟定虚铺厚度为 40 cm,碾压遍数根据现场试验确定,一般不少于 8 ~ 10 遍,严格控制碾压遍数,确保土体碾压密实度。铺填时,采用先两层水泥土再一层壤土,水泥土和壤土同高层时,必须跨缝碾压不少于 3 遍,确保良好结合。

6.回填质量控制

施工中严格控制土的含水率,以 18% ~ 20% 为宜,对局部出现的弹簧土,及时清除。

回填应分段依次施工,按一定的顺序保持均衡上升。水泥土和壤土接缝处应削成坡状或齿坎状,坡度不陡于 1:3,并对接缝处加强夯实,保证混合土压实度。

施工温度较低时应采取保护措施,加强覆盖保温,防止霜冻破坏土体结构;同时对已填筑完成的水泥土应洒水覆盖保温养护。

填筑过程中,测量工作应同步进行,随时检查控制填土面高程及填土厚度,必要时,可以先在混凝土墙体上画好铺填厚度,以便现场施工控制。

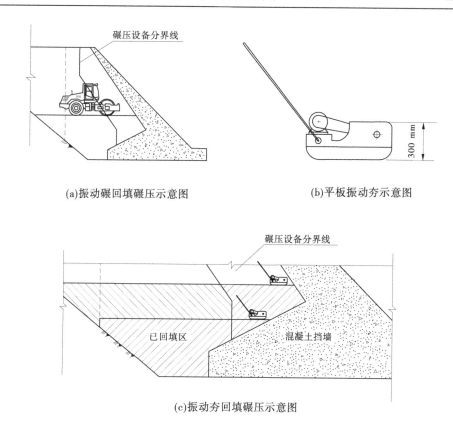

(a)振动碾回填碾压示意图   (b)平板振动夯示意图

(c)振动夯回填碾压示意图

图 3-32 翼墙土方碾压示意图

对水泥土层与层之间结合部处理要符合规范规定,土面过光时要采取人工刨毛处理,保证层间结合牢固。

压实指标:水泥土和壤土压实度均要求≥98%,每层土填筑完成后,进行土工试验,检测土的干密度,计算土的压实度,符合设计要求并经监理工程师签字确认后,进行上层土回填。

回填土超出加固区外每侧应不少于 50 cm,对边角处机械无法夯实到位的地方,应采用人工夯实。

回填土结束后顶面应高于设计高程 10~20 cm,预沉降周期达到后,再采用人工削平至设计高程,经验收后进行下一道工序。

施工时注意协调回填土与其他工序之间的施工顺序与施工衔接,如避雷接地极与母线的埋设、焊接应在水泥土回填之前进行施工。

(五)施工控制要点

翼墙混凝土为扭曲面,施工难度主要在于外形的控制、浇筑质量及背墙倒坡回填密实的控制,具体控制措施如下:

(1)钢筋、模板安装前,技术员必须严格按照施工蓝图,结合现场实际施工情况,将不同断面处的扭曲面大样图画出,做好钢筋模板支撑架,并准确无误地安装到位。

(2)模板加固必须到位,倒板模板浇筑时,混凝土的浮托力较大,施工时,必须从地锚钢筋、拉筋和拉杆等各部位严格控制。

(3)模板加固时,结构物边线及混凝土收面边线最后一道拉杆距边线不得大于 15 cm,如果超过 15 cm,宜在构筑物外侧增加一道加固拉杆,防止混凝土浇筑过程中端头出现涨模现象。

(4)根据扭曲面倒板倾斜度,尽量减小分层厚度,确保振捣过程中混凝土的水、气能够充分排出。

(5)翼墙浇筑时,迎水面倒板处的振捣必须安排熟练工,由工区责任工程师和质检部负责人值班,确保混凝土振捣质量。

(6)根据扶壁式挡墙的设计特点,部分承重依靠背墙后面的填土,故填筑质量控制是整个翼墙后期运行安全和稳定的关键,特别是靠近渠道侧的两段翼墙。

四、附件

模板布施工指导书

1.透水模板布(CPF)的特点和机制

透水模板布(CPF)是粘贴在钢模板内壁的一种有机衬里,该类材料能够将表层混凝土中的一部分拌和水和气泡排出,有效降低表层混凝土的水胶比和缺陷率。采用具有一定保水功能的透水模板布(CPF),在排出多余拌和水的同时,还能在拆模之前为混凝土提供早期保湿养护。

1)透水模板布(CPF)的特点

(1)亲水性的复合纤维组织,具有复合的二层功能。

(2)表层(过滤层)光洁、致密,具有微细小孔,平均孔径为 $20 \sim 35\ \mu m$,与混凝土直接接触能透过水和空气而阻止水泥颗粒通过。

(3)毛面层(垫料层),厚度 $1 \sim 2.5\ mm$,具有保水透气的性能,保水能力大于 $0.25\ L/m^2$,排水能力大于 $0.4\ L/m^2$。作用:保留适当的水分,多余的水分渗出,气体透出,使混凝土表层始终处于潮湿的环境当中。

2)透水模板布(CPF)的机制

浇筑时多余的水分、气泡穿过模板布的过滤层进入垫料层,气泡在垫料层中逸出,水分一部分积聚在垫料层中,多余的水分沿模板布外沿渗出。

多余的水分排出后,混凝土表层水与水泥的比值(W/C 值)从一般的 $0.4 \sim 0.5$ 最低降至 0.2,另外还确保混凝土在养护期间保持高湿度。

2.模板布的施工流程

模板表面除锈→清理干净→喷胶水→粘贴模板布→浇筑前保养。

3.模板布施工注意事项

(1)模板布到现场后应放在仓库,保持干燥、洁净。

(2)当模板表面生锈,应先对模板表面进行除锈,除锈完成后用清水洗干净。

(3)在喷胶水时,应确保模板表面清洁、干燥,且最好先行磨粗,模板表面应喷涂均匀。

（4）模板布应在喷胶水前,根据模板表面大小剪裁好模板布,粘贴时模板布接头部位一定要对齐,使两者之间的缝隙减小到最小的情况下,尤其在有弧线的部分一定要处理好,不要让模板布有褶皱部分存在,这样会影响其外观效果。

（5）模板布粘贴好后,不要放在太阳下暴晒,用雨布覆盖。防止因暴晒模板变形,模板布脱胶鼓起或者起皱;严禁在贴好的模板布表面踩踏。

（6）防止模板布在安装时被钢筋等硬物挂破、挂皱。要求模板安装不能采用整体式安装,采用现场拼装。

（7）振捣混凝土时,要求振动棒应避免碰到钢筋和模板,距模板 5～10 cm,防止损坏模板布。

（8）模板安装前应仔细对模板布的粘贴情况进行检查,发现起皱、脱胶等问题应及时处理。

（9）模板布粘贴好后应在 24 h 内进行相应的构减浇筑。

（10）浇筑混凝土宜在每天最低温度时进行,当气温较高时应用凉水喷洒模板降温,再进行混凝土施工。

（11）模板布采用固尔奇 899 万能气雾胶黏剂粘贴,喷涂粘贴模板布时严格按照产品使用说明操作。

第五节 闫河倒虹吸进口金属结构预埋件安装方案

一、工程概况

南水北调中线一期工程总干渠焦作 1 段 2 标闫河倒虹吸金属结构安装,在出口设置弧形门节制闸和检修闸,在进口设置快速事故闸门。本方案主要涉及闫河倒虹吸弧形工作门埋件、平板闸门埋件和储门槽门库埋件。弧形工作门埋件和平板闸门埋件均为露顶式,无门楣结构。检修闸门为叠梁门,进口事故闸门为快速平板闸门。

二、埋件数量及设计变更情况说明

（一）普济河倒虹吸埋件安装数量

普济河倒虹吸埋件安装数量见表 3-21。

表 3-21 普济河倒虹吸埋件安装数量

序号	项目名称	门槽埋件数量（套）	说明
1	出口节制闸	4	
2	出口检修闸	4	
3	进口工作闸	4	
4	出口门库埋件	2	
5	出口弧形门之交铰埋件	4	
合计		18	

(二)图纸情况说明及设计变更问题

按照原有设计方案,进口工作门为叠梁门结构,后按照设计已更改为快速事故闸门,其中闸门结构形式改为快速闸门。

三、施工条件

弧形工作门门槽、检修门槽和进口工作门槽一期混凝土凿毛完成,现场具备安装条件,弧形工作闸门埋件、检修门槽埋件和进口工作门埋件主要结构件运输至施工作业现场。

埋件安装主要使用25 t汽车吊进行吊装作业,根据图纸计算,埋件最重的单件为1.9 t,施工现场均能满足支车条件和吊装条件,对门槽轨道进行吊装,施工道路保持通畅,设备存放场地满足堆放条件。

四、施工进度要求

闫河倒虹吸弧形工作闸门、检修闸门、进口工作门及门库埋件总工期为7个月。

按照施工总工期安排,结合土建交面时间,金属结构安装工程中施工进度只安排总的施工进度工期,工期开始时间按土建进度计算,前期施工天数不计算在内,但因施工受阻造成的施工工期耽误,将根据目前进度情况进行调整。

施工设备配置见表3-22。

表 3-22　施工设备配置

序号	设备名称	型号及规格	数量
1	汽车起重机	QY50	1
2	半挂拖车(平板车)	20 t	1
3	逆变直流焊机	ZX7 – 400B	6
4	电热干燥箱	ZYH – 60	1
5	经纬仪	J2 – 2	1
6	水准仪	DSC332	2
7	手拉葫芦	5 t	6
8	直柄钻	φ25	1
9	角向磨光机	φ100	2

五、弧形工作门、检修门工作门和门库埋件安装施工程序及措施

(一)施工准备

1.设备验收、仓储、倒运及装卸

设备到货后,在监理人组织下对到货设备清单、品名和数量,并对其外观(变形、磕碰、摩擦痕迹,零部件箱的完整性等)进行初步检查。

设备的堆存应根据不同种类进行,露天堆放或室内存放。设备应按安装先后顺序堆放整齐、支垫稳妥可靠。

设备部件的开箱验收在监理人主持下进行。开箱验收主要检测与安装、运行相关的项目,并拆开包装箱,根据装箱单对箱内的零部件进行数量清点和质量检验。验收质量标准以图纸、合同、规范、规程为依据并对交接验收单中记载的质量问题逐项详细检查。

设备交接验收后,要对验收及检验结果进行记录,参加交验各方要对该产品制造质量是否合格予以判定。若有质量缺陷或不合格产品,应由监理人组织有关单位研究返修或退货。

施工现场配置一台50 t汽车吊、一台20 t平板车用于设备的现场倒运和安装。

设备运输时,设备与车体之间要加垫方木,绑扎钢丝绳与设备之间必须加垫软物,结构件要采取防止变形的措施,设备加工工作面要做妥善防护。

设备在运输前要事先检查道路状况,必要时进行修整。

设备在装卸、运输过程中要设专人指挥,以确保设备的装卸及运输安全。

超大超长设备运输时,按照合同约定到交通管理部门备案,执行约定方案进行运输,在运输过程中要严格执行交管部门的规定。

2. 技术管理

项目开工前,工程技术人员按施工组织设计的要求,并按照本施工方案对作业人员进行技术交底,弧形工作闸门埋件关键项目,由项目总工程师主持参加交底。

技术准备:熟悉施工图纸,严格按合同和规程要求,对施工过程的质量控制做出系统安排,明确关键过程,找出薄弱环节,确立质量控制点进行重点控制。

做好设备的接收工作:包括对工厂制造的质量检查及数量清点,如发现损伤、质量缺陷或零件丢失必须及时与监理工程师取得联系,经协商处理后才能安装,构件由于运输和堆放产生构件变形超差要进行处理。

施工设备和工器具准备:安装调整工具、起重工具、清扫工具、测量工具。

消耗性材料和辅助材料准备:主要消耗性材料有氧气、乙炔、焊条、油漆等;所用辅助材料主要有斜铁、钢丝线、型钢、钢板、滑链螺栓等。

搭设支铰安装临时施工作业平台,平台搭设选用的材料必须符合国家标准要求,搭设平台时焊缝焊接有专业电焊工进行操作。

施工现场具备进入50 t汽车吊的距离。

3. 测量和基准点

安装过程中所用量具和仪器仪表,应经过国家法定计量管理部门予以鉴定并在有效期内。

用于测量高程和轴线的基准点和设备安装用控制点,标志应明显、牢固和便于使用,并且通过监理工程师的验收和认可。

测量放点需要返点的,需专业人员进行,返点时新做控制点应明显、牢固。

4. 设备的检查和检验

设备在进场验收时,一些关键尺寸因受施工现场条件限制,无法进行测量验收,因此设备在安装过程中发现的具体问题,将根据问题情况提交监理部,由监理部组织相关人员进行检查确认,由多方提出最终处理意见进行处理。

门槽埋件、闸门附属件和启闭机埋件等部件的检查,在安装前,会同监理和厂家人员对已到货的设备进行一次全面验收,没有发现缺陷的将按照施工进度进行安装调试,验收时间原则上在安装前 10 d 进行。

设备安装前验收主要对埋件工作面的直线度、扭曲,不锈钢工作面的焊缝焊接情况进行检查,并做好记录。

(二)设备吊装

闸门埋件从仓储场地到安装场地的运输使用 50 t 汽车吊和 20 t 拖车进行。

埋件的吊装使用 50 t 汽车吊进行吊装,闫河 1# ~ 4# 的埋件吊装吊车站在 24# 管身回填地面上,吊车尾部和孔口中心线方向尽量保持一致,并尽量靠近门槽中心线。

结构件倒运位置根据现场情况灵活设立,原则上,倒运汽车和吊车呈平行位置停靠。

埋件吊装过程中,吊具的选择要符合和构件相符的钢丝绳等,不得超负荷使用。

(三)弧形工作门门槽

1. 测量放点

为了满足闸门安装测量的需要,在中孔钢衬由测量队放出安装所需要的三个控制点 A、B、C 和在门槽近处永久高程点,并由监理工程师核准后方可使用,作为进行工作闸门孔口中心、门槽中心、支铰座板、侧止水座板测量控制点,并确定 A、B、C 点的桩号。在 C 点架设经纬仪后视 A 点或 B 点转角 90°在两边闸墩(线架)放出支铰和支铰座板里程线,架设水准仪根据高程点确定出支铰和支铰座板中心坐标。

检修门槽埋件安装和弧形工作门埋件安装放点相同,在调整底坎时,利用 A、B、C 三个控制点,在底坎表面分出控制线,使用水准仪、钢琴线或者经纬仪进行调整,调整达标后进行加固。

2. 预埋件安装

1)底坎安装

底坎安装前,按照图纸在底坎上将门槽中心线和孔口中心线分出,做好标记,在安装过程中作为对比,底坎调整完成后进行加固,加固时采取间隔加固法进行,减少加固变形量。底坎安装完成后,待焊接焊缝完全冷却之后进行复测,符合规范要求填写验收记录表格,提交监理部进行验收,验收合格交付土建进行二期混凝土回填。

2)侧导轨安装

弧形工作门埋件安装采用现场 50 t 汽车吊在出口渐变段底板上进行吊装。弧门埋件侧导板安装:先以弧门支铰中心为基准放侧导板的安装控制线,然后自下而上依次逐节安装,节间对装时,以弧形样板测量,使弧线正确对接。

按控制点测量调整导板的半径和跨距。侧导板安装后,复测侧轨板的垂直度、扭曲度及侧导板中心至支铰中心的半径,全部达到技术要求后进行加固固定。

闸门测量放点如图 3-33 所示。

3)弧形闸门支铰埋件安装

支铰埋件预埋螺栓安装,按照设计图纸规定尺寸进行调整,符合规范要求后进行加固,加固完成后,再进行复测,满足要求后,交付土建进行二期回填。埋件安装,主要进行底坎安装、侧轨安装和支铰预埋件安装,底坎安装按照已放的控制点进行安装调整,底坎安装完成后进行二期回填,达到凝固强度之后,进行侧轨的安装,侧轨安装测量控制使用经纬仪,按照控制点进行控制,两侧轨的间距符合规范要求和设计图纸要求。

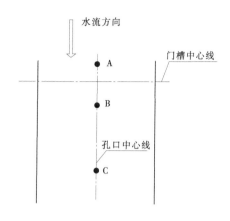

图 3-33　闸门测量放点

(四)检修门、工作门和门库埋件

底坎安装→底坎浇筑→主轨和反轨安装→二期回填混凝土。

1. 测量放点

平板门门槽的控制点,分为两个部分,门槽中心线和孔口中心线放在门库顶部,保证 4 个门槽及门库的门槽中心线在一条直线上,使用线锤将点反在底坎安装线架上。高程控制点主要放在底坎安装工作面上,至少需要放两个控制点,便于相互校核。

2. 底坎安装

底坎安装前,按照图纸在底坎上将门槽中心线和孔口中心线分出,做好标记,在安装过程中作为对比,底坎调整完成后进行加固,加固时采取间隔加固法进行,减少加固变形量。底坎安装完成后,待焊接焊缝完全冷却之后进行复测,符合规范要求填写验收记录表格,提交监理部进行验收,验收合格交付土建进行二期混凝土回填。

3. 反轨、侧轨安装

反轨、侧轨的安装,测量方法主要使用吊线锤法进行,使用 0.3 mm 钢琴线,线锤重量不少于 5 kg。反轨和侧轨的安装调整,符合要求后进行加固,加固方法和底坎安装相同。

(五)焊接材料及焊缝焊接

1. 焊接要求

1)焊接材料

闸门埋件安装主要使用 J502 焊条进行焊接加固,不锈钢型号为 E309 – 16。

(1)普通焊条和不锈钢焊条必须按照说明书要求的温度和时间进行烘焙,当温度降至 125 ℃ 左右再转入 100 ~ 125 ℃ 保温箱内保存。焊条烘焙和管理应有专人负责,未经烘焙的焊条严禁使用。

(2)焊工每次携带的焊条应放于保温筒内随用随取,严禁露天存放。

(3)使用后剩余的焊条应存入干燥箱内再次烘培才能使用;重复干燥后没有用完的焊条,不能用于重要焊缝焊接。

2)焊接基本规定

(1)焊缝装配间隙应保持在 1 ~ 3 mm,局部间隙大于 3 mm 均应进行堆焊,且不应有未填满的弧坑。

(2)严禁在焊接焊缝边和钢管表面引弧,引弧点和收弧点均应融化在焊缝内。

3)焊缝检验

(1)焊缝分类。

(2)外观检验:焊缝外观检查应符合表 3-23 的规定。

表 3-23　焊缝外观检查

序号	项目	允许极限尺寸
1	裂纹	不允许
2	表面夹渣	不允许
3	咬边	深不超过 0.5 mm,连续长度不超过 100 mm, 两侧咬边累计长度不大于 10% 全长焊缝
4	未焊满	不允许
5	表面气孔	不允许
6	焊缝余高	0 ~ 2.5 mm
7	对接焊缝宽度	盖过每边坡口宽度 2 ~ 4 mm,平滑过渡
8	飞溅	不允许
9	焊瘤	不允许

2. 焊接

(1)门叶焊接必须依照设计图纸和相关规范的要求,按照焊接工艺及方案严格施焊,并控制焊接质量;焊接前将焊接工艺工程上报监理部进行审批,通过后进行焊接。

(2)施焊前认真清理焊道,焊缝坡口及其两侧 10 ~ 20 mm 内不得残留油渍、水分和其他污物。

(3)参加焊接的焊工,必须是持有国家有关部门或者通过电力工业部、水利部签发的有效期内的水工钢结构焊工考试合格证书的合格焊工。

(4)焊接加固时,应采取间隔加固法进行,加固完成一部分后,再进行中间部分的加固。

(5)焊接完成后,全面清理,按图纸及规范要求进行焊后检查。

(6)轨道埋件分节间焊缝,在浇筑前只进行封底焊接,不焊满,待浇筑完成,混凝上凝固强度达到 70% 以上后,方可进行。

(7)埋件焊接。

①埋件与插筋间的连接钢筋不小于插筋直径,加固筋焊接在埋件连接板或补强板上;轨道与底坎间使用不锈钢焊条进行焊接,焊后应用砂轮机磨平。

②埋件焊接过程中采取防止变形措施,埋件的加固要有足够的强度,以防在混凝土浇筑中发生变形、位移等现象。

③埋件安装好后,除主轨道轨面、水封座的不锈钢表面外,其余外露表面均按施工图纸或制作厂技术规定进行防腐处理。

④焊接时风速大于 8 m/s、相对湿度大于 90%、雨雪天气和环境温度低于 -10 ℃ 时

禁止进行焊接作业。

（六）设备补漆

1. 涂装范围

（1）施工图样明确规定进行涂装的部位。

（2）现场安装焊缝两侧未涂装的钢材表面。

（3）在接受所移交的设备时,对全部设备表面涂装情况进行检查后发现的损坏部位。上述检查结果经报送监理人后,需要修复的涂装损坏部位经监理人确认后进行。

（4）安装施工中设备表面涂装损坏的部位。

2. 涂装材料

设备涂装所使用的材料,其品种、性能和颜色要与设备制造商所使用的涂装材料一致。

3. 表面预处理

（1）埋件安装后,对现场安装焊缝两侧未涂装的钢材表面和安装过程中表面涂装损坏的部位进行彻底打磨,使表面粗糙度达到图纸及规范的涂装要求,按照制造厂的涂装工艺进行涂装。

（2）设备涂装前,将涂装部位的铁锈、氧化皮、油污、焊渣、灰尘、水分等污物清除干净。

（3）埋件表面的除锈等级应达到《水电水利工程钢闸门制造安装及验收规范》（DL/T 5018—2015）规定的标准。

（4）涂装开始时,若检查发现钢材表面出现污染或返锈,应重新处理。

（5）当空气相对湿度超过85%,钢材表面温度低于露点以上3℃时,不得进行表面涂装。

4. 涂装

（1）经预处理合格的钢材表面要尽快涂装底漆（或喷涂金属）。在潮湿气候条件下,底漆涂装在4 h内（金属喷涂2 h内）完成;在晴天或较好的气候条件下,最长不超过12 h（金属喷涂为8 h）。

（2）涂装施工时,严格按批准的涂装材料和工艺进行涂装作业,涂装的层数、每层厚度、逐层涂装的间隔时间和涂装材料的配方等,均要满足施工图纸和涂料生产厂使用说明书的要求。

（3）涂装时的工作环境与表面预处理要求相同,若涂料生产厂的使用说明书中另有规定时,则按其要求施工。

5. 涂装质量检验

（1）漆膜涂装的外观检查、湿膜和干膜厚度测定、附着力和针孔检查要按《水工金属结构防腐蚀规范》（SL 105—2007）的要求进行。

（2）金属喷涂的外观检查和厚度测定及结合性能检查应按《水工金属结构防腐蚀规范》（SL 105—2007）的要求进行。

（3）涂装开始时,若检查发现钢材表面出现污染或返锈,要重新处理。

（4）使用的涂料,涂装层数、每层厚度、逐层涂装间隔时间、涂料调配方法和涂装注意事项,均按制造厂说明书的要求进行。

(5)涂装时如发现漏涂、流挂、皱皮等缺陷要及时处理,并用湿膜测厚仪测定湿膜厚度。每层涂装前对上一层外观进行检查。

(6)涂装后进行外观检查,表面光滑,颜色一致,无皱皮、起泡、流挂、漏涂等缺陷。

(七)二期回填检测及回填要求

(1)埋件回填过程中,每次浇筑不得超过 5 m 的高度,不得一次浇筑完成。

(2)埋件每回填 5 m 高度,安装施工人员对埋件进行一次复测,埋件安装无变化后,再进行下一个阶段的浇筑回填。

六、质量标准及质量控制点

(一)弧形工作门安装质量控制项目

1. 弧形闸门埋件

1)底坎

里程: ±5 mm;高程: ±5 mm;孔口中心: ±5 mm;

底坎中心与铰座中心水平距离: ±3 mm;

铰座中心和底槛垂直距离: ±3 mm;

底坎平整度: ±1 mm。

2)侧轨

对孔口中心线: ±2.0 mm;侧止水板和侧轮导板中心线的曲率半径: ±3.0 mm。

3)支铰座板

里程: ±1.5 mm;高程: ±1.5 mm;座板中心与孔口中心: ±1.5 mm;

支铰座板倾斜度: $L/1\ 000$;

基础螺栓中心 ±1 mm。

4)侧水封座

侧水封座止水中心线至孔口中心线距离: +2 ~ −1 mm;

侧水封座至支铰中心的曲率半径: ±3.0 mm。

2. 平板闸门埋件

底坎中心: ±5 mm;底坎高程: ±5 mm;底坎平整度: ±1 mm;

主轨:工作范围内(加工面): +2 ~ −1 mm;

　　　　　　　(非加工面): +3 ~ −1 mm;

工作范围外(加工面): +3 ~ −1 mm;

　　　　　　　(非加工面): +5 ~ −2 mm。

反轨:工作范围内: +3 ~ −1 mm;

工作范围外: +5 ~ −2 mm;

侧止水座: +2 ~ −1 mm。

3.门库埋件

1)底坎

高程：±5 mm;中心：±5 mm;底坎平整度：±1 mm。

2)主轨、反轨

对门槽中心线：+5 ～ -2 mm;对孔口中心线：+5 ～ -2 mm。

(二)质量控制原则和控制点

1.安装质量控制原则

(1)施工中,根据施工进度计划,按照合同条款、施工图纸、设计通知单进行设备的安装工作。合理安排人力、设备和物资资源,组织施工。

(2)对设备安装的全过程,按照中国水利水电第十一工程局的质量体系程序文件中规定的内容和方法、顺序和标准进行控制。严格执行工序间检验制度,在符合本道工序要求后,方可进行下道工序。

(3)根据施工图纸和合同规定的规范标准对设备安装进行检验。

(4)落实质量责任制,实行质量三检制度(自检、复检、终检),并积极配合业主和监理的复检。三检制度主要有班组自检、专业质检人员复检和项目部质量部终检。

2.安装过程质量控制

(1)埋件的安装要严格按施工图样的规定进行,安装前按规范及图纸要求对埋件进行检查,检查合格后才可进行安装,检查有监理单位组织进行,做好检查记录。

(2)埋件安装的允许偏差,应符合《水电水利工程钢闸门制造安装及验收规范》(DL/T 5018—2015)的规定。

(3)埋件安装完毕后,拆除所有安装用的临时焊件,修整好焊缝,清除埋件表面上的所有杂物。

3.质量检查和竣工验收

(1)闸门安装前,对其安装基准线和基准点进行复核检查,并经监理人确认后,才能进行安装。

(2)所有埋件的底坎在安装完成后必须在监理工程师验收合格后,方可进行二期混凝土浇筑。

(3)埋件在安装过程中,及时对每道工序如焊接、涂装、安装偏差及试验和试运转成果等的质量进行检查和评定,并做好记录,报监理人确认。

(4)埋件二期混凝土浇筑后,重新对埋件的安装位置和尺寸进行测量检查,经监理人确认合格后,方能继续进行安装工作。

(5)全部安装结束,并进行了所要求的检测和试验后,将设备清单及设计修改通知、有关会议纪要、安装质量的检查和评定记录、埋件质量检验的中间验收记录、闸门试验成果和试运转记录、重大缺陷处理记录和报告、材质证明和试验报告、焊缝质量检查记录与无损探伤报告等资料整理并装订整齐,按招标文件要求的份数移交给监理人。

第六节　闫河倒虹吸二期基坑土方回填施工方案

一、工程概况

(一)工程概述

闫河渠倒虹吸工程位于河南省焦作市山阳区小庄村,为南水北调总干渠穿越闫河和塔南路的建筑物,北距焦枝铁路约600 m,南距焦作市开发区约1 km,处于焦作老城区与开发区相结合部位。闫河倒虹吸工程由渠道倒虹吸、节制闸和退水闸组成,建筑物总长535 m。倒虹吸起点为总干渠桩号Ⅳ36+556,终点为总干渠桩号Ⅳ36+997,总长441 m,其中管身水平投影总长310 m。管身横断面为4孔箱形钢筋混凝土结构,单孔尺寸为6.5 m×6.7 m(宽×高)。

截至目前,闫河倒虹吸15#~20#水平管身段钢筋混凝土工程基本完成,具备基坑土方回填条件,需尽快进行二期基坑回填,为塔南路复建提供条件。

(二)倒虹吸基坑回填技术要求

进出口渐变段、进出口闸室、防洪堤及防洪堤下的倒虹吸管身回填中、重粉质壤土,要求压实度不小于98%,干重度通过现场试验确定;要求土中有机质含量不超过5%,水溶盐含量不大于3%,混合料含水率控制在土料最优含水率的-2%~+3%。其余部位回填开挖料,回填料的压实度不小于96%。

(三)施工特点

(1)闫河倒虹吸马道以下基坑填筑工作面狭窄,不利于操作,机械使用效率低,一定范围内碾压不得采用大型设备,使得施工工艺复杂。

(2)二期基坑回填分两段二次回填,回填工作面短小,马道以下基坑狭窄,最大回填高度达8 m,质量控制难度大,机械化施工效率低。

(四)工程量

根据设计图纸及招标、投标文件计算,闫河倒虹吸二期基坑土方回填工程量如表3-24所示。

表3-24　闫河倒虹吸二期基坑土方回填工程量

序号	施工项目	单位	数量	说明
1	土方填筑	万 m³	22.70	包括进出口渐变段及闸室段

二、施工准备

(一)现场供电设施及降排水设施拆除

施工用电及排水措施在前期开挖及混凝土施工前已投入运行,保证了基坑混凝土在旱地进行,回填土方时,仍需保留部分降水井进行降排水。土方填筑前,需拆除现场部分电缆,并对部分降水井电缆进行改造,电源由二级马道上布置的供电系统提供,对保留的电缆和排水管道采取在边坡上挖槽、覆盖加以保护,防止土方回填过程造成破坏。

在地下水位线以下填筑时,对降水井采取保护措施,保证排水井在填筑过程中正常运行,填筑地下水位线以下土方时,降水井口随作业面上升,并采取切实保护措施,即在井口加盖防护木板,木板上锯出豁口供排水管穿过,当土方填筑到地下水位以上时,在确认地下水高程及毛吸现象影响范围后,拆除深井泵和排水管,采用级配碎石回填降水井至井口以下 2.0 m,然后在井口浇筑 C10 混凝土后,继续向上回填。

(二)降水井回填

对回填区拆除深井泵后的降水井,依照设计通知:焦 1S - 2009 - 01 的要求进行回填,由于降水井没有穿透强透水层,按非承压井封堵。

计划用粒径 10 ~ 40 mm 的级配碎石进行回填,回填到距离管井口 2 m 处,上部井筒用 C10 混凝土封堵上部,混凝土达到 70% 强度后,才能回填上部土方。

(三)回填分区及设备选型

为保护箱涵混凝土,在箱涵两侧及顶部 1 m 范围内土方采用蛙式打夯机人工压实,基坑两侧回填宽度小于 4 m 范围,因工作面较狭窄,采用人工摊平土料,蛙式打夯机人工压实。其他部位采用推土机摊料,平地机整平,20 t 振动碾碾压方案回填。碾压设备型号及主要性能指标如表 3-25、表 3-26 所示。

表 3-25　自行式凸块振动碾主要性能指标

型号	工作质量	振轮尺寸 直径 × 宽度 (mm)	振动频率 (Hz)	激振力 (kN)	振幅 (mm)	额定功率 (kW)
XS202J	20 t	1 600 × 2 130	33/28	353/245	1.9/0.95	128

表 3-26　蛙式打夯机主要技术指标

型号	击实能量 (N·m)	夯板尺寸 (mm)	夯头抬高 (mm)	前进速度 (m/min)	夯实次数 (次/min)	电机功率 (kW)
HW60	600	120 × 550	200 ~ 260	8 ~ 13	140 ~ 150	3

管身土方回填分区如图 3-34 所示。

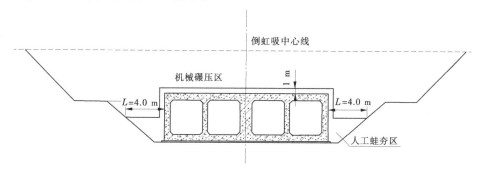

图 3-34　管身土方回填分区示意图

三、施工程序

回填施工程序为:混凝土外观验收→混凝土面防腐处理→降水井接高及保护→土方分层回填→管身上部硅芯管和电缆管及外包混凝土→继续回填→地貌恢复。闫河倒虹吸土方回填施工程序详见图 3-35。

四、主要施工方案

(一)施工方法

1. 管身外观验收及防腐

根据南水北调工程相关质量管理规定,所有混凝土隐蔽工程覆盖前,应进行外观质

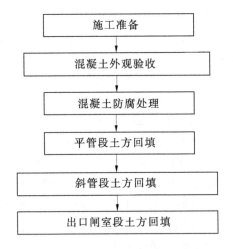

图 3-35　闫河倒虹吸土方回填施工程序

量验收。为防止地下水对建筑物混凝土造成腐蚀,根据设计通知要求,需进行防腐涂层处理,涂层高程控制在永久地下水位线以下,倒虹吸管段全部采取防腐措施后展开填筑施工。

2. 泥浆涂刷

倒虹吸构筑物回填时,与建筑物接合处,及时涂刷黏土泥浆,以确保填土与构筑物接合密贴。填筑前,先将建筑物混凝土表面洒水湿润,涂刷泥浆,然后铺土跟进并夯实,涂浆高度超出铺土厚度 5~10 cm,涂层厚度为 3~5 mm,并与下部涂层衔接。制备泥浆采用土料的黏粒含量≥30%,塑性指数>17%,泥浆浓度为 1:2.5~1:3.0(土水质量比)。

3. 管身段土方回填

根据监理工程师批复的《倒虹吸土方填筑碾压试验报告》,闫河倒虹吸管身回填主要技术指标、回填设备及对应的回填参数选择如表 3-27 所示。

表 3-27　闫河倒虹吸回填参数表

碾压设备	压实度	松铺厚度（cm）	碾压遍数	说明
HW60 蛙式打夯机	0.96	25	夯打 10 遍	
	0.98	20	夯打 10 遍	
20 t 振动碾	0.96	40	静压 2 遍,轻振 2 遍,强振压 6 遍	
	0.98	35	静压 2 遍,轻振 2 遍,强振压 6 遍	

平管段土方回填压实度为 96%,其余段为 98%。对于平管段建基面以上 3 m 范围,由于土方填筑工作面比较狭小,呈倒直角梯形断面,土料从边坡自由落下,采用 0.3 m³ 反铲铺料。

管身分缝之间采用 1.2 m 宽土工布,沿着管身边墙及顶板整体包裹,要保证土工布紧贴混凝土面。

在管身段上部和闸室段两侧设计有穿光纤的硅芯管和穿电缆的镀锌钢管及外包混凝土。斜管段两侧的硅芯管下部设计有 80 cm 厚的 3∶7 灰土,回填土方前按设计图纸先行施工。

一期回填与二期回填的接合面处,混凝土挡墙上按管身段要求涂刷泥浆,确保回填土方与混凝土面的良好结合;预留 1∶3 的土质边坡处,先削除表面松土,然后在斜坡上分层开挖出高 30 cm、宽 100 cm 的台阶,保证前后期土方结合良好。

4. 地貌恢复

表层 0.3 ~ 0.5 m 厚为种植土,用自卸汽车运到位后,采用推土机摊铺整平,在地表层土回填后,按照工程师的指示和施工图纸的要求对地表设施进行恢复。

(二)土方回填控制

(1)分段填筑,各段应设立标志,以防漏压、欠压和过压。上下层的分段接缝位置应错开。

(2)碾压施工应符合下列规定:

①碾压机械行走方向及铺料方向应平行于堤轴线。

②分段碾压,相邻作业面的搭接碾压宽度,平行堤轴线方向不应小于 0.5 m,垂直堤轴线方向不应小于 3 m。

③振动碾压作业,宜采用进退错距法,碾迹搭压宽度应不小于 30 cm。

(3)机械碾压不到的部位,应辅以夯具夯实,夯实时应采用连环套打法,夯迹双向套压,夯压夯 1/3,行压行 1/3,分段、分片夯实时,夯迹搭压宽度不小于 1/3 夯径。

(4)碾压遍数根据试验参数及不同机型确定,初步拟定为 6 ~ 10 遍,对于碾压中出现的漏压、欠压部位及碾压不到位的死角均采用人工方法进行夯实。

(5)在整个回填过程中,设置专人保证观测仪器、预埋管线与测量工作的正常进行,并保护所埋设的仪器和测量标志的完好。

五、资源投入

(一)机械设备投入

根据施工进度安排及现场施工情况,闫河倒虹吸土方填筑主要施工机械设备见表 3-28。

表 3-28　主要施工机械设备

序号	机械名称	机械型号	台数	说明
1	液压反铲	1.6 m³	2	
2	液压反铲	0.3 m³	1	
3	装载机	ZL - 50	2	
4	自卸汽车	20 t	10	
5	振动碾	20 t	2	
6	蛙式打夯机	HW60	6	

续表 3-28

序号	机械名称	机械型号	台数	说明
7	推土机	SD220	2	
8	洒水车	6 m³	1	
9	旋耕机	—	2	用于土料翻晒

注:不含雨季设备。运土设备初期量少,随回填面的扩大而增加。

(二)人力资源配置

人力资源配置见表 3-29。

表 3-29　人力资源配置

序号	工种	单位	数量	说明
1	管理人员	人	2	
2	技术人员	人	4	包括现场技术员、测量人员、试验人员
3	挖装机械操作工	人	6	
4	运输车辆司机	人	20	
5	运输车辆修理工	人	3	
6	其他工人	人	35	
	合计	人	70	

六、土方回填注意事项

(1)回填前将基坑(槽)底上的垃圾、砂浆、积水等杂物清理干净。

(2)当填筑料含水率偏低时,采用预先洒水润湿;当含水率偏高时,采用翻松、晾晒等措施,保证施工最佳含水率。

(3)回填时,倒虹吸平管段两侧土方回填应保持均衡同步上升,防止产生侧向推力对建筑物产生不利影响。

(4)深浅基坑(槽)相连时,先填夯深基础,填至与浅基坑相同的标高时,再与浅基础一起填夯。

(5)土方回填过程中,根据试验确定的土料最佳含水率、摊铺厚度、碾压及夯实遍数,对填筑过程进行严格控制,防止欠压、漏压。

(6)铺料与碾压工序宜连续进行,若因施工或气候原因造成停工,复工前要对表土洒水湿润,方可继续铺料、碾压。

(7)碾压机械行走方向及铺料方向应平行渠道轴线。

(8)上一层填料按规定参数施工完毕,经检查合格后方可继续填筑下一层土料。在继续填筑新料之前,对压实层表面进行刨毛、洒水等处理。

(9)人工夯实时,采用一夯压半夯的方法,夯夯相接,行行相连,纵横交叉。

(10)倒虹吸范围内的坑、沟、槽等,应按填筑要求进行回填处理。

第七节　闫河倒虹吸金属结构及机电设备安装施工方案

一、工程概述

闫河倒虹吸金属结构设备安装项目包括:进口检修事故门、出口检修叠梁门、出口控制闸弧形闸门及相应的启闭机项目。其中进口检修事故门包括 QPK2×400 kN 固定卷扬机、门叶及门槽热管融冰装置等;出口检修叠梁门包括 LDA 型电动单梁起重机、门叶、2×100 kN 电动葫芦等;出口控制闸弧形闸门包括门叶、轮架、轮子,以及 LDA 电动单梁起重机等装置。

安装工作还包括合同规定的各项设备调试和试运转工作,以及试运转所必需的各种临时设施的安装。

二、金属结构储存和运输方案

(一)金属结构设备储存方案

各项金属结构设备由业主提供。

在本标仓库院内储存并设置金属结构拼装场,主要考虑平板门、叠梁门、弧形门、启闭机等金属结构安装前的预拼装和检查,并根据需要对部分附件的焊接和组装,以及闸门水封的下料、黏结和水封与压板、门叶进行螺孔配钻等准备工作。

(二)金属结构设备运输

本标段金属结构设备根据设备的外形尺寸、重量选择合适的吊装和运输手段进行装车、卸车和运输。主要装卸车设备有 25 t 汽车吊等,主要运输设备有 20 t 和 16 t 载重汽车等。

(1)拼装场配备有相应的汽车吊承担设备的预拼装和装车。

(2)安装现场结合安装施工方案,可选用 25 t 的汽车吊和启闭设备。

三、金属结构吊装施工

金属结构主要设备吊装施工方法见表 3-30。

表 3-30　金属结构主要设备吊装施工方法

序号	安装部位	安装方法	说明
1	进、出口检修闸门门叶	使用 25 t 汽车吊安装	
2	出口弧形工作闸门门叶	使用 25 t 汽车吊安装	
3	电动葫芦	使用 25 t 汽车吊安装	
4	液压启闭机	使用 25 t 汽车吊安装	
5	LDA 型电动单梁起重机	使用 25 t 汽车吊安装	

四、平面闸门(进口检修事故门)门叶安装

进口检修事故门,门叶为了便于运输,厂家分4节制造,运输到工地现场门槽拼装焊接。出口叠梁门按设计图纸要求分4节制造,运输到金属结构拼装场进行组装。组装合格后运输到工地现场安装。

(一)平面闸门(进口检修事故门)安装前的施工准备

(1)在安装工作实施之前,做好闸门各制造单元进行拼装的固定措施、焊接工艺和焊缝质量检查、专用工具、吊耳的焊接和安全措施等技术交底。

(2)按施工图纸和制造厂技术说明书的要求,在金属结构拼装场内进行尺寸检查。

(3)按《水电水利工程钢闸门制造安装及验收规范》(DL/T 5018—2015)规定进行焊接工艺评定,根据评定结果编制焊接工艺指导书。

(4)上报合格焊工、无损探伤人员名单及有效的资格证书。

(二)平面闸门(进口检修事故门)安装的基本要求

(1)平面闸门安装前必须要在拼装场内进行预拼,检查合格后才能运输至现场拼装和焊接工作。

(2)闸门主支承的安装在门叶结构安装焊接完毕,并经过测量校正合格后才能进行。所有主支承面调整到同一个平面上,其误差不得大于规定的尺寸范围。

(3)充水装置和自动抓梁定位装置的安装,按施工图样要求进行,但还须注意与自动抓梁的配合,以确保安全有效地动作。

(4)平面闸门的两侧水封及底水封,根据橡胶水封的到货情况,按需要的长度粘接好再与水封压板一起配钻螺栓孔;橡胶水封的螺栓孔,采用专用的钻头使用旋转法加工;不准采用冲压法和热烫法加工。其孔径比螺栓直径小1 mm。

(5)安装好平面闸门后,拆除所有安装用的临时焊件,修整好焊缝,清除杂物。

(三)平面闸门(进口检修事故门)安装程序

平面闸门(进口检修事故门)安装程序见图3-36。

(四)平面闸门(进口检修事故门)安装施工说明

(1)门叶吊装前,对已浇筑的二期门槽进行复测,并对有可能阻碍门叶入槽的障碍物进行清除,无问题后方可进行下步安装工作。

(2)闸门门叶在金属结构拼装场内进行预拼检查,复测分节门叶的各部尺寸,并进行必要的清扫,清除污物,尤其要清理组合缝部位。同时还要注意制造厂家预装时的配合标记或编号。

(3)使用起吊工具将底节门叶吊入门槽,并用锁定梁可靠锁定后调整其位置满足要求,然后将上一节门叶吊到其上联结,并按图纸要求调整、焊接、加固、安装水封。

(4)使用起吊工具按此方法依次将其他各节门叶吊入门槽进行安装。全部吊装就位后,检查测量各部分尺寸及平面度,特别是要测量滑块座板和止水座板的平面度,并根据实测数据调整尺寸使其满足设计或规范要求。

(5)门叶焊接(进口检修事故门)需要制订焊接工艺措施,包括焊条的选用、焊工人数、焊接顺序、焊接速度、焊缝外观质量、无损检测等,进行报检,焊接时严格按批准的工艺

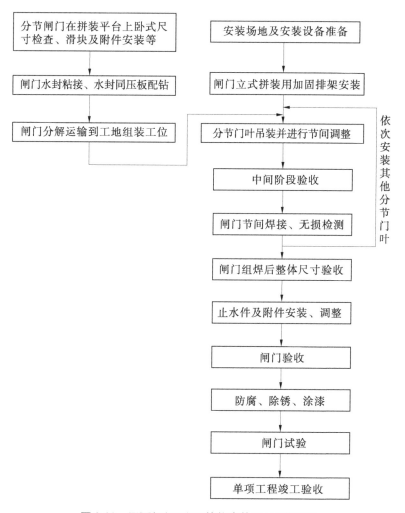

图 3-36 平面闸门(进口检修事故门)安装程序

措施施工。

(6)焊接过程中还要随时监测闸门的整体焊接变形情况,做好相应的记录。

(7)焊接全部完成后,应拆除安装临时用的构件,并清理修平焊疤,复测闸门的尺寸,合格后还要按照图纸和规范的要求进行无损检测,将检测结果记录进行报验。

(8)将水封放置于预定安装部位,并测量其封水中心线,在确认无误后对水封进行号孔、钻孔。整个水封的钻孔从底止水、侧止水依次进行。水封加工完成后,用螺栓与门叶紧固,并再次对水封的封水尺寸进行检测。水封装置的安装允许偏差和水封质量要求,符合《水电水利工程钢闸门制造安装及验收规范》(DL 5018—2015)规范中相应规定。橡胶水封的螺栓孔采用专用钻头旋转法与水封压板配钻加工。水封橡皮安装后,两侧水封中心距和中心至底水封底缘的距离偏差、水封表面不平度均满足安装要求。闸门进入门槽工作部位后,水封的压缩量符合图纸规定。

(9)平面闸门安装后做静平衡试验,试验方法为:将闸门吊离地面 100 mm,通过滚轮或滑道的中心测量上、下游与左、右方向的倾斜,一般单吊点平面闸门的倾斜不超过门高的 1/1 000,且不大于 8 mm。当超过上述规定时,应予配重调整。

（10）闸门试验。

闸门安装完毕后,质检员对平面闸门进行试验和检查。试验前应检查并确认自动挂脱梁挂脱钩动作灵活可靠;充水装置在其行程内升降自如、密封良好;吊杆的连接情况良好。

平面闸门的试验项目包括:

①无水情况下全行程启闭试验。试验过程检查滑道或滚轮的运行无卡阻现象,双吊点闸门的同步应达到设计要求,在闸门全关位置,水封橡皮无损伤,漏光检查合格,止水严密。

在本项试验的全过程中,必须对水封橡皮与不锈钢水封座板的接触面采用清水冲淋润滑,以防损坏水封橡皮。

②静水情况下的全行程启闭试验。本项试验应在无水试验合格后进行,试验、检查内容与无水试验相同（水封装置漏光检查除外）。

③通用性试验。对一门多槽使用的平面闸门,必须分别在每个门槽中进行无水情况下的全程启闭试验,并经检查合格;对利用一套自动挂脱梁操作多孔的情况,则应逐孔进行配合操作试验,并确保挂脱钩动作 100% 可靠。

（11）闸门的启闭试验完成后,将经过检验安装合格的闸门存放在指定的地点并妥善维护,直至移交。

五、平面闸门（出口检修叠梁门）门叶安装

出口检修叠梁门,门叶为了便于运输,出口叠梁门按图纸要求分 4 节制造,运输到金属结构拼装场进行组装,组装合格后运输到工地现场安装。

（一）平面闸门（出口检修叠梁门）安装前的施工准备

（1）参加业主提供的各项设备的出厂验收工作,对制造质量负有出厂检查验收责任,发现有质量问题,及时通知业主和监理工程师。

（2）设备到达交接货地点后,负责各项设备的卸货、清点、整理,参加由业主召集的有制造商、监理工程师等到场的交接验收。逐件检查各项设备的数量和质量,并向业主提交说明各项设备是否齐全、合格的书面报告。

（3）在安装工作实施之前,做好闸门各制造单元进行拼装的固定、安全措施和技术交底。

（二）平面闸门（出口检修叠梁门）安装的基本要求

（1）平面闸门安装前必须要在拼装场内进行预拼,检查合格后才能运输至现场进行安装工作。

（2）自动抓梁定位装置的安装,按施工图样要求进行,注意与自动抓梁的配合,以确保安全有效地动作。

（3）每节闸门的两侧水封及底水封,根据橡胶水封的到货情况,按需要的长度粘接好再与水封压板一起配钻螺栓孔。橡胶水封的螺栓孔,采用专用的钻头使用旋转法加工。不准采用冲压法和热烫法加工。其孔径比螺栓直径小 1 mm。

(三)平面闸门(出口检修叠梁门)安装程序

平面闸门(出口检修叠梁门)安装程序见图3-37。

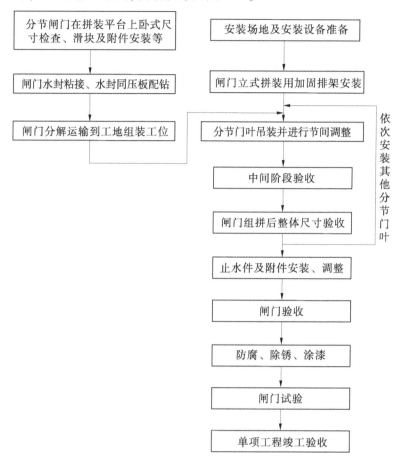

图3-37　平面闸门(出口检修叠梁门)安装程序

(四)平面闸门(出口检修叠梁门)安装施工说明

(1)门叶吊装前,对已浇筑的二期门槽进行复测,并对有可能阻碍门叶入槽的障碍物进行清除,无问题后方可进行下步安装工作。

(2)闸门门叶在金属结构拼装场内进行预拼检查,复测分节门叶的各部尺寸,并进行必要的清扫,清除污物,尤其要清理组合缝部位。同时还要注意制造厂家预装时的配合标记或编号。

(3)使用起吊工具将底节门叶吊入门槽,并用锁定梁可靠锁定后调整其位置满足要求,然后将上一节门叶吊到其上联结,并按图纸要求调整。

(4)使用起吊工具按此方法依次将其他各节门叶吊入门槽进行安装。全部吊装就位后,检查测量各部分尺寸及平面度,并根据实测数据调整尺寸使其满足设计或规范要求。

平面闸门安装后做静平衡试验,试验方法为:将闸门吊离地面100 mm,通过滚轮或滑道的中心测量上、下游与左、右方向的倾斜,一般单吊点平面闸门的倾斜不超过门高的1/1 000,且不大于8 mm。当超过上述规定时,应予配重调整。

（5）闸门试验。

闸门安装完毕后,质检员对平面闸门进行试验和检查。试验前应检查并确认自动挂脱梁挂脱钩动作灵活可靠;充水装置在其行程内升降自如、密封良好;吊杆的连接情况良好。

平面闸门的试验项目包括:

①无水情况下全行程启闭试验。试验过程检查滑道或滚轮的运行无卡阻现象,双吊点闸门的同步应达到设计要求,在闸门全关位置,水封橡皮无损伤,漏光检查合格,止水严密。

在本项试验的全过程中,必须对水封橡皮与不锈钢水封座板的接触面采用清水冲淋润滑,以防损坏水封橡皮。

②静水情况下的全行程启闭试验。本项试验应在无水试验合格后进行。试验、检查内容与无水试验相同(水封装置漏光检查除外)。

③通用性试验。对一门多槽使用的平面闸门,必须分别在每个门槽中进行无水情况下的全程启闭试验,并经检查合格;对利用一套自动挂脱梁操作多孔的情况,则应逐孔进行配合操作试验,并确保挂脱钩动作100%可靠。

（6）闸门的启闭试验完成后,将经过检验安装合格的闸门存放在指定的地点并妥善维护,直至移交。

六、弧门门叶安装

(一) 安装前的施工准备

（1）参加业主提供的各项设备的出厂验收工作,对制造质量负有出厂检查验收责任,发现有质量问题,及时通知业主和监理工程师。

（2）设备到达交接货地点后,负责各项设备的卸货、清点、整理,参加由业主召集的有制造商、监理工程师等到场的交接验收。逐件检查各项设备的数量和质量,并向业主提交说明各项设备是否齐全、合格的书面报告。

（3）准备、制作为完成各项安装作业所需的材料和器具,其中包括起重运输器具,临时吊装用吊环和型钢,设备的拼装平台及架立就位和焊接用器材和设施、二期混凝土及其内的加固固定材料,必要的灌浆、防腐涂料、润滑油(脂)等。

(二) 弧门安装程序

弧门安装程序见图3-38。

(三) 弧门安装措施说明

（1）弧门门体安装内容主要包括支铰装置总成、支臂、门叶、水封等。安装前首先对主要构件进行预拼装或预装配及必要的清理和保养,调整检查相关尺寸符合设计图纸与规范要求后,设置定位板与安装标识,在起重和运输机械允许的范围内,分解或者整体运输和吊装。

（2）安装前首先在金属结构拼装场对主要构件进行预拼装或尺寸复测,调整相关尺寸符合设计图纸和规范要求后,对构件进行彻底的清理和保养。

（3）弧门拟分为左支铰装置总成、右支铰装置总成、左支臂、右支臂等几个大件,其组

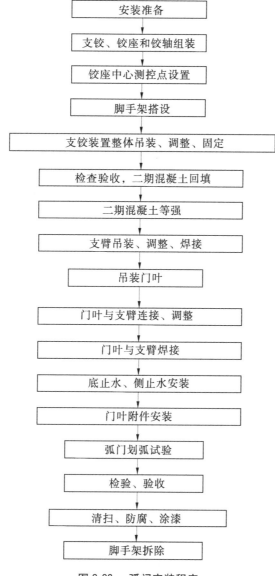

图 3-38　弧门安装程序

装或预拼装均在金属结构拼装场内完成。门叶在现场拼装。

（4）支铰装置安装控制方法。

预先将弧门支铰装置组装成整体，并在安装位置设置安装平台，布设测量控制点后，分别整体吊装至左、右支铰安装平台，然后进行调整，根据测控点对支铰进行初步固定。

（5）左、右两铰轴同心度调整方法。

在左、右支铰上方的混凝土边墙上分别设置线架，用经纬仪将铰座里程线分别投放在线架上，并设置标志点，通过两侧线架上的标志点连接一根直径 0.25 mm 以下的钢丝线，线上悬挂垂球并通过铰轴中心来控制其设计里程、里程方向铰轴的倾斜度及两铰座轴线相对位置的偏移；再根据现场提供的高程基准点用水准仪测量调整铰轴轴心的设计高程、铰轴垂直方向的倾斜度及两铰座轴线相对位置的偏移;调整铰座中心相对于孔口中心线的距离,检查两支铰其他安装尺寸满足设计或规范要求后,将其充分固定,并经监理工程师检查验收后,移交土建单位回填二期混凝土。

(6)支臂安装方法及焊接工艺。

待支铰二期混凝土回填并达到设计强度后,吊装单侧支臂与支铰连接,两侧支臂都与支铰连接后,调整左、右支臂相对于孔口中心线的距离,同时使左右两支臂对应点保持在设计的同一高程,待各部尺寸关系符合设计图纸及规范要求后,将连接处用定位板充分固定,然后进行焊接。焊接时焊工在对称位置同时施焊,选用合适的焊接规范并采用多层多道分段退步焊,配合锤击以消除和释放应力,达到控制变形的目的。

焊接工艺应包含以下方面:焊接材料的保存、烘培方法和烘培温度、次数;坡口形式,对装技术要求;焊接电流、线能量;焊接速度、焊接电压;焊接件预热时间、预热温度、保温方法和温度;焊后热处理的温度和保温时间;焊接顺序、方法;因故中断的焊接的焊缝在重新焊接前的检验、焊接方法;在恶劣环境下的焊接保护措施;焊接过程中的焊接变形监测和控制方法;焊接质量检验办法和缺陷处理办法等方面。焊接工艺措施在监理人审查批准后方可实施。

严格按照焊接工艺要求进行钢结构的组装和焊接。

(7)门叶安装控制方法。

调整门叶中心与孔口中心、主横梁中心与支臂中心重合,使面板两侧水封螺孔中心与侧轨等距,以及面板外缘对支铰中心的曲率半径符合要求后,将门叶与支臂固定牢靠,使其有足够的刚性与稳定性。调整并控制好相关尺寸符合设计图纸及规范要求后,充分固定并与上支臂连接,即可进行门叶节间与前支臂端板的连接焊缝。

(8)门叶节间焊接顺序。

焊接时先焊拼接板及其他定位板,其次焊接竖直次梁腹板的对接焊缝,使其形成整体骨架,然后检查测量门叶各部位尺寸相对变化情况,如变化在允许范围内,则继续焊接竖直次梁翼缘板对接焊缝,以及水平小次梁与面板、竖直次梁的连接焊接,最后焊接面板对接焊接。为了减小焊接变形和消除应力,用偶数焊工从中部向两侧对称施焊,同时采用多层、多道、分段、退步焊焊接工艺。多层焊时,上下层的焊接方向应相反,多层焊接头要相互错开,并配合锤击、控制层间温度及正确选择焊接参数等方法,达到控制变形、消除应力的目的。

(9)支臂前端板的焊接工艺措施。

在安装时待修正支臂长度满足要求后,先将前端板与门叶主横梁的连接螺栓把合紧固,调整支臂中心与前端板中心重合后,即可进行焊接。焊接时,先焊支臂两侧的腹板与前端板的立焊缝,后焊支臂上下翼缘板的平、仰焊缝,最后焊接抗剪板。在焊接时,用偶数焊工在4个端板上同时对称施焊,并用塞尺随时检查主横梁与前端板之间的接触间隙及抗剪板的顶紧、靠严情况,发现问题要及时汇报并采取措施处理。

(10)全部焊接工作完成后,复测各部位尺寸满足图纸和规范要求后,安装弧门的底止水和侧止水。

(11)在液压启闭机安装完成后,联接门叶,并根据设计和规范要求进行弧门的划弧试验,做好记录并经监理工程师检查验收后,对弧门及弧门槽进行清扫、除锈防腐和涂漆处理。

七、LDA 型电动单梁起重机安装

(一)安装前的施工准备

安装前,必须对到货的构件、设备进行清点、检查,机械及转动部位进行清理,并加入润滑油、脂。

(1)检查该桥机的构件、零部件或设备总成是否齐全,在运输、存放过程中有否变形和损伤。

(2)检查各构件、零部件是否属于同一设备,凡不属于同一设备的不准拼装到一起。

(3)在拼装检查中若发现尺寸误差、损伤、缺陷或零部件丢失等,及时报告监理工程师并经其批准后方可进行修理、重新加工或补备零部件,然后进行安装。

(二)LDA 型电动单梁起重机安装基本要求

(1)LDA 型电动单梁起重机安装、调试和试运转应按施工图纸、制造厂技术说明书的要求和《水利水电工程启闭机制造、安装及验收规范》(DL/T 5019—2004)中的有关规定进行。

(2)轨道安装应按《水利水电工程启闭机制造、安装及验收规范》(DL/T 5019—2004)中的有关规定执行。

(三)LDA 型电动单梁起重机安装程序

LDA 型电动单梁起重机安装程序见图 3-39。

(四)LDA 型电动单梁起重机安装措施说明

(1)安装平台清理,施工仪器、起吊安装设备布置。

(2)桥机轨道及其埋件的安装。

轨道安装应符合施工图纸要求,并应符合下列规定:

①LDA 型电动单梁起重机轨道安装前,对钢轨的形状尺寸进行检查,发现有超值弯曲、扭曲等变形时,应进行矫正,并经监理人检查合格后方可安装。

②吊装轨道前,应测量和标定轨道的安装基准线。轨道实际中心线与安装基准线的水平位置偏差:当跨度(S)小于或等于 10 m 时,应不超过 2 mm;当跨度(S)大于 10 m 时,应不超过 3 mm。

③轨距偏差:当跨度(S)小于或等于 10 m 时,应不超过±3 mm;当跨度(S)大于 10 m 时,轨距偏差应按式(3-2)计算,但最大不应超过±15 mm。

$$\Delta S = \pm \left[3 + 0.25(S - 10) \right] \tag{3-2}$$

④轨道预面的纵向倾斜度:LDA 型电动单梁起重机不应大于 3/1 000;桥式启闭机、台车式启闭机不应大于 1/1 000,每 2 m 测一点,在全行程上最高点与最低点之差应不大于 10 mm。

⑤同跨两平行轨道在同一截面内的标高相对差:当跨度小于或等于 10 m 时,应不大于 5 mm;当跨度大于 10 mm 时,应不大于 8 mm。

⑥两平行轨道的接头位置应错开,其错开距离不应等于前后车轮的轮距。接头用联

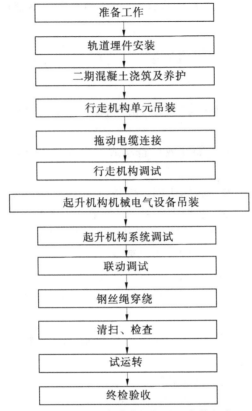

图 3-39　LDA 型电动单梁起重机安装程序

接板联接时,两轨道接头处左、右偏移和轨面高低差均不大于 1 mm,接头间隙不应大于 2 mm。伸缩缝处轨道间隙的允许偏差为 ±1 mm。

⑦轨道安装符合要求后,应全面复查各螺栓的紧固情况。

⑧轨道两端的车挡应在吊装移动式启闭机前装妥;同跨同端的两车挡与缓冲器应接触良好,有偏差时应进行调整。

⑨轨道安装检查验收后,采取相应的加固措施加固轨道及其埋件,复查各螺栓的紧固情况,然后移交土建单位浇筑二期混凝土。只有桥机组装部位的混凝土强度达到设计要求后,才能开始组装桥机。

(3)使用起吊工具将起重行走机构吊入轨道,进行调整,检测主轮垂度、跨距、错位等达到规范要求后,使用千斤顶支撑将行走机构可靠固定,并锁定轮轨,以免移位。

(4)吊装、调整桥架,检查其空间尺寸、平面尺寸、铅垂度满足规范要求。

(5)检查小车的轨距和轮距等尺寸满足要求后,就可以吊装小车。

(6)电气设备的安装程序参见图 3-40,电气设备安装、调试主要包括大车行走机构、主起升机构、起升机构等系统的机电设备安装、调试,均按技术要求进行施工。单个系统安装调试完毕后进行机电连调,并检查各机构运转情况。

(7)电气二次安装按常规进行。电缆敷设时要有专人指挥,注重工艺,固定可靠。电缆接线时要回路标记准确、清晰规范,异形管三面写明电缆号、回路号和端子号。高压电

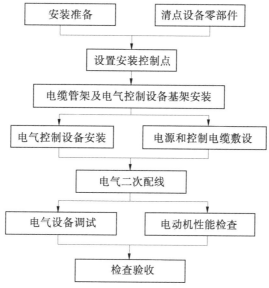

图 3-40 LDA 型电动单梁起重机安装措施

缆头要做耐压试验。所有设备接地良好。

（8）电气设备和电缆的安装、固定按设计进行，做到完好无损、连接正确、性能可靠，并满足技术规范要求。

（9）钢丝绳穿绕：钢丝绳穿绕前进行破劲处理，下料长度按计算确定并加以调整以保证吊具平衡。

（五）LDA 型电动单梁起重机试验

试运转步骤按空载试运转、静荷载试验和动荷载试验进行。应提前 15 d 通知制造商、监理工程师等相关人员，全部在场时才能进行试验。并根据厂家制造安装和使用说明书、设计和规范要求编写《桥机试验大纲》报送监理工程师审批，试验时严格按照批准的《试验大纲》进行。

试验基本方法和要求如下所述。

试验拟采用自制起重吊架内放置足量钢材的方案。

1. 准备工作

（1）试验配重，采用试验专用吊架和配重。试验配重的运输及施工现场的组装、堆放按试验载荷进行配备。

（2）试验场地设明显标记，严禁一切无关人员进入试验场地。

（3）做好试验用风、电、照明的准备工作。

2. 试运转前的检查

（1）起重机机械设备和电气设备都安装完毕并经检查调整合格。

（2）检查所有机构部件、连接部件、各种保护装置及润滑系统等的安装、注油情况，其结果满足要求，并清除轨道两侧所有杂物。

（3）检查钢丝绳端的固定要牢固，在卷筒、滑轮中缠绕方向正确。

（4）各轴承和齿轮箱已注油并无渗漏现象，制动器已调整好间隙。

(5)各传动部件、制动器、保护装置、信号装置、闭锁回路、限位装置,经模拟操作试验,动作正确无误,电机及回路绝缘良好。

3. 空载试运转

空载试运转起升机构和行走机构(大车和小车)分别在行程的上、下往返3次,并检查机械和电气设备各部分动作可靠、运行平稳、无冲击声和其他异常现象。

具体步骤如下:

(1)电气设备通电试验。

按照图纸、说明书的要求,在确认电源电压及全部电气设备和接线正确无误后,进行通电试验,通电试验按照"先分部、后整体,先控制电路、后主电路"的原则进行。先送电缆配电系统,配电系统工作正常后再向下进行。

断开主回路电源,接通控制回路电源后,进行重复操作,检查电气元件分合程序、联锁、保护等动作的正确性。

主回路送电时,首先用点动操作,检验电机转向,主令控制器的操作方向与机构运行方向一致。第一次用主令控制器操作控制主回路电动机旋转,由低速挡向高速挡逐挡操作,检查各挡电气设备动作的正确性和可靠性,各挡速度按设计要求调整。主回路通电试验时可再次检查和调整过热继电器、过流继电器、时间继电器、频率继电器、超速开关和其他控制继电器的整定值。

手动模拟各安全保护联锁节触点的动作,检验其动作的正确性和可靠性。限位开关应预先手动动作数次,检验其他动作的正确性和可靠性,然后桥机低速运行碰撞限位开关,证明其可靠无误后才能以正常速度运行,限位开关的保护方向必须与机构的运行方向一致。

起重机各机构的通电调试运行时间正反向均不少于10 min,荷重限制器的调整配合负荷试验时进行,按产品说明书调整,其他检测装置的调整参见产品说明书。

(2)电动机运行平稳,三相电流应平衡。

(3)电气设备无异常发热现象,控制器的触头应无烧灼的现象。

(4)限位开关、保护装置及联锁装置等动作正确可靠。

(5)当大车、小车行走时,运行平稳,车轮不允许有啃轨现象,导电装置平衡,没有卡阻、跳动现象。

(6)所有机械部件运转时,均不应有冲击声和其他异常声音。

(7)运转过程中,制动闸瓦全部离开制动轮,不应有任何摩擦。

(8)所有轴承齿轮应有良好的润滑,轴承温度不得超过65 ℃。

(9)各转动机构的制动轮,使最后一根轴转一圈,不得有卡阻现象。开动各机构的电动机,各机构应正常运转。小车行走机构的主动轮应在轨道全长上接触。

(10)检查各限位开关及其他安全装置的可靠性,调整小车电缆导电装置,使其能正常工作。

4. 荷载试验

起重空载试验完成后,各机构运转正常,才能进行荷载试验,荷载试验先进行静荷载试验,再进行动荷载试验。在试验过程中再次调整各运转机构,调整运行参数,记录相应的试验数据,调整荷重限制器。

1)静荷载试验

静荷载试验的目的是检验桥机及其各部分结构的承载能力。通过试验验证,如果未见到裂纹、永久变形、油漆剥落或对桥机的性能与安全有影响的损坏,连接处没出现松动或损坏,即认为静荷载试验结果良好。静荷载试验结果良好时,方可进行动荷载试验。

(1)试验荷载依次分别采用额定载荷的70%、100%和125%,试验的目的是检验桥机各部件和金属结构的承载能力。

(2)静荷载试验时,要求主钩将荷载吊离地面100 mm,历时不少于10 min,检查桥机性能应达到设计要求,桥架不应产生永久变形。每次试验须重复3次。

(3)上述静荷载试验结束后,检查桥机各部分不能有破裂,连接松动或损坏等影响性能和安全的质量问题出现。

2)动荷载试验

动荷载试验的目的主要是检查桥机及其制动器的工作性能。

(1)调整好各机构中的制动器,当各机构运行时,制动闸瓦退距符合产品样本中的规定,制动时,能制动住110%额定荷载的试验载荷且动作平稳可靠。

(2)测量电动机的三相电流及电压,电动机运行应平稳,三相电流应平衡。

(3)检查所有电气设备有无异常发热现象。

(4)调整好限位开关,高度指示装置,荷载限制装置及联锁装置,使其动作正确可靠。

(5)检查电气元件触头和电缆卷筒的滑环和电刷在运行时有无卡阻、跳动及严重冒火花的现象。

(6)检查所有机械零部件在运转时有无卡阻、振动、冲击现象和其他异常声音。

(7)检查所有的轴承和齿轮的润滑情况,轴承温度不得超过65 ℃。

(8)要求同时开动两个机构作重复的启动、运转、停车、正转、反转等动作延续至少达到1 h,各机构应动作灵活,工作平衡可靠,各限位开关、安全保护联锁装置、防爬装置应动作正确可靠,各零部件应无裂纹等损坏现象,各连接处不得松动。

八、液压启闭机安装

(一)液压启闭机安装的基本要求

(1)液压启闭机的油缸总成、液压站及液控系统、电气系统、管道和基础埋件等,应按施工图纸和制造厂技术说明书进行安装、调试和试运转。

(2)液压启闭机油缸支承机架的安装偏差应符合施工图纸的规定。若施工图纸未规定时,油缸支承中心点水平面坐标偏差不大于±2 mm;高程偏差不大于±5 mm;浮动支承的油缸,其推力座环的水平偏差不大于0.2/1 000。双吊点液压启闭机的两支承面或支承中心点相对高差不超过±0.5 mm。

(3)应对油缸总成进行外观检查,并对照制造厂技术说明书的规定时限,确定是否应进行解体清洗。如因超期存放,经检查需解体清洗时,应将解体清洗方案报送监理人批准后实施。现场解体清洗必须在制造厂技术服务人员的全面指导下进行。

(4)应严格按照下列步骤和要求进行管路的配置和安装:

①配管前,油缸总成、液压站及液控系统设备已正确就位,所有的管夹基础埋件完好。

②按施工图纸要求进行配管和弯管,管路凑合段长度应根据现场实际情况确定。管路布置应尽量减少阻力,布局应清晰合理,排列整齐。

③预安装合适后,拆下管路,正式焊接好管接头或法兰,清除管路的氧化皮和焊渣,并对管路(不锈钢管道除外)进行酸洗、中和、干燥及钝化处理。

④液压管路系统安装完毕后,应使用冲洗泵进行油液循环冲洗。循环冲洗时将管路系统与液压缸、阀组、泵组隔离(或短接),循环冲洗流速应大于 5 m/s。

⑤管材下料应采用锯割方法,不锈钢管的焊接应采用氩弧焊,弯管应使用专用弯管机,采用冷弯加工。

⑥高压软管的安装应符合施工图纸的要求,其长度、弯曲半径、接头方向和位置均应正确。

⑦液压系统用油牌号应符合施工图纸要求。油液在注入系统前必须经过滤后使其清洁度达到相关标准,其成分经化验符合相关标准。

⑧液压站油箱在安装前必须检查其清洁度,并符合制造厂技术说明书的要求,所有的压力表、压力控制器、压力变送器等均必须校验准确。

⑨液压启闭机电气控制及检测设备的安装应符合施工图纸和制造厂技术说明书的规定。电缆安装应排列整齐。全部电气设备应可靠接地。

(5)液压系统用油牌号符合设计要求。油液在注入系统前必须经过成分及性能检验合格和经过过滤使清洁度达到标准。

(6)泵站的泵组、阀组和油箱在安装前必须检查其清洁度。所有的压力表和压力继电器均必须校验准确。

(二)液压启闭机安装程序

液压启闭机安装程序见图 3-41。

(三)液压启闭机安装措施说明

(1)管路安装。

①排管前,油缸总成、液压站及液控系统设备正确就位且管夹基础埋件安装完后,按施工图纸要求进行的现场排管和弯管,其质量要求符合有关规定。管路凑合段的长度根据实际情况确定。

②管路的加工、安装。

对于在工地进行的凑合段管路切割与弯制及管子端部焊接坡口,必需采用机械方法进行加工;切割表面必需平整,不得有重皮、裂纹。管端的切屑、毛刺等必须清理干净(包括断部的焊接坡口)。

管端切口平面与管轴线垂直度相对误差不大于管子外径的 1%;弯制后的外径椭圆度相对误差不大于 8%,管端中心的偏差量与弯曲长度之比不大于 1.5 mm/m。

管子安装前,必须对所有的管子做外观检查,有问题的均不得使用(显著变形、表面凹入、表面有离层或结疤、有伤口裂痕和管子内外壁有严重锈蚀等)。

管材加工采用冷加工方法,弯管采用专用弯管机冷弯加工。管道连接时不得用强力对正、加热、加偏心垫块等方法来消除对接端面的间隙、偏差、错口或不同心等缺陷。不得

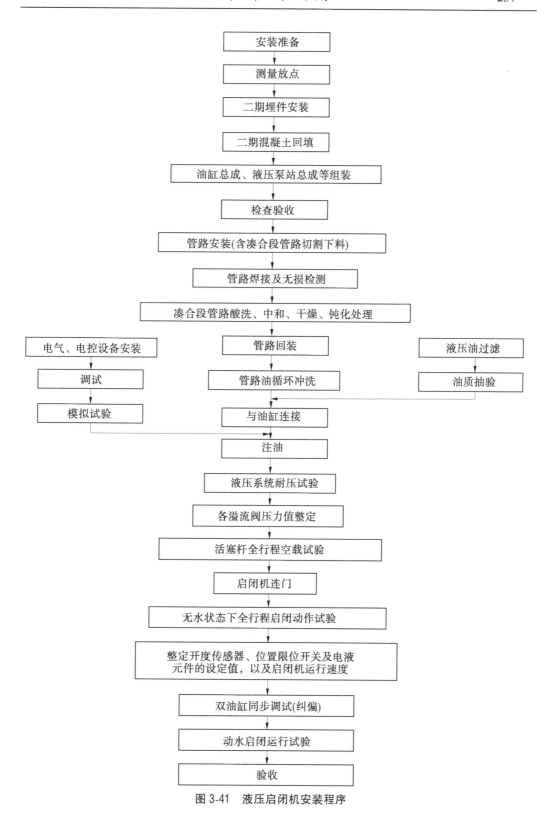

图 3-41　液压启闭机安装程序

使异物混入管内,停止施工时严格密缝管口。

安装后,拆下管路,焊接凑合段接头或法兰,不锈钢管的焊接采用氩弧焊,焊后需进行无损检测(钢管的所有对接及法兰焊缝均为Ⅰ类焊缝)。

清除管道的氧化皮和焊渣后,对凑合段管道进行酸洗、中和、干燥及钝化处理。液压管路系统回装后,再使用循环冲洗装置对管路进行油液循环冲洗,冲洗时间不少于 8 h。循环冲洗前将管路系统与液压缸、阀组、泵组隔离(或短接),循环冲洗流速要大于 5 m/s及呈紊流状态。循环冲洗后,最终使管路系统的清洁度达到设计要求的标准。

高压软管的安装符合施工图纸的要求,其长度、弯曲半径、接头方向和位置均应正确。

(2)液压系统用油牌号符合施工设计图纸要求。油液在注入系统前必须经过滤后使其清洁度达到设计要求的标准。其成分经化验符合相关标准。

(3)泵站及油箱在安装前必须检查其清洁度,并符合制造厂技术说明书的要求,所有的压力表、压力控制器、压力继电器等均须校验准确。

(4)液压启闭机电气及检测设备的安装符合施工图纸和制造厂安装技术说明书的规定。电缆安装应排列整齐。全部电气设备可靠接地。

(5)液压启闭机油泵及管路系统可与弧门门体安装同时进行、平行作业。待门体安装完成,闸门处于挡水位置时,即可进行油缸的吊装并与闸门进行连接。

(6)安装前要检查活塞杆是否变形,在活塞杆竖直状态下,其垂直度不大于0.5/1 000,且全长不超过杆长的1/4 000;并检查油缸内壁有无碰伤和拉毛现象。

(7)吊装液压缸时,根据液压缸直径、长度和重量决定支点或吊点个数,以防止变形。

(8)活塞杆与闸门吊耳连接时,当闸门下放到底槛位置,在活塞与油缸下端盖之间留有 50 mm 左右的间隙,以保证闸门能严密关闭。

(9)液压启闭机安装完成后要根据设计图纸或规范的要求进行试运转,主要有液压系统的耐压试验、活塞杆空载往复试验、与闸门连接后的无水试验、有水试验,试验中要检查启闭机的电气和机械性能,测定启、闭运行时间及双吊点同步误差等参数。

(四)试运转

液压启闭机安装完毕后,应会同监理人进行以下项目的试验。

(1)对液压系统进行耐压试验。液压管路试验压力:$p_{额} \leqslant 16$ MPa 时,$P_{试} = 1.5p_{额}$;$p_{额} > 16$ MPa 时,$P_{试} = 1.25p_{额}$。其余试验压力分别按各种设计工况选定。在各试验压力下保压 10 min,检查压力变化和管路系统漏油、渗油情况,整定好各溢流阀的溢流压力。

(2)在活塞杆吊头不与闸门连接的情况下,做全行程空载往复动作试验 3 次,用以排除油缸和管路中的空气,检验泵组、阀组及电气操作系统的正确性,检测油缸启动压力和系统阻力,活塞杆运动应无爬行现象。

(3)在活塞杆吊头与闸门连接而闸门不承受水压力的情况下,进行启门和闭门工况的全行程往复动作试验 3 次,整定和调整好闸门开度传感器、行程极限开关及电、液元件的设定值,检测电动机的电流、电压和油压的数据及全行程启、闭的运行时间。

(4)在闸门承受水压力的情况下,进行液压启闭机额定负荷下的启闭运行试验。检测电动机的电流、电压和系统压力及全行程启、闭运行时间;检查启闭过程应无超常振动,启停应无剧烈冲击现象。

（5）电气控制设备应先进行模拟动作试验正确后,再做联机试验。

这次试验的记录和以上各次的试验记录应递交给监理工程师批准,作为安装验收的依据。

九、电动葫芦的安装

(一)轨道安装的要求

轨道安装应符合施工图纸要求,并应符合下列规定:

(1)移动式启闭机轨道安装前,应对钢轨的形状尺寸进行检查,发现有超值弯曲、扭曲等变形时,应进行矫正,并经监理人检查合格后方可安装。

(2)吊装轨道前,应测量和标定轨道的安装基准线。轨道实际中心线与安装基准线的水平位置偏差:当跨度小于或等于 10 m 时,应不超过 2 mm;当跨度大于 10 m 时,应不超过 3 mm。轨距偏差:当跨度(S)小于或等于 10 m 时,应不超过 3 mm;当跨度(S)大于 10 m 时,轨跨偏差应按式(3-3)计算,但最大不应超过 15 mm。

$$S = \left[3 + 0.25(S - 10) \right] \tag{3-3}$$

(3)轨道顶面的纵向倾斜度,桥式启闭机不应大于 3/1 000,每 2 m 测一点,在全行程上最高点与最低点之差应不大于 10 mm。

(4)同跨两平行轨道在同一截面内的标高相对差:当跨度小于或等于 10 m 时,应不大于 5 mm;当跨度大于 10 m 时,应不大于 8 mm。

(5)两平行轨道的接头位置应错开,其错开距离不应等于前后车轮的轮距。接头用联接板联接时,两轨道接头处左、右偏移和轨面高低差均不大于 1 mm,接头间隙不应大于 2 mm。伸缩缝处轨道间隙的允许偏差为 1 mm。

(6)轨道安装符合要求后,应全面复查各螺栓的紧固情况。

(7)轨道两端的车挡应在吊装移动式启闭机前装妥;同跨同端的两车挡与缓冲器应接触良好,有偏差时应进行调整。

(8)向监理工程师提交安装工作的全部检测资料。

(二)电动葫芦安装技术要求

(1)电动葫芦安装、调试和试运转应按施工图纸、制造厂技术说明书的要求和《水利水电工程启闭机制造、安装及验收规范》(DL/T 5019—2004)中的有关规定进行。

(2)起升机构部分的安装技术要求应参照本章的有关规定。

(3)桥架、台车架的安装应按《水利水电工程启闭机制造、安装及验收规范》(DL/T 5019—2004)中的有关规定执行。

(4)小车轨道安装应按《水利水电工程启闭机制造、安装及验收规范》(DL/T 5019—2004)中的有关规定执行。

(5)移动式启闭机运行机构安装应按《水利水电工程启闭机制造、安装及验收规范》(DL/T 5019—2004)中的有关规定执行。

(6)电气设备的安装,应按施工图纸、制造厂技术说明书和《电气装置安装工程起重机电气装置施工及验收规范》(GB 50256—1996)的规定执行。全部电气设备应可靠接地。

(三)电动葫芦安装程序

电动葫芦安装程序见图 3-42。

图 3-42 电动葫芦安装程序

(四)电动葫芦试运转

电动葫芦安装完毕后,会同监理人进行以下项目的试验。

(1)试运转前应按《水利水电工程启闭机制造、安装及验收规范》(DL/T 5019—2004)中的有关要求进行检查合格。

(2)空载试验。起升机构和行走机构(小车和大车)按《水利水电工程启闭机制造、安装及验收规范》(DL/T 5019—2004)中的有关规定检查机械和电气设备的运行情况,应做到动作正确可靠、运行平稳、无冲击声和其他异常现象。

(3)静荷载试验。按施工图纸要求,对主、副钩进行静荷载试验,以检验启闭机的机械和金属结构的承载能力。试验荷载依次采用额定荷载的 70%、100% 和 125%。本项试验应按《水利水电工程启闭机制造、安装及验收规范》(DL/T 5019—2004)中的有关规定进行。

(4)动荷载试验。按施工图纸要求,对各机构进行动荷载试验,以检验各机构的工作性能及桥架的动态刚度。试验荷载依次采用额定荷载的 100% 和 110%。试验时各机构应分别进行,当有联合动作试运转要求时,应按施工图纸和监理人的指示进行。试验时,做重复的启动、运转、停车、正转、反转等动作,延续时间至少 1 h。各机构应动作灵活,工作平稳可靠,各限位开关、安全保护联锁装置、防爬装置等的动作应正确可靠,各零部件应无裂纹等损坏现象,各连接处不得松动。

十、固定卷扬式启闭机安装

(一)启闭机安装程序

固定卷扬式启闭机安装施工工艺流程见图3-43。

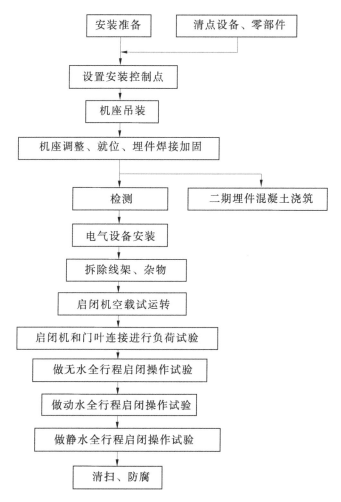

图 3-43　固定卷扬式启闭机安装施工工艺流程

(1)对到货的设备应按制造厂提供的图纸和技术说明书要求进行安装、调试和试运转。安装好的启闭机,其机械和电气设备等的各项性能应符合施工图纸及制造厂技术说明书的要求。

(2)安装启闭机的基础建筑物,必须稳固安全。机座和基础构件的混凝土,应按施工图纸的规定浇筑,在混凝土强度尚未达到设计强度时,不准拆除和改变启闭机的临时支撑,更不得进行调试和试运转。

（3）启闭机机械设备的安装应按《水利水电工程启闭机制造、安装及验收规范》（DL/T 5019—2004）中的有关规定进行。

（4）启闭机电气设备的安装，应符合施工图纸及制造厂技术说明书的规定。全部电气设备应可靠接地。

（5）每台启闭机安装完毕，应对启闭机进行清理，修补已损坏的保护油漆，并根据制造厂技术说明书的要求，灌注润滑脂。

（二）启闭机试验

固定卷扬式启闭机安装完成后，进行以下项目的试验：

（1）电气设备的试验要求按《水利水电工程启闭机制造、安装及验收规范》（DL/T 5019—2004）中的有关规定执行。对采用 PLC 控制的电气控制设备应首先对程序软件进行模拟信号调试正常无误后，再进行联机调试。

（2）空载试验。空载试验是在启闭机在不与闸门连接的情况下进行的空载运行试验。空载试验应符合施工图纸和《水利水电工程启闭机制造、安装及验收规范》（DL/T 5019—2004）中的各项规定。

（3）带荷载试验。带荷载试验是在启闭机与闸门连接后，在设计操作水头的情况下进行的启闭试验，带荷载试验应针对不同性质闸门的启闭机分别按《水利水电工程启闭机制造、安装及验收规范》（DL/T 5019—2004）中的有关规定进行。

（4）在进行动水启闭工况的带荷载试验前，编制试验大纲，报送批准后实施。试验各阶段做好记录作为安装验收的依据，报送监理。

十一、金属结构安装施工人员及设备配置

金属结构安装施工人员及设备配置，分别见表 3-31、表 3-32。

表 3-31　金属结构安装施工人员配置

序号	工　种	单位	人员数量	说明
1	管理人员	个	2	
2	技术人员	个	1	
3	安装工	个	4	
4	电焊工	个	4	
5	起重工	个	1	
6	安全员	个	1	
7	测量工	个	1	
8	电工	个	2	
9	普工	个	4	
合计			20	

表 3-32　金属结构安装工程主要设备配置

序号	设备名称	型号及规格	数量	说明
1	汽车吊	TG-250E,25 t	1 台	
2	平板载重汽车	20 t	1 辆	
3	卷扬机	5 t	2 台	
4	直流焊机	ZX11-400A	4 台	
5	焊条烘箱	ZYH-200	1 台	
6	移动式空压机	$0.9\ m^3/min$	2 台	
7	砂轮切割机	$\phi 400$	2 台	
8	台钻	$\phi 19\ mm$	1 台	
9	磁力电钻	$\phi 32\ mm$	2 台	
10	液压弯管机	$\phi 15 \sim 80\ mm$	2 台	
11	全站仪	LeicaTC802 型	1 台	
12	水准仪	S3 型	1 台	
13	超声波探伤仪	CIS-22	1 台	

注:部分常用设备、自制设备及短期租用设备和仪器表中未列。

第八节　普济河二期基坑降水、开挖、支护施工方案

一、工程概述

(一) 工程概况

普济河渠道倒虹吸工程位于河南省焦作市解放区西王褚,是南水北调中线工程总干渠穿越普济河和普济路的河渠交叉建筑物。普济河为一人工治理的泄洪排污河道,普济路与普济河平行,为焦作市的西环城路,倒虹吸进口起点设计桩号为Ⅳ33+798.7,出口终点设计桩号为Ⅳ34+131.7,建筑物总长为 333 m,其中管身段水平投影长 200 m,设有 15 节管身,一节进水检修闸段和一段出口控制闸段,管身横向用钢筋混凝土箱形结构,单孔尺寸 6.5 m×6.75 m(宽×高)。

基础开挖高程为 88.02~88.12 m,局部齿槽高程为 87.4 m,地面建筑物基础拆除清理后的高程约为 106.4 m,倒虹吸基础最大开挖深度为 18.5 m,原设计开挖边坡为两级马道(马道宽度分别为 1.0 m 和 5.0 m),开挖坡度从上往下为 1:1.25、1:1.5、1:1.5,均为自然边坡。

由于普济河和普济路不能断流,场地的限制又不能将绕行路一次绕行足够远,倒虹吸工程被迫分为两期施工,第一期工程通过修筑向西绕行的导流渠和临时路,开挖的基坑满足 6#管身以后主体工程施工,目前已经基本顺利完成,基坑回填后,再修筑向东绕行的导流渠和临时路,为二期基坑开挖提供场地,满足 1#~5#管身、进口检修闸闸室和渐变段等

主体工程施工,总长度127 m。二期绕行路和导流渠方案已经由监理部和建管部审核批准,本次施工方案将根据现场实际条件和周边环境,选择合理的二期基坑开挖、降水、支护方案,报监理部审核批准,用以指导现场施工、保证周边安全,实现普济河倒虹吸工程顺利施工完成。

(二)水文气象及工程地质条件

参照第一章渠道部分第一节水文、地质条件部分。

(三)二期开挖周边环境条件

二期基坑设计开挖范围内,有以下市政基础设施:

(1)普济路绕行路和一期导流渠将在二期导流时迁移到基坑东侧回填区绕行。

(2)一条D600 mm的铸铁供水管道已经迁移到二期绕行路路基下面。

(3)一条通信光缆前期被架空到基坑开挖范围的西侧,南北两个转折段在基坑开挖范围内。

(4)一条燃气管道前期被迁移暗埋到基坑开挖范围的西侧,距离渐变段进口23 m,南北有两个转折段,南侧紧邻渠旁施工路,距离倒虹吸中心53.4 m,北侧距离倒虹吸中心线50 m。

如果基坑开挖边坡按照原设计的1:1.5放坡,北侧燃气管线在开挖范围以内,南侧燃气管线在开挖线以外,但下基坑施工路则布置到了燃气管道上部。如果通信电缆和燃气管线不在开挖前迁移,基坑马道以下的开挖边坡只能按照1:1放坡,才能保证燃气管线在开口边线以外。因此,燃气管线和通信线路的迁移将是影响基坑开挖边坡的关键,需要与焦作市政府协商处理。

二期开挖基坑北侧和南侧各有一排两层居民住宅还没有拆除,距离倒虹吸中心线均为62 m,基坑南侧有沿渠施工临时路,路宽8 m,是连通1标与2标的施工通道。下基坑施工道路开挖时,将切断渠旁路。如果有必要开通此路,就必须拆除南侧居民住房,另修绕行路段。

二、关键方案选择

(一)基坑开挖边坡的对比选择

(1)方案一,按蓝图设计边坡开挖,上部边坡为1:1.25,下部12 m深的边坡为1:1.5,设两个马道,上部马道宽1 m,下部马道宽5 m,基坑开口宽度为108 m,北侧燃气管线进入开挖开口线以内3 m,开口线以外须再各加2 m宽以铺设降排水管和防撞墙,右岸需设6 m宽的下基坑施工路,左岸需设2 m宽的排洪沟,这样,北侧未拆迁居民房屋和现有燃气管线、通信电缆就严重制约着基坑开挖,必须提前拆除或迁移。

进口渐变段和闸室段的基坑开挖边坡可以按照设计边坡进行,但闸室两侧有门库,各需加宽7.6 m,但受制于燃气管线而无法加宽,只能将门库的施工放在闸室混凝土完成后再施工,前期施工道路从门库的建基面上通过。考虑边坡需要度汛、防雨水冲刷,在边坡表面挂网喷混凝土防护。

本方案前提条件:市政府同意将通信和燃气管线重新向南北两侧各移位9 m以上。南北两侧居民房屋需再拆迁一排。

本方案优点:开挖支护工艺较简单,可节省边坡支护的投入,基坑防护费用为40.2万元,造价较低,如果不考虑燃气管线迁移时间,施工进度比较快。

本方案的缺点:二期施工开始时间受房屋拆迁和通信、燃气管线移位的影响大,工期无法保证。

(2)方案二,如果政府不能及时迁移燃气管线和通信线路,为保证南水北调中线工程的工期,只能采取工程支护措施,在现有条件下开始基坑开挖,边坡支护措施参考普济河一期基坑边坡支护方法,一级马道以下的8 m高边坡变陡,按照1:1开挖,坡脚处设置微型钢管桩,边坡上布置土钉锚杆支护,间距1.4 m,锚杆长9 m,边坡表面挂网喷射10 cm厚混凝土防护。一级马道以上仍按照设计边坡开挖,尽量减少边坡支护费用,一级马道以上的6 m高边坡按照1:1.5开挖,二级马道宽度1 m,以上的5 m高边坡按照1:1.25坡比开挖,基坑开口线距离燃气管道太近的部位,砌筑砖挡墙进行保护,并形成1.5 m宽的平台,用于布置基坑排水的总管线,这样,最大限度地利用了已有的拆迁场地,一级马道以上的边坡坡比达到设计的要求,可以不做土钉锚杆,节省一部分投资。但根据边坡雨季防洪的需要,边坡进行挂网喷混凝土的防护。下基坑路需要根据开口线的形状进行转折调整,局部变窄以保护燃气管线。

为排除居民生活污水和雨季路面来水,基坑北侧需要设置一条排污沟,因场地限制,燃气管线北侧的居民住宅需要拆除,居民区的便道也需要截断,这些可能产生争执或阻工,需要建管部提前沟通。

由于基坑下部边坡变陡后,基坑开口线大部分离开燃气管线,只有少部分临近管线,局部采取保护措施,南北两侧的通信和燃气管线即使不拆除,也能开始基坑开挖施工,能早日开始二期施工。

本方案优点:二期施工不受市政管线迁移限制,可以早开始施工。

本方案缺点:基坑下部边坡变陡后,需要增加支护措施,基坑总防护费用81.4万元;基坑开口线局部距离燃气管线很近,需要简易保护措施;基坑外侧的施工道路转弯较多,行驶增加困难;居民道路出行被截断,有可能产生争执,需要提前协商。

结论:如果在基坑开挖前完成房屋拆迁和管线改建,采用方案一最有利,施工简单、投入少。鉴于截至目前市政府对基坑两侧的房屋拆迁缓慢、管线迁建无丝毫进展,也没有何时完成迁建的承诺,为减少普济河倒虹吸二期工程的直线工期损失,我们建议建管部采用方案二。

(二)汛期施工的边坡防护措施

由于拆迁滞后,造成二期基坑无法在非汛期施工完成,汛期仍要继续施工,在11月才能完成二期基坑的回填工作,基坑边坡必须承受汛期雨水的冲刷,为保证基坑边坡安全,对应闸室段和$1^{\#}$~$5^{\#}$管身段的一级马道以上边坡,虽然坡比仍保持设计的1:1.5和1:1.25,但也需增加边坡上挂网喷混凝土的支护措施,此项防护措施应计算变更费用。

三、基坑降水井设计

(一)基坑涌水量计算

由于降水井穿过含钙质结核的重粉质壤土含水层,且所打降水井底部没有进入不透水层,因此依据无压非完整井深井井点的涌水量计算公式进行计算,二期施工段的涌流量为

$$Q = 1.366K(2H - S)S/(\lg R - \lg x_0) \tag{3-4}$$

式中:Q 为基坑开挖后的涌水量;K 为土层综合渗透系数,根据招标文件《普济河渠道倒虹吸土体单元》物理力学性能指标表可知重粉质壤土的渗透系数为:2.38×10^{-5} cm/s,换算后为 0.02 m/d;S 为满足基坑开挖的水位降低值,当前实测潜水位高程为 97.9 m,建基面高程为 87.2 m,考虑 1 m 的高程降深取 S 为 11.7 m;R 为管井抽水影响半径,考虑基坑的假想半径,$R = 20 + 54 = 74$(m);x_0 为基坑假想半径,$x_0 = (F/3.14)^{1/2}$,其中 F 为基坑面积,基坑长 127 m,宽 72 m,取值 $x_0 = 54$ m;H 为降水井在水位以下的深度,取 20 m。

将以上各值代入式(3-4)得:

$Q = 1.366 \times 0.02 \times (2 \times 20 - 11.7) \times 11.7/(\lg 74 - \lg 54) = 66(\text{m}^3/\text{d})$。

单根井点管每米井管的出水量:

$q = 65 \times 3.14 d_1 \times K^{1/3} = 65 \times 3.14 \times 0.3 \times 1 \times 0.02^{1/3} = 16.6(\text{m}^3/\text{d})$。

基坑需要的降水井数量:$n = 1.1Q/q = 1.1 \times 66/16.6 = 4.4$(口)。

这样的计算结果与一期基坑降水的实际打井数量有明显矛盾。

一期降水经验的分析、借鉴:

由于招标文件提供的地基渗透系数很小,基坑计算的出水量也很小,但根据普济河倒虹吸一期基坑施工降水运行的实际情况观察,基坑实际出水量远远大于计算水量,先期按照计算水量打井,水位无法降到设计开挖面以下,又改为双排降水井,井间距 15 m,2 in 水泵连续运行,才能将基坑水位降到底板以下,排水管出口水流连续,没有抽空现象,说明水量补充充足。分析原因,可能是由于冲积形成的含钙质结核的粉质壤土分布不均匀,地质年代短,胶结不密实,透水性不均匀,前期地质探坑可能打到了较密实的位置,试验得出的渗透系数值就较低,没有充分反映出本区域的渗透性能,因此,我们依据《建筑施工计算手册》201 页表 3-1 中提供的土的渗透系数,粉土的渗透系数为:$0.5 \sim 1$ m/d($6 \times 10^{-4} \sim 1 \times 10^{-3}$ cm/s),考虑本区各层土中均含有较多的钙质结核,加大了土的渗透性,渗透系数取上值:$K = 1$ m/d,代入公式再次试算基坑出水量:

$Q = 1.366 \times 1 \times (2 \times 20 - 11.7) \times 11.7/(\lg 74 - \lg 54) = 3305(\text{m}^3/\text{d})$。

单根井点管的出水量:$q = 65 \times 3.14 d_1 \times K^{1/3}$。

基坑水位下降到工作面以下且井内水位达到稳定时的进水滤管长度取 $L = 2$ m。

则单井出水量:$q = 65 \times 3.14 \times 0.3 \times 2 \times 1^{1/3} = 122(\text{m}^3/\text{d})$。

则需要配备的深井数量:$n = 1.1Q/q = 1.1 \times 3305/122 = 29$(口)。

按照井间距 10 m 在新开挖基坑的马道上布置新打降水井 29 口,利用一期基坑已经打的降水井继续降水,二期开挖阶段可以有效利用的东端降水井有 12 口,合计 31 口降水井,大于计算所得的 29 口降水井,根据一期基坑降水经验,可以把基坑水位降到基坑开挖面以下。

在二期基坑混凝土浇筑阶段,处于一、二期基坑交界处的部分降水井将必须关停、封堵,为了保持基坑水位不上升,需要一期基坑南北两侧和东侧的降水井继续运行,以维持一个接近封闭的降水圆周。为预防万一,在一、二期基坑交界处的两侧再增加一个集水坑,配置明排水泵,一旦水位上升,立即启动集水坑内的水泵抽水。

降水井内安装 QJ32-42/7 型潜水泵,设计流量 14 m³/h,设计扬程 32 m,电机功率 4 kW,电压 380 V,出水管内径为 60 mm,外径为 75 mm 的白塑料管。每天抽水能力为 336

m^3/d。从井内安装高度到地面的高差是 27 m,考虑管道沿程损耗 3 m,实际总扬程为 30 m,满足抽水需要。

(二)降水井点布置

1. 施工要求

(1)根据本区域地层条件,管井施工选用回旋钻机进行成孔施工。

(2)管井的深度,按基坑开挖面以下再加 8~10 m,以获得足够的汇流高度和水泵安装高度,让布置在基坑四周的管井降水影响到基坑中心的开挖面以下。如果开挖到管身顶部高程 97.9 m 开始遇到地下水位,钻井到 78.1 m,钻井深度就需要 19.8 m;如果开挖到 95.1 m,马道遇到地下水位,则钻井深度为 17 m。

(3)由于降水管井分布集中,连续钻进及时进行洗井,不允许搁置时间较长后集中洗井。

2. 降水井设置

根据降水经验及整个基坑开挖的涌水量,沿一级南北马道布置一排新打降水井,在闸室段西侧再布置一排 3 口降水井,井间距 10 m,每口井的出水软管从井口出来后,埋设到 96.1 m 高程马道的下面穿过马道,顺边坡布置,连接到坡顶的排水总管上。基坑东侧完全利用一期基坑保留下来的降水井。二期施工阶段,基坑底宽度 36 m,南北降水井间距为 42 m,因此井距加密为 10 m,共需设置新降水井 19 眼。降水井运行 10 d 后,先检测地下水位,再决定开挖与否,如果水位没有降到开挖面以下,则在 2# 管身的基础面上层打 3 口降水井,安装水泵降水,加强基坑中间部位的降水。

在地下水位下降至开挖高程以下后,水泵仍需连续运行,在 3#~4# 管身交界处为齿槽位置,此处开挖深度最深,开挖面高程为 87.2 m,在齿槽南北两侧设两口降水井,井底部高程为 78.2 m,用于加大此处的水位降深并汇集基坑的雨水。水位观测井利用基坑东侧马道上原有的一期基坑遗留降水井,与基坑下部井位重合的可以不装水泵,只观测水位。

3. 管井设计主要技术指标

(1)井深:管身底板 88.1 m 以下 10 m,井底高程 78.1 m。96.1 m 马道以下深度为 18 m。

(2)井径:管井外径 400 mm,内径为 300 mm,钻孔直径 600 mm。

(3)滤水管材管内径及规格:选用多孔无砂混凝土管,每节管长 1 m。

(4)填砾厚度:100 mm。

(5)滤料规格:1~2 mm 选用均匀度较好的碎石。

(6)含砂量:降水井抽水期间,水质清澈,不得有泥沙排出现象。

(7)管井内水位控制在高程 81.1 m,并控制水位在齿槽底板 87.2 m 高程以下 1 m 的位置。

先进行水位以上土方开挖,开挖中,在发现地下水后,在其上部 1 m 高处停止开挖,开始进行打井降水,降水井底部高程必须达到 78.1 m 高程,打井深度以实际计算。如果打井过程中遇到砂砾石层,则应将其打穿,以便地下水更好地汇集到降水井内。在开挖过程中,把露出开挖面的无砂管轮换拆除到 91.1 m 高程,出水软管切断后重新对接安装并运行。

(三)管井施工

管井施工是基坑降水的一个重要环节,因此,必须严格按照有关技术规范精心施工,确保成井质量与降水成功。

1. 施工工艺

采用泥浆循环钻进、机械吊装下管成井施工工艺,详见图 3-44。

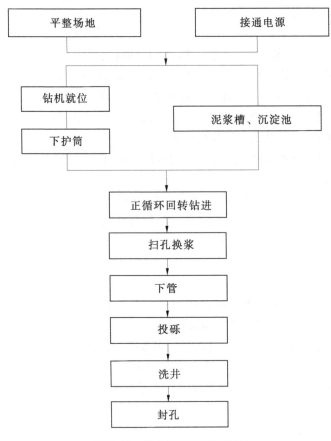

图 3-44　管井施工工艺流程图

2. 管井施工

1) 测放井位

根据井点平面布置,使用全站仪测放井位,井位测放误差小于 30 cm。当布设的井点受地面障碍物影响或施工条件影响时,现场可作适当调整。

2) 护孔管埋设

护孔管应插入原状土层中,管外应用黏性土封堵,防止管外返浆,造成孔口坍塌,护孔管应高出地面 10~30 cm。

3) 钻机安装

采用回旋钻机-700 型钻机,钻机底座应安装平稳,大钩对准中心,大钩、转盘与孔中心应成三点一线。

4) 钻进成孔

降水管井终孔孔径为 700 mm,一径到底。钻孔底部比管井的设计底标高深 0.5 m 以上。

开孔时应轻压慢转,以保证开孔的垂直度。钻进时一般采用自然造浆钻进,遇砂层较厚时,应人工制备泥浆护壁,泥浆相对密度控制在 1.10~1.15。当提升钻具和临时钻停时,孔内应压满泥浆,防止孔壁坍塌。

钻进时按指定钻孔、指定深度内采取土样,核对含水层深度、范围及颗粒组成。

5)清孔换浆

钻至设计标高后,将钻具提升至距孔底 20~30 cm 处,开动泥浆泵清孔,以清除孔内沉渣,孔内沉淤应小于 20 cm,同时调整泥浆相对密度至 1.10 左右。

6)下管

采用无砂混凝土管,下管时,外侧捆绑 3 根竹板用以控制井管上下顺直,井管与孔壁之间用砾石填充作为过滤层,地面以下 0.5 m 内采用黏土填充夯实,井管顶部应比自然地面高 0.5 m。

直接提吊法下管。下管前应检查井管及滤水管是否符合质量要求,不符合质量要求的管材须及时予以更换。下管时滤水管上下两端应设置扶正器,以保证井管居中,井管应焊接牢固,下到设计深度后井口固定居中。

7)回填滤料

采用动水投砾。投料前,先将钻杆沿井管下放至滤水管段下端,从钻杆内泵送稀泥浆(相对密度约为 1.05),使泥浆由井管和孔壁之间上返,并待泥浆稀释到一定程度后逐渐调小泵量,泵量稳定后开始投放滤料。投送滤料的过程中,应边投边测投料高度,直至设计位置。

8)回填

应在投砾工作完成后,在地表以下回填 3.00 m 厚黏性土。

9)洗井

采用清水高压离心泵和空压机联合洗井法。由于在成孔过程中泥浆形成护壁,减少水的渗透性,所以先采用高压离心泵向井内注入高压清水洗井,通过离心泵向孔内注入高压水,以冲击滤水管段井孔护壁,清除滤料段泥沙,待孔内泥沙基本出净后改用空压机洗井,直至水清沙净为止。

10)安装抽水设备

成井施工结束后,水泵设置距离井底 1 m 处,管井运行前,进行测试抽水,检查出水是否正常,有无淤塞等现象。

11)抽水

用潜水泵进行抽水,通过软管排入总钢管,再排入导流明渠内。

12)标识

为避免抽水设施被碰撞、碾压受损,抽水设备必须立设警示牌。

13)排水

基坑打井前,先将降水用的南北两条排水钢管安装好,在打井的场地上,靠近南北两个边坡附件开挖两个集水坑,洗井时排出的水,通过排水沟排入集水坑内,再用潜水泵排入北侧的钢管内,最后流入导流明渠。基坑南侧的钢管担负着给下游居民提供灌溉水的作用,因此泥浆尽量不要排到南侧钢管内。

(四)水总管的布置

根据普济河渠道倒虹吸降水井抽排强度,在倒虹吸左右岸各设置一条排水总管,直径

300 mm,将降水井排出的水抽至排水总管内,南北总管分别穿过二期绕行路,排入导流明渠内,排水总管长度 270 m,南侧钢管应居民要求已经连接到下游灌溉渠内,供应灌溉水给下游田地。

各降水井分支接口处安装 D60 止回阀和手动闸阀,各安装 35 套,其中 12 套为一期基坑水泵继续使用的接口,4 套为集水坑水泵接口,19 套为新打降水井的接口。

(五)基坑明水抽排布置

开挖完成之后,在一级马道和基坑底板南北两侧的外侧均设置排水沟和集水坑,放入潜水泵,抽排基坑渗水和雨水。下基坑路旁设一条排水沟,雨水排入马道上的集水坑内。潜水泵抽排的水均排入总钢管内,带压力送入导流明渠。

二期基坑施工期间,普济路西侧来水和北侧居民区生活污水无处排放,拟在基坑北侧挡水墙外侧开挖一条排水明沟,底宽 50 cm,深 50 cm,边坡 1:1,底部和边坡做 10 cm 厚 C15 混凝土护坡,纵向坡度 1%,明沟总长度 180 m 汇集雨污水,向东排入普济河导流渠内,穿越绕行路时,在路下面埋设内径 800 mm 的预制混凝土管,混凝土管总长度 33 m,由于埋设很浅,埋管周围浇筑 30 cm 厚的 C20 混凝土。

四、稳定措施

(一)挖边坡参数调整的原因

二期基坑还有两段水平管身段,开挖深度达到 18.5 m,原设计开挖边坡 1:1.5,开口边线就会与北侧绕行的燃气管线交叉,由于基坑南侧必须布置一条下基坑路,如果不拆迁燃气管线,就没有布置下基坑路的宽度。基坑北侧也有燃气管线,由于居民房屋没有拆迁,燃气管线向北迁移的困难仍然很大,只能将一级马道以上边坡开挖成 1:1.5 和 1:1.25,马道以下的边坡开挖成 1:1,但靠近燃气管线转角部位需用砖砌挡墙进行保护,防止过往重型车辆压坏燃气管线。为了顺延一期基坑遗留在二期基坑内的马道,二期基坑上部马道宽仍设为 1.0 m,下部马道改为 6 m,即使这样,基坑边坡仍然无法全部按照 1:1.5 的设计边坡开挖,我们把需要支护的部位集中在基坑下部,即在一级马道以下的 1:1 边坡增加支护措施,增加土钉锚杆和微型钢管桩,马道以上的边坡按照设计边坡开挖,只做坡面保护,不做防滑处理。为了方便降水井的安装和维护,降水井位置局部开挖出平台,直立侧用砖砌挡墙防护,不改变边坡坡比。其他如布置塔吊基础的位置,需要开挖平台时,也在高出侧开挖直立边坡,砖砌挡墙支护。

(二)边坡稳定计算

1.说明

(1)计算断面采用调整后的开挖断面图。

(2)土层岩性及分布、土层参数采用招标期普济河交叉段地质资料。

(3)采用了枚举法和单行法两种不同的滑面搜索方法计算,两种方法计算的安全系数基本一致,但滑面位置有差别。

(4)4 个断面的计算均不同程度地做了简化处理,并不能完全代表实际工况,如认为降水井把地下水完全降至建基面下,在考虑支护时必须考虑安全余量。

2.水平管身段开挖断面计算考虑条件(Ⅳ33+899.56~Ⅳ33+924 段)

（1）施工期地下水被降至建基面下若干米，故不考虑地下水对边坡稳定的影响。

（2）车载按静荷载考虑，取估算值为 9 kN/m²，取范围路宽为 9 m。

（三）采用土质边坡稳定分析程序 STAB 2005 计算结果

管身段（Ⅳ33+858.7~Ⅳ33+926.56 左、右岸）单行法搜索结果、枚举法搜索结果分别见图 3-45、图 3-46。

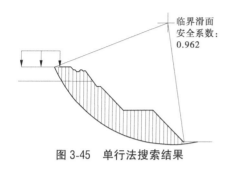
图 3-45　单行法搜索结果

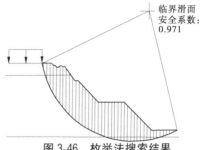
图 3-46　枚举法搜索结果

管身段（Ⅳ33+858.7~Ⅳ33+926.56 左、右岸）作为临时边坡，临界安全系数为 0.962~0.971，小于 1.0，边坡处于不稳定状态，需要进行边坡支护。

五、开挖边坡支护措施

（一）一般措施

沿两侧开挖开口线以外结合施工降水排水沟布置截水沟，将边坡顶部来水排入截水沟，避免冲刷开挖边坡。

（二）特殊措施

在需要支护的施工段，随着开挖深度的下降，每层开挖形成的坡面采用 ϕ 25 mm 花管土钉墙喷锚封闭保护，并且在开挖马道内侧坡脚处布设一条截水沟，截水沟将边坡渗水及天然降水等及时排出并全部集中于基坑底部截水沟的集水井内集中抽排，确保边坡稳定和基坑的安全。坡面挂网、喷 10 cm 厚 C20 混凝土。

因倒虹吸混凝土施工基本处于春雨季，为了防止马道上积水，造成土体液化，边坡失稳，须在马道上铺筑 15 cm 厚泥结碎石路面进行保护，防止车辆打滑。

（三）支护系数拟定

1. 土钉长度

土钉长度一般为开挖深度的 0.5~1.2 倍。抗拔试验表明：对高度小于 12 m 的土坡采用相同的施工工艺，在同类土质条件下，当土钉长度达到一倍土坡垂直高度时，再增加其长度对承载力无显著提高。根据王步云计算方法，初选土钉长度按下式计算：

$$L = mH + S_0 \tag{3-5}$$

式中：m 为经验系数，取 0.6~1.0；H 为土坡的垂直高度，m；S_0 为止浆器长度，一般为 0.6~1.0 m。

结合本区段实际情况有：$L = mH + S_0 = 1.0 \times 8 + 1.0 = 9$（m），选土钉长 9 m。

2. 土钉直径和间距

首先根据成孔机械选定土钉孔孔径 d，一般取 d = 100~150 mm，本工程孔径采用 100

mm。以 S_x、S_y 分别表示土钉的列距、行距，选定行、列距的原则是以每个土钉注浆对周围土的影响区与相邻孔的影响区相重叠为准。应力分析表明：一次压力注浆可使孔外 $4d$ 的邻近范围内有应力变化，因此按 $(6\sim8)d$ 选定土钉行、列距，且应满足：

$$S_x \cdot S_y = K_1 dL \tag{3-6}$$

式中：K_1 为注浆工艺系数，对一次压力注浆工艺，取 $1.5\sim2.5$。

本工程选取孔径 100 mm，土钉的列距、行距取为相等，则有 $S_x = S_y = (K_1 dL)^{1/2} = (2.5 \times 0.10 \times 9)^{1/2} = 1.5$，实际取 $S_x = S_y = 1.4$ m。

3. 土钉倾角

对直立的支护，土钉倾角一般在 $0°\sim25°$，取决于注浆钻孔工艺与土体分层特点等因素。粒状土中的模型试验和有限元分析都表明：增加土钉倾角使支护的位移和地表角变位增加，倾角大于 $20°$ 时增加的趋向更为加剧。所以，除非出于重力注浆的需要，或者更大的倾角有利于土钉插入下层较好的土层内，土钉的倾角不宜超过 $15°$。但是水平土钉的注浆质量相对较差，而且必须采用压力注浆堵口防止浆液外溢并仔细排气。根据当地经验，本工程土钉倾角取 $15°$。

4. 面层设计

根据一期基坑边坡防护的成功经验，坡比为 $1:1$ 的边坡须施工土钉锚杆，坡比为 $1:1.5$ 和上层 $1:1.25$ 的就不做土钉锚杆，二期基坑边坡对应管身段和闸室段的基坑开挖较深，坡面全部做喷锚面层，钢筋网为 $\phi 6.5$ @ 250 mm×250 mm 钢筋网，喷射 (100 ± 20) mm 厚的 C20 细石混凝土，混凝土配合比为水泥：砂子：石屑 $= 1:2:2$。

5. 微型抗滑钢管桩

1）基本参数

钻孔直径 200 mm，钢管外径 D 为 159 mm，壁厚 t 为 8 mm，基坑底部的桩长 3 m。

2）桩间距的确定

综合考虑该地区相似工程经验，微型钢管桩桩间距取 $L = 0.5$ m。

（四）支护施工

1. 钢管桩施工

1）工艺流程

边坡开挖→平整场地 → 布孔放样 → 钻孔→ 钢管压桩 → 连桩。

2）施工方法

（1）平整场地：为确保边坡形成后稳定性，开挖至桩顶高程时，先进行场地平整，然后进行桩孔放样，以保证桩孔放样的准确性。

（2）布孔放样：场地平整后按设计要求进行桩位放线，桩位误差小于 100 mm。

（3）钻孔：钢管桩钻孔由于在开挖后的基坑平面上进行，拟采用打井钻机成孔，孔径 160 mm，孔深 3 m，泥浆护壁。

（4）钢管压桩：钢管直径为 159 mm（壁厚 8 mm，每米重 29.79 kg），成孔后采用 16 t 汽车吊及液压破碎锤配合进行压桩。

（5）连桩：压孔成桩后，采用 12.6 槽钢与钢管桩进行焊接，形成群桩，起到抗滑抗剪作用。

2. 土钉墙喷锚施工

1)土钉墙施工工艺流程

边坡开挖→修坡→放线定孔位→成孔→插管入孔→注浆→绑扎、固定钢筋网→喷射混凝土面层→混凝土面层养护→循环下层土钉施工。

2)施工方法

(1)边坡开挖与修整:采用液压反铲分层开挖,严格按照开挖高程及坡度控制,坡面平整。修坡时采用挖掘机配合人工修整,随时检查坡面的坡度。

(2)土钉成孔:由于在边坡上斜向钻孔,采用煤电钻机成孔,钻机型号 KHWD-1200A,钻孔直径 100 mm,孔深 9 m。成孔后尽快用 ϕ 25 mm 钢管插入土内,管内压密注浆。

(3)土钉制作安装:采用 ϕ 25 mm 焊接水煤气钢管制作,土钉长度方向间距 1.4 m,焊接对中支架。

(4)注浆:采用 P·O 42.5 普通硅酸盐水泥配置净浆,配合比为水泥:水 = 1:(0.4~0.6),注浆泵注浆;根据情况需要加适量早强剂,注浆顺序由里向外,采用止浆袋封口。

(5)编制绑扎钢筋网:ϕ 6.5@ 250 网格,交叉节点用 ϕ 0.5 低碳钢丝绑扎,编前用卷扬机张拉。纵向各段钢筋之间采用搭接焊。

(6)焊接加强钢板:规格 ϕ 12 的螺纹钢筋与土钉头焊接。

(7)喷射混凝土:采用湿喷混凝土喷射机完成。配合比为:水泥:砂:石 = 1:2:2,根据情况加 3%(水泥重量比)速凝剂。混凝土标号 C20。喷射机水、风压差 0.1 MP,喷头供水压力 0.25 MP,水灰比 0.38~0.45,厚度 10 cm。

3. 施工平台

以上支护施工平台,主要采用单排脚手架,贴靠于坡面上,外侧使用斜撑加固。脚手架上面铺设马道板进行支护施工。

(五)基坑变形监测

根据《基坑土钉支护技术规程》,为安全起见,在土钉墙坡顶和桩顶帽梁同时设置观测点,这样的预警值能够较早地采取预防措施。在坡顶和桩顶帽梁边缘按照不大于 30 m 的间距布设位移观测点,以便对基坑变形进行观测,在施工期间每天进行一次观测,直至基坑完工。以后可 7~10 d 观测一次,至变形稳定。观测期间可根据施工进度和变形发展随时加密观测次数,如发现变形异常,应及时停止基坑内作业,分析原因,采取换土、坡顶卸载等加固措施,确保边坡安全。

(六)增加工程量

因导流、绕行临时用地不足,导致基坑分两期施工,需要增加边坡支护、导流、绕行道路等措施项目,加大了基坑打井数量和降水时间。

六、施工进度安排

二期基坑施工方案二的总工期为:从基坑两侧居民拆迁完毕、绕行路允许断路、具备二期基坑开挖条件到施工完成二期全部永久工程、恢复普济路通车,全部施工工期需要 278 d,完工日期随着开工日期的推迟而定。

由于边坡支护施工主要在基坑开挖过程中穿插进行,开挖出一个马道就可以开始基坑上部边坡的支护施工,因此方案二中边坡支护占用直线工期很少,方案一与方案二的工期最大差别,在于工程开始的条件不同,方案一需要市政部门完成燃气管道和通信电缆的迁移才能开始施工,方案二则不需要迁移燃气管道和通信电缆,只要绕行道路通车,就可以开始,开工受制约条件少,易于控制。

　　如果要确定方案一的完工日期,需要建管部获得市政有关部门对完成燃气管线和通信电缆迁移的承诺日期,加上二期基坑内工程的施工期 273 d,就能推算完工日期。

七、主要施工机械设备配置和人员安排情况

　　主要机械设备配置和施工人员安排情况分别见表 3-33、表 3-34。

表 3-33　主要机械设备配置

序号	设备名称	型号及规格	数量(台)	说明
1	液压反铲	CAT330	2	
2	液压反铲	PC220-6	2	
3	液压反铲	PC400	2	
4	装载机	ZL50	2	
5	推土机	TY220	2	
6	自卸车	20 t	20	
7	洒水车	5 t	2	
8	油罐车	5 t	1	
9	振动碾	YZ18	1	
10	平地机	PY160G	1	
11	通勤车		1	宇通客车
12	全站仪	GTS-711	1	
13	全站仪	T2	1	
14	水准仪	S3	2	
15	喷锚机	CP-7	2	
16	注浆泵	SHB-4	1	
17	卷扬机		1	
18	搅拌机	350 型	2	
19	空压机	20 m³	1	
20	电焊机	SD-300	2	
21	吊车	16 t	1	
22	液压破碎锤		2	
23	潜水泵	QJ32-42/7 型	31	
24	打井钻机	SH-700 型	2	
25	煤电钻机	KHWD-1200A	2	钻孔深度 9 m

表 3-34　主要施工人员安排情况

序号	人员	数量	说明
1	反铲司机	7	
2	装载机司机	2	
3	推土机司机	2	
4	自卸车司机	35	
5	其他	20	
6	管理人员	8	
7	技术员	3	
8	抽水工	7	
9	测量工	3	
10	喷混凝土工	7	
11	搅拌混凝土	4	
12	注浆工	3	
13	钢筋工	5	
14	安装工	5	
15	架子工	3	
16	司机	2	

第四章　管理用房部分

第一节　管理处的施工方案

一、工程概况

本单位工程地上四层,框架结构,建筑面积 3 843 m²;建筑主体高度 17.25 m,室内外高差 0.45 m,抗震设防烈度按Ⅷ度设防,主体结构使用年限为 50 年。

(一)建筑概况

本工程楼地面为陶瓷地砖地面,卫生间为陶瓷地砖防水楼地面;内墙为混合砂浆内墙面,白色乳胶漆;有吊顶房间的顶棚为轻钢龙骨石膏板吊顶;外墙为涂料饰面;门窗为热断桥铝合金 85 系列;幕墙玻璃采用透明中空玻璃,无框全玻地弹簧门 15 mm 厚钢化玻璃。所有木门均采用夹板门。

(二)结构概况

基础部分:本工程基础形式为柱下独立基础,地基需做三七灰土垫层处理。混凝土强度等级:垫层为 C15 素混凝土;基础为 C30。

主体部分:框架梁、板、楼梯为 C30;框架柱一层及其以下为 C35;二层及其以上为 C30;构造柱、过梁等除特殊注明者外均采用 C25。

(三)节能设计

(1)本建筑外墙保温采用 40 mm 厚挤塑聚苯板。

(2)屋面保温:40 mm 厚挤塑聚苯板。

(3)门窗:热断桥铝合金门窗;保温、防盗、防火复合门。

(四)安装工程概况

给排水设计有室内生活给水系统、生活排水系统;室内消火栓管道系统及喷淋系统;中央空调系统。

电气设计有供配电系统、电气照明系统、有线电视系统、保安监控系统、防雷和联合接地系统;火灾自动报警及消防联运系统;综合布线系统本次中负责预埋钢管。

二、工期目标

计划工期 7 个月。

三、主要施工方案及难点分析

（一）施工测量

1. 定位测量

本工程采用 GPS 放线,分别测出管理处楼的 4 个角坐标及高程,由现场监理核实并签字认可。

2. 基础施工测量

基坑抄平:为了控制基坑的开挖深度,当基坑快挖到坑底设计标高时,就用水准仪在坑壁上测设一引起水平的小木桩,使木桩的上表面离坑底的设计标高为一固定值。为施工时使用方便,在坑壁各拐角处设一水平桩,沿水平桩的上表面拉上白线绳,作为清理坑底和打基础垫层时掌握高程的依据,标高点的测量允许偏差为±10 mm。

本工程采用 WGS-84 坐标系,施工放样使用拓普康 Hiper Gb GPS,施工控制点采用南水北调总干渠控制点 PJ05（x:3898721.171,y:519360.504,z:104.983）、PJ07（x:3898665.474,y:519091.006,z:105.986）、PJ09（x:3898589.177,y:519119.542,z:106.532）。

平面控制:本着从整体到局部的原则,施工过程中,先放样出房屋控制轴线,再放样各单体的控制点。并将轴线控制桩于建筑四周易于保护的地点。同时要进行经常性检查,以防损坏。

垂直控制:楼房垂直度控制采用内控法,在各栋主楼±0.000 梁板上设置轴线控制点,各楼层轴线放样控制点均由此向上引测,并用测量仪器进行复核。

标高控制:应用水准测量和钢尺量距相结合的方法进行,其高程从水准点用水准仪引测后,以后各层高程由高程引测点用钢尺向上丈量使用,施工过程中用测量仪器复核绝对高程。

3. 沉降观测

沉降观测应由甲方选择的具有资质的施工单位定期进行观测,在此不做详细介绍。

（二）土方工程

1. 土方开挖规定

（1）定位测量放线报监理签字认可后方可进行土方开挖。

（2）土方开挖时,应防止边坡发生下沉和变形。

（3）基坑开挖或回填应连续进行,尽快完成。施工中应防止地面水流入坑内,以免边坡塌方或基土遭到破坏。采用机械开挖基坑时,在基底标高以上预留一层用人工清理,其厚度为 200 mm。

（4）基坑边坡,在开挖过程和敞露期间应防止塌陷,必要时应加以保护。

（5）开挖基坑(槽)时,应合理确定开挖顺序和分层开挖深度。当接近地下水位时,应先完成标高最低处的挖方,以便于在该处集中排水。

（6）基坑(槽)挖至基底标高后,应上报监理部,由监理部会同设计单位、建设单位、勘探单位检查基底土质是否符合要求,并做隐蔽工程记录。

2. 三七灰土施工

本工程地基须做三七灰土夯填处理。

1) 作业条件

(1) 基坑(槽)在铺灰土前必须先经过四方验槽,办完隐检手续;待监理部同意后方可进行施工。

(2) 施工前应根据工程特点、设计压实系数、土料种类、施工条件等,合理确定土料含水率控制范围、铺灰土的厚度和夯打遍数等参数。灰土填方的参数应通过压实试验来确定。

(3) 施工前,应做好水平高程的标志。如在基坑(槽)边坡上每隔 3 m 钉上灰土上平的木橛。

2) 操作工艺

(1) 工艺流程:基面验收→检验土料和石灰粉的质量并过筛→灰土拌和→槽底清理→分层铺灰土→夯打密实→找平。

(2) 首先检查土料种类和质量及石灰材料的质量是否符合标准的要求,然后分别过筛。

(3) 灰土拌和:灰土的配合比应用体积比为 3∶7。基础垫层灰土必须过标准斗,严格控制配合比。拌和时必须均匀一致,至少翻拌两次,拌和好的灰土颜色应一致。

(4) 灰土施工时,应适当控制含水率。如土料水分过大或不足时,应晾干或洒水润湿。

(5) 基坑(槽)底或基土表面应清理干净。特别是槽边掉下的虚土,风吹入的树叶、木屑、纸片、塑料袋等垃圾杂物。

(6) 分层铺灰土:每层的灰土虚铺厚度为 350~400 mm,人工配合压路机振压平整。每铺完一层都要上报监理,待监理现场验收见证取样后方可进行下一层施工。

各层铺摊后均应用木耙找平,与坑(槽)边壁上的木橛或地坪上的标准木桩对应检查。

(7) 夯打密实:夯打(压)的遍数应根据设计要求的干土质量密度或现场试验确定,一般不少于 3 遍。

(8) 灰土回填每层夯(压)实后,应根据规范规定在监理的见证下进行环刀取样,测出灰土的质量密度,达到设计要求时,才能进行上一层灰土的铺摊。

(9) 找平与验收:灰土最上一层完成后,应拉线或用靠尺检查标高和平整度,超高处用铁锹铲平;低洼处应及时补打灰土。

3) 雨期施工

(1) 基坑(槽)灰土回填应连续进行,尽快完成。施工中应防止地面水流入槽坑内,以免边坡塌方或基坑遭到破坏。

(2) 雨天施工时,应采取防雨或排水措施。刚打完毕或尚未夯实的灰土,如遭雨淋浸泡,则应将积水及松软灰土除去,并重新补填新灰土夯实,受浸湿的灰土应在晾干后,再夯打密实。

4)质量标准

(1)保证项目:基底的土质必须符合设计要求。

灰土的干土质量密度必须符合设计要求和施工规范的规定。

(2)基本项目:配料正确,拌和均匀,分层虚铺厚度符合规定,夯压密实,表面无松散、起皮。

(3)留槎和接槎:分层留接槎的位置、方法正确,接槎密实、平整。

(4)允许偏差项目,见表4-1。

表4-1 灰土地基允许偏差

序号	项目	允许偏差（mm）	检验方法
1	顶面标高	±15	用水平仪或拉线和尺量检查
2	表面平整度	15	用2 m靠尺和楔形塞尺量检查

5)成品保护

施工时应注意妥善保护定位桩、轴线桩,防止碰撞位移,并应经常复测。

夜间施工时,应合理安排施工顺序,要配备有足够的照明设施,防止铺填超厚或配合比错误。

灰土地基打完后,应及时进行基础下道工序的施工,否则应临时遮盖,防止日晒雨淋。

基坑回填土时,应符合下列规定:填土前,应清除沟槽内的积水和有机杂物;基础的现浇混凝土应达到一定强度,不致因填土而受损伤时,方可回填;基础回填顺序,应按基底排水方向由高至低分层进行;回填土料、每层铺填厚度和压实要求,应按规定执行;每铺完一层都要上报监理,并在监理的见证下进行环刀取样;基坑回填应在相对两侧同时进行。

(三)钢筋绑扎、制作、焊接

1.钢筋制作

1)钢筋除锈

钢筋的表面应洁净。油渍、漆污和用锤敲击时能剥落的浮皮、铁锈等应在使用前清除干净。

2)钢筋调直

(1)钢筋应平直,无局部曲折。

(2)盘圆和盘螺钢筋在调直机上调直后,其表面不得有明显擦伤,抗拉强度不得低于设计要求。

3)钢筋切断

(1)钢筋形状正确,平面上没有翘曲不平现象。

(2)钢筋末端弯钩的净空直径不小于钢筋直径的2.5倍。

(3)钢筋弯曲点处不得有裂缝,为此,下料时要严格控制尺寸,特别是纵向受力钢筋要避免二次回弯成型。

(4)钢筋弯曲成型后的允许偏差为:全长±10 mm,弯起钢筋起弯点位移±20 mm,弯起钢筋的弯起高度±5 mm,箍筋边长±5 mm。

2. 钢筋绑扎

1)准备工作

(1)核对成品钢筋的钢号、直径、形状、尺寸和数量等是否与料单料牌相符。

(2)准备绑扎用的铁丝、绑扎工具(如钢筋钩、带扳口的小撬棍)、绑扎架等。钢筋绑扎用的铁丝,可采用 20~22 号铁丝只用于绑扎直径 12 mm 以下的钢筋。

(3)准备控制混凝土保护层用的水泥砂浆垫块。水泥砂浆垫块的厚度,应等于保护层厚度。垫块的平面尺寸:保护层厚度等于或小于 20 mm 时为 30 mm×30 mm,大于 20 mm 时为 50 mm×50 mm。在垂直方向使用垫块时,可在垫块中埋入 20 号铁丝。

(4)划出钢筋位置线。平板的钢筋,在模板上划线;柱的箍筋,在两根对角线主筋上划点;梁的箍筋,则在架立筋上划点;基础的钢筋,在两向各取一根钢筋划点或在垫层上划线。钢筋接头位置,应根据来料规格,结合有关接头的位置、数量的规定,使其错开,在模板上划线。

(5)绑扎接头搭接长度 L_d 应符合图纸设计要求。

(6)绑扎形式复杂的结构部位时,应先研究逐根钢筋穿插就位的顺序,并与模板工联系讨论支模和绑扎钢筋的先后顺序,以减少绑扎困难。

2)基础

基础垫层施工完毕,待监理验收合格后方可进行钢筋网绑扎。

钢筋网的绑扎,四周两行钢筋交叉点应每点扎牢,中间部分交叉点可相隔交错扎牢,但必须保证受力钢筋不位移。双向主筋的钢筋网,则须将全部钢筋相交点扎牢。绑扎时应注意相邻绑扎点铁丝扣要成八字形,以免网片歪斜变形。

钢筋的弯钩应朝上,不要倒向一边。

柱与基础连接用的插筋,其箍筋应比柱的箍筋缩小一个柱筋直径,以便连接。插筋位置一定要固定牢靠,以免造成柱轴线偏移。

3)柱

柱的竖向钢筋采用焊接连接或搭接连接,采用搭接连接时搭接区段箍筋应按要求加密。

箍筋的接头(弯钩叠合处)应交错布置在四角纵向钢筋上;箍筋转角与纵向钢筋交叉点均应扎牢箍筋平直部分与纵向钢筋交叉点可间隔扎牢,绑扎箍筋时绑扣相互间应成八字形。

4)梁与板

纵向受力钢筋采用双层排列时,两排钢筋之间应垫以直径≥25 mm 的短钢筋,以保持其设计距离。

箍筋的接头(弯钩叠合处)应交错布置在两根架立钢筋上,其余同柱。

板的钢筋网绑扎与基础相同,但应注意板上部的负筋要用混凝土或钢筋马凳支撑,防止被踩下;特别是雨篷、挑檐、阳台等悬臂板,要严格控制负筋位置,以免保护层过大影响结构安全。

板、次梁与主梁交叉处,板的钢筋在上,次梁的钢筋居中,主梁的钢筋在下。

节点处钢筋穿插十分稠密时,应特别注意梁顶面主筋间的净距离要有 30 mm,以利于混凝土浇筑。

梁钢筋的绑扎与模板安装之间的配合关系:梁的钢筋架在空的梁模顶上绑扎,然后再落位。

梁板钢筋绑扎时应防止水电管线将钢筋抬起或压下。

3. 钢筋连接

本工程柱钢筋和直径≥20 mm的钢筋,采用机械连接(直螺纹连接),钢筋采用砂轮切割机进行切割,以确保钢筋接头满足直螺纹连接的要求。直径小于20 mm的梁钢筋连接采用闪光对焊,试件送相关检测单位进行检测,拉伸、弯曲试验满足工程要求后再进行施工。

(四)模板工程

1. 木模板的配制方法

1)按设计图纸尺寸直接配制模板

形体简单的结构构件,可根据结构施工图纸直接按尺寸列出模板规格和数量进行配制。模板厚度、横档及愣木的断面和间距,以及支撑系统的配置,都可按支承要求通过计算选用。

2)采用放大样方法配制模板

形体复杂的结构构件,可在平整的地坪上,按结构图的尺寸画出结构构件的实样,量出各部分模板的准确尺寸或套制样板,同时确定模板及其安装的节点构造,进行模板的制作。

2. 现浇混凝土结构木模板

1)基础模板

基础采用木模,首先放出基础的边线,离边线5 mm按图纸高度支模,然后用靠尺检查垂直度不得大于3 mm。

2)柱模板

矩形的模板由四面侧板、柱箍、支撑组成。构造做法有两种:侧板用15 mm厚胶合板加40 mm×80 mm方木竖向龙骨制作,竖向龙骨间距不大于200 mm。柱箍采用ϕ48 mm钢管配合紧固螺栓加固,上下柱箍与满堂脚手架相连,保证混凝土浇筑时不位移。

柱箍间距应根据柱模断面大小经计算确定。

3)梁模板

梁模板主要由梁底模板、梁帮模板、支撑等组成。梁模板用厚度15 mm胶合板配合40 mm×80 mm方木龙骨制作,方木间距不大于200 mm。

梁模支撑采用在ϕ48 mm钢管脚手架搭设,施工前应对支撑系统进行验算,符合要求后报监理批准后方可进行施工。一般立杆间距不大于1.2 m,大横杆间距不大于0.9 m,小横杆间距不大于0.6 m,当梁的跨度在4 m或4 m以上时,在梁模的跨中要起拱,起拱高度为梁跨度的2‰~3‰。

4)平板模板

平板模板一般用厚12 mm的竹胶板拼成,支撑系统采用满堂脚手架,立杆间距一般不大于1.2 m,水平主龙骨用钢管支撑,次向龙骨用40 mm×80 mm方木支撑,间距一般不大于 200 mm。底层满堂脚手架搭设在回填土上时,基底要认真夯实,立杆底部按要求铺设垫木。为保证脚手架的整体性及稳定性,要按要求搭设剪刀撑。

5)板式楼梯木模板

配制方法:通过计算方法取得模板尺寸,楼梯踏步的高和宽构成的直角三角形与梯段和水平线构成的直角三角形都是相似三角形(对应边平行),因此踏步的坡度和坡度系数即为楼梯的坡度和坡度系数。通过已知踏步的高和宽可以得出楼梯的坡度和坡度系数,所以楼梯模板各倾斜部分都可以利用楼梯的坡度值和坡度系数进行各部分尺寸的计算。

(五)混凝土质量控制及混凝土输送、浇筑、养护措施

1.混凝土质量控制

(1)本工程采用商品混凝土,首先考察混凝土生产厂家的信誉、规模、生产能力、运输能力、计量准确度、配合比准确度、试验设备的精确度、有无检定证书,择优选择商品混凝土生产厂家并签订合同。

(2)每次混凝土浇筑前,提前向混凝土搅拌站发出混凝土浇筑部位、强度等级、需用量、坍落度、浇筑时间及需用车辆的通知,并由项目部试验员及现场监理现场测定混凝土坍落度,若偏大或偏小应及时通知搅拌站调整配合比,现场能解决的应在监理的监督下进行。

(3)每次混凝土浇筑时,搅拌站应向项目部提供混凝土出厂合格证及原材料合格证及复试报告。

2.混凝土输送及要求

本工程混凝土采用固定式混凝土输送泵传输。

(1)泵送混凝土采用汽车泵。

(2)泵送混凝土的浇筑。

①泵送商品混凝土对模板和钢筋的要求。

模板。由于泵送混凝土的流动性大和施工的冲击力大,因此在设计模板时,必须根据泵送混凝土对模板侧压力大的特点,确保模板和支撑有足够的强度、刚度和稳定性。

钢筋。浇筑混凝土时,应注意保护钢筋,一旦钢筋骨架发生变形或位移,应及时纠正。混凝土板和块体结构的水平钢筋;应设置足够的钢筋撑脚或钢支架。钢筋骨架重要节点应采取加固措施。

②泵送混凝土的操作。

泵送混凝土的操作是一项专业技术工作。安全使用及操作,应严格执行使用说明书和其他有关规定。同时应根据使用说明书制定专门操作要点,操作人员必须经过专门的培训合格后,方可上岗独立操作。在安置混凝土泵时,应根据要求将其支设牢固,在支腿下垫枕木等,以防汽车泵的移动或倾翻。

混凝土输送管连通后,应按所用泵送混凝土使用说明书的规定进行全面检查,符合要求后方能开机进行空运转。混凝土启动后,应先送适量的水,以湿润混凝土的料斗、活塞及输送管,输送管中没有异物后,采用与将要送的混凝土内除粗骨料外的其他成分相同配合比的水泥砂浆。

开始送时,泵送混凝土应处于慢速,匀速并随时可能反的状态。泵送的速度应先慢后快、逐步加速。同时,应观察混凝土的压力和各系统的工作情况,待各系统运转顺利后,再按正常速度进行。混凝土应连续进行,如必须中断时,其中断时不得超过混凝土从搅拌至浇筑完毕所允许的延续时间。

3.泵送混凝土浇筑

泵送混凝土的浇筑应根据工程结构特点、平面形状和几何尺寸,混凝土供应和泵送设备能力、劳动力和管理能力,以及周围场地大小等条件,预先划好混凝土浇筑区域。

1)混凝土的浇筑顺序

(1)当在采用混凝土输送管输送混凝土时,应由远而近浇筑。

(2)当不允许留施工缝时,区域之间、上下层之间的混凝土浇筑间歇时间,不得超过混凝土初凝时间。

2)混凝土的布料方法

振捣砂送混凝土时,振动棒插入间距一般为400 mm左右,振捣时间一般为15~30 s,并且在20~30 min后对其进行二次复振。

对于有预留洞、预埋件和钢筋密集的部位,应预先制订好相应的技术措施,确保顺利布料和振捣密实。在浇筑混凝土时,应经常观察,当发现混凝土有不密实等现象,应立即采取措施。

水平结构的混凝土表面,应适时用木抹子磨平搓毛两遍以上。必要时,还应先用铁滚筒压两遍以上,以防止产生收缩裂缝。

4.振捣作业

本工程所使用的振动器只涉及振动棒(浇筑混凝土柱及梁)及平板振动器(浇筑混凝土现浇板)。

(1)振动棒操作时要做到"快插慢拔"。快插是为了防止先将表面混凝土振实而与下面混凝土发生分层、离析现象;慢拔是为了使混凝土能填满振动棒抽出时所造成的空洞。

(2)混凝土分层灌注时,在振捣上一层时,应插入下层中5 cm左右,以消除两层之间的接缝,同时在振捣上层混凝土时,要在下层混凝土初凝之前进行。

(3)振动棒每一插点要掌握好振捣时间,过短不易捣实,过长可能引起混凝土产生离析现象,对塑性混凝土尤其要注意。一般每点振捣时间为20~30 s,使用高频振动器时,最短不应少于10 s,但应视混凝土表面呈水平不再显著下沉、不再出现气泡、表面泛出灰浆为准。

(4)振动棒插点要均匀排列,可采用"行列式"或"交错式"的次序移动,不应混用,以免造成混乱而发生漏振。每次移动位置的距离应不大于振动棒作用半径的1.5倍。一般振动棒的作用半径为30~40 cm。

(5)平板振动器在每一位置上应连续振动一定时间,正常情况下为25~40 s,但以混凝土面均匀出现浆液为准,移动时应依次振捣前进,前后位置和排与排之间相互搭接应有3~5 cm,防止漏振。

(6)平板振动器的有效作用深度,在无筋及单筋平板中约为20 cm,在双筋平板中约为12 cm。

(7)待混凝土入模后方可开动振动器,混凝土浇筑高度要高于振动器安装部位。当钢筋较密和构件断面较窄时,亦可采取边浇筑边振动的方法。

5. 混凝土养护

对已浇筑完毕的混凝土,应加以覆盖和浇水,并应符合下列规定:

(1)应在浇筑完毕后的 12 h 以内对混凝土加以覆盖和浇水。

(2)混凝土的浇水养护的时间,对采用硅酸盐水泥、普通硅酸盐水泥或矿渣硅酸盐水泥拌制的混凝土,不得少于 7 d,对掺用缓凝型外加剂或有抗渗性要求的混凝土,不得少于 14 d。

(3)浇水次数应能保持混凝土处于润湿状态。

(4)混凝土的养护用水应与拌制用水相同。

注:①当日平均气温低于 5 ℃,不得浇水;应用塑料薄膜或草苫进行覆盖养护。

②框架柱采用刷养护剂进行养护。

③采用塑料薄膜覆盖养护的混凝土,其敞露的全部表面均应用塑料薄膜覆盖严密,并应保持塑料薄膜内有凝结水。

④混凝土的表面不便使用塑料薄膜或草苫养护时,宜涂刷保护层(如薄膜养护液等),防止混凝土内部水分蒸发。

⑤在已浇筑的混凝土强度未达到 1.2 N/mm² 前,不得在其上踩踏或安装模板及支架。

(六)砌体工程

1. 填充墙技术要求

填充墙技术工艺流程:基层处理 →砌加气混凝土块→砌块与楼板联接。

主体施工完毕,报监理部进行验收,待监理部同意后方可进行填充墙砌筑。

1)基层处理

将砌筑加气混凝土墙根部的砖或混凝土带上表面清扫干净,用砂线、水平尺检查其平整度。

2)砌加气混凝土块

砌筑时按墙宽尺寸和砌块的规格尺寸,按排块设计,进行排列摆块,不够整块时可以锯割成需要的尺寸,但不得小于砌块长度的 1/3(600 mm×1/3)。竖缝宽 20 mm,水平灰缝 15 mm 为宜。当最下一皮的水平灰缝厚度大于 20 mm 时,应用豆石混凝土找平层铺砌。砌筑时,满铺满挤,上下丁字错缝,搭接长度不宜小于砌块长度的 1/3,转角处相互咬砌搭接。双层隔墙,每隔两皮砌块钉扒钉加强,扒钉位置应梅花形错开。砂浆标号按设计规定。

加气墙与结构墙柱联接处,必须按设计要求设置拉结筋。竖向间距为 500 mm 左右,埋压 2 φ6 钢筋通长设置。砌块端头与墙柱接缝处各涂刮厚度为 5 mm 的黏结砂浆,挤紧塞实,将挤出的砂浆刮平。

砌体砌筑时不能一次砌到顶,待 7 d 后再进行砌筑,以确保砌筑时的沉降量。以此控制砌块墙裂缝的产生。

砌筑时砌筑砂浆饱满度应达到 85%。

砌筑前应对砌块适量浇水,以此保证砂浆水化过程中水的供应,确保砂浆强度。

3）砌块与楼板（或梁底）的连结

在楼板底（梁底）斜砌一排砖，以保证加气混凝土墙体顶部稳定、牢固。

4）质量标准

（1）保证项目。

使用的原材料和加气混凝土块品种，强度必须符合设计要求，质量应符合《蒸压加气混凝土砌块》（GB 11968—2008）标准的各项技术性能指标，并有出厂合格证。

砂浆的品种标号必须符合设计要求。砌块接缝砂浆必须饱满，按规定制作砂浆试块，试块的平均抗压强度不得低于设计强度，其中任意一组的最小抗压强度不得小于设计强度的 75%。

转角处必须同时砌筑，严禁留直槎，交接处应留斜槎。

（2）基本项目。

通缝：每道墙 3 皮砌块的通缝不得超过 3 处，不得出现四皮砌块及四皮砌块高度以上的通缝。灰缝均匀一致。

接槎：砂浆要密实，砌块要平顺，不得出现破槎、松动，做到接槎部位严实。

拉结筋（或钢筋混凝土拉结带）：间距、位置、长度及配筋的规格、根数符合设计要求。位置、间距的偏差不得超过一皮砌块，在灰缝中设置，视砌块的厚度而调整。

2. 砌筑砂浆

1）原材料的要求

水泥应按品种、标号、出厂日期分别堆放，并应保持干燥。当遇水泥标号不明或出厂日期超过 3 个月禁止使用。不同品种的水泥，不得混合使用。

砂浆用砂宜采用中砂，并应过筛，且不得含有草根等杂物。砂中含泥量，对于水泥砂浆和强度等级不小于 M5 的水泥混合砂浆，不应超过 2%。

拌制水泥混合砂浆用的砂浆或其他掺合料应有检测报告和使用说明书；应经检验和试配符合要求后，方可使用。

拌制砂浆用水宜采用饮用水。当采用其他来源水时，水质必须符合现行行业标准《混凝土用水标准》（JGJ 63—2006）的规定。

2）砂浆的配合比

砂浆的配合比应采用重量比，配合比应事先通过试配确定。水泥、有机塑化剂等配料准确度应控制在±2%以内；砂、水及石灰膏等组分的配料精确度应控制在±5%范围内。砂应计入其含水率对配料的影响。

为使砂浆具有良好的保水性，应掺入有机塑化剂，不应采取增加水泥用量的方法。

水泥砂浆的最少水泥用量不宜小于 200 kg/m³。

砌筑砂浆的分层度不应大于 30 mm。

水泥砂浆的分层度不应大于 30 mm。

施工时砌筑砂浆配制强度应按现行行业标准《砌筑砂浆配合比设计规程》（JGJ/T 98—2010）的有关规定确定。

当砂浆的组成材料有变更时，其配合比应重新确定。

3）砂浆的拌制及使用

砌筑砂浆应采用机械搅拌,自投料完算起,搅拌时间应符合下列规定:水泥砂浆和水泥混合砂浆,不得少于 2 min。

砌筑砂浆的稠度,宜按相关规定选用。

掺用有机塑化剂的砂浆,必须采用机械搅拌。搅拌时间,自投料完算起为 3~5 min。

砂浆拌成后和使用时,均应盛放储灰器中。如砂浆出现泌水现象,应在砌筑前再次拌和。

有特殊性能要求的砂浆,应符合相应标准并满足施工要求。

(七)屋面防水质量控制

(1)屋面不得有渗漏和积水现象。

(2)所使用的材料(包括防水材料、找平层、保温层、保护层、隔气层及外加剂、配件等)必须符合质量标准和设计要求。

(3)防水层的厚度和层数、层次应符合设计规定。

(4)结构基层应稳固,平整度符合规定,预制构件嵌缝密实。

(5)屋面坡度(含天沟、水落口)必须准确,接缝严密,不得有皱褶、鼓泡和翘边,收头应固定、密封严密。

(6)防水保护层应覆盖均匀严密,不露底,黏结牢固,刚性整体保护层不得松动,分格缝留置应准确,与防水层之间应有隔离层,并按要求留设伸缩缝。

(7)节点做法必须符合设计要求,搭接正确,封固严密,不得翘边开缝。

(8)条粘、点粘法施工时,卷材粘贴面积、位置应符合要求。

(八)装饰工程

1. 内外墙抹灰

1)作业条件

(1)抹灰前应进行结构验收,并办理完有关手续。

(2)抹灰前应检查门框安装是否正确,与墙体的连接是否牢固,连接处缝隙用 1:3 水泥砂浆分层嵌塞密实,对门框进行保护。

(3)过墙套管用 1:3 水泥砂浆或豆石混凝土填塞密实,电线管、消火栓箱、配电箱安装完毕,并将背后露明部分钉好铅丝网,接线盒用纸堵严。

(4)施工前先做样板间,经监理部认定并确定施工方法后,再组织大面积抹灰。

(5)熟悉图纸,确定不同部位的材料和做法。

2)施工工艺

抹灰工艺流程:墙面整修清理→吊垂直、套方、做灰饼→墙面浇水→做水泥护角→抹窗台板→铺钉加强钢丝网→抹底层砂浆→抹面层砂浆→滴水线(槽)。

3)主要工序

(1)墙面整修、清理。

将过梁(圈)梁、混凝土柱表面凸出部分混凝土剔平,对凹进部分超过 30 mm 处用掺水重20%的107胶水泥浆涂刷一道,接着用 1:3 水泥砂浆分层抹平,每层厚度控制在 7~9 mm。

梁、板等混凝土基体的处理:抹灰时的材料仍为混合砂浆,混凝土基体表面用掺水重20%的107胶水泥浆(粥状),掺加适量机制砂,均匀喷涂毛化,待12 h后养护3 d,然后进行抹灰,以确保抹灰层黏结牢固。部分顶板经检查其平整度较好的房间考虑派专业施工人员,用磨光机对个别边角不整齐部位打磨,然后清理干净,直接批腻子再做罩面,但标准必须达到板底抹灰的要求。

混凝土加气块与混凝土柱、梁结合处用钢丝网加强,钢丝网用建筑结构胶固定粘钉钉牢,减少收缩裂缝。

(2)吊垂直、套方、抹灰饼。

按基层表面的平整、垂直情况,吊套方,找规矩,经检查后确定抹灰厚度,但最小不少于7 mm,操作时先抹上灰饼,再抹下灰饼。抹灰饼时要根据室内抹灰的要求,以确定灰饼的适当位置,用靠尺板找好垂直与平整,灰饼宜用1:3水泥砂浆抹成50 mm见方形状,抹灰层厚度按20 mm考虑。

(3)充筋。

根据已抹好的灰饼充筋,其宽度控制在40~50 mm为宜,此筋作为抹踢脚的依据,踢脚用1:3水泥砂浆抹200 mm高,抹好后用大杠刮平,木抹子搓毛。

(4)墙面浇水。

加气砌块的吸水率较小,为了基体湿润充分,必须提前1 d浇水,使水渗入砌体8~10 mm为宜;抹灰前最后一边浇水宜在抹灰前1 h进行。

(5)水泥护角。

室内墙面阳角、柱面阳角、门窗洞口阳角均做护角,用1:3水泥砂浆打底与所抹灰饼找平,待稍干后用107胶素水泥膏抹成小圆角,其高度不应低于2 m,每侧宽度不小于50 mm,门窗护角做完后,及时清理框上的砂浆。

(6)抹窗台板。

先将窗台基层清理干净,松动的砖要重新砌筑好,用水洇透,然后用1:2:3豆石混凝土铺实,厚度25 mm,次日刷掺水重10%的107胶水泥浆一道,紧跟着抹1:2.5的水泥砂浆面层,待面层颜色变白时,浇水养护2~3 d。

(7)界面处理。

墙体与框架梁底面、柱之间应进行处理,以防止开裂、空鼓,采用孔径10 mm的钢丝网加强,以缝隙为中心,每边100~200 mm,水泥钉间距不宜大于300 mm(接合部位若是阴角处可不设加强层)。

(8)抹灰。

抹底灰:充筋后约2 h即可抹底灰,抹灰时两遍成活,第一遍厚6 mm,第二遍厚9 mm,用大杠垂直、水平刮找一遍,用木抹子搓毛,然后全面检查底子灰是否平整,阴阳角是否方正,墙与顶交接是否光滑平整,并用检测尺检查。

抹罩面灰:当底灰六七成干时即可抹罩面灰,罩面灰应两遍成活,表面压光、压实,不能有砂眼。

(9)滴水线(槽)。

在檐口、窗台、窗楣、雨蓬、阳台、压顶和突出墙面等部位,应做出流水坡度,下面应做滴水线(槽),流水坡度及滴水线(槽)距外表面不应小于40 mm;滴水线(槽)的厚(深)不小于10 mm,且坡向正确,排水顺利。

4)质量标准

所用材料的品种、质量必须符合设计要求,进场材料要进行见证取样送样,检验合格后方可使用。

各抹灰层之间及抹灰层与基体之间必须黏结牢固,无脱层、空鼓、爆灰和裂缝等缺陷,抹灰层不得受冻,冬季时要执行冬季施工措施。

抹灰层表面应光滑、洁净,接缝平整,线角顺直、清晰。

孔洞线盒等管道后面抹灰时,要保证尺寸正确,边缘整齐、光滑,管道后面平整。

立面垂直小于4 mm,表面平整小于5 mm,阴阳角垂直和方正均不得大于4 mm。

5)成品保护

(1)对门窗框等抹灰前钉设铁皮或木板保护。

(2)要及时清理干净残留在门窗框上的砂浆。

(3)推小车或搬运东西时,注意不能碰坏口角和墙面。

(4)抹灰层凝结前,应防止快干、水冲、撞击、振动和挤压。

2.外墙施工方法和质量保证的措施

1)施工工艺

(1)本做法采用由上到下施工。

(2)结构墙体基面必须清理干净,并检验墙面平整度和垂直度。

(3)根据图纸要求,在墙面弹出变形缝线。

(4)粘贴聚苯板。

①聚苯板切割:用刀锯切割。

②粘接剂配制:将洁力达内保温专用粘接干粉与水按4:1比例配制,用电动搅拌器搅拌均匀,一次配制量在2 h内用完为宜,若使用中有过干现象出现,可适当加水再次搅匀使用。

③用粘接剂在聚苯板面四周涂抹一圈,宽50 mm,板心按梅花形布设粘接点,间距150~200 mm,直径100 mm。抹完粘接剂后,立即将板立起粘贴,粘贴时轻揉、均匀挤压,并用托线板检查垂直平整,板与板间挤紧,碰头缝处不留粘接剂。

④聚苯板接缝不平处应用打磨抹子磨平,打磨动作宜为轻柔的圆周运动。磨平后应用刷子将碎屑清理干净。

⑤聚苯板粘贴24 h后,即可进行下一步的操作。

(5)抹罩面砂浆。

在聚苯板表面涂抹一层配制好的罩面砂浆,厚度不宜超过3 mm。

(6)贴网格布。

平门窗洞口如不靠膨胀缝,沿45°角方向各加一层400 mm×200 mm网格布进行加强,加强部位于大面网格布下面。

将大面网格布沿水平方向绷平,用抹子由中间向左右两边将网格布抹平,将其压入底层抹面砂浆,网格布左右搭接宽度不小于100 mm,上、下搭接宽度不小于80 mm,不得使网格布皱褶、翘边。

膨胀缝处网格布应断开,但装饰缝处网格布不得搭接和断开。

每层设置防护隔离带,材料为岩棉板,尺寸为 600 mm×300 mm×40 mm。

2)质量标准

(1)保证项目。

聚苯板、网格布等原材料的规格和各项技术指标,粘接干粉、罩面砂浆配制原料的质量,必须符合有关标准的要求。检验方法:检查出厂合格证及进场后进行原材料见证取样复试。

聚苯板必须与墙面粘接牢固,无松动和虚粘现象。检查数量:按楼每 20 m 长抽查一处(每处 3 延米),但不小于 3 处。检查方法:观察或用手推拉检查。

粘接砂浆与聚苯板必须粘接牢固,无脱层、空鼓,面层无爆灰和裂缝。检查方法:用小锤轻击和观察检查。

(2)基本项目。

①每块聚苯板与墙面的总粘接面积:首层不得小于 50%,其他层不得小于 40%。检查数量:按每楼层抽查 3 处,每处检查不小于 2 块。检查方法:尺量检查取其平均值。

注:检查应在粘接剂凝结前进行。

②尼龙胀塞尖全部进入结构墙体。

③聚苯板碰头处不抹粘接剂。检查方法:观察检查。

严格遵守《建筑工程施工技术规程》《建筑工程质量检验与评定标准》。

建立健全质量保证体系,严格把关克服质量通病,质保体系内部执行三检制,即自检、互检、交接检制度。合格后报监理工程师验收。

(3)实现质量目标的措施。

工程主管、安装队队长对工程质量负责,严格要求施工人员按图纸及施工技术文件进行生产、施工。

严格执行材料管理制度,不合格材料不准进入施工工地,发挥各级质量员的作用,将质量事故消灭在萌芽状态。

施工人员保证稳定,专人指挥。

施工过程中加强对原始资料的收集、整理,做到工程完工后资料完全无误。

严格执行质量事故报告制度,出现质量事故要在 24 h 内逐级上报,在施工过程中必要时执行奖罚制度。

(4)成品保护措施。

施工中各专业工种应紧密配合,安排工序,严禁颠倒工序作业。

对抹完聚合物罩面砂浆的保温墙体,不得随意开凿孔洞,如确实需要,应在聚合物罩面砂浆达到设计强度后方可进行,安装物件后周围恢复原状,应防止重物撞击墙面。

3.幕墙安装

幕墙安装的设计及安装要严格执行《玻璃幕墙工程技术规范》(JGJ 102—2003)。玻璃幕墙施工需要提前选择有资质的施工单位,并上报监理部,待监理部认可后方可进行下一步施工。

1)工艺流程说明

工艺流程:熟悉图纸及技术交底→熟悉施工现场→寻准预埋铁件→对准竖梁线→拉水平线控制水平高度及进深位置→点焊→检查→加焊→防腐→记录。

2)基本操作说明

熟悉图纸:了解前段工序的变化更改及设计变更。

熟悉施工现场:熟悉施工现场包括两方面的内容,一是对已施工工序质量的验收;二是对照图纸要求对下步工作的安排。

寻准预埋铁件:预埋铁件的作用就是将连接件固定,使幕墙结构与主体混凝土结构连接起来。故安装连接件时首先要寻找原预埋件,只有寻准了预埋件才能很准确地安装连接件。

对照竖梁垂线:竖梁的中心线也是连接件的中心线,故在安装时要注意控制连接件的位置,其偏差小于2 mm。

拉水平线控制水平高低及进深尺寸:虽然预埋铁件时已控制水平高度,但由于施工误差的影响,安装连接件时仍要拉水平线控制其水平及进深的位置以保证连接件的安装准确无误,方法参照前几道工序操作要求。

点焊:在连接件三维空间定位确定准确后要进行连接件的临时固定即点焊。点焊时每个焊接面点2~3点,要保证连接件不会脱落。点焊时要两人同时进行,一人固定位置,另一人点焊,这样协调施工,同时两人都要做好各种防护;点焊人员必须是有焊工技术操作证者,以保证点焊的质量。

验收检查:对初步固定的连接件按层次逐个检查施工质量,主要检查三维空间误差,一定要将误差控制在误差范围内。三维空间误差工地施工控制范围为垂直误差小于2 mm,水平误差小于2 mm,进深误差小于3 mm。

加焊正式固定:对验收合格的连接件进行固定,即正式烧焊。烧焊操作时要按照焊接的规格及操作规定进行,一般情况下连接件的两边都必须满焊。

验收:对烧焊好的连接件,现场管理人员要对其进行逐个检查验收,对不合格处进行返工改进,直至达到要求。

防腐:预埋铁件在模板拆除、凿除混凝土面层后进行过一次防腐处理,连接件在车间加工时亦进行防腐处理。具体处理方法如下:清理焊渣,刷防锈漆,刷保护面漆,有防火要求时要刷防火漆。

(九)地面与楼面工程

1.水泥砂浆地面基层处理

应将基层灰尘扫掉,剔除灰浆皮和灰渣层。

2.质量控制

1)空鼓、裂缝

(1)基层清理彻底、认真。

(2)涂刷水泥砂浆结合层符合要求。

2)地面起砂

(1)养护时间必须保证,不得早上人。

（2）不得使用过期、标号不够的水泥，保证水泥砂浆搅拌均匀、操作过程中抹压遍数等。

（3）确保面层光泽、没有抹纹。

（十）安装工程

根据本工程特点，坚决做到：预留准确、预埋及时、密切配合、精心施工。

1. 土建工程应提供或具备的安装施工条件

（1）电气工程预埋。

土建工程要适当留有一定的电气预埋工作时间，由双方施工条件可穿插进行施工，土建施工人员如果不慎损坏已经埋下的管线或接头，应及时告知电气人员，以确保及时修复。

（2）土建预留洞。

土建人员和埋设管线人员要密切配合，做到准确、及时、无遗漏，出现偏差位移时应及时修复。

（3）拆模后，每层应及时弹出+500 mm线，以利于电气箱盒、水、空调等在管线边的安装。

（4）土建的粗装修程序，应优先安排水电工程较集中的房间（如卫生间、水电管道井等）；因为抹灰完成后，靠近墙壁的管线、母线才能施工。

（5）教育有关人员做好成品和半成品的保护工作。

2. 主要安装工程的施工方法

1）室内给排水管道、雨落水管道的安装

根据施工图纸设计管材制定符合相应规范要求的施工组织措施。

给排水安装工程的质量控制措施：

管道焊接是整个分部质量的关键。首先所选焊条的型号、规格必须符合与母材质量一致；其次坡口的形式及焊缝宽度要符合规范要求，焊工必须持证上岗，对每道焊缝进行编号记录并绘出焊接节点图，质检员、施工员根据焊接节点图进行抽检并形成技术资料，对不合格的焊缝坚决返工。

丝扣管道连接在整个管道安装中占有重要的比例，也是整个管道安装的难点，首先要选用经验丰富、责任心强、技术等级高的工人担任管道丝扣连接工作；管材、管件的质量必须符合规范和设计要求；麻丝的缠绕方向必须正确，白油漆要涂抹均匀；丝扣连接时严禁有倒回现象，并做到一次上紧。

2）电气工程

（1）配管。

①暗配管时，保护管宜沿最近的线路敷设，并应减少弯曲，进入建筑物内的保护管距建筑物表面距离不小于15 mm。

②电线保护管的弯曲，不应有褶皱、凹陷和裂缝，且弯扁程度不应大于外径的10%。

③电线保护管的弯曲半径应符合下列要求：当管路暗配时，弯曲半径不小于管外径的6倍，当埋设于地下或混凝土内时，其弯曲半径不应小于管外的10倍。

④钢管不应有折扁和裂缝，管内无铁屑及毛刺，切断口处应平整，管口光滑。

⑤埋于现浇混凝土里的钢管内壁要进行防腐处理。

（2）配线。

①配线所采用的导线型号、规格应符合设计规定。

②导线在管内不应有接头和扭结，接头应设在接线盒内。

③管内导线包括绝缘层在内总截面不应大于管子内截面的 40%。

（3）灯具、开关、照明配电箱安装。

①灯具、配电箱、配电柜、控制柜安装应符合电气规范要求。

②并列安装的相同型号开关、插座距地面高度一致高度差不应大于 1 mm，同一室内安装的开关，高度差不大于 5 mm。

3）安装工程观感质量的控制

（1）暖通专业的观感质量，主要是对风管、支吊架、风口、风阀、风罩、风机安装进行控制。

①风管：风管安装牢固，位置、标高和走向符合设计要求；风管折角直，圆弧均匀，两端平行平面，表面凹凸不大于 10 mm，风管与法兰连接牢固；翻边基本平整，宽度不小于 6 mm，紧贴法兰；输送产生凝结水或含有潮湿空气的风管坡度符合设计要求，底部的缝隙应做密封处理。

②支吊架：支、吊架的形式、规格、位置、间距固定，必须符合设计和规范的要求，严禁设在风口、阀门及检查门处；与管道间的衬垫符合施工规范的规定；支、吊架与管道接触紧密，吊杆垂直。

③风口：安装位置正确，外露部分平整；风口中的格、孔、叶片、扩散圈间距一致；边框和叶片平直整齐；同一房间内风口标高一致，排列整齐，外露部分光滑、美观。

④风阀：位置、方向正确，连接牢固、紧密，操作方便灵活；阀板与手柄方向一致，阀门外壳上有"开"和"关"的标记，启闭方向明确，排列整齐美观；多叶阀叶片贴合、搭接一致，轴距偏差不大于 1 mm。

（2）管道专业的观感质量，主要是对管道位置坡度、支吊架、阀门、设备和保温进行控制。

①管道位置坡度：管道位置坡度严格按设计、规范要求施工，不得随意更改。

②支吊架：管道的支吊架的形式、规格、位置、间距及固定，必须符合设计要求，严禁设在焊口、阀门及检视门处；管道间的衬垫符合施工规范规定；支吊架与管道接触紧密，吊杆垂直；支吊架上孔眼应采用机械开孔。

③阀门的设置：位置、方向正确，连接严密、紧固，操作方便灵活；阀板与手柄方向一致，阀的外壳上有"开和关"的标记，启闭灵活，排列整齐美观；设备表面要清洗干净，不得有污物、油漆脱落等现象的发生。

④保温和油漆：保温层厚度、油漆的漆膜要均匀，油漆的品种、颜色要符合设计要求，对碳钢要先刷防锈漆再刷面漆。

（3）电气专业的观感质量，主要是对灯具、支吊架、配电箱、桥架的安装及电线、电缆的敷设等方面进行控制。

①灯具的安装：安装位置应正确，外露部分平整；灯具中的格、孔间距一致，边框平直

整齐,同一房间内的灯具要在一条线上且排列整齐,外露部分光滑、美观。

②支吊架安装:支、托、吊架的形式、规格、位置、间距固定,必须符合设计要求,吊杆要垂直,钻孔要用电钻开孔,不得使用氧、乙炔气进行开孔。

③配电箱安装:配电箱表面要打扫干净,不得有污物、油漆脱落等现象;箱内电气元件排列整齐,连接线绑扎整齐、牢固,不得松动。

④桥架安装:桥架安装牢固,位置、标高和走向符合设计要求;桥架内电缆、电线排列整齐,跨接线连接牢固不松动;连接螺栓方向一致;桥架的来回弯制作和开孔不得使用氧、乙炔气进行。

四、施工配合

配合工作是完成任务的关键,应做好以下工作。

(一)安装与土建或土建与安装的配合

1. 预留预埋配合

预留人员按预留预埋图进行预留预埋,预留中不得随意损伤建筑钢筋,与土建结构有矛盾处,由施工员与土建协商处理,在楼地坪内错、漏、堵塞或设计增加的埋管,必须在未做楼地坪面层前补埋。

2. 卫生间施工配合

在土建施工主体时配合进行安装留孔,安装时由土建给定楼地坪标高基准,装好卫生器具及地漏后,土建再做地坪土建施工不得损坏安装管口(孔)保护措施。

3. 暗设箱盒及大理石墙面上开关、插座安装配合

暗设箱盒安装,应随土建墙体施工而进行,布置在大理石墙面的开关、插座,应配合大理石贴面施工而进行。

4. 设备基础及留孔的配合

设备基础应尽早浇筑,未达到强度85%,不得安装设备。基础位置尺寸及预留孔,由土建检查,安装复查,土建向安装办理交接记录。

5. 灯具、开关、插座及面板安装配合

灯具、开关、插座盒安装应做到位置准确,施工时不得损伤墙面,若孔洞较大应先做处理,在粉刷后再装箱盖、面板。

6. 施工用电及场地使用配合

因施工工种多,穿插作业多,对施工用电、现场交通及场地使用,应在土建统一安排下协调解决,以达到互创条件为目的。

7. 成品保护的配合

安装施工不得随意在土建墙体上打洞,因特殊原因必须打洞,应与土建协商,确定位置及孔洞大小,安装施工中应注意对墙面、吊顶的保护,避免污染。

搞好安装成品保护,土建施工人员不得随意扳动已安装好的管道、线路、开关、阀门,未交工的厕所不得使用。

（二）安装各工种间的配合

1. 给排水管道、电气、弱电安装的配合

各工种本着小管道让大管道的原则，确定和调整本工程管道、电气线路走向及支架位置，以便给其他工种创造施工条件。

2. 管道油漆施工配合

施工中各种管道、支架均先刷底漆，待交工前按统一色泽规定刷面漆，个别情况需全部漆完的由工程监理部确定。

五、季节性施工措施

因本工程开工在 9 月，9 月仍是焦作的多雨季节，因此涉及雨季及冬期施工。

（一）多雨天气施工措施

（1）以预防为主，采用防雨措施及加强现场排水手段；加强气象信息反馈，及时调整施工计划，将因在雨天施工对工程质量有影响的施工内容避开雨中施工。

（2）对机电、塔吊等设备的电闸箱采取防雨、防潮等措施，并安装接地保护装置。

（3）原材料及半成品保护，采取防雨措施并垫高堆码和通风良好。

（4）雨中浇筑混凝土时，应及时调整混凝土配合比；室外装饰要采用遮盖保护；脚手架、斜道等要防滑且必须安全、牢固；露天使用电气设备要设置防雨罩，且必须有防漏电装置。

（5）消防器材要有防雨防晒措施，易燃品防止淋雨变质。

（二）冬期施工措施

《建筑工程冬期施工规程》（JBJ 104—1997）规定：根据当地多年气温资料统计，当室外日平均气温连续 5 d 稳定低于 5 ℃即进入冬期施工；当室外日平均气温连续 5 d 稳定高于 5 ℃时解除冬期施工。

进入冬期施工的分项工程，在入冬前组织专人编制冬期施工方案。

认真做好测温及保温工作，工地建立测温组织，定时测量，做好记录。加强气象预报工作，及时预报寒流，以利通知工地加强维护及保温。

进入冬期施工前，对掺外加剂人员，测温、保温人员，锅炉司炉管理人员，专门组织技术业务培训。

六、新工艺、新能源、节能技术的应用

（1）楼板使用竹胶合板。

（2）混凝土中掺加减水剂、粉煤灰和泵送剂。

（3）使用微机配料泵送混凝土工艺。

对于每一个确定的具体问题，针对不同的情况，可以分别采取或综合采取技术措施、组织措施、合同措施及经济措施。在编制本组织设计时，已贯穿了该指导思想，实施过程中，加强组织措施的力度，认真按照拟订的技术措施进行工作。

节能型围护结构应用，外墙外保温：保温材料采用 40 mm 厚挤塑聚苯板；屋面保温：40 mm 厚挤塑聚苯板。

七、主要机具及劳动力安排

(一)劳动力需用量

根据甲方的工期要求及现有图纸的预算和估算,为了按时完成施工任务,我们投入平均232人/d,高峰期投入近90人(详见表4-2)。

表4-2　劳动力需用量

工种	基础工程	主体阶段	装修阶段	收尾阶段
钢筋工	10	15	5	0
模板工	8	20	5	0
混凝土工	15	15	10	5
瓦工	2	20	10	5
抹灰工	2	5	25	5
水电工	5	8	6	5
机械工	5	8	3	2
放线工	3	4	4	2
普工	10	25	30	10
装饰工	0	0	30	10
电焊工	2	3	2	2
架子工	8	15	15	5
防水工	3	5	5	3
其他	5	15	10	5

(二)主要机械设备

(1)根据施工总体部署及施工方法确定施工机械如下:土方施工机械采用1 m³反铲挖土机,自卸车3辆;钢筋加工机械采用常规切割机、弯曲机、调直机、对焊机、直螺纹连接机等;混凝土施工机械采用主体施工时,装修期间选用JDC350搅拌机2台,砂浆机1台;垂直运输机械采用QTZ40自升式塔式起重机1台;水平运输机械采用1 t机动翻斗车2辆、手推车8辆等;电脑1台;安装采用20 t汽车吊;具体施工机械安排详见表4-3。

(2)人员配置原则。

从全施工单位范围内选拔业务精、管理能力强、施工技术过硬、能吃苦耐劳、工作认真负责的人员组成项目经理部,带领广大职工艰苦奋斗,保证按期、保质完成此项施工任务。

根据劳动力需用计划,做好各工种工人,尤其是技术工人的组织进场工作。

工程所需的劳动力在全施工单位范围内通过择优录用,竞争上岗,并能随时根据施工需要随时调配劳动力,以保证劳动力的数量和素质,满足工程施工的需要。

基础、主体结构施工阶段以混凝土工、模板工、钢筋工、瓦工为主配备劳动力,装饰阶段以抹灰工为主配备劳动力,安装阶段以电工、电焊工、水暖工等主要配备。形成动力动态管理,所需人员随调随到。

(3)材料需用量。

周转材料由公司材料租赁公司按进度、按计划保质保量供应。

表 4-3　测量设备一览

序号	设备名称	规格	数量	周期检定时间(月)	管理类别	说明
1	经纬仪	J2	1 台	12	B	
2	水准仪	DS3	1 台	12	B	
3	台称		2 台	12	B	
4	钢卷尺	100 m	2 把	12	B	B、C:分类管理法
5	混凝土试模	150 mm	3 组	12	C	
6	砂浆试模	70.7 mm	3 组	12	C	
7	检查工具	2 m 靠尺等	2 套	12	C	
8	塔尺		2 个	12	C	
9	坍落度筒		1 个	12	C	

各种施工用材料由项目材料采购员按材料使用计划,分期分批从合格供应商处采购,保证现场有必要的储备量,确保不发生现场停工待料现象。

根据设计图纸要求,做好水泥、钢材等材料的复试工作和混凝土、砂浆配合比试配工作。

(三)主要施工机械、设备供应量

施工机具、施工机械由设备租赁公司根据需要统一调配进入施工现场,并提前做好检修工作。机械设备一览表见表4-4。

表 4-4　机械设备一览

序号	名称	型号规格	功率	数量	性能
1	挖掘机			1 台	良好
2	装载机	ZL30		1 台	良好
3	砂浆搅拌机	UJ325	3 kW	1 台	良好
4	钢筋切断机	GJ5-40	4 kW	1 台	良好
5	钢筋弯曲机	GJ7-40	3 kW	1 台	良好
6	钢筋对焊机	UN1-150	150 kVA	1 台	良好
7	钢筋调直机	GT4/14	3 kW	1 台	良好
8	电焊机	BS1-330	22 kVA	2 台	良好
9	木工圆锯	ϕ 400	3 kW	2 台	良好
10	平板振动器		1.5 kW	3 台	良好
11	插入式振动器	ϕ 50	1.1 kW	5 台	良好
12	蛙式打夯机		1.5 kW	2 台	良好
13	塔吊	QTZ40		1 台	良好
14	手电钻	Z1A2-20SE	0.5 kW	3 把	良好
15	砂轮切割机	ϕ 400		2 台	良好

第二节　玻璃幕墙施工方案

一、工程概况

本工程为南水北调中线黄河北运行管理处(焦作管理处)幕墙工程,主体为四层框架结构,总建筑面积 3 843 m²。北立面 7-9 轴间为 MQ-1,尺寸为 10 510 mm×16 200 mm,3-4 轴间为 MQ-2,尺寸为 2 900 mm×19 700 mm。幕墙为全隐框玻璃幕墙,幕墙玻璃采用镀膜中空玻璃(6+12A+6),无框全玻地弹门 15 mm 厚钢化玻璃。

南水北调焦作管理处玻璃幕墙工程要求工期短,为保证顺利竣工,在施工过程中应当严格按照国家《建筑装饰装修工程质量验收规范》(GB 50210—2018)进行施工并且注意各工序之间协调配合等,在保证质量的情况下按时完成工期。

二、主要施工方法

(一)施工部分及顺序

幕墙施工分为四个阶段、两个工作面,施工班组 A 安装立柱并校正立柱垂直度,施工班组 B 安装焊接横撑、龙骨与玻璃。四个工作段同时由下而上安装立柱,由上而下安装幕墙龙骨、横撑与玻璃。

(二)施工方法

1. 施工准备

熟悉玻璃幕墙的设计构造特点和施工要求,根据安装及构造方面的特点进行各级技术交流。复查主体结构的质量如垂直度、水平度、平整度、预留孔洞、埋件等,并做好检查记录。工程构件按品种和规格堆放在指定位置的特种架子或垫木上,室外堆放应采取保护措施,构件安装前均应进行检查和校正,不合格的构件不安装。

2. 施工程序和顺序

固定件→现场测量放线→主次龙骨装配→楼层紧固安装→安装主龙骨→主龙骨校正→调整→安装次龙骨→装垫块和龙骨配件→镶装玻璃→装胶条或灌注密封料→涂防水胶→清理交工。

(三)安装允许偏差

1. 程序

施工安装前,应检查各连接位置预埋件是否齐全,位置是否符合设计要求;标高偏差:±10 mm;轴线前后偏差:±20 mm;预埋件位置偏差过大或倾斜时,应会同设计单位采取补救措施。

2. 立柱安装

立柱为竖向构件,是幕墙安装施工的关键之一,其安装误差为:标高:±3 mm;前后:±2 mm;左右:±3 mm。

3. 相邻两根横梁

相邻两根横梁的水平标高偏差应不大于 1 mm;同层标高偏差:当一幅幕墙宽度小于

35 m 时,不大于 5 mm;宽度大于 35 m 时,不大于 7 mm。

(四)幕墙的安装

1. 测量放线

测量放线应与主体结构测量放线相结合,水平标高要逐层从地面引上,以免误差积累。测量应在每天定时进行,测量时风力不应大于三级。

沿楼板外弹出墨线或用鱼线定出幕墙平面基准线,从基准线向外翻一定距离为幕墙平面,以次线为基准确定立柱的前后位置,从而决定整片幕墙位置。

2. 立柱的安装

立柱线先连接好连接件,再将连接件与焊接在预埋件上的钢件连接,然后调整位置。立柱的垂直度可由经纬仪或吊坠控制,位置调整正确后,才能将连接件紧固。

3. 横梁、幕墙立柱的安装

横梁的安装应由下而上进行。当安装完一层高度时,应进行检查、调整、校正、固定,使其符合质量要求。

4. 玻璃扇的黏结

玻璃在净化工房内经过以下工序加工:①裁割;②修磨;③清洗;④干燥;⑤黏结;⑥封胶。

5. 玻璃的安装

在安装前,要用二甲苯清洁玻璃,四边的铝框要清除污物,10～15 min 后立即进行涂胶嵌缝。

(五)耐候胶嵌缝

(1)涂胶前先用二甲苯清洁板材间缝隙,不应有水、油渍、铁锈、水泥砂浆、灰尘等。

(2)在缝内填充聚乙烯发泡材料,在两侧贴保护胶纸。

(3)在注胶后将胶缝表面抹平,去掉多余的胶。

(4)注胶完毕后,将保护纸撕掉,必要时要用二甲苯擦拭,在胶未完全硬化前应避免划伤表面。

(六)节点处理及耐候硅酮密封胶的施工

幕墙节点处理极其重要,特别是转角、沉降部位和收口处理要严格按设计图纸及有关规范施工。

耐候硅酮密封胶的厚度大于 6 mm,宽度不应小于施工厚度的 2 倍,较深的密封槽口底部应采用聚乙烯发泡材料填塞。耐候硅酮密封胶应在接缝内形成相对两面粘接,不得三面粘接。

(七)防火与避雷

(1)窗间墙:窗间墙内填充材料应采用非燃烧材料,如其外墙用耐火极限不低于 1 h 的非燃烧材料时,其内墙填充材料可采用难燃烧材料。

(2)无窗间墙和木窗间墙处应每层楼板的外沿设置不低于 800 mm 高的实体裙墙,横梁标高宜与楼面标高一致以便填充不燃性材料。

(3)玻璃幕墙与每层楼板、隔墙处的缝隙应用不燃性材料填充。

(4)玻璃幕墙四周与主体结构之间的缝隙应用保温材料填塞,内外表面用密封胶连续封闭,保证接缝严密不漏水,防水应锚定牢固,平整且不留缝隙。

(5)现场焊接时,应在焊接件下放设灭火斗以防发生火灾。

(6)幕墙防雷施工必须严格按设计图纸和《智能建筑防雷设计规范》(DB 32/T 1198—2008)施工,幕墙必须形成自身的防雷体系,并与主体结构的防雷体系可靠连接,可靠接地。

(7)幕墙匀压环间距不大于 10 mm,避雷设施施工要有隐蔽记录。

三、质量标准及要求

幕墙及铝合金构件要求横平竖直,标高正确,表面不允许有机械损伤和处理缺陷。如划伤、擦伤、压痕、污迹、条纹、玻璃表面镀层剥落等。质量标准及检查方法见表4-5。

表 4-5　质量标准及检查方法

序号	项目		允许偏差	检查方法
1	幕墙垂直度	幕墙高度大于 30 m 不大于 60 m	0.04%,15 mm	激光仪或经纬仪
2	幕墙平面度		2 mm	3 m 靠尺,钢板尺
3	竖缝直线度		3 mm	3 m 靠尺,钢板尺
4	横缝水平度		3 mm	水平尺
5	拼缝宽度(与设计值比)		2 mm	卡尺
6	玻璃对角线	对角线不大于 2 000 mm	2 mm	3 m 钢卷尺
		对角线长大于 2 000 mm	3 mm	

(1)施工现场焊接的钢件焊缝,皆应在现场涂防锈漆两道。

(2)与砌体或混凝土接触的金属表面应涂沥青漆≥100 μm。

(3)密封缝需铲平、打光,要求密封时应均匀一致并进行清理。

(4)构件直线度允许偏差应小于 0.5%,其全长不得大于 2 mm 。配合使用的橡胶制品均应具有一定的阻燃性能。

(5)玻璃安装按设计图,保持玻璃边缘上下左右空隙正确。

(6)以下项目应进行隐蔽工程检查:连接节点安装、幕墙四周间隙正确处理、防火棉安装、伸缩缝、沉降缝及墙面转角处理、防雷系统及接地安装。

四、施工进度保证措施

(1)保证施工进度措施。

(2)根据工程具体情况和合同,进行倒排工期,并绘制网络计划,制定工期落实制度。

(3)对项目管理人员及施工班组进行进度计划交底。

(4)根据施工进度计划,编制各种资源供应计划,并及时购进。

（5）定期检查和协调各分项主要工序的关系,确保进度计划的完成。

五、主要资源需用量

劳动力和主要施工机械分别见表 4-6、表 4-7。

表 4-6　劳动力

序号	工种	数量	说明
1	电工	1	
2	电焊工	1	
3	装修技工	14	
总计		16	

表 4-7　主要施工机械

序号	名称	单位	数量	说明
1	铝合金切割机	台	2	
2	角磨机、电锤	台	3	各 3 台
3	电焊机	台	1	
4	大型砂轮机	把	2	
5	手电钻、拉枪	把	8	
6	金属气割	套	1	
7	小提升机	台	1	

六、附件

玻璃幕墙工程 120 系列设计计算书

基本参数:焦作地区基本风压 0.450 kN/m²;抗震设防烈度Ⅶ度;设计基本地震加速度 0.1g。

Ⅰ.设计依据

《建筑结构可靠度设计统一标准》(BG 50068—2018);

《建筑结构荷载规范》(BG 50009—2016);

《建筑抗震设计规范》(BG 50011—2010);

《混凝土结构设计规范》(BG 50010—2010);

《钢结构设计规范》(BG 50017—2017);

《混凝土结构后锚固技术规程》(JGJ 145—2013);

《玻璃幕墙工程技术规范》(JGJ 102—2003);

《金属与石材幕墙工程技术规范》(JGJ 133—2001);

《建筑幕墙》(GB/T 21086—2007);

《玻璃幕墙工程质量检验标准》(JGJ/T 139—2001);

《铝合金建筑型材 第1部分:基材》(BG/T 5237.1—2017);

《铝合金建筑型材 第2部分:阳极氧化、着色型材》(BG 5237.2—2017);

《紧固件机械性能 螺栓、螺钉和螺柱》(BG 3098.1—2010);

《紧固件机械性能 螺母 粗牙螺纹》(BG 3098.2—2015);

《紧固件机械性能 自攻螺钉》(BG 3098.5—2014);

《紧固件机械性能 不锈钢螺栓、螺钉和螺柱》(BG 3098.1—2014);

《紧固件机械性能 不锈钢螺母》(BG 3098.15—2014);

《浮法玻璃》(BG 11614—1999);

《钢化玻璃》(BG/T 9963—1998);

《幕墙用钢化玻璃与半钢化玻璃》(BG 17841—2008);

《建筑结构静力计算手册》(第二版);

《BKCADPM 集成系统》(BKCADPM2006 版)。

Ⅱ. 基本计算公式

(1)场地类别划分。

地面粗糙度可分为 A、B、C、D 四类:

A 类指近海海面和海岛、海岸、湖岸及沙漠地区。

B 类指田野、乡村、丛林、丘陵及房屋比较稀疏的乡镇和城市郊区。

C 类指有密集建筑群的城市市区。

D 类指有密集建筑群且房屋较高的城市市区。

本工程按 B 类地区计算风荷载。

(2)风荷载计算。

幕墙属于薄壁外围护构件,根据《建筑结构荷载规范》(GB 50009—2016)规定采用。

风荷载计算公式:

$$W_k = \beta_{gz} \times \mu_s \times \mu_z \times W_0 \tag{4-1}$$

式中:W_k 为垂直作用在幕墙表面上的风荷载标准值,kN/m^2;β_{gz} 为高度 Z 处的阵风系数,按《建筑结构荷载规范》(GB 50009—2016)第 7.5.1 条取定,根据不同场地类型,按以下公式计算:$\beta_{gz} = K(1+2\mu_f)$,其中 K 为地区粗糙度调整系数,μ_f 为脉动系数,经简化,得:A 类场地:$\beta_{gz} = 0.92 \times [1+35^{-0.072} \times (Z/10)^{-0.12}]$,B 类场地:$\beta_{gz} = 0.89 \times [1+(Z/10)^{-0.16}]$,C 类场地:$\beta_{gz} = 0.85 \times [1+35^{0.108} \times (Z/10)^{-0.22}]$,D 类场地:$\beta_{gz} = 0.80 \times [1+35^{0.252} \times (Z/10)^{-0.30}]$;$\mu_z$ 为风压高度变化系数,按《建筑结构荷载规范》(GB 50009—2016)第 7.2.1 条取定,根据不同场地类型,按以下计算:

A 类场地:$\mu_z = 1.379 \times (Z/10)^{0.24}$，B 类场地:$\mu_z = 1.000 \times (Z/10)^{0.32}$，C 类场地:$\mu_z = 0.616 \times (Z/10)^{0.44}$，D 类场地:$\mu_z = 0.318 \times (Z/10)^{0.60}$。本工程属于 C 类地区，故 $\mu_z = 0.616 \times (Z/10)^{0.44}$；$\mu_s$ 为风荷载体型系数，按《建筑结构荷载规范》（GB 50009—2016）第 7.3.3 条取为 -1.8；W_0 为基本风压，按《建筑结构荷载规范》（GB 50009—2016）附表 D.4 给出的 50 年一遇的风压采用，但不得小于 $0.3\ kN/m^2$，焦作地区取为 $0.450\ kN/m^2$。

（3）地震作用计算。

$$q_{EAk} = \beta_E \times \alpha_{max} \times G_{Ak} \tag{4-2}$$

式中：q_{EAk} 为水平地震作用标准值；β_E 为动力放大系数，按 5.0 取定；G_{Ak} 为幕墙构件的自重，N/m^2；α_{max} 为水平地震影响系数最大值，按相应抗震设防烈度和设计基本地震加速度取定；α_{max} 选择可按《玻璃幕墙工程技术规范》（JGJ 102—2003）（见表 4-8）进行。

表 4-8 水平地震影响系数最大值 α_{max}

抗震设防烈度	Ⅵ度	Ⅶ度	Ⅷ度
α_{max}	0.04	0.08（0.12）	0.16（0.24）

注：Ⅶ、Ⅷ度时括号内数值分别用于设计基本地震加速度为 0.15g 和 0.30g 的地区。

设计基本地震加速度为 0.05g，抗震设防烈度Ⅵ度：$\alpha_{max} = 0.04$；设计基本地震加速度为 0.10g，抗震设防烈度Ⅶ度：$\alpha_{max} = 0.08$；设计基本地震加速度为 0.15g，抗震设防烈度Ⅶ度：$\alpha_{max} = 0.12$；设计基本地震加速度为 0.20g，抗震设防烈度Ⅷ度：$\alpha_{max} = 0.16$；设计基本地震加速度为 0.30g，抗震设防烈度Ⅷ度：$\alpha_{max} = 0.24$；设计基本地震加速度为 0.40g，抗震设防烈度Ⅸ度：$\alpha_{max} = 0.32$。焦作设计基本地震加速度为 768.0g，抗震设防烈度为Ⅵ度，故取 $\alpha_{max} = 0.04$。

（4）作用效应组合。

一般规定，幕墙结构构件应按下列规定验算承载力和挠度：

① 无地震作用效应组合时，承载力应符合下式要求：

$$\gamma_0 S \leq R \tag{4-3}$$

② 有地震作用效应组合时，承载力应符合下式要求：

$$S_E \leq R/\gamma_{RE} \tag{4-4}$$

式中：S 为荷载效应按基本组合的设计值；S_E 为地震作用效应和其他荷载效应按基本组合的设计值；R 为构件抗力设计值；γ_0 为结构构件重要性系数，应取不小于 1.0；γ_{RE} 为结构构件承载力抗震调整系数，应取 1.0。

③ 挠度应符合下式要求：

$$d_f \leq d_{f,lim} \tag{4-5}$$

式中：d_f 为构件在风荷载标准值或永久荷载标准值作用下产生的挠度值；$d_{f,lim}$ 为构件挠度限值。

④ 双向受弯的杆件，两个方向的挠度应分别符合 $d_f \leq d_{f,lim}$ 的规定。

幕墙构件承载力极限状态设计时,其作用效应的组合应符合下列规定:

地震作用效应组合时,应按下式进行:

$$S = \gamma_G S_{Gk} + \gamma_w \psi_w S_{Wk} + \gamma_E \psi_E S_{Ek} \qquad (4\text{-}6)$$

无地震作用效应组合时,应按下式进行:

$$S = \gamma_G S_{Gk} + \gamma_w \psi_w S_{Wk} \qquad (4\text{-}7)$$

式中:S 为作用效应组合的设计值;S_{Gk} 为永久荷载效应标准值;S_{Wk} 为风荷载效应标准值;S_{Ek} 为地震作用效应标准值;γ_G 为永久荷载分项系数;γ_w 为风荷载分项系数;γ_E 为地震作用分项系数;ψ_w 为风荷载的组合值系数;ψ_E 为地震作用的组合值系数。

进行幕墙构件的承载力设计时,作用分项系数,按下列规定取值。

一般情况下,永久荷载、风荷载和地震作用的分项系数 γ_G、γ_W、γ_E 应分别取 1.2、1.4 和 1.3;当永久荷载的效应起控制作用时,其分项系数 γ_G 应取 1.35,此时,参与组合的可变荷载效应仅限于竖向荷载效应;当永久荷载的效应对构件有利,其分项系数 γ_G 的取值不应大于 1.0。

可变作用的组合系数应按下列规定采用:

一般情况下,风荷载的组合系数 ψ_W 应取 1.0,地震作用的组合系数 ψ_E 应取 0.5。对水平倒挂玻璃及框架,可不考虑地震作用效应的组合,风荷载的组合系数 ψ_W 应取 1.0(永久荷载的效应不起控制作用时)或 0.6(永久荷载的效应起控制作用时)。

幕墙构件的挠度验算时,风荷载分项系数 γ_W 和永久荷载分项系数均应取 1.0,且可不考虑作用效应的组合。

Ⅲ.材料力学性能

材料力学性能主要参考《玻璃幕墙工程技术规范》(JGJ 102—2003)。

(1)玻璃的强度设计值应按表 4-9 的规定采用。

表 4-9 玻璃的强度设计值 f_g （单位:N/mm²）

种类	厚度(mm)	大面	侧面
普通玻璃	5	28.0	19.5
浮法玻璃	5~12	28.0	19.5
	15~19	24.0	17.0
	≥20	20.0	14.0
钢化玻璃	5~12	84.0	58.8
	15~19	72.0	50.4
	≥20	59.0	41.3

注:1. 夹层玻璃和中空玻璃的强度设计值可按所采用的玻璃类型确定。

2. 当钢化玻璃的强度标准达不到浮法玻璃强度标准值的 3 倍时,表中数值应根据实测结果予以调整。

3. 半钢化玻璃强度设计值可取浮法玻璃强度设计值的 2 倍。当半钢化玻璃的强度标准值达不到浮法玻璃强度标准值的 2 倍时,其设计值应根据实测结果予以调整。

4. 侧面玻璃切割后的断面,其宽度为玻璃厚度。

（2）铝合金型材的强度设计值应按表 4-10 的规定采用。

表 4-10　铝合金型材的强度设计值 f_a　　　　　　（单位：N/mm²）

铝合金牌号	状态	壁厚（mm）	强度设计值 f_a		
			抗拉、抗压	抗剪	局部承压
6061	T4	不区分	85.5	49.6	133.0
	T6	不区分	190.5	110.5	199.0
6063	T5	不区分	85.5	49.6	120.0
	T6	不区分	140.0	81.2	161.0
6063A	T5	≤10	124.4	72.2	150.0
		>10	116.6	67.6	141.5
	T6	≤10	147.7	85.7	172.0
		>10	140.0	81.2	163.0

（3）钢材的强度设计值应按现行国家标准《钢结构设计规范》（GB 50017—2017）的规定采用，也可按表 4-11 采用。

表 4-11　钢材的强度设计值 f_s　　　　　　（单位：N/mm²）

钢材牌号	厚度或直径 d（mm）	抗拉、抗压、抗弯	抗剪	端面承压
Q235	$d \leqslant 16$	215	125	325
	$16 < d \leqslant 40$	205	120	
	$40 < d \leqslant 60$	200	115	
Q345	$d \leqslant 16$	310	180	400
	$16 < d \leqslant 35$	295	170	
	$35 < d \leqslant 50$	265	155	

注：表中厚度是指计算点的钢材厚度；对轴心受力杆件是指截面中较厚钢板的厚度。

（4）玻璃幕墙材料的弹性模量可按表 4-12 的规定采用。

表 4-12　材料的弹性模量 E　　　　　　（单位：N/mm²）

材料	E
玻璃	0.72×10^5
铝合金	0.70×10^5
钢、不锈钢	2.06×10^5
消除应力的高强钢丝	2.05×10^5
不锈钢绞线	$1.20 \times 10^5 \sim 1.50 \times 10^5$
高强钢绞线	1.95×10^5
钢丝绳	$0.80 \times 10^5 \sim 1.00 \times 10^5$

注：钢绞线弹性模量可按实测值采用。

（5）玻璃幕墙材料的泊松比可按表 4-13 的规定采用。

表 4-13　材料的泊松比 ν

材料	ν	材料	ν
玻璃	0.20	钢、不锈钢	0.30
铝合金	0.33	高强钢丝、钢绞线	0.30

（6）玻璃幕墙材料的线膨胀系数可按表 4-14 的规定采用。

表 4-14　材料的线膨胀系数 α　　　　　　（单位：1/℃）

材料	α	材料	α
玻璃	$0.80\times10^{-5} \sim 1.00\times10^{-5}$	不锈钢板	1.80×10^{-5}
铝合金	2.35×10^{-5}	混凝土	1.00×10^{-5}
铝材	1.20×10^{-5}	砌砖体	0.50×10^{-5}

（7）玻璃幕墙材料的重力密度标准值可按表 4-15 的规定采用。

表 4-15　材料的重力密度 γ_g　　　　　　（单位：kN/m^3）

材料	γ_g	材料	γ_g
普通玻璃、夹层玻璃、钢化玻璃、半钢化玻璃	25.6	矿棉	1.2~1.5
		玻璃棉	0.5~1.0
钢材	78.5	岩棉	0.5~2.5
铝合金	28.0		

1. 风荷载计算

标高为 17.0 m 处风荷载计算。

（1）风荷载标准值计算。

W_0 为基本风压，$W_0 = 0.45$ kN/m²；β_{gz} 为 17.0 m 高处阵风系数（按 C 类区计算），$\beta_{gz} = 0.85\times[1+35^{0.108}\times(Z/10)^{-0.22}] = 1.960$；$\mu_z$ 为 17.0 m 高处风压高度变化系数（按 C 类区计算），$\mu_z = 0.616\times(Z/10)^{0.44} = 0.616\times(17.0/10)^{0.44} = 0.778$；$\mu_s$ 为风荷载体型系数，$\mu_s = -1.80$。

则 $W_k = \beta_{gz}\times\mu_z\times\mu_s\times W_0 = 1.960\times0.778\times1.8\times0.45 = 1.235(kN/m^2)$

（2）风荷载设计值。

W 为风荷载设计值（kN/m²）；γ_w 为风荷载作用效应的分项系数：1.4，按《建筑结构荷载规范》（GB 50009—2016）采用。

则　　　　　　　　　　$W = \gamma_w\times W_k = 1.4\times1.235 = 1.729(kN/m^2)$

2. 玻璃的选用与校核

本处选用玻璃种类为：钢化玻璃。

(1) 本处采用中空玻璃，玻璃的重力密度为 25.6 kN/m³；B_{T_L} 为中空玻璃内侧玻璃厚度，取 6.0 mm；B_{T_w} 为中空玻璃外侧玻璃厚度，取 6.0 mm。

则　　　　　　$G_{Ak} = 25.6 \times (B_{T\_L} + B_{T\_w})/1\,000 = 25.6 \times (6.0 + 6.0)/1\,000$
$$= 0.307(\text{kN/m}^2)$$

(2) 该处垂直于玻璃平面的分布水平地震作用。α_{max} 为水平地震影响系数最大值，取 0.040；q_{EAk} 为垂直于玻璃平面的分布水平地震作用，kN/m²。

$$q_{EAk} = 5 \times \alpha_{max} \times G_{Ak} = 5 \times 0.040 \times 0.307 = 0.061(\text{kN/m}^2)$$

γ_E 为地震作用分项系数，取 1.3；q_{EA} 为垂直于玻璃平面的分布水平地震作用设计值，kN/m²。

$$q_{EA} = \gamma_E \times q_{EAk} = 1.3 \times q_{EAk} = 1.3 \times 0.061 = 0.080(\text{kN/m}^2)$$

(3) 玻璃的强度计算。

内侧玻璃校核依据：$\sigma_1 \leqslant f_g = 84.000 \text{ N/mm}^2$；外侧玻璃校核依据：$\sigma_2 \leqslant f_g = 84.000 \text{ N/mm}^2$。$W_k$ 为垂直于玻璃平面的风荷载标准值，N/mm²；q_{EAk} 为垂直于玻璃平面的地震作用标准值，N/mm²；σ_{Wk} 为在垂直于玻璃平面的风荷载作用下玻璃截面的最大应力标准值，N/mm²；σ_{Ek} 为在垂直于玻璃平面的地震作用下玻璃截面的最大应力标准值，N/mm²；θ 为参数；η 为折减系数，参数 θ 按《玻璃幕墙工程技术规范》(JGJ 102—2003) 取值 (见表 4-16)；a 为玻璃短边边长，取 1 165.0 mm；b 为玻璃长边边长，取 1 650.0 mm；B_{T_L} 为中空玻璃内侧玻璃厚度，取 6.000 mm；B_{T_w} 为中空玻璃外侧玻璃厚度，取 6.0 mm；m 为玻璃板的弯矩系数，按边长比 a/b 查《玻璃幕墙工程技术规范》(JGJ 102—2003)，见表 4-17；W_{k1} 为中空玻璃分配到外侧玻璃的风荷载标准值，N/mm²；W_{k2} 为中空玻璃分配到内侧玻璃的风荷载标准值，N/mm²；q_{Ek1} 为中空玻璃分配到外侧玻璃的地震作用标准值，N/mm²；q_{Ek2} 为中空玻璃分配到内侧玻璃的地震作用标准值，N/mm²。

$$W_{k1} = 1.1 \times W_k \times B_{T\_w}^3/(B_{T\_w}^3 + B_{T\_L}^3) = 0.679(\text{kN/m}^2)$$
$$W_{k2} = W_k \times B_{T\_L}^3/(B_{T\_w}^3 + B_{T\_L}^3) = 0.618\ (\text{kN/m}^2)$$
$$q_{Ek1} = 0.031\ \text{kN/m}^2$$
$$q_{Ek2} = 0.031\ \text{kN/m}^2$$

表 4-16　折减系数 η

θ	≤5.0	10.0	20.0	40.0	60.0	80.0	100.0
η	1.00	0.96	0.92	0.84	0.78	0.73	0.68
θ	120.0	150.0	200.0	250.0	300.0	350.0	≥400.0
η	0.65	0.61	0.57	0.54	0.52	0.51	0.50

表 4-17 四边支承玻璃板的弯矩系数 m

a/b	0.00	0.25	0.33	0.40	0.50	0.55	0.60	0.65
m	0.125 0	0.123 0	0.118 0	0.111 5	0.100 0	0.093 4	0.086 8	0.080 4
a/b	0.70	0.75	0.80	0.85	0.90	0.95	1.00	
m	0.074 2	0.068 3	0.062 8	0.057 6	0.052 8	0.048 3	0.044 2	

在垂直于玻璃平面的风荷载和地震作用下玻璃截面的最大应力标准值计算（N/mm^2），在风荷载作用下外侧玻璃参数

$$\theta = (W_{k1} + 0.5 \times q_{EK1}) \times a^4 / (E \times t^4) = 15.44$$

η 为折减系数，按 $\theta = 15.44$，查《玻璃幕墙工程技术规范》（JGJ 102—2003）得：$\eta = 0.94$。

在风荷载作用下外侧玻璃最大应力标准值

$$\sigma_{Wk} = 6 \times m \times W_{k1} \times a^2 \times \eta / t^2 = 10.447 (\text{N/mm}^2)$$

在地震作用下外侧玻璃参数

$$\theta = (W_{k1} + 0.5 \times q_{EK1}) \times a^4 / (E \times t^4) = 15.44$$

η 为折减系数，按 $\theta = 15.44$，查《玻璃幕墙工程技术规范》（JGJ 102—2003）得：$\eta = 0.94$。

在地震作用下外侧玻璃最大应力标准值

$$\sigma_{Ek} = 6 \times m \times q_{Ek1} \times a^2 \times \eta / t^2 = 0.472 (\text{N/mm}^2)$$

σ_2 为外侧玻璃所受应力，采用 $S_W + 0.5 S_E$ 组合：

$$\sigma_2 = 1.4 \times \sigma_{Wk} + 0.5 \times 1.3 \times \sigma_{Ek} = 1.4 \times 10.447 + 0.5 \times 1.3 \times 0.472$$
$$= 14.975 (\text{N/mm}^2)$$

在风荷载作用下内侧玻璃参数

$$\theta = (W_{k2} + 0.5 \times q_{Ek2}) \times a^4 / (E \times t^4) = 14.06$$

η 为折减系数，按 $\theta = 14.06$，查《玻璃幕墙工程技术规范》（JGJ 102—2003）得：$\eta = 0.94$。

在风荷载作用下内侧玻璃最大应力标准值

$$\sigma_{Wk} = 6 \times m \times W_{k2} \times a^2 \times \eta / t^2 = 9.553 (\text{N/mm}^2)$$

在地震作用下内侧玻璃参数

$$\theta = (W_{k2} + 0.5 \times q_{Ek2}) \times a^4 / (E \times t^4) = 14.06$$

η 为折减系数，按 $\theta = 14.06$，查《玻璃幕墙工程技术规范》（JGJ 102—2003）得：$\eta = 0.94$。

在地震作用下内侧玻璃最大应力标准值

$$\sigma_{Ek} = 6 \times m \times q_{Ek2} \times a^2 \times \eta / t^2 = 0.475 (\text{N/mm}^2)$$

σ_1 为内侧玻璃所受应力，采用 $S_W + 0.5 S_E$ 组合：

$$\sigma_1 = 1.4 \times \sigma_{Wk} + 0.5 \times 1.3 \times \sigma_{Ek} = 1.4 \times 9.553 + 0.5 \times 1.3 \times 0.475$$
$$= 13.655 (\text{N/mm}^2)$$

外侧玻璃最大应力设计值 $\sigma_2 = 14.933$ N/mm^2 $< f_g = 84.000$ N/mm^2。

内侧玻璃最大应力设计值 $\sigma_2 = 13.683$ N/mm^2 $< f_g = 84.000$ N/mm^2。

中空玻璃强度满足要求。

(4)玻璃的挠度计算。

d_f 为在风荷载标准值作用下挠度最大值,mm; D 为玻璃的刚度,N·mm; t_e 为玻璃等效厚度 $0.95 \times (B_{T\_L}^3 + B_{T\_w}^3)^{1/3} = 7.2$ mm; ν 为泊松比,按《玻璃幕墙工程技术规范》(JGJ 102—2003)采用,取值为 0.20(见表 4-18); μ 为挠度系数,按《玻璃幕墙工程技术规范》(JGJ 102—2003)采用,取值为 0.006 63(见表 4-19)。

表 4-18　材料的泊松比 ν

材料	ν	材料	ν
玻璃	0.20	钢、不锈钢	0.30
铝合金	0.33	高强钢丝、钢绞线	0.30

表 4-19　四边支承板的挠度系数 μ

a/b	0.00	0.20	0.25	0.33	0.50
μ	0.013 02	0.012 97	0.012 82	0.012 23	0.010 13
a/b	0.55	0.60	0.65	0.70	0.75
μ	0.009 40	0.008 67	0.007 96	0.007 27	0.006 63
a/b	0.80	0.85	0.90	0.95	1.00
μ	0.006 03	0.005 47	0.004 96	0.004 49	0.004 06

$$\theta = W_k \times a^4 / (E \times t_e^4) = 13.37$$

η 为折减系数,按 $\theta = 13.37$,查《玻璃幕墙工程技术规范》(JGJ 102—2003)表得 $\eta = 0.95$。

$$D = (E \times t_e^3)/12(1 - \nu^2) = 2\ 314\ 912.52 \text{ N} \cdot \text{mm}$$

$$d_f = \mu \times W_k \times a^4 \times \eta / D = 6.9 \text{ mm}$$

$$d_f/a < 1/60$$

玻璃的挠度满足要求。

3. 硅酮结构密封胶计算

该处选用结构胶类型为:SS622。

(1)按风荷载、水平地震作用和自重效应,计算硅酮结构密封胶的宽度。

①在风载荷和水平地震作用下,结构胶黏结宽度的计算(抗震设计)。

C_{s1} 为风载荷作用下结构胶黏结宽度,mm; W 为风荷载设计值:1.730 kN/m^2; a 为矩形玻璃板的短边长度:1 165.000 mm; f_1 为硅酮结构密封胶在风荷载或地震作用下的强度设计值,取 0.2 N/mm^2; q_E 为作用在计算单元上的地震作用设计值:0.080 kN/m^2。

$$C_{s1} = (W + 0.5 \times q_E) \times a/(2\ 000 \times f_1) = (1.729 + 0.5 \times 0.080) \times$$

$$1\,165.000/(2\,000 \times 0.2) = 5.15(\text{mm})$$

取 6 mm。

②在玻璃永久荷载作用下,结构胶黏结宽度的计算。

C_{s2} 为自重效应结构胶黏结宽度,mm;a 为矩形玻璃板的短边长度:1 165.0 mm;b 为矩形玻璃板的长边长度:1 650.0 mm;f_2 为结构胶在永久荷载作用下的强度设计值,取 0.01 N/mm²,按《玻璃幕墙工程技术规范》(JGJ 102—2003)采用;B_{t_l} 为中空或夹层玻璃(双层)内侧玻璃厚度 6.0 mm;B_{t_w} 为中空或夹层玻璃(双层)外侧玻璃厚度 6.0 mm;

$$C_{s2} = 25.6 \times (B_{t\_l} + B_{t\_w}) \times (a \times b)/[2\,000 \times (a + b) \times f_2] = 10.53(\text{mm})$$

取 11 mm。

③硅酮结构密封胶的最大计算宽度:11 mm。

(2)硅酮结构密封胶黏结厚度的计算:

①温度变化效应胶缝厚度的计算。

t_{s1} 为温度变化效应结构胶的黏结厚度:mm;δ_1 为硅酮结构密封胶的温差变位承受能力:12.0%;ΔT 为年温差:62.2 ℃;b 为矩形玻璃板的长边长度:1 650.0 mm;U_{s1} 为玻璃板块在年温差作用下玻璃与铝型材相对位移量:mm;铝型材线膨胀系数:$\alpha_1 = 2.35 \times 10^{-5}$;玻璃线膨胀系数:$\alpha_2 = 1.00 \times 10^{-5}$。

$$U_{s1} = b \times \Delta T \times (\alpha_1 - \alpha_2) = 1.600 \times 62.200 \times (2.35 - 1) \times 10^{-5} = 1.340(\text{mm})$$

$$t_{s1} = U_{s1}/[\delta_1 \times (2 + \delta_1)]^{0.5} = 1.340/([0.120 \times (2 + 0.120)]^{0.5} = 2.7(\text{mm})$$

②地震作用下胶缝厚度的计算。

t_{s2} 为地震作用下结构胶的黏结厚度,mm;h_g 为玻璃面板高度:1 650.0 m;θ 为风荷载标准值作用下主体结构的楼层弹性层间位移角限值(rad),取 0.001 0;ψ 为胶缝变位折减系数 1.000;δ_2 为硅酮结构密封胶的变位承受能力,取对应于其受拉应力为 0.14 N/mm² 时的伸长率:取 40.0%。

$$t_{s2} = \theta \times h_g \times \psi/[\delta_2 \times (2 + \delta_2)]^{0.5} = 0.001\,0 \times 1\,650.0 \times$$
$$1.000/[0.400 \times (2 + 0.400)]^{0.5} = 1.6(\text{mm})$$

(3)胶缝强度验算。

胶缝选定宽度为 12 mm;胶缝选定厚度为 8 mm。

①在风荷载和水平地震作用下,结构胶中产生的拉应力。

W 为风荷载设计值:1.729 kN/m²;q_E 为作用在计算单元上的地震作用设计值:0.080 kN/m²;a 为矩形分格短边长度:1 165.0 mm;C_s 为结构胶黏结宽度:12.0 mm。

$$\sigma_1 = (W + 0.5 \times q_E) \times a/(2\,000 \times C_s) = (1.729 + 0.5 \times 0.080) \times$$
$$1\,165.000/(2\,000 \times 12.000) = 0.086(\text{N/mm}^2)$$

②在永久荷载作用下,结构胶中产生的剪应力。

a 为矩形玻璃板的短边长度:1 165.0 mm;b 为矩形玻璃板的长边长度:1 650.0 mm;B_{t_l} 为中空或夹层玻璃(双层)内侧玻璃厚度:6.0 mm。

$$\sigma_2 = 25.6 \times (B_{t\_l} + B_{t\_w}) \times (a \times b)/[2\,000 \times (a + b) \times C_s] = 0.009(\text{N/mm}^2)$$

③结构胶中产生的总应力:

$$\sigma = (\sigma_1^2 + \sigma_2^2)^{0.5} = (0.086^2 + 0.009^2)^{0.5} = 0.086(\text{N/mm}^2) \leqslant 0.2 \text{ N/mm}^2$$

结构胶强度可以满足要求!

4. 固定片(压板)计算

$W_{\text{fg\_x}}$ 为计算单元总宽,取 1 165.0 mm;$H_{\text{fg\_y}}$ 为计算单元总高,取 1 650.0 mm;H_{yb1} 为压板上部分高,取 350.0 mm;H_{yb2} 为压板下部分高,取 350.0 mm;W_{yb} 为压板长,取 40.0 mm;H_{yb} 为压板宽,取 40.0 mm;B_{yb} 为压板厚,取 5.0 mm;D_{yb} 为压板孔直径,取 6.0 mm;W_{k} 为作用在玻璃幕墙上的风荷载标准值,取 1.235 kN/m²;q_{EAk} 为垂直于玻璃幕墙平面的分布水平地震作用,取 0.061 kN/m²(不包括立柱与横梁传来的地震作用);A 为每个压板承受作用面积,m²。

$$A = (W_{\text{fg\_x}}/1\,000/2) \times (H_{\text{yb1}} + H_{\text{yb2}})/1\,000/2 = (1.200\,0/2) \times$$
$$(0.350\,0 + 0.350\,0)/2 = 0.210\,0(\text{m}^2)$$

P_{wk} 为每个压板承受风荷载标准值,kN。
$$P_{\text{wk}} = W_{\text{k}} \times A = 1.235 \times 0.210\,0 = 0.259(\text{kN})$$

P_{w} 为每个压板承受风荷载设计值,kN。
$$P_{\text{w}} = 1.4 \times P_{\text{wk}} = 1.4 \times 0.259 = 0.363(\text{kN})$$

M_{w} 为每个压板承受风荷载产生的最大弯矩,kN·m。
$$M_{\text{w}} = 1.5 \times P_{\text{w}} \times (W_{\text{yb}}/2) = 1.5 \times 0.363 \times (0.040\,0/2) = 0.011(\text{kN·m})$$

P_{ek} 为每个压板承受地震作用标准值,kN。
$$P_{\text{ek}} = q_{\text{EAk}} \times A = 0.061 \times 0.210\,0 = 0.013(\text{kN})$$

P_{e} 为每个压板承受地震作用设计值,kN。
$$P_{\text{e}} = 1.3 \times P_{\text{ek}} = 1.3 \times 0.013 = 0.017(\text{kN})$$

M_{e} 为每个压板承受地震作用产生的最大弯矩,kN·m。
$$M_{\text{e}} = 1.5 \times P_{\text{e}} \times (W_{\text{yb}}/2) = 1.5 \times 0.017 \times (0.040\,0/2) = 0.001(\text{kN·m})$$

采用 $S_{\text{w}}+0.5S_{\text{e}}$ 组合,M 为每个压板承受的最大弯矩,kN·m。
$$M = M_{\text{w}} + 0.5 \times M_{\text{e}} = 0.011 + 0.5 \times 0.001 = 0.011(\text{kN·m})$$

W 为压板截面抵抗矩,mm³。
$$W = [(H_{\text{yh}} - D_{\text{yb}}) \times B_{\text{yb}}^2]/6 = [(40.0 - 6.0) \times 5.0^2]/6 = 141.7(\text{mm}^3)$$

I 为压板截面惯性矩,mm⁴。
$$I = [(H_{\text{yh}} - D_{\text{yb}}) \times B_{\text{yb}}^3]/12 = [(40.0 - 6.0) \times 5.0^3]/12 = 354.2(\text{mm}^4)$$
$$\sigma = 10^6 \times M/W = 10^6 \times 0.011/141.7 = 78.7(\text{N/mm}^2)$$

$\sigma = 78.7 \text{ N/mm}^2 \leqslant 84.2 \text{ N/mm}^2$。

强度满足要求。

U 为压板变形,mm。
$$U = 1.5 \times 1\,000 \times 2 \times (P_{\text{wk}} + 0.5 \times P_{\text{ek}}) \times W_{\text{yb}}^3/(48 \times E \times I)$$
$$= 1.5 \times 1\,000 \times 2 \times (0.259 + 0.5 \times 0.013) \times 40.0^3/(48 \times 0.7 \times 10^5 \times 354.2)$$
$$= 0.021(\text{mm})$$

D_{u} 为压板相对变形,mm。

$$D_u = U/L = U/(W_{yb}/2) = 0.021/20.0 = 0.0011$$

$D_u = 0.0011 \leqslant 1/180$。

符合要求。

N_{vbh} 为压板螺栓(受拉)承载能力计算,N;D 为压板螺栓有效直径,取 5.060,mm。

$$N_{vbh} = (\pi \times D^2 \times 170)/4 = (3.1416 \times 5.060^2 \times 170)/4 = 3418.5(N)$$

$N_{vbh} = 3418.5 \geqslant 2 \times (P_w + 0.5 \times P_e) = 743.0$ N。

满足要求。

5. 幕墙立柱计算

幕墙立柱按简支梁力学模型如图 4-1 所示进行设计计算:

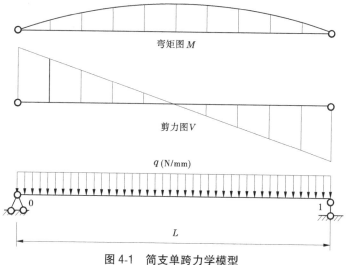

图 4-1 简支单跨力学模型

(1)荷载计算。

①风荷载计算。

q_w 为风荷载均布线荷载设计值,kN/m;W 为风荷载设计值(矩形分布):1.730 kN/m²;B 为幕墙分格宽:1.150 m。

$$q_w = W \times B = 1.730 \times 1.150 = 1.988(kN/m)$$

②地震荷载计算。

q_{EA} 为地震作用设计值,kN/m²;G_{Ak} 为玻璃幕墙构件(包括玻璃和框)的平均自重:500 N/m²;q_{EAk} 为垂直于幕墙平面的均布水平地震作用标准值,kN/m²。

$$q_{EAk} = 5 \times \alpha_{max} \times G_{Ak} = 5 \times 0.040 \times 500.000/1000 = 0.100(kN/m^2)$$

γ_E 为幕墙地震作用分项系数:1.3。

$$q_{EA} = 1.3 \times q_{EAk} = 1.3 \times 0.100 = 0.130(kN/m^2)$$

q_E 为水平地震作用均布线荷载作用设计值(矩形分布)。

$$q_E = q_{EA} \times B = 0.130 \times 1.150 = 0.150(kN/m)$$

③立柱弯矩。

立柱的受力如图 4-2 所示。

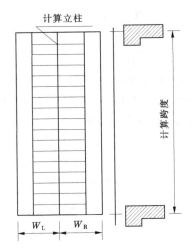

图 4-2　立柱的受力图

M_w 为风荷载作用下立柱弯矩,kN/m;q_w 为风荷载均布线荷载设计值:1.988 kN/m;H_{sjcg} 为立柱计算跨度:6.000 m。

$$M_w = q_w \times H_{sjcg}^2/8 = 1.988 \times 6.000^2/8 = 3.221(kN \cdot m)$$

M_E 为地震作用下立柱弯矩,$kN \cdot m$。

$$M_E = q_E \times H_{sjcg}^2/8 = 0.150 \times 6.000^2/8 = 0.242(kN \cdot m)$$

M 为幕墙立柱在风荷载和地震作用下产生的弯矩,$kN \cdot m$。采用 $S_W + 0.5 S_E$ 组合:

$$M = M_w + 0.5 \times M_E = 3.221 + 0.5 \times 0.242 = 3.342(kN \cdot m)$$

(2)选用立柱型材的截面特性。

立柱型材号:XC1\DQMQ18;选用的立柱材料牌号:6063 T5;型材强度设计值:抗拉、抗压 85.500 N/mm^2,抗剪 49.6 N/mm^2;型材弹性模量:$E = 0.70 \times 10^5$ N/mm^2;X 轴惯性矩:$I_X = 234.529$ cm^4;Y 轴惯性矩:$I_Y = 69.102$ cm^4;立柱型材在弯矩作用方向净截面抵抗矩:$W_n = 38.229$ cm^3;立柱型材净截面面积:$A_n = 12.070$ cm^2;立柱型材截面垂直于 X 轴腹板的截面总宽度:$L_{T\_X} = 6.000$ mm;立柱型材计算剪应力处以上(或下)截面对中和轴的面积矩:$S_s = 24.370$ cm^3;塑性发展系数:$\gamma = 1.05$。

(3)幕墙立柱的强度计算。

校核依据:$N/A_n + M/(\gamma \times W_n) \leqslant f_a = 85.5$ N/mm^2(拉弯构件)。

B 为幕墙分格宽:1.150 m;G_{Ak} 为幕墙自重:500 N/m^2。幕墙自重线荷载:

$$G_k = 500 \times B/1\,000 = 500 \times 1.150/1\,000 = 0.575(kN/m)$$

N_k 为立柱受力。

$$N_k = G_k \times L_{T\_X} = 0.575 \times 6.000 = 2.070(kN)$$

γ_G 为结构自重分项系数:1.2,N 为立柱受力设计值。

$$N = 1.2 \times N_k = 1.2 \times 2.070 = 2.484(kN)$$

σ 为立柱计算强度,N/mm^2(立柱为拉弯构件);N 为立柱受力设计值:2.484 kN;A_n 为立柱型材净截面面积:12.070 cm^2;M 为立柱弯矩:3.342 $kN \cdot m$;W_n 为立柱在弯矩作用方向净截面抵抗矩:38.229 cm^3;γ 为塑性发展系数:1.05。

$$\sigma = N \times 10/A_n + M \times 10^3/(1.05 \times W_n) = 2.484 \times 10/12.070 + 3.342 \times$$
$$10^3/(1.05 \times 38.229) = 85.321(\text{N/mm}^2) < f_a = 85.5 \text{ N/mm}^2$$

立柱强度可以满足。

(4)幕墙立柱的刚度计算。

校核依据:$d_f \leq L/180$。

d_f 为立柱最大挠度;D_u 为立柱最大挠度与其所在支承跨度(支点间的距离)比值;L 为立柱计算跨度:6.000 m。

$$d_f = 5 \times q_{Wk} \times H_{sjcg}^4 \times 1\,000/(384 \times 0.7 \times I_X) = 18.920(\text{mm})$$
$$D_u = U/(L \times 1\,000) = 18.920/(6.000 \times 1\,000) = 1/190 < 1/180$$

挠度可以满足要求。

(5)立柱抗剪计算。

校核依据:$\tau_{max} \leq [\tau] = 49.6 \text{ N/mm}^2$。

①Q_{wk} 为风荷载作用下剪力标准值,kN:
$$Q_{wk} = W_k \times H_{sjcg} \times B/2 = 1.235 \times 6.000 \times 1.150/2 = 2.556(\text{kN})$$

②Q_w 为风荷载作用下剪力设计值,kN:
$$Q_w = 1.4 \times Q_{wk} = 1.4 \times 2.556 = 3.579(\text{kN})$$

③Q_{Ek} 为地震作用下剪力标准值,kN:
$$Q_{Ek} = q_{EAk} \times H_{sjcg} \times B/2 = 0.100 \times 6.000 \times 1.150/2 = 0.207(\text{kN})$$

④Q_E 为地震作用下剪力设计值,kN:
$$Q_E = 1.3 \times Q_{Ek} = 1.3 \times 0.207 = 0.269(\text{kN})$$

⑤Q 为立柱所受剪力,采用 $Q_w + 0.5Q_E$ 组合:
$$Q = Q_w + 0.5Q_E = 3.579 + 0.5 \times 0.269 = 3.714(\text{kN})$$

⑥S_s 为立柱型材计算剪应力处以上(或下)截面对中和轴的面积矩:24.370 cm³;立柱型材截面垂直于 X 轴腹板的截面总宽度:$L_{T\_X} = 6.000$ mm;I_X 为立柱型材截面惯性矩:234.529 cm⁴;τ 为立柱剪应力:
$$\tau = Q \times S_s \times 100/(I_X \times L_{T\_X}) = 3.714 \times 24.370 \times 100/(234.529 \times 6.000)$$
$$= 6.431(\text{N/mm}^2) < 49.6 \text{ N/mm}^2$$

立柱抗剪强度可以满足。

6. 立柱与主结构连接

L_{ct2} 为连接处钢角码壁厚:8.0 mm;J_y 为连接处钢角码承压强度:305.0 N/mm²;D_2 为连接螺栓公称直径:12.0 mm;D_0 为连接螺栓有效直径:10.4 mm;选择的立柱与主体结构连接螺栓为:不锈钢螺栓 C1 组 50 级;L_L 为连接螺栓抗拉强度:230 N/mm²;L_J 为连接螺栓抗剪强度:175 N/mm²;采用 $S_G + S_W + 0.5S_E$ 组合,N_{1wk} 为连接处风荷载总值,N:
$$N_{1wk} = W_k \times B \times H_{sjcg} \times 1\,000 = 1.235 \times 1.150 \times 6.000 \times 1\,000 = 5\,112.9(\text{N})$$

连接处风荷载设计值,N:
$$N_{1w} = 1.4 \times N_{1wk} = 1.4 \times 5\,112.9 = 7\,158.1(\text{N})$$

N_{1Ek} 为连接处地震作用,N:

$N_{1Ek} = q_{EAk} \times B \times H_{sjcg} \times 1\,000 = 0.100 \times 1.150 \times 6.000 \times 1\,000 = 414.0(N)$

N_{1E} 为连接处地震作用设计值,N:

$$N_{1E} = 1.3 \times N_{1Ek} = 1.3 \times 414.0 = 538.2(N)$$

N_1 为连接处水平总力,N:

$$N_1 = N_{1w} + 0.5 \times N_{1E} = 7\,158.1 + 0.5 \times 538.2 = 7\,427.2(N)$$

N_{2k} 为连接处自重总值设计值,N:

$$N_{2k} = 500 \times B \times H_{sjcg} = 500 \times 1.150 \times 6.000 = 2\,070.0(N)$$

N_2 为连接处自重总值设计值,N:

$$N_2 = 1.2 \times N_{2k} = 1.2 \times 2\,070.0 = 2\,484.0(N)$$

N 为连接处总合力,N:

$$N = (N_1^2 + N_2^2)^{0.5} = (7\,427.160^2 + 2\,484.000^2)^{0.5} = 7\,831.5(N)$$

N_v 为螺栓受剪面数目:2;N_{vb} 为螺栓的受剪承载能力:

$$N_{vb} = 2 \times \pi \times D_0^2 \times L\_J/4 = 2 \times 3.14 \times 10.360^2 \times 175/4 = 29\,488.8(N)$$

立柱型材种类:6063 T5;D_2 为连接螺栓直径:12.000 mm;N_v 为连接处立柱承压面数目:2;t 为立柱壁厚:3.0 mm;XC_y 为立柱局部承压强度:120.0 N/mm²;N_{cbl} 为用一颗螺栓时,立柱型材壁抗承压能力,N:

$$N_{cbl} = D_2 \times t \times 2 \times XC_y = 12.000 \times 3.0 \times 2 \times 120.0 = 8\,640.0(N)$$

应取螺栓受剪承载力和立柱型材承压承载力设计值中的较小者计算螺栓个数。

螺栓的受剪承载能力 $N_{vb} = 29\,488.8$ N 大于立柱型材承压承载力 $N_{cbl} = 8\,640.0$ N;N_{um1} 为立柱与建筑物主结构连接的螺栓个数:

$$N_{um1} = N/N_{cbl} = 7\,831.5/8\,640.0 = 1(个)$$

取 2 个。

根据选择的螺栓数目,计算螺栓的受剪承载能力 $N_{vb} = 58\,977.6$ N;根据选择的螺栓数目,计算立柱型材承压承载能力 $N_{cbl} = 17\,280.0$ N。

$$N_{vb} = 58\,977.6 \text{ N} > 7\,831.5 \text{ N}$$
$$N_{cbl} = 17\,280.0 \text{ N} > 7\,831.5 \text{ N}$$

强度可以满足。

角码抗承压能力计算:

角码材料牌号:Q235 钢(C 级螺栓);L_{ct2} 为角码壁厚:8.0 mm;J_y 为角码承压强度:305.000 N/mm²;N_{cbg} 为钢角码型材壁抗承压能力,N:

$$N_{cbg} = D_2 \times 2 \times J_y \times L_{ct2} \times N_{um1} = 12.000 \times 2 \times 305 \times 8.000 \times 2.000 = 117\,120.0(N)$$
$$> 7\,831.5 \text{ N}$$

强度可以满足。

7. 幕墙后锚固连接设计计算

幕墙与主体结构连接采用后锚固技术。

本计算主要依据《混凝土结构后锚固技术规程》(JGJ 145—2004)。

后锚固连接设计,应根据被连接结构类型、锚固连接受力性质及锚栓类型的不同,对其破坏形态加以控制。本设计只考虑锚栓钢材受拉或受剪破坏类型。并认为锚栓是群锚锚栓。

本工程锚栓受拉力和剪力作用。

V 为剪力设计值：

$$V = N_2 = 2\ 484.0\ \text{N}$$

N 为法向力设计值：

$$N = N_1 = 7\ 427.2\ \text{N}$$

e_2 为螺孔中心与锚板边缘距离：25.0 mm；M 为弯矩设计值，N·mm：

$$M = V \times e_2 = 2\ 484.0 \times 25.0 = 62\ 100.0(\text{N} \cdot \text{m})$$

本设计的锚栓是在拉剪复合力的作用之下工作，所以拉剪复合受力下锚栓或植筋钢材破坏时的承载力，应按照下列公式计算：

$$\left(\frac{N_{\text{Sd}}^{\text{h}}}{N_{\text{Rd,s}}}\right)^2 + \left(\frac{V_{\text{Sd}}^{\text{h}}}{V_{\text{Rd,s}}}\right)^2 \leqslant 1$$

$$N_{\text{Rd,s}} = \frac{N_{\text{Rk,s}}}{\gamma_{\text{Rs,N}}}$$

$$V_{\text{Rd,s}} = \frac{N_{\text{Rk,s}}}{\gamma_{\text{Rs,V}}}$$

式中：N_{Sd}^{h} 为群锚中受力最大锚栓的拉力设计值；V_{sd}^{h} 为群锚中受力最大锚栓的剪力设计值；$N_{\text{Rd,s}}$ 为锚栓受拉承载力设计值；$V_{\text{Rd,s}}$ 为锚栓受剪承载力设计值；$N_{\text{Rk,s}}$ 为锚栓受拉承载力标准值；$V_{\text{Rk,s}}$ 为锚栓受剪承载力标准值；$\gamma_{\text{Rs,N}}$ 为锚栓钢材受拉破坏时，锚固承载力分项系数；$\gamma_{\text{Rs,V}}$ 为锚栓钢材受剪破坏时，锚固承载力分项系数。

幕墙后锚固连接设计中的锚栓是在轴心拉力与弯矩共同作用下工作，弹性分析时，受力最大锚栓的拉力设计值应按下列规定计算：

当 $\dfrac{N}{n} - \dfrac{M \cdot y_1}{\sum y_i^2} \geqslant 0$ 时

$$N_{\text{Sd}}^{\text{h}} = \frac{N}{n} - \frac{M \cdot y_1}{\sum y_i^2}$$

当 $\dfrac{N}{n} - \dfrac{M \cdot y_1}{\sum y_i^2} < 0$ 时

$$N_{\text{Sd}}^{\text{h}} = \frac{(N \cdot L + M) y_1'}{\sum y_i'^2}$$

式中：M 为弯矩计值，N·m；N_{Sd}^{h} 为群锚中受力最大锚栓的拉力设计值；y_1、y_i 为锚栓 1 及 i 至群锚形心轴的垂直距离，mm；y_1'、y_i' 为锚栓 1 及 i 至受压一侧最外排锚栓的垂直距离，mm；L 为轴力 N 作用点至受压一侧最外排锚栓的垂直距离，mm。

锚栓的分布如图 4-3 所示：

图中：a 为锚栓间距，250.0 mm；b 为锚栓间距，150.0 mm；d 为锚栓杆、螺杆外螺纹公称直径及钢筋直径，12.0 mm；γ_{R} 为锚固承载力分项系数；$\gamma_{\text{Rs,N}}$ 为锚栓钢材受拉破坏时，锚固承载力分项系数，1.40；$\gamma_{\text{Rs,V}}$ 为锚栓钢材受剪破坏时，锚固承载力分项系数，1.25；f_{stk}

为锚栓抗拉强度标准值,N;$N_{\mathrm{Rk,s}}$ 为锚栓受拉承载力标准值,N;$N_{\mathrm{Rd,s}}$ 为锚栓受拉承载力设计值,N;$V_{\mathrm{Rk,s}}$ 为锚栓受剪承载力标准值,N;$V_{\mathrm{Rd,s}}$ 为锚栓受剪承载力设计值,N;L 为轴力 N 作用点至受压一侧最外排锚栓的距离,80.0 mm;n 为群锚锚栓个数,4;$N_{\mathrm{Sd}}^{\mathrm{h}}$ 为群锚中受力最大锚栓的拉力设计值,N:

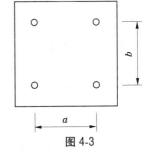

图 4-3

$$N_{\mathrm{Sd}}^{\mathrm{h}} = N/n + M \cdot y_1/[2 \times (a/2)^2 + 2 \times (b/2)^2]$$
$$= 1\,966.4 \text{ N};$$

$V_{\mathrm{sd}}^{\mathrm{h}}$ 为群锚中承受剪力最大锚栓的剪力设计值,N;$V_{\mathrm{Sd}}^{\mathrm{h}} = V/n = 621.0$ N;$N_{\mathrm{Rk,s}} = (\pi \times d^2/4) \times f_{\mathrm{stk}} = 33\,929.2$(N);$N_{\mathrm{Rd,s}} = N_{\mathrm{Rk,s}}/\gamma_{\mathrm{Rs,N}} = 24\,235.1$(N)。

本设计考虑纯剪无杠杆状态,锚栓受剪承载力标准值 $V_{\mathrm{Rk,s}}$ 按下式计算:

$$V_{\mathrm{Rk,s}} = 0.5 \times (\pi \times d^2/4) \times f_{\mathrm{stk}} = 16\,964.6(\text{N})$$
$$V_{\mathrm{Rd,s}} = V_{\mathrm{Rk,s}}/\gamma_{\mathrm{Rs,V}} = 13\,571.7(\text{N})$$

拉剪复合受力下,锚栓或植筋钢材破坏时的承载力,应按照下列公式计算:

$$(N_{\mathrm{Sd}}^{\mathrm{h}}/N_{\mathrm{Rd,s}})^2 + (V_{\mathrm{Sd}}^{\mathrm{h}}/V_{\mathrm{Rd,s}})^2 \leq 1$$

由于 $(N_{\mathrm{Sd}}^{\mathrm{h}}/N_{\mathrm{Rd,s}})^2 + (V_{\mathrm{Sd}}^{\mathrm{h}}/V_{\mathrm{Rd,s}})^2 < 1$,锚栓钢材能够满足要求。

8. 幕墙预埋件焊缝计算

根据《钢结构设计规范》(GB 50017—2003)公式 7.1.1-1、公式 7.1.1-2 和公式 7.1.1-3 计算。

h_{f} 为角焊缝焊脚尺寸:8.000 mm;L 为角焊缝实际长度 100.000 mm;h_{e} 为角焊缝的计算厚度:$0.7h_{\mathrm{f}} = 5.6$ mm;L_{w} 为角焊缝的计算长度:$L - 2h_{\mathrm{f}} = 84.0$ mm;f_{hf} 为角焊缝的强度设计值:160 N/mm²;β_{f} 为角焊缝的强度设计值增大系数,取 1.22;σ_{m} 为弯矩引起的应力:

$$\sigma_{\mathrm{m}} = 6 \times M/(2 \times h_{\mathrm{e}} \times l_{\mathrm{w}}^2 \times \beta_{\mathrm{f}}) = 3.865 \text{ N/mm}^2$$

σ_{n} 为法向力引起的应力:

$$\sigma_{\mathrm{n}} = N/(2 \times h_{\mathrm{e}} \times L_{\mathrm{w}} \times \beta_{\mathrm{f}}) = 6.471 \text{ N/mm}^2$$

τ 为剪应力:

$$\tau = V/(2 \times H_{\mathrm{f}} \times L_{\mathrm{w}}) = 1.848 \text{ N/mm}^2$$

σ 为总应力:

$$\sigma = [(\sigma_{\mathrm{m}} + \sigma_{\mathrm{n}})^2 + \tau^2]^{0.5} = 10.499$$

$\sigma = 10.499$ N/mm² $\leq f_{\mathrm{hf}} = 160$ N/mm²,焊缝强度可以满足。

9. 幕墙横梁计算

幕墙横梁计算简图如图 4-4 所示。

(1) 选用横梁型材的截面特性。

选用型材号:XC1\TSMQ004;选用的横梁材料牌号:6063 T5;横梁型材抗剪强度设计值:49.600 N/mm²;横梁型材抗弯强度设计值:85.500 N/mm²;横梁型材弹性模量:$E = 0.70 \times 10^5$ N/mm²;M_Y 为横梁绕截面 X 轴(平行于幕墙平面方向)的弯矩,N·mm;M_Y 为横梁绕截面 Y 轴(垂直于幕墙平面方向)的弯矩,N·mm;W_{nX} 为横梁截面绕截面 X 轴(幕墙平面内方向)的净截面抵抗矩:$W_{nX} = 4.130$ cm³;W_{nY} 为横梁截面绕截面 Y 轴(垂直

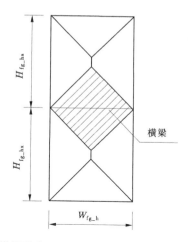

$W_{\text{fg\_h}}$—横梁跨度；$H_{\text{fg\_hx}}$—下单元高；$H_{\text{fg\_hs}}$—上单元高

图 4-4

于幕墙平面方向)的净截面抵抗矩：$W_{nY} = 5.145 \text{ cm}^3$；型材截面面积：$A = 3.731 \text{ cm}^2$；$\gamma$ 为塑性发展系数,可取 1.05。

(2)幕墙横梁的强度计算。

校核依据：$M_X / \gamma W_{nx} + M_Y / \gamma W_{nY} \leqslant f = 85.5$。

①横梁在自重作用下的弯矩,$kN \cdot m$。

横梁上分格高：1.600 m；横梁下分格高：1.600 m；H 为横梁受荷单元高(应为上下分格高之和的一半)：1.600 m；l 为横梁跨度：1 165 mm；G_{Ak} 为横梁自重：400 N/m²；G_k 为横梁自重荷载线分布均布荷载标准值(kN/m)：

$$G_k = 400 \times H / 1\,000 = 400 \times 1.600 / 1\,000 = 0.640 (\text{kN/m})$$

G 为横梁自重荷载线分布均布荷载设计值(kN/m)：

$$G = 1.2 \times G_k = 1.2 \times 0.640 = 0.768 (\text{kN/m})$$

M_Y 为横梁在自重荷载作用下的弯矩(kN·m)：

$$M_Y = G \times B^2 / 8 = 0.768 \times 1.200^2 / 8 = 0.138 (\text{kN} \cdot \text{m})$$

②横梁在风荷载作用下的弯矩(kN·m)。

风荷载线分布最大集度标准值(三角形分布)：

$$q_{wk} = W_k \times B = 1.235 \times 1.200 = 1.482 (\text{kN/m})$$

风荷载线分布最大集度设计值：

$$q_w = 1.4 \times q_{wk} = 1.4 \times 1.482 = 2.075 (\text{kN/m})$$

M_{Xw} 为横梁在风荷载作用下的弯矩(kN·m)：

$$M_{Xw} = q_w \times B^2 / 12 = 2.075 \times 1.200^2 / 12 = 0.249 (\text{kN} \cdot \text{m})$$

③地震作用下横梁弯矩。

β_E 为动力放大系数：5；α_{max} 为地震影响系数最大值：0.040；G_{Ak} 为幕墙构件自重：400 N/m²；q_{EAk} 为横梁平面外地震作用：

$$q_{EAk} = 5 \times \alpha_{max} \times 400 / 1\,000 = 5 \times 0.040 \times 400 / 1\,000 = 0.080 (\text{kN/m}^2)$$

B 为幕墙分格宽,取 1.200 m；q_{ex} 为水平地震作用最大集度标准值：

$$q_{ex} = q_{EAk} \times B = 0.080 \times 1.200 = 0.096(kN/m)$$

γ_E 为地震作用分项系数:1.3;q_E 为水平地震作用最大集度设计值:

$$q_E = 1.3 \times q_{ex} = 1.3 \times 0.096 = 0.125(kN/m)$$

M_{XE} 为地震作用下横梁弯矩:

$$M_{XE} = q_E \times B^2/12 = 0.125 \times 1.200^2/12 = 0.015(kN \cdot m)$$

④横梁强度。

W_{nX} 为横梁截面绕截面 X 轴的净截面抵抗矩:4.130 cm^3;W_{nY} 为横梁截面绕截面 Y 轴的净截面抵抗矩:5.145 cm^3;γ 为塑性发展系数:1.05;采用 $S_G + S_W + 0.5S_E$ 组合,σ 为横梁计算强度(N/mm^2):

$$\sigma = 10^3 \times M_Y/(1.05 \times W_{nY}) + 10^3 \times M_{Xw}/(1.05 \times W_{nX}) +$$
$$0.5 \times 10^3 \times M_{XE}/(1.05 \times W_{nX}) = 84.731(N/mm^2)$$

84.731 $N/mm^2 < f_a = 85.5$ N/mm^2,横梁正应力强度可以满足。

(3)幕墙横梁的抗剪强度计算。

校核依据:$\tau_X = V_Y \times S_X/(I_X \times t_X) \leqslant 49.6$ N/mm^2。

V_X 为横梁水平方向(X 轴)的剪力设计值,N;V_Y 为横梁竖直方向(Y 轴)的剪力设计值,N;S_X 为横梁截面计算剪应力处以上(或下)截面对中性轴(X 轴)的面积矩:2.543 cm^3;S_Y 为横梁截面计算剪应力处左边(或右边)截面对中性轴(Y 轴)的面积矩:2.885 cm^3;I_X 为横梁绕截面 X 轴的毛截面惯性矩:12.038 cm^4;I_Y 为横梁绕截面 Y 轴的毛截面惯性矩:12.015 cm^4;t_X 为横梁截面垂直于 X 轴腹板的截面总宽度:6.0 mm;t_Y 为横梁截面垂直于 Y 轴腹板的截面总宽度:7.0 mm;f 为型材抗剪强度设计值:49.6 N/mm^2。

①W_k 为风荷载标准值:1.235 kN/m^2;B 为幕墙分格宽:1.200 m;Q_{wk} 为风荷载作用下横梁剪力标准值(kN),风荷载呈三角形分布时:

$$Q_{wk} = W_k \times B^2/4 = 1.235 \times 1.200^2/4 = 0.445(kN)$$

②Q_w 为风荷载作用下横梁剪力设计值(kN):

$$Q_w = 1.4 \times Q_{wk} = 1.4 \times 0.445 = 0.622(kN)$$

③Q_{Ek} 为地震作用下横梁剪力标准值(kN),地震作用呈三角形分布时:

$$Q_{Ek} = q_{EAk} \times B^2/4 = 0.080 \times 1.200^2/4 = 0.029(kN)$$

④γ_E 为地震作用分项系数:1.3;Q_E 为地震作用下横梁剪力设计值(kN):

$$Q_E = 1.3 \times Q_{Ek} = 1.3 \times 0.029 = 0.037(kN)$$

⑤V_Y 为横梁竖直方向(Y 轴)的剪力设计值(kN),采用 $V_Y = Q_w + 0.5Q_E$ 组合:

$$V_Y = Q_w + 0.5Q_E = 0.622 + 0.5 \times 0.037 = 0.641(kN)$$

⑥V_X 为横梁水平方向(X 轴)的剪力设计值(kN):

$$V_X = G \times B/2 = 0.461(kN)$$

⑦横梁剪应力:

$$\tau_X = V_Y \times S_X/(I_X \times t_X) = 0.641 \times 2.543 \times 100/(12.038 \times 6.0) = 2.258(N/mm^2)$$
$$\tau_Y = V_X \times S_Y/(I_Y \times t_Y) = 0.461 \times 2.885 \times 100/(12.015 \times 7.0) = 1.581(N/mm^2)$$

$\tau_X = 2.258$ $N/mm^2 < f = 49.6$ N/mm^2,$\tau_Y = 1.581$ $N/mm^2 < f = 49.6$ N/mm^2,横梁抗剪强度

可以满足。

（4）幕墙横梁的刚度计算。

铝合金型材校核依据：$d_f \leqslant L/180$。

横梁承受呈三角形分布风荷载作用时的最大荷载集度：

q_{wk} 为风荷载线分布最大荷载集度标准值（kN/m）：

$$q_{wk} = W_k \times B = 1.235 \times 1.200 = 1.482(kN/m)$$

水平方向由风荷载作用产生的挠度：

$$d_{fw} = q_{wk} \times W_{fg}^4 \times 1\,000/(0.7 \times I_X \times 120) = 3.039(mm)$$

自重作用产生的挠度：

$$d_{fG} = 5 \times G_K \times W_{fg}^4 \times 1\,000/(384 \times 0.7 \times I_Y) = 2.051(mm)$$

在风荷载标准值作用下，横梁的挠度为：$d_{fw} = 3.039$ mm，在重力荷载标准值作用下，横梁的挠度为：$d_{fG} = 2.051$ mm。

l 为横梁跨度，$l = 1\,165$ mm，铝合金型材：$d_{fw}/l < 1/180$，挠度可以满足要求。

10. 横梁与立柱连接件计算

（1）横向节点（横梁与角码）。

N_1 为连接部位受总剪力，采用 $S_w + 0.5S_E$ 组合：

$$N_1 = (Q_w + 0.5Q_E) \times 1\,000 = (0.622 + 0.5 \times 0.037) \times 1\,000 = 641.160(N)$$

选择的横梁与立柱连接螺栓为不锈钢螺栓 C1 组 50 级；$Huos\_J$ 为连接螺栓的抗剪强度设计值：175 N/mm²；$Huos\_L$ 为连接螺栓的抗拉强度设计值：230 N/mm²；N_v 为剪切面数：1；D_1 为螺栓公称直径：6.000 mm；D_0 为螺栓有效直径：5.060 mm；N_{vbh} 为螺栓受剪承载能力：

$$N_{vbh} = 1 \times (\pi \times D_0^2/4) \times Huos\_J = 1 \times (3.14 \times 5.060^2/4) \times 175 = 3\,517.294(N)$$

N_{um1} 为螺栓个数：

$$N_{um1} = N_1/N_{vbh} = 641.160/3\,517.294 = 0.182$$

取 2 个。

横梁材料牌号：6063 T5；

HL_Y 为横梁材料局部抗承压强度设计值：120.0 N/mm²；t 为幕墙横梁壁厚：3.000 mm；N_{cb} 为连接部位幕墙横梁铝型材壁抗承压能力：

$$N_{cb} = D_1 \times t \times HL\_Y \times N_{um1} = 6.000 \times 3.000 \times 120.0 \times 2.000 = 4\,320.000(N)$$
$$\geqslant 641.160 \text{ N}$$

强度可以满足。

（2）竖向节点（角码与立柱）。

G_k 为横梁自重线荷载（N/m）：

$$G_k = 400 \times H = 400 \times 1.600 = 640.000(N/m)$$

横梁自重线荷载设计值（N/m）：

$$G = 1.2 \times G_k = 1.2 \times 640.000 = 768.000(N/m)$$

N_2 为自重荷载（N）：

$$N_2 = G \times B/2 = 768.000 \times 1.200/2 = 460.800(N)$$

N 为连接处组合荷载,采用 $S_G + S_W + 0.5 S_E$:

$$N = (N_1^2 + N_2^2)^{0.5} = (641.160^2 + 460.800^2)^{0.5} = 789.571(\text{N})$$

N_{um2} 为螺栓个数:

$$N_{um2} = N/N_{vbh} = 0.224$$

取 2 个。

$HLjm\_Y$ 为连接部位角码壁抗承压强度设计值:120.0 N/mm²;连接部位角码材料牌号:6063 T5;L_{ct1} 为连接角码壁厚:3.000 mm;N_{cbj} 为连接部位铝角码壁抗承压能力:

$$N_{cbj} = D_1 \times L_{ct1} \times HLjm\_Y \times N_{um2} = 6.000 \times 3.000 \times 120.0 \times 2.000 = 4\,320.000(\text{N})$$

$$\geqslant 789.571 \text{ N}$$

强度可以满足。

参 考 文 献

[1] 中华人民共和国住房和城乡建设部.城市道路照明设计标准:CJJ 45—2015[S].北京:中国建筑工业出版社,2015.

[2] 中华人民共和国住房和城乡建设部.城市桥梁工程施工与质量验收规范:CJJ 2—2008[S].北京:中国建筑工业出版社,2008.

[3] 中华人民共和国国家质量监督检验检疫总局,中国国家标准化管理委员会.道路交通标志和标线:第2部分 道路交通标志:GB 5768.2—2009[S].北京:中国标准出版社,2009.

[4] 中华人民共和国国家质量监督检验检疫总局,中国国家标准化管理委员会.道路交通标志和标线:第3部分 道路交通标线:GB 5768.3—2009[S].北京:中国标准出版社,2009.

[5] 中华人民共和国水利部.堤防工程施工规范:SL 260—2014[S].郑州:中国水利水电出版社,2014.

[6] 汪正荣,等.建筑地基与基础施工手册[M].2版.北京:中国建筑工业出版社,2005.

[7] 中华人民共和国住房和城乡建设部.电气装置安装工程低压电器施工及验收规范:GB 20254—2014[S].北京:中国计划出版社,2014.

[8] 中华人民共和国住房和城乡建设部.钢管满堂支架预压技术规程:JGJ/T 194—2009[S].北京:中国建筑工业出版社,2010.

[9] 中华人民共和国住房和城乡建设部.钢结构高强度螺栓连接技术规程:JGJ 82—2011[S].北京:中国建筑工业出版社,2011.

[10] 中华人民共和国住房和城乡建设部.钢筋焊接及验收规程:JGJ 18—2012[S].北京:中国建筑工业出版社,2012.

[11] 中华人民共和国住房和城乡建设部.给水排水管道工程施工及验收规范:GB 50268—2008[S].北京:中国建筑工业出版社,2009.

[12] 《工程地质手册》编委会.工程地质手册[M].5版.北京:中国建筑工业出版社,2018.

[13] 中华人民共和国交通部.公路沥青路面施工技术规范:JTG F40—2004[S].北京:人民交通出版社,2005.

[14] 中华人民共和国交通运输部.公路桥涵设计通用规范:JTG D60—2015[S].北京:人民交通出版社,2015.

[15] 中华人民共和国交通运输部.公路圬工桥涵设计规范:TTG D61—2005[S].北京:人民交通出版社,2005.

[16] 中华人民共和国住房和城乡建设部.混凝土泵送施工技术规程:JGJ/T 10—2011[S].北京:中国建筑工业出版社,2011.

[17] 中华人民共和国住房和城乡建设部.混凝土强度检验评定标准:GB/T 50107—2010[S].北京:中国建筑工业出版社,2010.

[18] 中华人民共和国建设部.混凝土用水标准:JGJ 63—2006[S].北京:中国建筑工业出版社,2006.

[19] 刘国彬,王卫东,等.基坑工程手册[M].北京:中国建筑工业出版社,2009.

[20] 中华人民共和国住房和城乡建设部.建筑边坡工程技术规范:GB/T 50330—2013[S].北京:中国建筑工业出版社,2014.

[21] 中华人民共和国住房和城乡建设部.建筑地面设计规范:GB 50037—2013[S].北京:中国建筑工业出版社,2014.

[22] 中华人民共和国住房和城乡建设部.建筑给水排水及采暖工程施工质量验收规范:GB 50242—2002[S].北京:中国标准出版社,2004.

[23] 中华人民共和国住房和城乡建设部.建筑工程冬期施工规程:JGJ/T 104—2011[S].北京:中国建筑工业出版社,2011.

[24] 中华人民共和国住房和城乡建设部.建筑机械使用安全技术规程:JGJ 33—2013[S].北京:中国建筑工业出版社,2013.

[25] 中华人民共和国住房和城乡建设部,中华人民共和国国家质量监督检验检疫总局.建筑抗震设计规范:GB 50011—2010[S].北京:中国建筑工业出版社,2010.

[26] 汪正荣.建筑施工计算手册[M].2版.北京:中国建筑工业出版社,2007.

[27] 中华人民共和国住房和城乡建设部.建筑施工扣件式钢管脚手架安全技术规范:JGJ 130—2011[S].北京:中国建筑工业出版社,2011.

[28] 中华人民共和国住房和城乡建设部.建筑施工模板安全技术规范:JGJ 162—2008[S].北京:中国建筑工业出版社,2008.

[29] 中华人民共和国住房和城乡建设部.建筑物防雷设计规范:GB 50057—2010[S].北京:中国计划出版社,2011.

[30] 中华人民共和国国家发展和改革委员会.聚硫建筑密封胶:JC/T 483—2006[S].北京:中国建材工业出版社,2007.

[31] 周水兴,何兆益,邹毅松,等.路桥施工计算手册[M].北京:人民交通出版社,2001.

[32] 中华人民共和国住房和城乡建设部.民用建筑隔声设计规范:GB 50118—2010[S].北京:中国建筑工业出版社,2011.

[33] 中华人民共和国住房和城乡建设部.气泡混合轻质土填筑工程技术规程:CJJ/T 177—2012[S].北京:中国建筑工业出版社,2012.

[34] 中华人民共和国水利部.渠道防渗工程技术规范:SL 18—2004[S].北京:中国水利水电出版社,2005.

[35] 中华人民共和国建设部.施工现场临时用电安全技术规范:JGJ 46—2005[S].北京:中国建筑工业出版社,2005.

[36] 中华人民共和国水利部.水工混凝土试验规程:SL 352—2006[S].北京:中国水利水电出版社,2006.

[37] 国家能源局.水工建筑物水泥灌浆施工技术规范:DL/T 5148—2012[S].北京:中国电力出版社,2012.

[38] 中华人民共和国国家发展和改革委员会.水工建筑物止水带技术规范:DL/T 5215—2005[S].北京:中国电力出版社,2005.

[39] 中华人民共和国住房和城乡建设部,中华人民共和国国家质量监督检验检疫总局.水利水电工程地质勘察规范:GB 50287—2008[S].北京:中国计划出版社,2009.

[40] 中华人民共和国水利部.水利水电工程施工通用安全技术规程:SL 398—2007[S].北京:中国水利水电出版社,2008.

[41] 中华人民共和国水利部.水利水电工程土工合成材料应用技术规范:SL/T 225—98[S].北京:中国水利水电出版社,1998.

[42] 中华人民共和国水利部.水利水电工程物探规程:SL 326—2005[S].北京:中国水利水电出版社,2005.

[43] 中华人民共和国水利部.水利水电工程注水试验规程:SL 345—2007[S].北京:中国水利水电出版社,2007.

[44] 中华人民共和国水利部.水利水电建设工程验收规程:SL 223—2008[S].北京:中国水利水电出版社,2008.

[45] 中国地质图调查局,等.水文地质手册[M].2版.北京:地质出版社,2012.

[46] 中华人民共和国国家质量监督检验检疫总局,中国国家标准化管理委员会.通用硅酸盐水泥:GB 175—2007[S].北京:中国标准出版社,2008.